"十三五"应用型人才培养规划教材

"十四五"职业教育国家规划教材

经全国职业教育教材审定委员会审定

无人机组装与调试

◎ 鲁储生 主 编
张富建 邹 仁 钟伟雄 韦 凤 副主编

清華大学出版社
北京

内容简介

本书为“十四五”职业教育国家规划教材，以无人机组装与调试为核心，阐述了无人机组装与调试的基本原理、基本原则、基本步骤和实用案例。全书共分9章，分别介绍了无人机结构与系统、无人机装调工具材料与操作安全、无人机装配工艺、多旋翼无人机的组装、多旋翼无人机的调试、固定翼无人机的组装、固定翼无人机的调试、无人直升机的组装与调试、无人机DIY等方面的内容。

本书可作为职业院校无人机应用技术及相关专业的配套教材或参考用书，也可作为中小学师生无人机普及培训教材和无人机爱好者的参考用书。

本书配套课件、相关文件资料及教学视频(正文章末)，请用微信扫码参考使用。

图书在版编目(CIP)数据

无人机组装与调试/鲁储生主编. —北京：清华大学出版社，2018(2023.7重印)
(“十三五”应用型人才培养规划教材)
ISBN 978-7-302-50830-4

Ⅰ.①无…　Ⅱ.①鲁…　Ⅲ.①无人驾驶飞机－组装－中等专业学校－教材 ②无人驾驶飞机－调试方法－中等专业学校－教材　Ⅳ.①V279

中国版本图书馆CIP数据核字(2018)第178574号

责任编辑：张　弛
封面设计：刘　键
责任校对：赵琳爽
责任印制：沈　露

出版发行：清华大学出版社
　　网　　址：http://www.tup.com.cn，http://www.wqbook.com
　　地　　址：北京清华大学学研大厦A座　　**邮　　编**：100084
　　社 总 机：010-83470000　　**邮　　购**：010-62786544
　　投稿与读者服务：010-62776969，c-service@tup.tsinghua.edu.cn
　　质量反馈：010-62772015，zhiliang@tup.tsinghua.edu.cn
印 装 者：三河市天利华印刷装订有限公司
经　　销：全国新华书店
开　　本：185mm×260mm　　**印　张**：17.25　　**字　　数**：393千字
版　　次：2018年8月第1版　　**印　　次**：2023年7月第14次印刷
定　　价：59.90元

产品编号：079777-04

前言 FOREWORD

近年来，无人机成为中国制造尤其是人工智能的重点发展和培育对象。二十大报告提出“坚持把发展经济的着力点放在实体经济上，推进新型工业化，加快建设制造强国、质量强国、航天强国、交通强国、网络强国、数字中国。”2015年5月《中国制造2025》围绕实现制造强国的战略目标提出了九项战略任务和重点，其中第六项强调我国要“大力推动重点领域突破发展，在航空航天装备方面，要推进无人机产业化”等；2017年7月国务院印发《新一代人工智能发展规划》，同年12月工业和信息化部印发《促进新一代人工智能产业发展三年行动计划(2018—2020)》指出将重点培育智能无人机等八大类人工智能产品。

另一方面，伴随着近年来国内无人机市场的井喷发展，无人机行业应用需求逐步形成，无人机人才需求缺口日益显现，而国内无人机教育还处在探索和起步阶段，无人机专业教材几乎一片空白。2014年6月《国务院关于加快发展现代职业教育的决定》提出“院校布局和专业设置更加适应经济社会需求。重点提升先进制造业、战略性新兴产业等领域的人才培养能力”，编者结合所在学校无人机应用技术专业的建设和教学实际，编写了此系列教材，希望能为推动我国无人机职业教育的发展贡献一份薄力。

《无人机组装与调试》是职业院校无人机相关专业非常重要的一门专业核心课，本书可作为职业院校无人机应用技术及相关专业的配套教材或参考教材，也可作为中小学师生无人机普及培训教材和无人机爱好者的参考用书。

本书围绕无人机组装与调试核心内容，阐述了多旋翼无人机、固定翼无人机和无人直升机3种机型的组装与调试的基本原理、基本原则、基本步骤和实用案例等，全书内容本着通俗易懂、可操作性强的原则，力求内容丰富实用，既有系统的理论介绍，也有能直接指导实操的技巧和方法。希望本书能够让读者对无人机的组装与调试有一个基本而全面的认识。

本书章节编写如下：第1章由钟伟雄编写；第2章由邹仁、张富建编写；第3章由鲁储生、韦凤编写；第4章由鲁储生编写；第5章由邹仁编写；第6章由鲁储生、韦凤编写；第7章由韦凤、张富建编写；第8章由张富建编写；第9章由钟伟雄、邹仁编写。全书由鲁储生统稿和定稿。

在本书编写过程中得到了各方的大力支持。感谢深圳高科新农技术有限公司、深圳华越无人机技术有限公司、广州迪飞无人机科技有限公司、深圳市龙云创新航空科技有限公司为教材的编写提供的基础资料和有益建议，特别感谢王从福高级工程师对本书提出了宝贵意见；感谢包揽“首届国际青少年无人机大赛中国区资格选拔赛”冠亚军的广州市机电技师学院无人机俱乐部及其成员陈钦荣、符召成、陈泳、冯展鹏、黄粤骞对本书素材编辑付出的大量心血，感谢广东技术师范大学机电学院黄景辉对部分图片的编辑，感谢中国民用航空珠海进近管制中心陈楚丹提出的宝贵建议；同时，我们也参考了不少互联网上的文章和资料，在此一并向原作者表示衷心的感谢。

由于编者水平、经验有限，书中不妥之处在所难免，敬请广大读者批评指正。

编　者

2023 年 5 月

教学课件

相关文件

目录 CONTENTS

第 1 章　无人机结构与系统 …… 1

1.1　无人机概述 …… 1
1.1.1　无人机的发展历史与现状 …… 1
1.1.2　无人机的概念 …… 1
1.1.3　无人机的特点 …… 2
1.1.4　无人机的分类 …… 3
1.1.5　无人机的结构与系统 …… 5
1.2　无人机的基本结构 …… 6
1.2.1　固定翼无人机的基本结构 …… 6
1.2.2　无人直升机的基本结构 …… 6
1.2.3　多旋翼无人机的基本结构 …… 7
1.3　无人机动力系统 …… 7
1.3.1　电动系统 …… 7
1.3.2　油动系统 …… 10
1.4　无人机控制站与飞行控制系统 …… 13
1.4.1　无人机控制站 …… 13
1.4.2　无人机飞行控制系统 …… 15
1.5　无人机通信导航系统 …… 16
1.5.1　通信 …… 16
1.5.2　导航 …… 19
1.6　无人机任务载荷系统和发射回收系统 …… 22
1.6.1　无人机任务载荷系统 …… 22
1.6.2　无人机发射回收系统 …… 24

第 2 章　无人机装调工具材料与操作安全 …… 28

2.1　无人机装调常用工具材料 …… 28
2.1.1　工具 …… 28
2.1.2　材料 …… 36
2.2　无人机装调操作安全 …… 42
2.2.1　用电安全 …… 42

2.2.2 实训室安全操作规程 …… 43
2.2.3 “9S”管理 …… 45

第3章 无人机装配工艺 …… 49

3.1 无人机机械装配工艺 …… 49
3.1.1 概述 …… 49
3.1.2 装配工艺内容及规程 …… 52
3.1.3 机械连接技术 …… 53
3.1.4 焊接技术 …… 56
3.1.5 胶接技术 …… 59
3.1.6 复合材料连接技术 …… 62
3.2 无人机电气装配工艺 …… 64
3.2.1 概述 …… 64
3.2.2 电连接器选择 …… 65
3.2.3 连接导线选择 …… 68
3.2.4 电子元器件焊接工艺 …… 68

第4章 多旋翼无人机的组装 …… 78

4.1 概述 …… 78
4.1.1 多旋翼无人机的组成 …… 78
4.1.2 组装步骤 …… 81
4.2 机架安装 …… 81
4.2.1 机架简介 …… 81
4.2.2 机架的组装步骤 …… 83
4.3 多旋翼无人机动力系统的组装 …… 84
4.3.1 电动系统 …… 85
4.3.2 电动系统的组装步骤 …… 93
4.4 多旋翼无人机飞控系统的组装 …… 95
4.4.1 PIXHAWK飞控介绍 …… 95
4.4.2 PIXHAWK飞控的组装步骤 …… 99
4.5 多旋翼无人机遥控装置的组装 …… 101
4.5.1 常见遥控器介绍 …… 101
4.5.2 遥控装置的组装步骤 …… 101
4.6 无线图传设备的组装 …… 104
4.6.1 图传介绍 …… 104
4.6.2 图传结构 …… 104
4.6.3 图传的组装步骤 …… 110
4.7 云台的组装 …… 111
4.7.1 云台介绍 …… 111
4.7.2 云台分类 …… 112

4.7.3 云台组成 …… 113
4.7.4 云台的组装步骤 …… 113

第5章 多旋翼无人机的调试 …… 119

5.1 概述 …… 119
5.1.1 无桨调试与有桨调试 …… 119
5.1.2 调试步骤 …… 120
5.2 多旋翼无人机飞控调试 …… 120
5.2.1 调试软件 …… 121
5.2.2 PID调参 …… 121
5.2.3 F3飞控调试 …… 125
5.2.4 NAZA飞控调试 …… 135
5.2.5 PIXHAWK飞控调试 …… 138
5.2.6 A3飞控调试 …… 154
5.2.7 其他工业级飞控介绍 …… 158
5.3 多旋翼无人机遥控器和遥控接收机调试 …… 162
5.3.1 对码操作 …… 162
5.3.2 遥控模式设置 …… 163
5.3.3 通道配置 …… 164
5.3.4 接收机模式选择 …… 165
5.3.5 模型选择和机型选择 …… 166
5.3.6 舵机行程量设置 …… 166
5.3.7 中立微调和微调步阶量设置 …… 166
5.3.8 舵机相位设置 …… 167
5.3.9 舵量显示操作 …… 167
5.3.10 教练功能设置 …… 167
5.3.11 可编混控设置 …… 167
5.4 多旋翼无人机动力系统调试 …… 168
5.4.1 电调调试 …… 168
5.4.2 电调调参软件调参 …… 172

第6章 固定翼无人机的组装 …… 176

6.1 概述 …… 176
6.1.1 固定翼无人机的基本结构 …… 176
6.1.2 固定翼无人机的气动特点 …… 178
6.1.3 组装步骤 …… 182
6.2 固定翼无人机平台的组装 …… 182
6.2.1 大型无人机的组装连接 …… 182
6.2.2 中型及以下无人机的组装连接 …… 187
6.3 固定翼无人机动力系统的组装 …… 193

6.3.1 配置原则 …… 193
6.3.2 电动系统组装 …… 193
6.3.3 油动系统组装 …… 197

第7章 固定翼无人机的调试 …… 200

7.1 固定翼无人机重心、安装角度、舵量及拉力线的调试 …… 200
7.1.1 重心的调试 …… 200
7.1.2 安装角度的调试 …… 202
7.1.3 舵量的调试 …… 202
7.1.4 拉力线的调试 …… 203
7.2 固定翼无人机动力系统的调试 …… 203
7.2.1 电动机的调试 …… 204
7.2.2 发动机的调试 …… 204
7.3 固定翼无人机参数的调试 …… 206
7.4 固定翼无人机组装与调试案例 …… 209
7.4.1 整机结构 …… 209
7.4.2 机体的组装 …… 210
7.4.3 飞控的安装 …… 213
7.4.4 数传与图传的安装与使用 …… 213
7.4.5 遥控发射与接收的安装与使用 …… 220
7.4.6 激光测距仪的安装与使用 …… 220
7.4.7 差分 GPS 的安装与使用 …… 222
7.4.8 相机云台的安装与使用 …… 225
7.4.9 跟踪天线的安装与使用 …… 225

第8章 无人直升机的组装与调试 …… 231

8.1 概述 …… 231
8.1.1 无人直升机的基本构造 …… 231
8.1.2 无人直升机的空气动力特性 …… 234
8.1.3 无人直升机的性能和操纵 …… 235
8.2 无人直升机的组装 …… 236
8.2.1 动力装置的组装 …… 237
8.2.2 自动倾斜器的组装 …… 238
8.2.3 主旋翼的组装 …… 239
8.2.4 尾桨的组装 …… 242
8.2.5 飞控系统的组装 …… 242
8.3 无人直升机的调试 …… 244
8.3.1 自动倾斜器的调试 …… 244
8.3.2 主桨螺距的调试 …… 245
8.3.3 尾桨的调试 …… 245

8.3.4 飞控的调试 …… 245

第9章 无人机DIY …… 249

9.1 概述 …… 249
9.2 无人机DIY的总体思路 …… 250
9.2.1 无人机DIY的一般步骤 …… 250
9.2.2 无人机的定位 …… 250
9.2.3 无人机的选型 …… 251
9.2.4 无人机的选材 …… 252
9.2.5 无人机的组装 …… 252
9.2.6 无人机的调试 …… 253
9.2.7 无人机的试飞 …… 253
9.3 无人机DIY的基本原则 …… 253
9.3.1 多旋翼无人机DIY硬件清单 …… 253
9.3.2 多旋翼无人机DIY工具耗材 …… 253
9.3.3 多旋翼无人机硬件选型原则 …… 254
9.3.4 多旋翼无人机硬件配型原则 …… 258
9.4 无人机装调的基本原则 …… 259
9.4.1 机械部分 …… 259
9.4.2 电气部分 …… 260
9.4.3 调试基本原则 …… 261
9.5 无人机试飞的基本原则 …… 262

参考文献 …… 264

无人机结构与系统

无人机结构与系统分为结构和系统两个方面，其中无人机结构主要是指无人机的硬件结构，无人机系统主要是指无人机动力系统、控制站、飞行控制系统、通信导航系统、任务载荷系统和发射回收系统等。

1.1 无人机概述

1.1.1 无人机的发展历史与现状

18世纪后期，热气球在欧洲升空，迈出了人类翱翔天空的第一步。20世纪初期，美国莱特兄弟的“飞行者”号飞机试飞成功，开创了现代航空的新篇章。20世纪40年代初期第二次世界大战时，德国成功发射大型液体火箭V-2，把航天理论变成现实。1961年，苏联航天员加加林乘坐“东方1号”宇宙飞船在最大高度为301km的轨道上绕地球一周，揭开了人类载人航天器进入太空的新篇章。

无人机的起源可以追溯到第一次世界大战，1914年英国的两位将军提出了研制一种使用无线电操纵的小型无人驾驶飞机用来空投炸弹的建议，得到认可并开始研制。1915年10月，德国西门子公司成功研制了采用伺服控制装置和指令制导的滑翔炸弹。1916年9月12日，第一架无线电操纵的无人驾驶飞机在美国试飞。1917—1918年，英国与德国先后研制成功无人遥控飞机。这些被公认为是遥控无人机的先驱。

随后，无人机被逐步应用于靶机、侦察、情报收集、跟踪、通信和诱饵等军事任务中，新时代的军用无人机很大程度上改变了军事战争和军事调动的原始形式。与军用无人机的百年历史相比，民用无人机技术要求低、更注重经济性。军用无人机技术的民用化降低了民用无人机市场进入门槛和研发成本，使得民用无人机得以快速发展。

目前，民用无人机已广泛应用于航拍、航测、农林植保、巡线巡检、防灾减灾、地质勘测、灾害监测和气象探测等领域。

未来，无人机将在智能化、微型化、长航时、超高速、隐身性等方向上发展，无人机的市场空间和应用前景非常广阔。

1.1.2 无人机的概念

中国民用航空局飞行标准司在2016年7月11日颁布的《民用无人机驾驶员管理规定》(AC-61-FS-2016-20-R1)，其对无人机及相关概念作了定义。

无人机(Unmanned Aerial,UA)是指由控制站管理(包括远程操纵或自主飞行)的航空器,也称远程驾驶航空器(Remotely Piloted Aircraft,RPA)。

无人机系统(Unmanned Aerial Systems,UAS)是指由无人机、相关的控制站、所需的指令与控制数据链路以及批准的型号设计规定的任何其他部件组成的系统,也称远程驾驶航空器系统(Remotely Piloted Aircraft Systems,RPAS)。一种典型的无人机系统如图 1-1 所示。

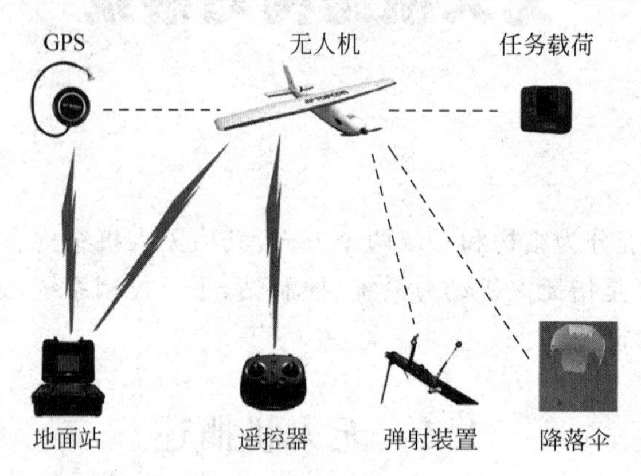

图 1-1 一种典型的无人机系统

无人机系统驾驶员是指由运营人指派、对无人机的运行负有必不可少职责、并在飞行期间适时操纵无人机的人。

控制站也称遥控站、地面站,是无人机系统的组成部分,包括用于操纵无人机的设备。

指令与控制数据链路(Command and Control Data Link,C2)是指无人机和控制站之间以飞行管理为目的的数据链接。

1.1.3 无人机的特点

1. 无人机的优势

与有人机相比,无人机具有以下优势。

(1) 机上没有驾驶员,无须配备生命保障系统,简化了系统、减轻了重量、降低了成本。

(2) 机上没有驾驶员,执行危险任务时不会危及飞行员安全,更适合执行危险性高的任务。

(3) 机上没有驾驶员,可以适应更激烈的机动飞行和更加恶劣的飞行环境,留空时间也不会受到人所固有的生理限制。

(4) 无人机在制造、使用和维护方面的技术门槛与成本相对更低。

制造方面:放宽了冗余性和可靠性指标,放宽了机身材料、过载、耐久等要求。

使用方面:使用相对简单,训练更易上手,且可用模拟器代替真机进行训练,节省了真机的实际使用寿命。

维护方面:维护相对简单,维护成本低。

(5) 无人机对环境要求较低,包括起降环境、飞行环境和地面保障等。

(6) 无人机相对重量轻、体积小、结构简单,应用领域广泛。

2. 无人机的局限性

与有人机相比,无人机具有以下局限性。

(1) 无人机上没有驾驶员和机组人员，对导航系统和通信系统的依赖性更高。

(2) 无人机放宽了冗余性和可靠性指标，降低了飞行安全。当发生机械故障或电子故障时，无人机及机载设备可能会产生致命损伤。

(3) 无人机的续航时间相对较短，尤其是电动无人机。

(4) 无人机遥控器、地面站、图传、数传电台等设备的通信频率和地面障碍物等，限制了无人机系统的通信传输距离，限制了无人机的飞行范围。

(5) 无人机的体积、重量和动力等，决定了无人机的抗风、抗雨能力有限。

1.1.4　无人机的分类

目前，无人机的用途广泛，种类繁多，型号各异，各具特点。

按应用领域的不同，无人机可分为军用无人机、民用无人机和科研无人机。

按飞行航程的不同，无人机可分为超近程无人机、近程无人机、短程无人机、中程无人机和远程无人机，具体分类如表1-1所示。

表1-1　无人机的分类(按飞行航程分)

无人机的分类	无人机的飞行航程/km
超近程无人机	<15
近程无人机	15～50
短程无人机	50～200
中程无人机	200～800
远程无人机	>800

按飞行高度的不同，无人机可分为超低空无人机、低空无人机、中空无人机、高空无人机和超高空无人机，具体分类如表1-2所示。

表1-2　无人机的分类(按飞行高度分)

无人机的分类	无人机的飞行高度/m
超低空无人机	0～100
低空无人机	100～1000
中空无人机	1000～7000
高空无人机	7000～18000
超高空无人机	>18000

按中国民用航空局飞行标准司2016年发布的咨询通告《民用无人机驾驶员管理规定》(AC-61-FS-2016-20-R1)，无人机可分为9类，具体分类如表1-3所示。

表1-3　无人机的分类(按民航法规分)

无人机的分类	空机重量/kg	起飞重量/kg
Ⅰ	0<空机重量/起飞重量≤ 1.5	
Ⅱ	1.5<空机重量≤4	1.5<起飞重量≤7
Ⅲ	4<空机重量≤15	7<起飞重量≤25
Ⅳ	15<空机重量≤116	25<起飞重量≤150

续表

无人机的分类	空机重量/kg	起飞重量/kg
Ⅴ	植保类无人机	
Ⅵ	无人飞艇	
Ⅶ	超视距运行的Ⅰ、Ⅱ类无人机	
Ⅷ	116＜空机重量≤5700	150＜起飞重量≤5700
Ⅸ	空机重量/起飞重量＞5700	

按国务院、中央军委空中交通管制委员会(以下简称国家空管委)组织起草并于2018年年初面向社会公开征求意见的《无人驾驶航空器飞行管理暂行条例(征求意见稿)》规定,根据运行风险大小,民用无人机可分为微型无人机、轻型无人机、小型无人机、中型无人机和大型无人机,具体分类如表1-4所示。

表1-4　无人机的分类(按运行风险大小分)

无人机的分类	无人机的运行风险大小
微型无人机	空机重量小于0.25kg,设计性能同时满足飞行真高不超过50m、最大飞行速度不超过40km/h、无线电发射设备符合微功率短距离无线电发射设备技术要求的无人机
轻型无人机	同时满足空机重量不超过4kg、最大起飞重量不超过7kg、最大飞行速度不超过100km/h,具备符合空域管理要求的空域保持能力和可靠被监视能力的无人机(不包括微型无人机)
小型无人机	空机重量不超过15kg,或最大起飞重量不超过25kg的无人机(不包括微型无人机、轻型无人机)
中型无人机	最大起飞重量超过25kg不超过150kg,且空机重量超过15kg的无人机
大型无人机	最大起飞重量超过150kg的无人机

按飞行平台构型的不同,无人机可分为固定翼无人机、无人直升机、多旋翼无人机、伞翼无人机、扑翼无人机、无人飞艇和混合式无人机等。

1. 固定翼无人机

固定翼无人机是指由动力装置产生前进的推力或拉力,由机身固定的机翼产生升力,在大气层内飞行的重于空气的无人机。一种典型的固定翼无人机如图1-2所示。

其特点:载荷大、续航时间长、航程远、飞行速度快、飞行高度高,但起降受场地限制、无法悬停。

图1-2　固定翼无人机

2. 无人直升机

无人直升机是指依靠动力系统驱动一个或多个旋翼产生升力和推进力,实现垂直起落及悬停、前飞、后飞、定点回转等可控飞行的无人机。一种典型的无人直升机如图1-3所示。

按旋翼数量和布局方式的不同,无人直升机可分为单旋翼带尾桨无人直升机、共轴式双旋翼无人直升机、纵列式双旋翼无人直升机、横列式双旋翼无人直升机和带翼式无人直升机等不同类型。

图 1-3　无人直升机

其特点：可垂直起降、可悬停、操作灵活、可任意方向飞行，但结构复杂、故障率较高。与固定翼无人机相比，飞行速度低、油耗高、载荷小、航程短、续航时间短。

3. 多旋翼无人机

多旋翼无人机是指具有 3 个及以上旋翼轴提供升力和推进力的可垂直起降的无人机。一种典型的多旋翼无人机如图 1-4 所示。

图 1-4　多旋翼无人机

与无人直升机通过自动倾斜器、变距舵机和拉杆组件来实现桨叶的周期变距不同，多旋翼无人机的旋翼总距是固定不变的，通过调整不同旋翼的转速来改变单轴推进力的大小，从而改变无人机的飞行姿态。

其特点：结构简单、价格低廉、操作灵活、可向任意方向飞行，但有效载荷较小、续航时间较短。

1.1.5　无人机的结构与系统

无人机结构主要是指无人机的硬件结构。如前所述，无人机按飞行平台构型的不同可分为固定翼无人机、无人直升机、多旋翼无人机、伞翼无人机、扑翼无人机和无人飞艇等。

无人机系统主要是指无人机动力系统、控制站、飞行控制系统、通信导航系统、任务载荷系统和发射回收系统等。

(1) 动力系统：用以提供无人机飞行所需要的动力，使无人机能够安全进行各项飞行活动。

(2) 控制站：用以监测和控制无人机的飞行全过程、全部载荷、通信链路等，并能检测故障及时报警，再采取相应的诊断处理措施。

(3) 飞行控制系统：用以作为无人机系统的“大脑”部分，对无人机姿态稳定和控制、无人机任务设备管理和应急控制等都有重要影响，对其飞行性能起决定性的作用。

(4) 通信导航系统：用以保证遥控指令能够准确传输，以及无人机能够及时、可靠、准确地接收、发送信息，以保证信息反馈的可靠性、精确度、实时性及有效性。

(5) 任务载荷系统：用以实现无人机飞行要完成的特定任务。

(6) 发射回收系统：用以保证无人机顺利升空以达到安全的高度和速度飞行，并在执行完任务后从天空安全回落到地面。

1.2 无人机的基本结构

本书主要介绍固定翼无人机、无人直升机和多旋翼无人机 3 种机型的组装和调试，后续相关章节对这 3 种机型的基本结构做了较为详尽的介绍，所以本节在此仅对此 3 种机型做简单介绍。

1.2.1 固定翼无人机的基本结构

固定翼无人机一般由机翼、机身、尾翼、起落装置和动力装置 5 个部分组成。

(1) 机翼主要由翼梁、纵墙、桁条、翼肋和蒙皮等组成，主要功能是产生飞行所需要的升力。

(2) 机身主要由纵向骨架桁梁和桁条、横向骨架普通隔框和加强隔框、蒙皮等组成，主要功能是装载燃料和设备，并将机翼、尾翼、起落装置等连成一个整体。

(3) 尾翼主要由水平尾翼和垂直尾翼两部分组成，主要功能是稳定和操纵无人机的俯仰与偏转。

(4) 起落装置主要由支柱、减振器、机轮和收放机构等组成，主要功能是支撑无人机的起飞、着陆滑跑、滑行和停放等。

(5) 动力装置包括油动和电动两种，其中油动动力装置主要由螺旋桨、发动机、舵机和辅助系统等组成，电动动力装置主要由电池、电调、电动机和螺旋桨等组成。动力装置的主要功能是产生拉力(螺旋桨式)或推力(喷气式)，使无人机产生相对空气的运动。

1.2.2 无人直升机的基本结构

无人直升机一般由机身、主旋翼、尾桨、操纵系统、传动系统、电动机或发动机、起落架等组成。

(1) 无人直升机机身与固定翼无人机机身结构和功能类似，主要功能是装载燃料、货物和设备等，同时作为无人直升机安装基础将各部分连成一个整体。机身是直接承受和产生空气动力的部件，还具有承载和传力的作用，承受各种装载的载荷和各类动载荷。

(2) 主旋翼主要由桨叶和桨毂组成，主要功能是将旋转动能转换成旋翼升力和拉力。

(3) 尾桨一般安装在尾梁后部或尾斜梁或垂尾上，主要功能是平衡旋翼的反扭矩、改变尾桨的推力(或拉力)，实现对直升机的航向控制、对航向起稳定作用和提供一部分升力等。尾桨分为推式尾桨和拉式尾桨。

(4) 操纵系统主要由自动倾斜器、座舱操纵机构和操纵线系等组成，主要功能是用来控制无人直升机的飞行。无人直升机的垂直、俯仰、滚转和偏航4种运动形式分别对应总距操纵、纵向操纵、横向操纵和航向操纵4个操纵。

(5) 传动系统主要由主减速器、传动轴、尾减速器及中间减速器组成，主要功能是将发动机的动力传递给主旋翼和尾桨。

1.2.3　多旋翼无人机的基本结构

多旋翼无人机一般由机架、动力装置和飞控等组成。

(1) 机架主要由机臂、中心板和脚架等组成，也有采用一体化设计的机架。机架的主要功能是承载其他构件的安装。

(2) 多旋翼无人机的动力装置通常采用电动系统，主要由电池、电调、电动机和螺旋桨4个部分组成。

(3) 飞控主要由陀螺仪、加速度计、角速度计、气压计、GPS、指南针和控制电路等组成，主要功能是计算并调整无人机的飞行姿态，控制无人机自主或半自主飞行。

1.3　无人机动力系统

无人机动力系统为无人机提供动力，使无人机能够进行飞行活动。无人机动力系统有3种类型，即以电池为能源的电动系统、以燃油类发动机为动力的油动系统和油电混动系统。目前油电混合系统更多地应用于汽车中，在无人机领域较少使用。

1.3.1　电动系统

电动系统是将化学能转化为电能再转化为机械能，为无人机飞行提供动力的系统，由电池、调速系统、电动机、螺旋桨4个部分组成。

1. 电池

电池主要为无人机提供能量，有镍镉、镍氢、锂离子、锂聚合物电池。考虑到电池的重量和效率问题，无人机多采用锂聚合物电池，如图1-5所示。

电压分为额定电压、开路电压、工作电压和充电电压等，符号为U，单位为伏特(V)。额定电压是指电池工作时公认的标准电压，例如锂聚合物电池为3.7V；开路电压是指无负载使用情况下的电池电压；工作电压是指电池在负载工作情况下的放电电压，它通常是一个电压范围，例如锂聚合物电池的工作电压为3.7～4.2V；充电电压是指外电路电压对电池进行充电时的电压，一般充电电压要大于电池开路电压。

电池容量是指电池储存电量的大小，电池容量分为实际容量、额定容量、理论容量，符号为C，单位为毫安时(mA·h)。实际容量是指在一定放电条件下，在终止电压前电池能够放出的电量；额定容量是指电池在生产和设计时，规定的在一定放电条件下电池能够放出的最低电量；理论容量是指根据电池中参加化学反应的物质计算出的电量。

电池倍率，一般充放电电流的大小常用充放电倍率来表示，即充放电倍率＝充放电电流/额定容量，符号为C；例如，额定容量为10Ah的电池用4A放电时，其放电倍率为0.4C；1000mA·h、10C的电池，最大放电电流＝1000×10mA＝10 000mA＝10A。

2. 调速系统

电调(Electronic Speed Controller,ESC),全称电子调速器,如图 1-6 所示。它的主要功能是将飞控板的控制信号进行功率放大,并向各开关管送去能使其饱和导通和可靠关断的驱动信号,以控制电动机的转速。因为电动机的电流是很大的,正常工作时通常为 3～20A。飞控没有驱动无刷电动机的功能,需要电调将直流电源转换为三相电源,为无刷电动机供电。同时电调在多旋翼无人机中也充当了电压变化器的作用,将 11.1V 的电源电压转换为 5V 电压给飞控、遥控接收机供电,如果没有电调,飞控板根本无法承受这样大的电流。

图 1-5　锂聚合物电池

图 1-6　电子调速器

电调两端都有接线,输入线与电池相连,输入电流;输出线与电动机相连,用以调整电动机转速。无刷电调有 3 根输出线,信号线与飞控连接,接收飞控信号并给飞控供电。

3. 电动机

电动机旋转带动桨叶使无人机产生升力和推力,通过对电动机转速的控制,可使无人机完成各种飞行状态。有刷电动机中的电刷在电动机运转时产生电火花会对遥控无线电设备产生干扰,且电刷会产生摩擦力,噪声大,目前在无人机领域已较少使用,更多采用的是无刷电动机。

外转子型无刷电动机的工作原理:电动机的转子在外面,而定子在内部,转子内侧有两个永久性磁铁,一个是 N 极,一个是 S 极,电动机的定子结构是线圈,也就是电磁铁,定子在内部是固定不动的,如图 1-7 所示。利用磁铁异性相吸的原理,给定子线圈通电如图 1-7(a)所示,外面的转子由于异性相吸的原理会逆时针转动,让自己的 N 极靠近定子电磁铁的 S 极,自己的 S 极靠近定子电磁铁的 N 极。此时线圈停止通电,让下一个线圈通电,即图中标 B 的线圈通电流。这样永磁铁就因异性相吸的原理继续逆时针转动追赶下一个电磁铁目标,如图 1-7(b)所示,前面有个电磁铁线圈在吸引永磁铁,后面一个电磁铁线圈在推动永磁铁。在无刷电动机里,安装了霍尔传感器,能准确判断转子永磁铁的位置,及时将永磁铁的位置报告给定子线圈控制器,控制器就能根据该信息控制线圈电流流向。

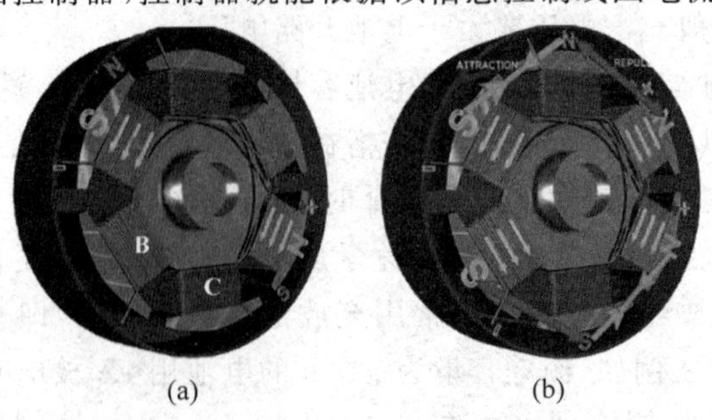

(a)　　(b)

图 1-7　外转子型无刷电动机工作原理

电动机的型号通常用"××××"型数字来表示。例如,2212外转子无刷动力电动机,即表示电动机定子直径22mm,电动机定子高度为12mm,如图1-8所示。

电动机 KV 值,用来表示电动机空载转速,指电压每增加1V,无刷电动机增加的每分钟转速,即电动机空载转速=电动机 KV×电池电压。例如,920KV 的电动机,电池电压为11.1V,那么电动机的空载转速应该为920×11.1r/min=10 212r/min。

4. 螺旋桨

螺旋桨安装在无刷电动机上,通过电动机旋转带动螺旋桨旋转。多旋翼无人机多采用定距螺旋桨,即桨距固定,如图1-9所示。定距螺旋桨从桨毂到桨尖安装角逐渐减小,这是因为半径越大的地方线速度越大,受到的空气反作用力就越大,容易造成螺旋桨因各处受力不均匀而折断。同时螺旋桨安装角随着半径增加而逐渐减小,能够使螺旋桨从桨毂到叶尖产生一致升力。

图1-8 2212外转子无刷动力电动机

图1-9 螺旋桨

螺旋桨尺寸通常用"××××"型数字来表示,前两位数字表示螺旋桨直径,后两位数字表示螺旋桨螺距,单位均为英寸(in),1in约等于2.54cm,螺距即桨叶旋转一圈旋转平面移动的距离。

螺旋桨有正反桨之分,顺时针方向旋转的是反桨,逆时针旋转方向旋转的是正桨。

电动机与螺旋桨的配型原则:高 KV 电动机配小桨,低 KV 电动机配大桨。因为电动机 KV 值越小转动惯量越大,KV 值越大转动惯量越小,所以螺旋桨尺寸越大,产生的升力就越大,需要更大力量来驱动螺旋桨旋转,因此采用低 KV 电动机;反之,螺旋桨越小,需要转速更快,才能达到足够升力,因此采用高 KV 电动机。

5. 接线方式

动力系统中电池、电调、电动机之间的接线方式,如图1-10所示。

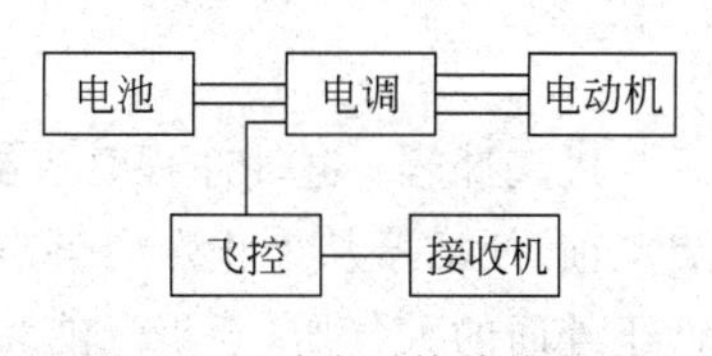

图1-10 动力系统接线方式

多旋翼无人机的多个旋翼轴上的电调,其输入端的红线、黑线需并联接到电池的正负极上;其输出端的3根黑线连接到电动机;其BEC信号输出线,用于输出5V电压给飞控供电和接收飞控的控制信号;遥控接收机连接在飞行控制器上,输出遥控信号,并同时从飞控上得到5V供电。

1.3.2 油动系统

燃油类发动机工作过程是将化学能转换为机械能，常用的燃油类发动机有活塞式发动机和燃气涡轮发动机。

1. 活塞式发动机

1）活塞式发动机的结构

活塞式发动机也叫往复式发动机，是一种利用汽缸内燃料燃烧膨胀产生压力推动活塞向下运动并做功的机器，将化学能转化为热能又转化成了机械能。活塞式发动机是内燃机的一种，靠汽油、柴油等燃料提供动力。活塞式发动机主要由汽缸、活塞、连杆、曲轴、气门机构、螺旋桨减速器、机匣等组成。

根据燃料点火方式的不同，活塞式发动机可分为电火花点燃燃料的点燃式发动机和压缩空气使空气温度升高点燃燃料的压燃式发动机。大部分汽油机都是点燃式，大部分柴油机都是压燃式，如图 1-11 所示。

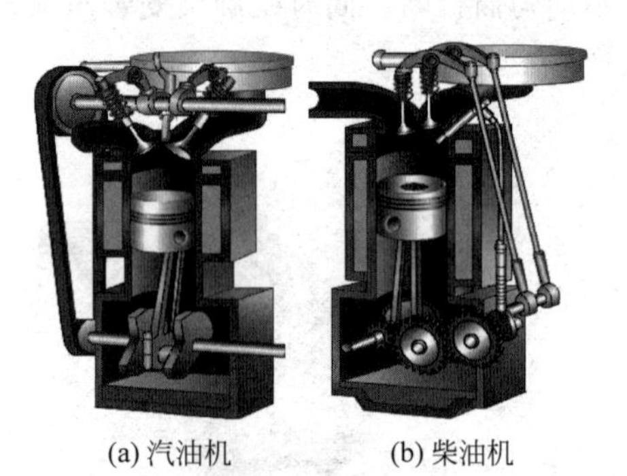

(a) 汽油机　(b) 柴油机

图 1-11　汽油机和柴油机的构造

根据发动机工作原理不同还可以分为二冲程发动机和四冲程发动机。

2）四冲程发动机的工作原理

冲程：活塞从上止点运动到下止点或者从下止点运动到上止点称为一个冲程，即曲轴转动半圈。

活塞式航空发动机是由汽车的活塞式发动机发展而来，大多是四冲程发动机。活塞在汽缸内要经过 4 个冲程，依次是进气冲程、压缩冲程、做功冲程和排气冲程，如图 1-12 所示。发动机除主要部件外，还须有若干辅助系统与之配合才能工作。

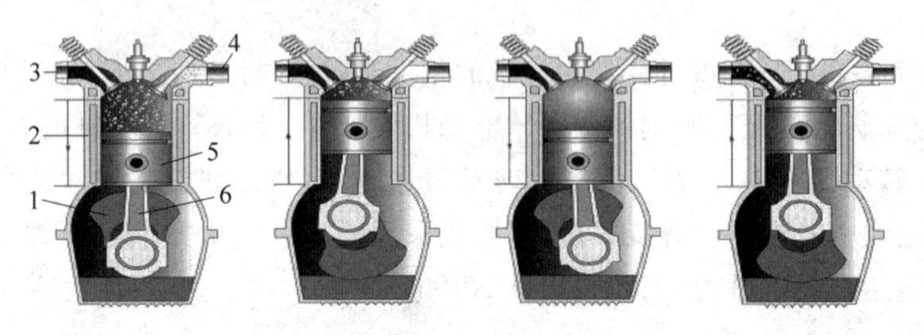

图 1-12　四冲程发动机的工作原理

1—曲轴；2—汽缸；3—进气孔；4—排气孔；5—活塞；6—连杆

进气冲程：进气冲程时汽缸的进气门打开，排气门关闭，发动机通过启动系统（发动机启动前）使活塞从上止点向下滑动到下止点为止，汽缸内的容积逐渐增大，缸内气压降低且低于外面的大气压，于是汽油和空气的混合气体将通过打开的进气门被吸入汽缸内。

压缩冲程：曲轴由于惯性作用继续旋转，此时活塞由下止点向上推动。这时进气门也同排气门一样严密关闭。汽缸内容积逐渐减少，混合气体受到强烈压缩。当活塞运动到上止点时，汽缸内混合气体体积最小，被压缩在上止点和汽缸头之间的燃烧室内。压缩气体体积是为了更好地利用汽油燃烧时产生的热量，使限制在燃烧室这个小小空间里的混合气体的压强大大提高，以便增加它燃烧后的做功能力。

做功冲程：在压缩冲程快结束，活塞接近上止点时，汽缸头上的点火装置火花塞通过高压电产生了电火花，点燃混合气体，燃烧时间很短，但是燃烧速度很快。气体剧烈膨胀，压强急剧增高。活塞在燃气的强大压力作用下，从上止点向下止点迅速运动，连杆便带动曲轴旋转。做功冲程是发动机唯一能够获得动力的冲程，其余3个冲程都是为这个冲程做准备的。

排气冲程：做功结束后，曲轴在惯性的作用下继续旋转，活塞由下止点向上移动。此时，进气门继续关闭，而排气门打开并将燃烧后的废气排出汽缸。当活塞运动到上止点时，由于活塞的推挤基本已排出汽缸内的废气，此时，一个循环完成，然后打开进气门关闭排气门又开始新的循环。

在进气、压缩、做功、排气这一完整的循环中，汽油的化学能通过燃烧转化为热能又转化为推动活塞运动的机械能，从而带动旋翼轴旋转，由于循环中还包含着热能到机械能的转化，所以也叫作"热循环"。

3）二冲程发动机工作原理

二冲程发动机完成两个行程作为一个完整的工作循环。进气、压缩、做功和排气这4个步骤是曲轴旋转一圈完成的，且曲轴每旋转一圈对外做一次功。二冲程发动机的进气孔和排气孔设置在缸体上，活塞的上下移动就能打开或关闭气孔，实现进气和排气，如图1-13所示。而四冲程发动机则是由相应的驱动机构定时打开或者关闭进气门和排气门。

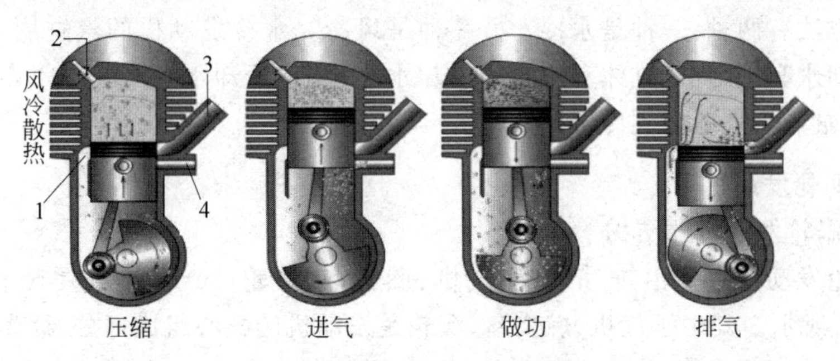

图1-13　二冲程发动机工作原理

1—扫气孔；2—活塞；3—排气孔；4—进气孔

第一行程：进行进气和压缩，活塞从下止点向上运动直到上止点。当活塞位于下止点时，排气孔和扫气孔处于开启状态，进气孔被活塞挡住处于关闭状态。这时上一循环中进入曲轴箱内的可燃混合气体通过扫气孔进入汽缸，扫出汽缸内的废气。随着行程的继续，扫气孔将先关闭，扫气终止。但由于排气孔还未关闭，所以废气和可燃混合气仍会继续排出，这部分排出的气体叫额外排气。活塞继续上移排气孔跟着关闭之后，可燃混合气体开始被活塞压缩直至到达上止点。

第二行程：进行做功和排气，活塞从上止点向下运动到下止点。当活塞压缩可燃混合气体到达上止点时，点火装置点燃可燃混合气体，气体经燃烧膨胀做功。此时唯有进气孔仍然处于开启状态，扫气孔和排气孔处于闭合状态，可燃混合气体通过进气孔继续流入曲轴箱，直至活塞因燃烧做功推动下移将进气孔关闭为止。活塞继续向下止点移动的过程中，曲轴箱内的可燃混合气体经容积不减小被压缩。此后，活塞继续下移，排气孔最先开启，可燃混合气体在汽缸内经燃烧产生的废气从排气孔排出，做功结束。随后活塞在曲轴惯性作用下继续下移又将扫气孔开启，曲轴箱内的可燃混合气体经扫气孔进入汽缸，扫出汽缸内的废气，开始扫气过程，直至扫气孔被关闭为止。

4）发动机系统组成

发动机除主要部件外，还需要有其他相关系统与之相互配合才能工作，主要包括进气系统、燃油系统、点火系统、冷却系统、启动系统、散热系统等。

进气系统：为燃烧做功提供燃料和清洁空气并使之混合后输送到汽缸内。进气系统内常装有增压器，作用是增大进气压力。

燃油系统：燃油系统由油箱、油泵、汽化器或燃料喷射装置等组成，作用是为发动机持续不断提供洁净燃油。燃油泵将汽油压入汽化器，汽油在此雾化并与空气混合进入汽缸。

点火系统：用于点燃式发动机，点燃空气和燃油的混合气体。点火系统由磁电动机产生的高压电在规定的时间产生电火花，将汽缸内的混合气体点燃。

冷却系统：发动机内燃料燃烧时产生的热量除转化为动能使活塞运动和排出废气带走部分内能外，还有很大一部分传给了汽缸壁和其他有关机件。冷却系统的作用就是将这些热量散发出去，以保证发动机的正常工作。

启动系统：发动机由静止到工作需要外力转动曲轴，使活塞开始往复运动直到工作循环能够自动进行，这个过程叫作发动机的启动。

散热系统：为了能够使汽缸内表面在高温下正常工作，必须对汽缸和汽缸盖进行适当冷却。冷却方法有两种，一种是水冷；另一种是风冷。水冷发动机的汽缸周围和汽缸盖中都加工有冷却水套，并且汽缸体和汽缸盖冷却水套相通，冷却水在水套内不断循环，带走部分热量，对汽缸和汽缸盖起到冷却作用。

2. 燃气涡轮发动机

1）燃气涡轮发动机的结构

燃气涡轮发动机主要由进气道、压气机、燃烧室、涡轮（turbine）和尾喷管 5 个部分组成，如图 1-14 所示。其中压气机、燃烧室、涡轮是发动机的核心组成部分，称为“核心机”。

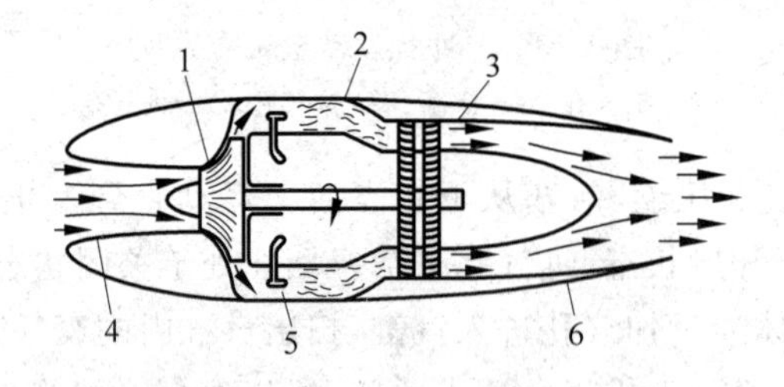

图 1-14　燃气涡轮发动机的结构

1—压气机；2—燃烧室；3—涡轮；4—进气道；5—燃油喷嘴；6—喷管和推进喷口

进气道：是气体进入发动机的通道，它的主要功能是消除进入进气道内空气的涡流，保证发动机所需空气量。在高速飞行时进气道将进入其内的高速气流速度降低，使动能转变成压力势能，提高气体压力。

压气机：工作原理是空气流过高速旋转的叶片，叶片对空气做功，空气压力增大，温度升高。

燃烧室：将燃料与经压气机增压增温的空气混合并燃烧，燃料燃烧化学能转变为内能，气体温度和压力升高。

涡轮：燃烧室流出的气体具有很高的能量，流经涡轮时大部分能量转换为机械能使涡轮高速旋转。涡轮的机械能以轴功率的形式由涡轮轴输出，可以用来驱动螺旋桨、压气机以及其他部件。燃气经过涡轮后温度和压力下降，速度增加，流向尾喷管。

尾喷管：一般由中介管和喷口组成，是发动机的排气系统。中介管由整流锥和整流支板组成，能将燃气经涡轮后产生的强烈涡流进行整流。尾喷管的作用是继续膨胀加速从涡轮流出的仍具有一定能量的燃气，使发动机排气速度更大，产生更大的推力。

2）燃气涡轮发动机的工作原理

新鲜空气进入燃气涡轮发动机的进气道，流经压气机时，压气机工作叶片对气体做功，气体温度升高，压力增大变成高温高压气体，接着进入燃烧室与喷嘴喷出的燃油混合后进行燃烧成为高温高压燃气。从燃烧室流出的高温高压燃气具有很高的能量，流过同压气机安装在同一条轴上的涡轮时驱动涡轮旋转，从而带动压气机工作，最后从涡轮中流出的温度和压力都下降但速度增大的燃气，在尾喷管中继续膨胀，以高速沿发动机轴向从喷口向后排出。这时发动机排气速度更大，使发动机获得了反作用的推力。

3. 涡轮喷气发动机

涡轮喷气发动机具有燃气涡轮发动机的5个主要组成部分，它的结构组成可以认为是燃气涡轮发动机的基本形式，在其基础上增加一些部件可以形成其他涡轮发动机。

组成：进气道、压气机、燃烧室、涡轮、尾喷管。

工作原理：进气道进气→压气机增压→燃烧室加热→涡轮膨胀做功带动压气机→尾喷管膨胀加速→排气到机外。

4. 涡轮螺旋桨发动机

组成：进气道、压气机、燃烧室、涡轮、尾喷管、减速器、螺旋桨。

工作原理：进气道进气→压气机增压→燃烧室加热→涡轮膨胀做功带动压气机和螺旋桨→尾喷管膨胀加速→排气到机外。

5. 涡轮轴发动机

组成：进气道、压气机、燃烧室、涡轮、尾喷管、功率输出轴、主减速器等。

工作原理：进气道进气→压气机增压→燃烧室加热→涡轮膨胀做功带动压气机和螺旋桨→尾喷管膨胀加速→排气到机外。

1.4　无人机控制站与飞行控制系统

1.4.1　无人机控制站

无人机控制站又称地面站，通常由显控台和通信设备组成，是无人机系统的重要组成部分，主要功能是监测和控制无人机的飞行过程、飞行航迹、有效载荷、通信链路等，并对一些故障予以及时报警并采取相应的诊断处理措施。地面站是一个集实时采集分析遥测数据、定时发送遥控指令、动态显示飞行状态等功能于一体的综合系统。

1. 控制站功能

(1) 无人机的姿态控制。在机载传感器获得相应的无人机飞行状态信息后，通过数据链路将这些数据以预定义的格式传输到地面站。在地面站由GCS计算机处理这些信息，根据控制律解算出控制要求，形成控制指令和控制参数，再通过数据链路将控制指令和控制参数传输到无人机上的飞控计算机，通过后者实现对无人机的操控。

(2) 有效载荷数据的显示和有效载荷的控制。有效载荷是无人机任务的执行单元。地面控制站根据任务要求实现对有效载荷的控制，并通过对有效载荷状态的显示来实现对任务执行情况的监管。

(3) 任务规划、无人机位置监控及航线的地图显示。任务规划主要包括处理战术信息、研究任务区域地图、标定飞行路线及向操作员提供规划数据等。无人机位置监控及航线的地图显示主要便于操作人员实时地监控无人机和航迹的状态。

(4) 导航和目标定位。无人机在执行任务过程中通过无线数据链路与地面控制站之间保持着联系。在遇到特殊情况时，需要地面控制站对其实现导航控制，使无人机按照安全的路线飞行。随着空间技术的发展，传统的惯性导航结合先进的GPS导航技术成为无人机系统的主流导航技术。目标定位是指无人机发送给地面的方位角、高度及距离数据需要附加时间标注，以便这些量可与正确的无人机瞬时位置数据相结合来实现目标位置的最精确计算。为了精确确定目标的位置，必须通过导航技术掌握无人机的位置，同时还要确定无人机至目标的矢量的角度和距离，因此目标定位技术和无人机导航技术之间有着非常紧密的联系。

(5) 与其他子系统的通信链路。通信链路用于指挥、控制和分发无人机收集的信息。随着计算机和网络技术的发展，现行的通信链路主要借助局域网来进行数据的共享，这样与其他组织的通信不单纯是在任务结束以后，更重要的是在任务执行期间，通过相关专业的人员对共享数据进行多层次的分析，及时地提出反馈意见，再由现场指挥人员根据这些意见，对预先规划的任务立即做出修改，从而能充分利用很多资源，从战场全局对完成任务提供有力的支持和合理的建议，使得地面站当前的工作更加有效。

2. 控制站软件

由于小型无人机涉及图像处理、无线传输、先进控制以及多传感器融合等尖端技术，同时具有广阔的应用前景，其研究已经成为国际上的热点，地面站作为小型无人机系统的重要组成部分，也成为热门研究课题。许多国家和地区的科研机构、公司、组织和大学，都将其作为重要的研究领域。目前小型及以下的无人机常用的地面站主要有以下两种。

(1) 美国UAV Flight Systems公司研发的GroundPilot地面站，专门用于该公司AP40或AP50自动驾驶仪。该地面站较全面地反映了无人机飞行过程中高度、速度、航向、航迹、姿态等信息，并可以实现对无人机飞行模式、高度、空速、航向、航点的控制。

(2) 加拿大MicroPilot公司为MP2028自动驾驶仪研制的Horizon地面站也是一款比较典型的地面站软件。该地面站除具有地面站基本功能外，还拥有用于测试和训练的任务模拟器，便于工作人员对规划的任务进行分析和修改。

国内的一些高等院校、研究所和企业公司也开展了关于无人机地面站技术的研究，并取得了一定的成果。

(1) 北京航空航天大学智能技术与装备实验室iFLY研发团队完全自主研发出性能和国外同类产品相当、完全本土化的地面站GCS300。该地面站适用于所有iFLY自动驾驶仪，具备无人机组网功能，最多可分时控制16架无人机，1个地面站可通过网络向另外15

个地面站发送数据，实现了飞行状态的多终端远程监控。

(2) 北京普洛特无人机科技有限公司通过十多年的努力和实际飞行实验，研制出了UP20自动驾驶仪及其配套地面站。

3. 地面站硬件

地面站系统泛指地面上可以对无人机发出指令以及接收无人机传回信息的设备，它的硬件可以是一个遥控器，也可以是一部手机，或者说一台笔记本电脑。下面简单介绍两种地面站硬件。

遥控器是一种最简单的地面站，集成了数传电台，通过控制摇杆的舵量向无人机发出控制信号，以此实现对无人机的控制。遥控器分美国手和日本手，区别在于一个是左手油门，一个是右手油门。通常遥控器可以控制无人机飞行姿态，如俯仰运动、滚转运动、偏航运动和控制油门增减无人机飞行动力。

无人机手持地面站控制系统，其特征在于：包括一个壳体，壳体内部的遥控操作模块、遥控传输模块、图传模块、图像显示模块、Android模块、电源模块和稳压模块，壳体外部的传输天线。电源模块通过稳压模块分别与Android模块、图像显示模块、遥控操作模块、图传模块及遥控传输模块电连接，图传模块分别与图像显示模块、Android模块电连接，遥控传输模块与遥控操作模块电连接。

1.4.2　无人机飞行控制系统

1. 飞行控制系统的组成

无人机飞行控制系统是控制无人机飞行姿态和运动的设备，由传感器、机载计算机和执行机构三大部分组成。

1）传感器

陀螺仪：主要用于记录俯仰、横滚角度。陀螺仪是用高速回转体的动量矩敏感壳体相对惯性空间绕正交于自转轴的一个或两个轴的角运动检测装置。

加速度计：主要记录加速度，是测量运载体线加速度的仪表。加速度计由检测质量(也称敏感质量)、支承、电位器、弹簧、阻尼器和壳体组成。

气压计：主要用于记录海拔高度。气压计是根据托里拆利的实验原理而制成，用以测量大气压强的仪器。

GPS：主要接收GPS卫星导航位置信息，进行无人机位置定位。

2）机载计算机

机载计算机是飞行控制系统的核心部件，应具有姿态稳定与控制、导航与制导控制、自主飞行控制、自动起飞及着陆控制的功能。

3）执行机构

执行机构的主要作用是根据飞控计算机的指令，按规定的静态和动态要求，通过对无人机各控制舵面和发动机节气门等的控制，实现对无人机的飞行控制。

2. 飞行控制系统的功能

飞行控制系统实时采集各传感器测量的飞行状态数据、接收无线电测控终端传输的由地面测控站上行信道送来的控制命令及数据，经计算处理，输出控制指令给执行机构，实现对无人机中各种飞行模态的控制和对任务设备的管理与控制；同时将无人机的状态数据及发动机、机载电源系统、任务设备的工作状态参数实时传送给机载无线电数据终端，经无线电下行信道发送回地面测控站。

飞行控制系统主要完成以下功能。

(1) 完成多路模拟信号的高精度采集，包括陀螺信号、航向信号、舵偏角信号、发动机转速、缸温信号、动静压传感器信号、电源电压信号等。

(2) 输出各类能适应不同执行机构控制要求的信号。

(3) 利用多个通信信道，分别实现与机载数据终端、GPS 信号、数字量传感器以及相关任务设备的通信。

1.5 无人机通信导航系统

无人机通信导航系统由机载设备和地面设备组成。机载设备也称机载数据终端，包括机载天线、遥控接收机、遥测发射机、视频发射机和终端处理机等。地面设备包括由天线、遥控发射机、遥测接收机、视频接收机和终端处理机构成的测控站数据终端，以及操纵和监视设备。

机载设备一方面接收并处理各个传感器的飞行参数，并将这些数据发送给地面站；另一方面接收来自地面站的遥控指令，以调整无人机飞行参数。地面设备对来自无人机的数据接收处理，也发送指令调整飞行状态。

1.5.1 通信

无人机的通信制信号分为遥控器信号、数据传输信号和图像传输信号。不过，遥控器功能不仅体现在遥控操纵方面，还有数据和图像资料的传输方面。通信是通过信号来传输的，所以一般把无人机的无线数传来操纵无人机的简易地面站，使用的还是数据传输的方式。虽然图传和数传使用的手段是相同的，但是一般图传链路和数传链路是相互分开的，这是为了避免一旦图传链路坏了，而影响到数传链路。下面介绍一些无人机所使用的通信方法。

1. 频段

1) 2.4GHz

无人机的遥控器信号大多数采用的无线通信芯片是 2.4GHz 无线技术，也有图传使用 2.4GHz 无线技术的，如图 1-15 和图 1-16 所示。2.4GHz 无线技术采用的是频段处于 2.4000～2.4835GHz 的信号。这个频段受到的干扰较少，一般用于高速传输情况下，保障了数据有效传输。但是目前手机、蓝牙和 WiFi 都占用这个频道，导致遥控器信号传输分配的带宽很小，为了保证传输信号的质量，传输距离不能太远，在开阔的无人区最远只能达到 1～2km。但是如果一台无人机上既使用 2.4GHz 频段来遥控，又用来图传，这样的后果是相互间干扰较大，不利于飞行。

2) 5.8GHz

5.8GHz 频段包含了 3 个 100MHz 频段。

(1) 5.15～5.25GHz，适用于室内无线通信。

(2) 5.25～5.35GHz，适用于中等距离通信。

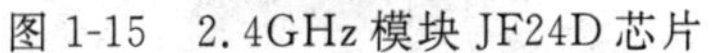
图1-15　2.4GHz模块JF24D芯片

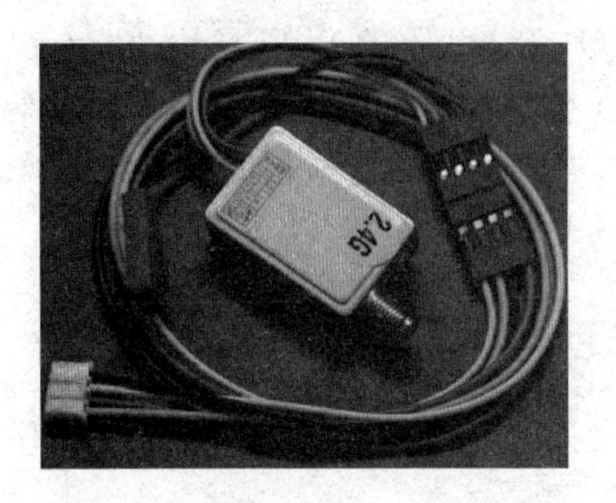

图1-16　2.4GHz图传发射模块

(3) 5.725～5.825GHz，目前用于社区的宽带无线接入。

5.8GHz技术相比较2.4GHz而言优势是比较明显的：实现容易，频谱利用率高，业务种类多，接口简单统一，升级容易，特别适合于非连接的数据传输业务；基于电路的技术时延小，适合于进行传统的语音传送和基于连接的传输业务。但是5.8GHz也有缺点：波长较短，绕射能力较差，传输带宽也比2.4GHz要小些。

5.8GHz也用于遥控器信号传输，但是在画质的处理上，5.8GHz视频传输器能够完全释放出64位模拟色彩度输出，这是2.4GHz达不到的，所以航拍一般常用5.8GHz频段。5.8GHz图传设备如图1-17所示。

3) 1.2GHz

1.2GHz频率最低，穿透力最强，所以直线传输距离也最远，但是这是军方和政府常用的频段，禁止民用。

2. 传输技术

1) WiFi传输

WiFi(Wireless Fidelity)是基于IEEE 802.11b标准的无线局域网技术，通常使用2.4GHz特高频无线电波或5GHz超高频无线电波。和蓝牙技术类似，通过该技术，相关电子设备可以接入无线局域网以实现在小范围里高速传输信号。无人机上应用的WiFi模块如图1-18所示。

图1-17　5.8GHz图传设备

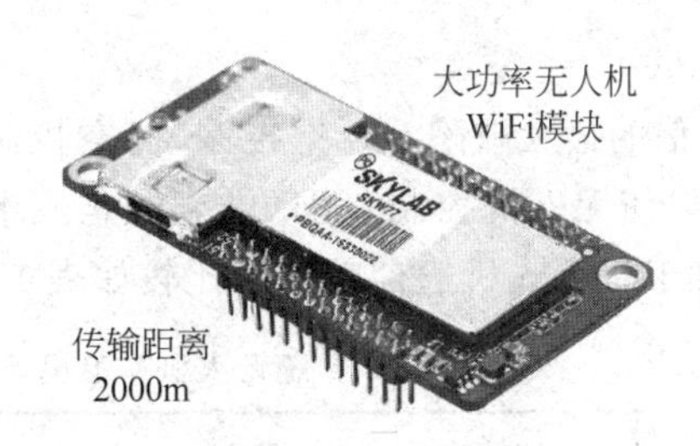

图1-18　无人机WiFi模块

手机端通过WiFi沟通地面中继端的WiFi模块SKW77，地面中继端的WiFi模块SKW77通过WiFi再沟通无人机端的WiFi模块SKW77，既可以发送来自地面手机端的控制信号，也可以通过WiFi传输无人机航拍的视频数据到手机端，如图1-19所示。

一般，无人机上的 WiFi 模块功能有以下 3 点。

(1) 传递控制信号，控制无人机的飞行方向、距离、速度、倾斜角度等。

(2) 给无人机传输航拍的视频数据。

(3) 增加传输距离。

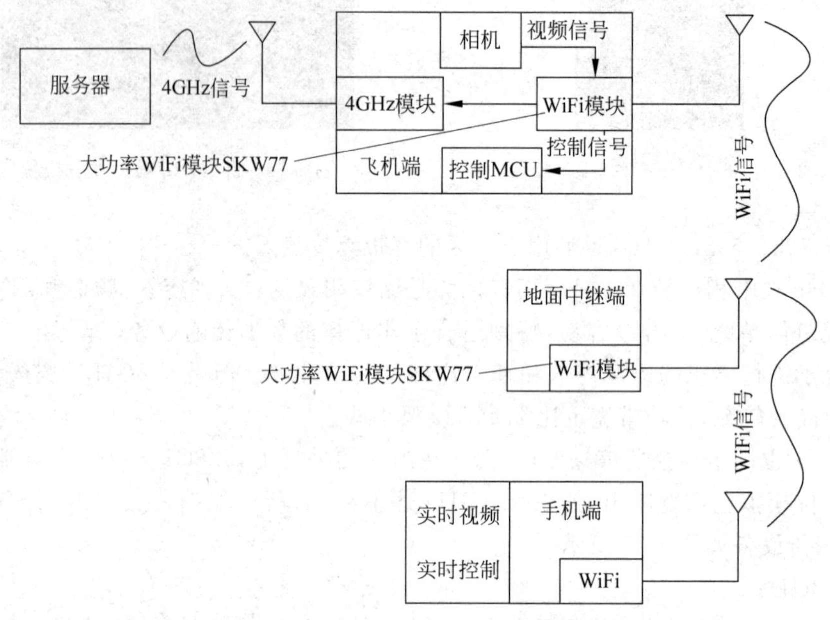

图 1-19　WiFi 模块 SKW77 应用在无人机图传和控制的框架

2) 4GHz 网络

在航模领域，控制无人机常用的是遥控器。信号较好的 2.4GHz、5.8GHz 遥控器往往能高质量地传输控制信号，但这是在视线以内可直线传输信号的情况下。如果在非视距内的情况下，比如被建筑物遮挡等，就会出现失控。但如果有了 4GHz 网络，假设网络信号稳定且时延小到忽略不计，那么 4GHz 网络无论是用于遥控器信号的辅助，还是完全用于控制信号，无人机的可控范围就会大很多。这就相当于让可以控制的范围扩大到整个 4GHz 网络信号覆盖区域。

4GHz 网络的优点是通信传输距离可以很远，缺点是限于低空 200m，所以只能用于低空民用无人机。

3) 数据卫星

4GHz 通信的最大缺陷是低空控制，高空控制就需要卫星来实现。通过发射卫星提供中继服务，可以使无人机控制范围更广，但是成本高，所以这种方式只作为辅助通信使用。传统无人机和卫星无人机通信功能的比较如表 1-5 所示。

表 1-5　传统无人机和卫星无人机通信功能的比较

无人机 / 通信功能	传统无人机	卫星无人机
飞行控制	无线电遥控设备，最远传输距离大约 100km 以内	卫星数据控制，最远传输距离在 5000km 以上
定位回中	定向天线或无线电回传，当飞出可控范围时，只能进行预设定位飞行	可实时回传定位信息，运动轨迹可完全在平台显示

续表

无人机 / 通信功能	传统无人机	卫星无人机
图传	受通信方式限制，一般最远 5km	在 5000km 范围内，可将无人机所拍摄的实时影像传回地面站显示屏
安装	由于定向天线、无线电远程控制需要调试、架高等，安装麻烦	直接集成在无人机内部。无须调试，直接控制

4) COFDM

在无人机的视频传输方面，一般的做法是采用模拟图传或者 WiFi 图传，但是模拟图传画面质量不够好，WiFi 图传会有马赛克、容易停顿或卡死。COFDM 技术解决了上述问题。

COFDM 高清图传是指前端摄像机或播放设备通过数字高清接口(HDMI/SDI 数字信号)传送 1920 像素×1080 像素逐行扫描画质的视频给 COFDM 调制方式的发射机，发射机编码后通过天线用无线微波方式向外传送信号，另外一端接收机通过天线隔空接收信号，解码还原为全高清数字信号(HDMI)输出。COFDM 高清图传设备如图 1-20 所示。

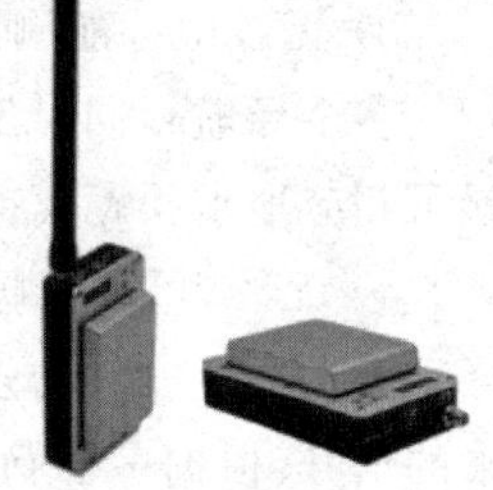

图 1-20　COFDM 高清图传设备

通过 COFDM 技术，传输数据量大，距离远，是民用无人机通信的首选。

1.5.2 导航

无人机除了正常的通信以外，在航拍或执行特定任务时还需要一些导航技术。导航是把无人机从出发地引导到目的地的过程。一般需要测定的导航参数有位置、方向、速度、高度和航迹等。目前用于无人机的导航技术有无线电导航、惯性导航、卫星导航、图像匹配导航、天文导航和组合导航等。

1. 无线电导航

无线电导航(Radio Navigation)借助于无线电波的发射和接收，测定无人机相对于导航台的方位、距离等，以确定无人机的导航参数。其特点是受气候条件限制少，作用距离远，精度高，设备简单可靠，应用广。

无线电导航分类如下。

按测量电信号的参量不同：振幅、频率、相位、脉冲。

按测量的位置线几何形状：测角、测距、测速、测距差。

按有效作用距离：近程、远程、超远程、全球定位。

按机载设备实现的系统功能：自备式、他备式。

按无线电导航台的安装位置：陆基、空基、星基。

按飞行区域：航路、终端区。

无线电导航根据测量参数不同分为无线电导航测向、无线电导航测距、无线电导航测距差和无线电导航测速。

1）无线电导航测向系统

利用无线电波直线传播的特性，将无人机上的环形方向性天线转到使接收的信号幅值最小的位置，从而测出电台航向，这属于振幅式导航系统。或利用地面导航台发射迅速旋转的方向图，根据无人机不同位置接收到的无线电信号的不同相位来判定地面导航台相对无人机的方位角，这属于相位式导航系统。

2）无线电导航测距系统

测距系统利用的是无线电波传播需要时间的特点。无人机向地面站发射信号，地面站接收到该信号就向无人机也发射信号，无人机然后接收到信号。无人机从发射信号到接收信号会经过一段时间，根据这段时间就可计算出无人机到导航台的距离。

3）无线电导航测距差系统

多个导航台同时发射无线电信号，通过各个导航台的信号到达无人机接收机的时间差就可相应地求得距离差。

4）无线电导航测速系统

无人机上安装的多普勒导航雷达先向地面发射无线电信号，然后接收由地面站反射回来的信号，根据多普勒效应，发射的信号频率和反射回来的信号频率是不同的，两者存在一个频移，通过这个频移就可求出无人机相对于地面的速度。

2. 惯性导航

惯性导航是通过测量飞行过程中的加速度（加速度是指一段时间内速度的变化量与这段时间的比值，反应速度变化的快慢），经过运算得到无人机当时速度和位置的一种综合性导航技术，是应用较为广泛的导航方式。

惯性导航的优点：自主导航，隐蔽性好，不受外界电磁干扰；可全天候全时间工作于空中、地球表面乃至水下；能提供位置、速度、航向和姿态角数据；数据更新率高，短期精度高，稳定性好。缺点：导航信息由积分器产生，定位误差随时间而增大，长期精度差；初始对准时间较长；设备价格昂贵。

惯性导航原理简述：在二自由度惯性导航中，无人机上装有陀螺平台，平台始终平行于地面，在平台上沿南—北方向和东—西方向分别放置一个加速度计，如图 1-21 所示，飞行起点为原点，无人机开始飞行后，加速度计随时测量两个方向的直线加速度，最终计算得到速度和位移。

图 1-21　加速度计

为了解决无人机姿态变化会使加速度计受到的重力发生变化，最终测量的加速度会有误差的问题，人们提出了两种解决方案：平台式惯性导航系统和捷联式惯性导航系统。

平台式惯性导航系统加装陀螺平台，这个平台不受无人机姿态影响，然后把加速度计安装在陀螺平台上。

捷联式惯性导航系统没有陀螺平台，直接将 3 个加速度计安装在无人机上，与 3 条机体轴相一致，同时还安装有绕三轴的角速度陀螺。这种方式简单，重量轻，可靠，易维护，虽然没有陀螺平台，但是计算机会建立“平台”代替陀螺平台。

3. 卫星导航

卫星导航是利用导航卫星发射的无线电信号，求出无人机相对卫星的位置，再根据已知的卫星相对地面的位置，计算出无人机在地球上的位置。卫星导航系统由导航卫星、地面台站和用户定位设备 3 个部分组成，如图 1-22 所示。

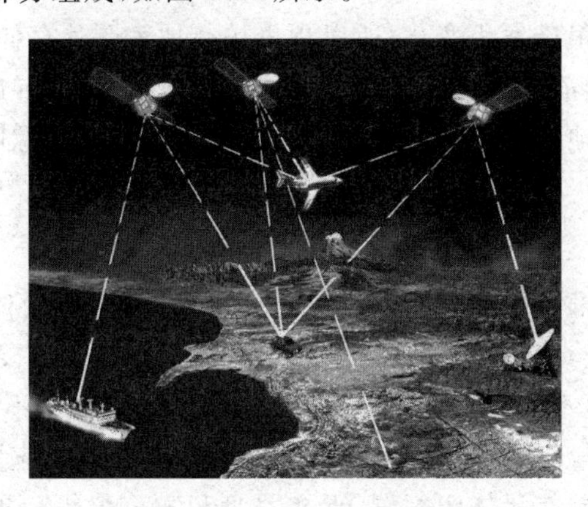

图 1-22　卫星导航示意图

目前世界上已有的卫星导航系统有美国的卫星全球定位系统(GPS)、俄罗斯的全球导航卫星网(GLONASS)、欧洲的“伽利略”导航卫星系统和中国的“北斗”导航定位卫星系统(BDS)。

1) GPS(全球定位系统)

GPS 由空间部分、地面测控部分和用户部分三者组成。GPS 的空间部分是由 24 颗卫星组成，其中有 21 颗工作卫星，3 颗备用卫星。地面控制部分由监测站、主控制站、地面天线所组成。用户部分包括 GPS 接收机和用户团体。

2) GLONASS(全球导航卫星网)

GLONASS 系统由星座、地面支持系统和用户设备三者组成。GLONASS 星座由 27 颗工作卫星和 3 颗备用卫星组成。地面支持系统由系统控制中心、中央同步器、遥测遥控站(含激光跟踪站)和外场导航控制设备组成。

3) “伽利略”导航卫星系统

“伽利略”导航卫星系统由全球设施部分、区域设施、局域设施、用户端和服务中心 5 个部分组成。全球设施部分由空间段和地面段组成。空间段由分布在 3 个轨道上的 30 颗中等高度轨道卫星(MEO)构成；地面段由完好性监控系统、轨道测控系统、时间同步系统和系统管理中心组成。

4) “北斗”导航定位卫星系统

“北斗”导航定位卫星系统(BDS)是中国自行研制的全球卫星导航系统，是继美国 GPS 和俄罗斯 GLONASS 之后第三个成熟的卫星导航系统。

BDS 的空间段部分计划由 35 颗卫星组成，包括 5 颗静止轨道卫星、27 颗中地球轨道卫星、3 颗倾斜同步轨道卫星。5 颗静止轨道卫星定点位置分别为东经 58.75°、80°、110.5°、140°、160°；中地球轨道卫星运行在 3 个轨道面上，3 个轨道面均匀分布，之间相隔 120°。BDS 目前已实现对东南亚全覆盖。

BDS可在全球范围内全天候、全天时为各类用户提供高精度、高可靠定位、导航、授时服务，并具短报文通信能力，已经初步具备区域导航、定位和授时能力，定位精度10m，测速精度0.2m/s，授时精度10ns。

4. 图像匹配导航

由于地表特征一般很难发生变化，所以预先拍摄地表图片存储在无人机中，当无人机飞过时，通过辨别原图和当前地表特征来判断飞行位置，从而进行导航。

图像匹配导航分为地形匹配导航和景象匹配导航两种。图像匹配导航的关键数据原图称为数字地图。

5. 天文导航

天文导航是以已知准确空间位置的自然天体为基准，通过天体测量仪器被动地探测天体位置，经解算确定测量点所在载体的导航信息。天文导航不需要其他地面设备的支持，所以具有自主导航特性，也不受人工或自然形成的电磁场的干扰，不向外辐射电磁波，隐蔽性好，定位、定向的精度比较高，定位误差不随时间积累，具有广泛应用。

常用的天文导航仪器有星体跟踪器、天文罗盘和六分仪等。星体跟踪器能从天空背景中搜索、识别和跟踪星体，并测出跟踪器瞄准线相对于参考坐标系的角度；天文罗盘通过测量太阳或星体方向来指示无人机的航向；六分仪通过对恒星或行星的测量从而指示出无人机的导航信息。

6. 组合导航

组合导航是无线电导航、卫星导航、图像匹配导航和天文导航等一个或几个与惯性导航组合在一起，形成的综合导航系统。因为惯性导航能够提供比较多的导航参数，还能够提供全姿态信息参数，所以一般组合导航中以惯性导航为主。

1.6 无人机任务载荷系统和发射回收系统

1.6.1 无人机任务载荷系统

无人机任务载荷系统是指装备到无人机上用以实现无人机飞行所要完成的特定任务的设备、仪器及其子系统。无人机系统升空执行任务，通常需要搭载任务载荷。任务载荷一般与侦察、武器投射、通信、遥感或货物运输有关。无人机的设计通常围绕所应用的任务载荷进行。有些无人机可携带多种任务载荷。任务载荷的大小和重量是无人机设计时最重要的考虑因素。

1. 军用任务载荷

军用无人机安装的光电侦察设备主要有CCD、前视红外仪、合成孔径雷达、激光测距(SAR)和激光雷达等。

CCD(Charge Coupled Device)即电荷耦合器件，也称CCD图像传感器。CCD是一种半导体器件，能够把光学影像转化为数字信号，其上植入的微小光敏物质称作像素，像素数越多画面分辨率越高。它的作用就像胶片一样，但它是把图像像素转换成数字信号。与航空照相机相比，具有实时信号传输能力，同时体积小、重量轻、寿命长、可靠性高，更适合作为机载设备。

前视红外仪：具有高光学分辨力的高速扫描热像仪。通常装在无人机的头部，摄取无人机前方和下方景物的红外辐射。前视红外仪是热成像技术在军事上的一项重要应用，可以完成夜间监视，目标捕获、定位和指引，火炮和导弹的瞄准攻击等，也能作为白天或夜间无人机滑行、起飞和着陆时的辅助导航设备。

合成孔径雷达：合成孔径雷达在夜间和恶劣气候时能有效地工作，它能够穿透云层、雾和战场遮蔽，以高分辨率进行大范围成像。目前，轻型天线和紧凑的信号处理装置的发展以及成本的降低，使合成孔径雷达已经能够装备在战术无人机上。

激光测距和激光雷达：是以发射激光束探测目标的位置、速度等特征量的雷达系统。其工作原理是向目标发射探测信号(激光束)，然后将接收到的从目标反射回来的信号(目标回波)与发射信号进行比较，做适当处理后，就可获得目标的有关信息，如目标距离、方位、高度、速度、姿态、甚至形状等参数，从而对无人机、导弹等目标进行探测、跟踪和识别。图 1-23 所示为激光雷达。

2. 民用任务载荷

民用无人机近年来逐渐进入人们的工作和生活中，为各个领域提供了很多方便，比如，装载了航空照相机、摄像机、红外热像仪，搭载药箱、喷洒设备或者 GPS 等任务载荷的无人机，可以完成很多人难以完成的任务。

航空照相机：航空照相机是一种利用光学成像原理形成影像并使用底片记录影像的设备，是用于摄影的光学器械，如图 1-24 所示。在现代社会生活中有很多可以记录影像的设备，它们都具备照相机的特征，比如医学成像设备、天文观测设备等。

图 1-23　激光雷达

图 1-24　航空照相机

摄像机：将光学图像信号转变为电信号，以便于存储或者传输。当拍摄一个物体时，此物体上反射的光被摄像机镜头收集，使其聚焦在摄像器件的受光面(如摄像管的靶面)上，再通过摄像器件把光转变为电能，即得到了视频信号。光电信号很微弱，需通过预放电路进行放大，再经过各种电路进行处理和调整，最后得到的标准信号可以送到录像机等记录媒介上记录下来，或通过传播系统传播或送到监视器上显示出来，如图 1-25 所示。

红外热像仪：主要用于研发或工业检测与设备维护中，在防火、夜视以及安防中也有广泛应用，如图 1-26 所示。热像仪是利用红外探测器和光学成像物镜接收被测目标的红外辐射能量分布图形反映到红外探测器的光敏元件上，从而获得红外热像图，这种热像图与物体表面的热分布场相对应。通俗地讲，热像仪就是将物体发出的不可见红外能量转变为可见的热图像。热图像上的不同颜色代表被测物体的不同温度。

图 1-25　摄像机

图 1-26　红外热像仪

1.6.2　无人机发射回收系统

发射回收系统保证无人机顺利完成起飞升空，并在执行完任务后保证无人机从天空安全降落到地面。多旋翼无人机和无人直升机的发射回收一般采用垂直起降的方式，固定翼无人机常采用以下发射回收方式。

1. 发射系统

手抛发射：这种发射方式简单、可靠但是受到重量限制，是所有发射方式中最简单的，由操作手投掷到空中，一般适用于微小型低速无人机，靠无人机自身动力起飞。手抛发射如图 1-27 所示。

零长发射：一台或者多台助飞火箭发动机作为助推器产生推力，使安装在零长发射装置上的无人机发射升空。助飞火箭发动机工作时间只有几秒，无人机飞离发射装置后，助飞火箭将被抛离机体，此时无人机由机上的主发动机产生升力并完成飞行任务。一般适用于中小型无人机，如美国的“火蜂”“猎人”等。零长发射如图 1-28 所示。

图 1-27　手抛发射

图 1-28　零长发射

弹射式发射：是将弹性势能转换为机械能，使无人机加速到安全起飞速度。比如，在压缩空气、橡皮筋或者液压等弹射装置产生的弹力作用下，使安装在轨道式发射装置上的无人机发射升空，当无人机飞离发射装置后，由无人机上的主发动机产生升力并完成飞行任务。弹射式发射如图 1-29 所示。

图 1-29　弹射式发射

起落架滑跑起飞：无人机起落架滑跑起飞受到地面环境条件的限制，与有人机起飞方式相似，不同的地方有以下两点。

(1) 无人机起落架可以采用可弃式起落架，只在起飞阶段用到起落架，起飞后便抛弃，减轻无人机重量，等到回收时用其他回收方式。

(2) 轻微型无人机一般采用固定起落架，结构简单。而远航飞行的大小型无人机则采用可收放起落架，以减少飞行过程中因起落架产生的阻力。

起落架滑跑起飞几乎适用于任何类型的无人机，如图 1-30 所示。

1-30 起落架滑跑起飞

空中发射：无人机一般由直升机携带在两侧或者悬挂在固定翼无人机机翼下和机腹的挂架上，由有人驾驶飞机携带无人机到空中，当达到无人机预定所需高度和速度时，先启动无人机发动机再将无人机投放至空中。无人机空中发射成本较高，除任务特别要求外一般不采用。空中发射如图 1-31 所示。

图 1-31 母机携带、空中发射

垂直起飞：这种起飞方式对场地要求不高，且多旋翼无人机和固定翼无人机垂直起飞方式不同。

多旋翼无人机垂直起飞：以旋翼作为产生升力的部件，动力系统工作带动旋翼旋转产生升力，垂直起飞。

固定翼无人机垂直起飞：有两种形式，一种是在发射场上将无人机以垂直的姿态放置，由无人机尾部支座支撑，在机上发动机作用下起飞，如图 1-32 所示。另一种是在无人机上配置专门用于垂直起飞用的发动机，使无人机能够垂直起飞。

2. 回收系统

伞降回收：由主伞和减速伞(阻力伞)二级伞组成降落伞，回收方式较为普通。使用伞降方式回收时，先由无人机接收地面站发送的回收指令，无人机开始无动力飞行，减速降高到合适值时，减速伞打开，无人机下降过程的速度减小到合适高度速度时主伞打开，充气完

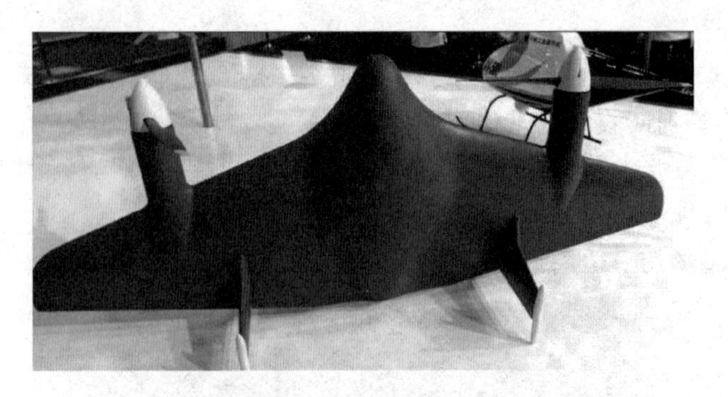

图 1-32　垂直起飞

成的主伞悬挂无人机慢慢着陆，着陆瞬间开关接通主伞脱离。伞降回收如图 1-33 所示。

空中回收：用有人机回收无人机，使用这种回收方式的前提是有人机上必须有空中回收系统，无人机上必须有减速伞、主伞、钩挂伞、吊索和可旋转的脱落机构。其工作过程是地面站给无人机发出遥控指令，无人机接收指令，减速伞打开，同时使发动机停车，无人机开始下降；当无人机在减速伞作用下降到合适高度和速度时，主伞和钩挂伞打开，钩挂伞高于主伞，吊索方向指向前进的方向。此时有人机逆风进入，钩住无人机钩挂伞和吊索，主伞自动脱离无人机，有人机空中悬挂运走无人机。这种回收方式的好处是不会损伤无人机；不足之处是成本过高，不能大范围使用。空中回收如图 1-34 所示。

图 1-33　伞降回收

图 1-34　空中回收

起落架滑跑着陆：回收方式与有人机相似，无人机起落架滑跑着陆受到地面环境条件的限制，不同之处如下。

(1) 在跑道要求方面，无人机比有人机要求低。

(2) 有些无人机特意将起落架局部设计成较脆弱的结构，用以吸收无人机着陆时撞地能量。

(3) 有些无人机会在尾部装上尾钩，在回收着陆滑跑过程中，尾钩勾住地面的拦截索，通过拦截索的弹性变形吸收无人机的动能，降低速度缩短滑跑距离。

撞网回收：用阻拦网系统回收无人机是目前世界小型无人机较普遍采用的回收方式之一。阻拦网系统通常由阻拦网、能量吸收装置和自动引导设备组成。能量吸收装置与阻拦网相连，其作用是吸收无人机撞网的能量，免得无人机撞网后在网上弹跳不止，以致损伤。自动引导设备一般是一部置于网后的电视摄像机，或是装在阻拦网架上的红外接收机，由它们及时向地面站报告无人机返航路线的偏差。撞网回收如图 1-35 所示。

“天钩”回收：和撞网回收相似，回收时控制无人机飞向绳索，利用无人机翼尖挂钩勾住绳索回收，如图 1-36 所示。

图 1-35　撞网回收

图 1-36　“天钩”回收

第2章 无人机装调工具材料与操作安全

无人机组装与调试需要使用各类工具材料，本章2.1节介绍无人机装调过程中常用工具和材料及使用注意事项，为装调时选用工具、材料提供参考依据。2.2节介绍无人机组装与调试过程中的用电安全、实训室安全操作规程和实操场地"9S"管理。

2.1 无人机装调常用工具材料

无人机的装调包括机械组装、电气组装和相关调试工作，组装与调试过程中会用到各种工具、材料。常用的工具有螺钉旋具、水口钳和斜口钳、剥线钳、内六角扳手、开口扳手、小型台钳、手工锯、锉刀、手电钻、万用表、电烙铁、风枪焊台、热熔胶枪、舵机测试器和桨平衡器等；常用的材料有碳纤维、玻璃纤维、塑料、铝合金、轻木、泡沫板(KT板、EPP板、EPO板)、T形插头、香蕉形插头、XT60插头、XT90插头、EC系列插头、JST插头、杜邦线、XH2.54/2S 3S 4S 5S 6S硅胶线平衡充电插头、AWG硅胶线、热熔胶、纤维胶带、液体泡沫胶、双面泡沫胶、尼龙扎带、魔术扎带、魔术贴、焊锡、热缩管、螺栓、螺母、螺钉、铝柱、尼龙柱/隔离柱、低电量报警器(BB响)、电动机座灯、尾灯和减振器等。

2.1.1 工具

1. 螺钉旋具

螺钉旋具又称"起子"(如图2-1所示)，用来拧螺钉，其按不同的头形可以分为一字形、十字形、米字形、星形、方头、六角头和Y形头部等，其中一字形螺钉旋具、十字形螺钉旋具、内六角螺钉旋具是人们生活中最常用的。

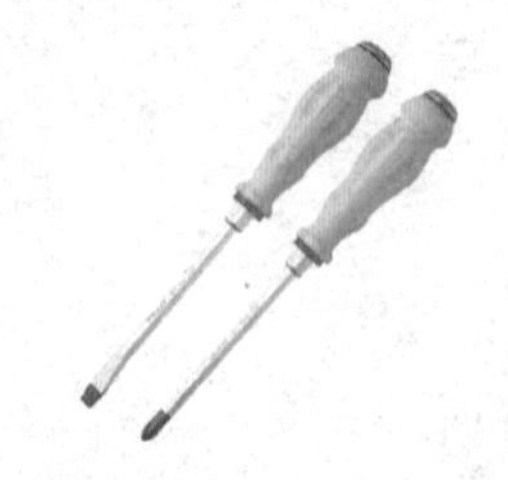

(a) 一字形、十字形螺钉旋具

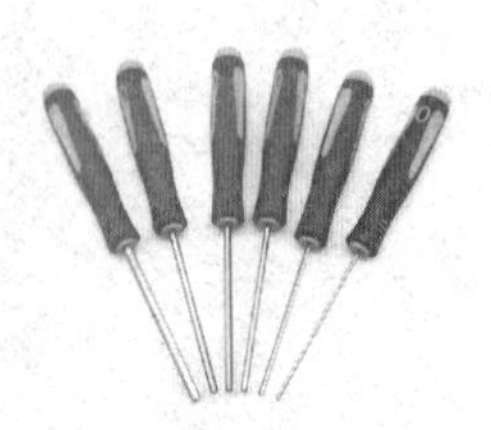

(b) 内六角螺钉旋具

图2-1 螺钉旋具

一字形螺钉旋具如图2-1(a)上所示，型号表示为刀头宽度×刀杆长度。例如，2mm×75mm，则表示刀头宽度为2mm，金属杆长为75mm(非全长)。

十字形螺钉旋具如图 2-1(a)下所示，型号表示为刀头大小×刀杆。例如，2 号×75mm，则表示刀头为 2 号，金属杆长为 75mm(非全长)。有些厂家以 PH2 来表示 2 号，实际上意思是一样的。可以以刀杆的粗细来大致估计刀头的大小，不过工业上是以刀头大小来区分的。型号为 0 号、1 号、2 号、3 号、4 号，对应的金属杆粗细大致为 3.0mm、4.0mm、6.0mm、8.0mm、9.0mm。

内六角螺钉旋具如图 2-1(b)所示，型号表示为六角对边的距离，常见的有 1.5mm、2.0mm、2.5mm、3.0mm、4.0mm、5.0mm 等。

螺钉旋具使用注意事项如下。

(1) 使用时，右手握住旋具，手心抵住柄端，旋具和螺钉同轴心，压紧后用手腕扭转，松动后用手心轻压旋具，用拇指、中指、食指快速扭转。

(2) 使用长杆旋具，可用左手协助压紧和拧动手柄。

(3) 刀具应与螺钉槽口大小、宽窄、长短相适应，刀口不得残缺，以免损坏槽口和刀口。

(4) 不可用锤子敲击旋具柄或当錾子使用，不可当作杠杆使用，刃口不可磨削，以免破坏硬化表面。

(5) 不可把旋具口端用扳手或者其他工具增加阻力，以免破坏旋杆；螺钉旋具不可放在衣服或者裤子口袋，以免碰撞或跌倒时造成人身伤害。

2. 水口钳和斜口钳

水口钳如图 2-2(a)所示，斜口钳如图 2-2(b)所示。

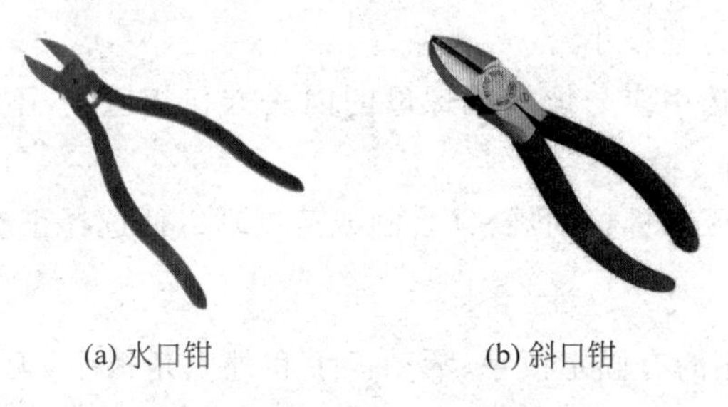

(a) 水口钳　　(b) 斜口钳

图 2-2　水口钳和斜口钳

两者的区别：水口钳用来剪掉多余的线头、电子元器件引脚或扎带。水口钳刃口比较薄且锋利，适用于剪细铜线和塑料橡胶等材料，剪断铜线后的切口是平的，剪完塑料后切口是齐整的；斜口钳刃口比较厚，可以剪粗一点的铜线和铁线，剪断铜线后的切口是斜的。斜口钳(斜嘴钳)剪断后的铁丝切口形状是“＞＜”形、水口钳则是“|”形。

水口钳和斜口钳使用注意事项如下。

(1) 禁止剪钢丝、粗铁丝及较硬的物品。

(2) 禁止敲打、用作撬棒。

(3) 使用时，尽量避免对准身体，防止打滑伤人。

(4) 用完后清理脏污，并涂油保养，可以防止刃口老化氧化。

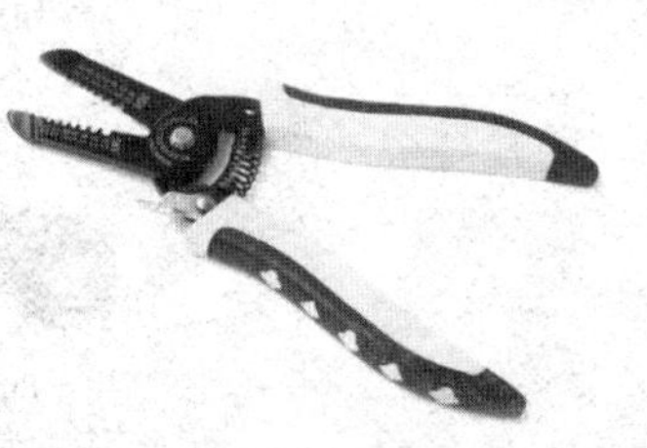

图 2-3　剥线钳

3. 剥线钳

剥线钳如图 2-3 所示，是电工、修理工、仪器仪表电工常用的工具之一,用来剥除电线头部的表面绝缘层,使电线被切断的绝缘皮与电线分开,剥线钳的塑料手柄还可以防止触电。

剥线钳使用注意事项如下。

(1) 根据电缆线的粗细型号,选择相应的剥线刀口。

(2) 将准备好的电缆放在剥线工具的刀刃中间,选择好要剥线的长度。

(3) 握住剥线工具手柄,将电缆夹住,缓缓用力使电缆外表皮慢慢剥落。

(4) 松开工具手柄,取出电缆线,这时电缆金属整齐露出外面,其余绝缘塑料完好无损。

4. 内六角扳手

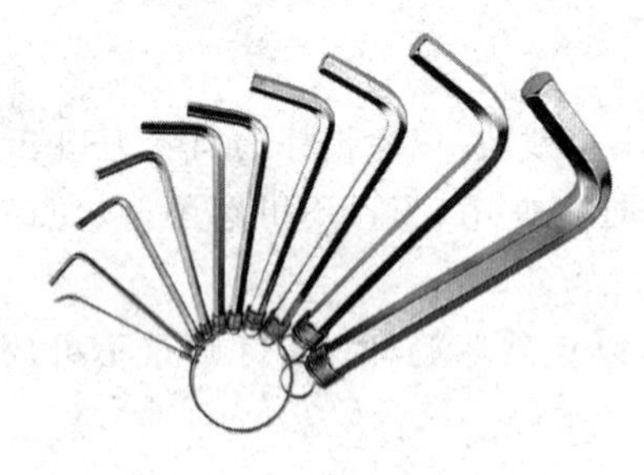

图 2-4 内六角扳手

内六角扳手如图 2-4 所示,它通过扭矩施加对螺钉的作用力,大大降低了使用者的用力强度。内六角螺钉与一字形、十字形螺钉旋具在使用的时候受力不一样,一字形和十字形螺钉需要人用轴向力压住螺钉再拧,容易拧花螺钉头;而内六角螺钉则是将内六角扳手插入螺钉头后给一个旋转力就行,不容易打滑,可以拧得更紧。所以一般受力比较大的地方采用内六角螺钉来连接。

内六角扳手使用注意事项如下。

(1) 用于拧紧或拧松标准规格的内六角螺栓。

(2) 拧紧或拧松的力矩较小。

(3) 内六角扳手的选用应与螺栓或螺母的内六方孔相适应,不允许使用套筒等加长装置,以免损坏螺栓或扳手。

(4) 使用前要正确区分螺栓的规格(公制或英制),以便选择正确规格的内六角扳手。

5. 扳手

扳手种类很多,常用的有固定扳手、活动扳手和外六角扳手,无人机无刷电动机大多采用六角螺母或者是带子弹头的六角螺母,所以扳手在无人机的装调时最常用的就是拆装螺旋桨。固定扳手如图 2-5(a)所示,活动扳手如图 2-5(b)所示,纤维板切割的外六角扳手如图 2-5(c)所示。

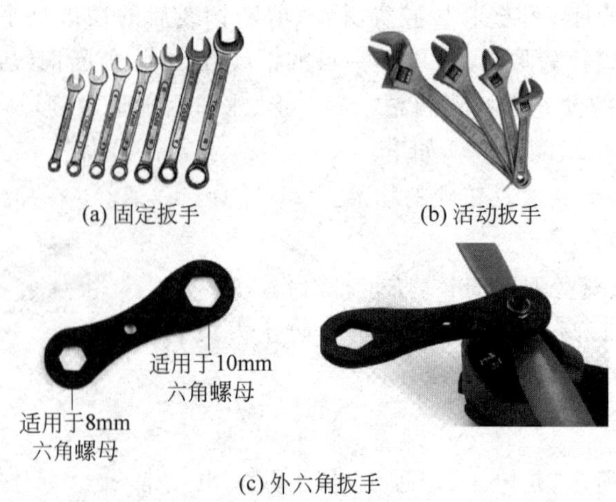

(a) 固定扳手

(b) 活动扳手

(c) 外六角扳手

图 2-5 扳手

1）固定扳手使用注意事项

(1) 扳手开口大小的选择应与螺栓、螺母头部的尺寸一致。

(2) 扳手开口厚的一边应置于受力大的一侧。

(3) 扳动时以拉动为好，若必须推动时，为防止伤手，可用手掌推动。

(4) 多用于拧紧或拧松标准规格的螺栓或螺母。

(5) 不可用于拧紧力矩较大的螺母或螺栓。

(6) 可以上、下套入或者横向插入，使用方便。

2）活动扳手使用注意事项

(1) 此种扳手的开度可以自由调节，适用于不规则的螺栓或螺母。

(2) 使用时，应将钳口调整到与螺栓或螺母的对边距离同宽，并使其紧密贴合，让扳手可动钳口承受推力，固定钳口承受拉力。

(3) 不可用扳手当作铁锤敲击，不可在扳手柄端再套上管子来增加扳手的扭力。

(4) 活动扳手的开口尺寸能在一定范围内任意调节，应向固定边施力，绝不可向活动边施力。

(5) 限于拆装开口尺寸限度以内的螺栓、螺母，特别对不规则的螺栓、螺母，活动扳手更能发挥作用。

(6) 不可用于拧紧力矩较大的螺栓、螺母，以防损坏扳手活动部分；扳手开口若有磨损或使用时有打滑现象时，不可再继续使用，以免打滑产生事故。

(7) 原则上能使用套筒扳手的不使用梅花扳手，能使用梅花扳手的不使用固定扳手，能使用固定扳手的不使用活动扳手。

6. 小型台钳

小型台钳又称虎钳、台虎钳，如图2-6所示，是夹持、固定工件以便进行加工的一种工具，使用十分广泛。台钳为钳工必备工具，也是钳工的名称来源原因，因为钳工的大部分工作都是在台钳上完成的，比如锯、锉、錾，以及零件的装配和拆卸。台钳安装在钳工台上，以钳口的宽度为标定规格，常见规格为75～300mm。台钳一般用于装配车间，小型台钳因其体积小、重量轻，可以方便地在多种场合使用，如工作台、办公桌等，在无人机装调时可以用来夹紧碳管、碳纤维板进行简单的加工，也可以夹持电子元器件方便焊接。

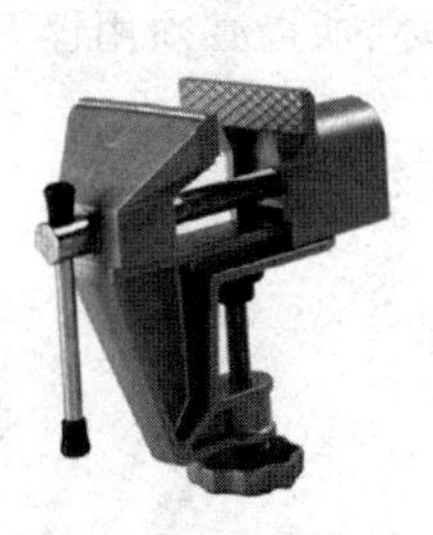

图2-6 小型台钳

小型台钳使用注意事项如下。

(1) 使用前要检查其表面有无裂纹或损坏，禁止使用不符合规定的台钳。

(2) 使用前要检查其机械各部位是否保持正常状态，固定螺钉有无松动等现象，转动部分是否灵活，活动钳体是否能自由往返，不得有部分过紧现象。

(3) 台钳的开口度与夹紧力应符合标准规定。

(4) 台钳是手动工具，夹持工件时，不得附加手柄，被夹持工件必须夹持牢固，火花飞出方向不应对着人及易燃物品。

(5) 操作中不宜用力过猛。

(6) 开口量必须小于规格范围内使用。

(7) 活动零件应该经常注油，用后擦净。

(8) 用后要清理现场，并定期检查。

7. 手工锯

手工锯如图 2-7 所示。在组装加工无人机时，经常需要加工碳管、碳纤维板等零配件，在不方便机加工时，可以用手工锯进行简单的制作。

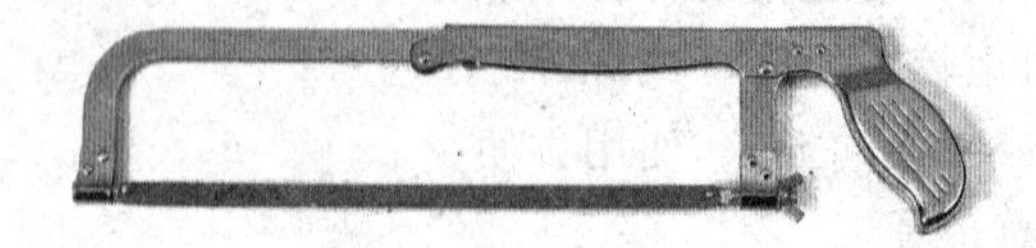

图 2-7　手工锯

手工锯使用注意事项如下。

(1) 锯条的安装，应使齿尖朝着向前推的方向。

(2) 锯条的张紧程度要适当，过紧，容易在使用中崩断；过松，容易在使用中扭曲、摆动，使锯缝歪斜，也容易折断锯条。

(3) 锯断一般以右手为主，握住锯柄，加压力并向前推锯；以左手为辅，扶正锯弓，根据加工材料的状态(板料、管材、圆棒)可以做直线式或者上下摆动式的往复运动，向前推锯时应该均匀用力，向后拉锯时双手自然放松。快要锯断时，应注意轻轻用力。

(4) 使用手锯时，明确工件的夹紧位置，不允许怀抱虎钳进行锯削。

8. 锉刀

在手工制作和加工零件时，如桌面机床加工、锯销加工、钻孔加工后会残留下锋利的毛刺，如不去除，一是容易割伤人或电线；二是碳纤维由于材质结构(编织状)的原因容易损坏，所以必须用锉刀将棱角打磨平整；常用的有什锦锉[图 2-8(a)]和普通锉[图 2-8(b)]。

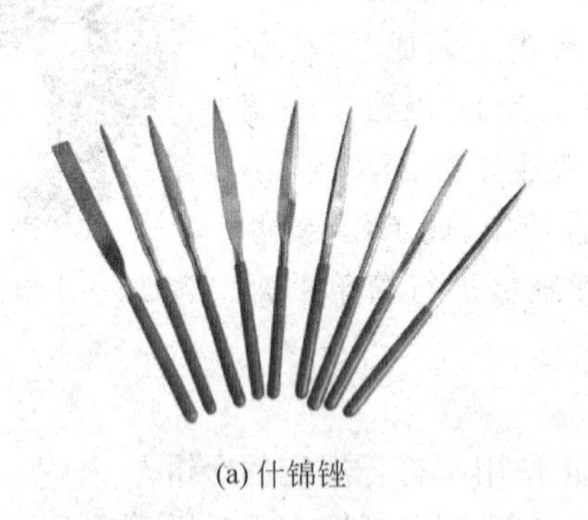

(a) 什锦锉

木柄锉刀(平)
木柄锉刀(半圆)
木柄锉刀(三角)
木柄锉刀(四角)
千代木柄锉刀(圆)
四角 半圆 平 三角 圆

(b) 普通锉

图 2-8　锉刀

锉刀使用注意事项如下。

(1) 细锉刀不能锉软金属。

(2) 不准用新锉刀锉硬金属，不准用锉刀锉淬火材料。

(3) 有硬皮或粘砂的锻件和铸件，须在砂轮机上将其磨掉后，才可用半锋利的锉刀锉削。

(4) 新锉刀先使用一面，当该面磨钝后再使用另一面。锉削时，要经常用钢丝刷清除锉齿上的切屑。

(5) 锉刀不可重叠或者和其他工具堆放在一起。

(6) 用锉刀时不宜速度过快,否则容易过早磨损。

(7) 锉刀要避免沾水、沾油或者其他脏污。

9. 手电钻

手电钻是手工制作、维修必备工具,可用来钻孔、攻螺纹、拧螺钉等,常用的有充电式手电钻[图 2-9(a)]和 220V 插电式手电钻[图 2-9(b)]。

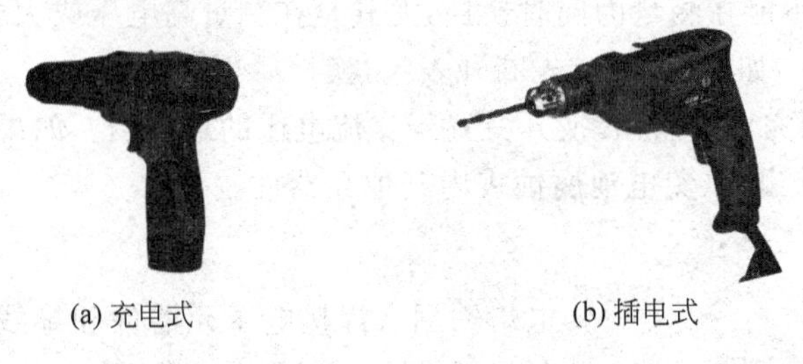

(a) 充电式　　(b) 插电式

图 2-9　手电钻

手电钻使用注意事项如下。

(1) 手电钻在使用时不准戴手套,以防止手套缠绕。

(2) 使用前检查手电钻是否接地线,核对电压是否相符,通电先空转检查旋转方向是否正常后再使用。

(3) 钻孔前,要确定钻头装夹位置是否合适,是否紧固到位。

(4) 钻孔时,孔在即将钻透时,手电钻的进给量要适当减小,身体压力适当减小,避免切削量过大,造成手电钻从手中脱落或者折断造成安全事故。

(5) 操作时发现手电钻内部出现严重打火声、异味、冒烟应停止使用。

(6) 装卸钻头应在手电钻完全停止转动并断电时进行,不准用锤和其他器件敲打钻夹头。

(7) 操作完成或移动手电钻时应断电。

10. 万用表

万用表主要功能是测交直流电压、电阻和直流电流等,功能多的万用表还可测交流电流、电容、三极管放大倍数和频率等。一般分为数字式万用表[图 2-10(a)]和机械式万用表[图 2-10(b)]。在无人机组装与调试、维修过程中经常需要测量锂电池电压、飞控电源输入电压、电调 EBC 电压、摄像头电压、图传电压、线路通断和分电板分电情况等。

(a) 数字式

(b) 机械式

图 2-10　万用表

万用表使用注意事项如下。

(1) 在使用万用表之前,应先进行机械调零,即在没有被测电量时,使万用表指针指在零电压或零电流的位置上。

(2) 万用表在使用时,必须水平放置,以免造成误差。

(3) 要注意避免外界磁场对万用表的影响。

(4) 在使用万用表过程中,不能用手去接触表笔的金属部分,这样一方面可以保证测量的准确;另一方面也可以保证人身安全。

(5) 在测量时,不能在测量的同时换挡,尤其是在测量高电压或大电流时更应注意。否则,会使万用表毁坏。如需换挡,应先断开表笔,换挡后再去测量。

(6) 万用表使用完毕,应将转换开关置于交流电压的最大挡。如果长期不使用,还应将万用表内部的电池取出,以免电池腐蚀表内其他元器件。

11. 电烙铁

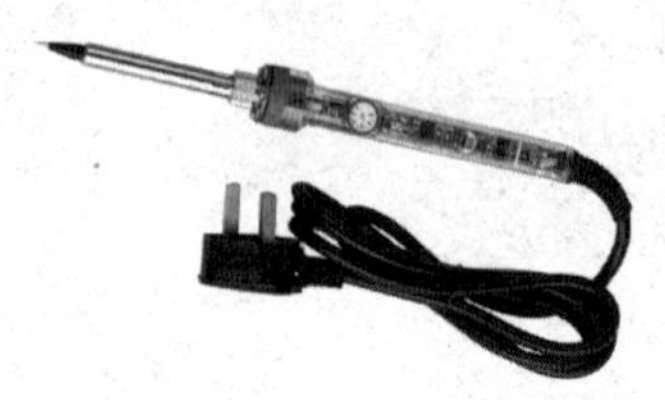

图 2-11　电烙铁

电烙铁用来焊接电子元器件和导线,如图 2-11 所示,在电子制作及维修过程中是必不可少的工具。按机械结构不同,分为外热式和内热式;按功能不同,分为无吸锡电烙铁和吸锡式电烙铁;按用途不同,分为大功率电烙铁和小功率电烙铁。其选用方法主要根据功率大小和烙铁头形状来选择。

电烙铁使用注意事项如下。

(1) 电烙铁使用前应检查使用电压是否与电烙铁标称电压相符。

(2) 电烙铁应该接地。

(3) 电烙铁通电后不能任意敲击、拆卸及安装其电热部分零件。

(4) 电烙铁应保持干燥,不宜在过分潮湿或淋雨环境中使用。

(5) 拆烙铁头时,要关掉电源。

(6) 关掉电源后,利用余热在烙铁头上上一层锡,以保护烙铁头。

(7) 当烙铁头上有黑色氧化层时,可用砂布擦去,然后通电,并立即上锡。

(8) 海绵用来收集锡渣和锡珠,用手捏刚好不出水为宜。

(9) 电烙铁用完要及时保养。

12. 风枪焊台

风枪焊台又名热风台或热风拆焊台,如图 2-12(a)所示,主要是利用发热电阻丝的枪芯吹出的热风来对元器件进行焊接与摘取元器件的工具。焊台如图 2-12(b)所示,从本质上说也是电烙铁的一种,只是在电子焊接发展过程中因为焊接技术的发展要求而出现的新的焊接工具,从外观上最明显的区别就是多了一个调温台,性能上的区别主要是温度控制精准、升温快。风枪和焊台组合在一起的叫风枪焊台一体机,如图 2-12(c)所示。

热风枪使用注意事项如下。

(1) 禁止将热风枪用作取暖,操作结束或者离开时确定已经切断工具电源。

(2) 操作时严禁出风口朝向人员,或易燃易爆的物品。

(3) 操作时发现严重打火、怪声、异味、冒烟等应停止使用。

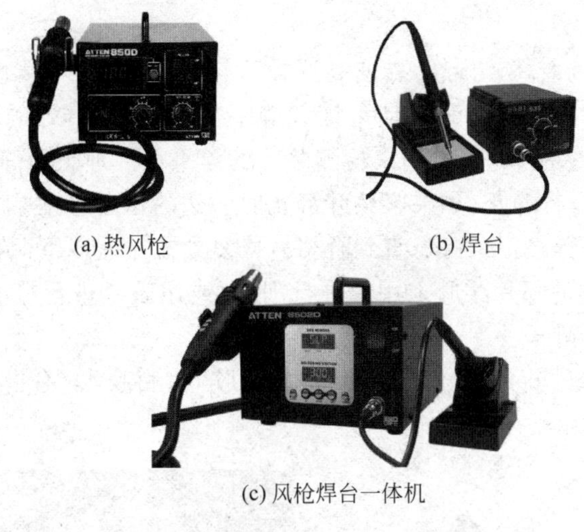

(a) 热风枪　(b) 焊台

(c) 风枪焊台一体机

图 2-12　风枪焊台

(4) 操作时严禁人员触摸出风口位置。

(5) 暂停使用,放置一旁时必须将加热口朝上垂直放置。

13. 热熔胶枪

热熔胶枪如图 2-13 所示,是一款非常方便快捷的粘胶工具,比液体胶水最大的优势就是粘固的速度快,效率高;缺点是胶体比较重,对一些起飞重量有严格要求的无人机来说不太适合。

热熔胶枪使用注意事项如下。

(1) 使用前检查接地线、电源线,确定正常方可使用。

(2) 操作结束或者临时离开确定已经切断工具电源。

(3) 操作时严禁加热,以免碰伤人员或物品。

(4) 必须放置在托架上,加热头朝下,严禁倒置。

(5) 涂胶时戴手套,避免烫伤身体。

14. 舵机测试器

舵机测试器如图 2-14 所示,主要用来检测舵机的虚位、抖动和中位,也可用来测量无刷电动机的接线和转向的对应关系。

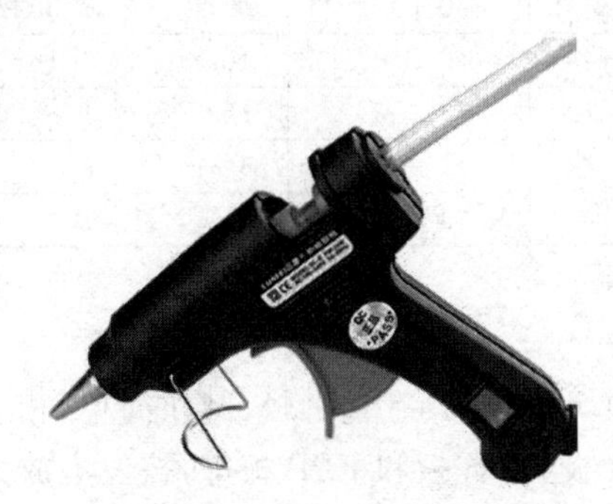

图 2-13　热熔胶枪

图 2-14　舵机测试器

15. 桨平衡器

螺旋桨装在无人机上高速旋转，转速高达数万转，如果桨的平衡性不好，会影响飞行平稳性，产生振动、噪声等。因此，桨的动平衡和静平衡非常重要，好的静平衡是动平衡的基础。桨平衡器如图 2-15 所示，可以用来检测桨叶的静平衡。理想的静平衡状态是螺旋桨无论处于任意角度均能自行静止，如果某桨叶静止时一边的位置总是“下沉”，即应找出这个桨叶两边的差异，并且进行修正、再试，直到合格。修复的方法有以下两种。

(1) 削剪法：在重的那片桨叶上用刀进行削剪，或用砂纸进行打磨，从而使两叶片重量一样，最终水平达到平衡。

(2) 增重法：在轻的叶片上增加重量，比如贴胶布、滴胶水、涂指甲油、喷漆，使两片桨叶重量一样，最终达到水平平衡。

图 2-15　桨平衡器

2.1.2 材料

1. 碳纤维、玻璃纤维、塑料、铝合金、轻木

在组装无人机时通常要选取适合的材料，比如碳纤维、玻璃纤维、塑料、铝合金、轻木等。铝合金一般用于一些连接件，如管夹、折叠脚架等；轻木一般用于固定翼无人机，多旋翼无人机主要采用碳纤维、玻璃纤维、塑料材料。各材料的性能如表 2-1 所示。

表 2-1　材料性能

性能＼材料	碳纤维	玻璃纤维	丙烯酸塑料	铝合金	轻　木
密度/(lb/cu in)	0.05	0.07	0.04	0.1	0.0027～0.0081
刚度/msi	9.3	2.7	0.38	10.3	0.16～0.9
强度/ksi	120	15～50	8～11	15～75	1～4.6
价格(10 个级别,1 最便宜)	10	4	1	3	1
加工难易度(10 个级别,1 最容易)	7	3	3	3	1

2. 泡沫板(KT 板、EPP 板、EPO 板)

泡沫板如图 2-16 所示，多用于小型固定翼无人机，具有重量轻、制作简单、相对耐摔、容易修复等特点。按材料不同分为 KT 板、EPO 板、EPS 板和 EPP 板等，按发泡放大比例(发泡后比发泡前的增大倍数)，分为低发泡(15 倍以下)到高发泡(40 倍以上)。放大倍数越小，材料硬度越硬，韧性越差。

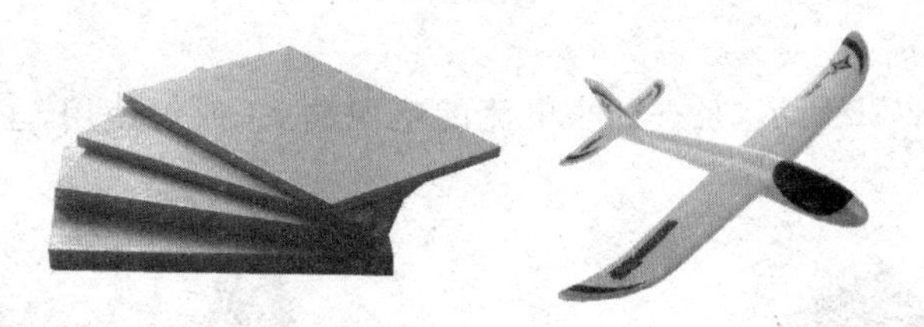

图 2-16 泡沫板

3. T形插头

T形插头如图 2-17 所示，由于两个金属导电部分一个横一个竖成一 T 形，所以称为T形插头。T形插头可以防止正负极接反，成对使用，一头凸出的为公头(图左)，凹进去的为母头(图右)，通常作为电源接头。

4. 香蕉形插头

香蕉形插头简称香蕉头，如图 2-18 所示，成对使用，一头凸出的为公头，凹进去的为母头，是一种快速插拔的电源接头。其主要参数是直径和允许电流，根据直径的大小有多种型号：2.0mm、3.0mm、3.5mm、4.0mm 、5.5mm、6.0mm、8.0mm。

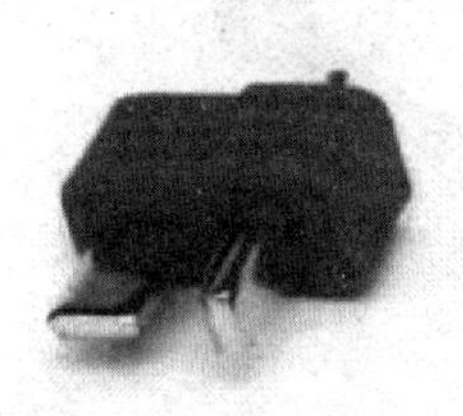

图 2-17 T形插头

图 2-18 香蕉形插头

5. XT60、XT90 插头

XT60 插头如图 2-19 所示，插头里面是 3.5mm 的香蕉头，由于外壳端部一边为直边一边为斜边，也可以防止正负极接反，通常用作电源接头，成对使用，一头凸出的为公头，凹进去的为母头。各种插头可以自由焊接作为转接，XT60 和 T 形插头的转接头如图 2-20 所示。XT90 插头和 XT60 插头外形相似，只是尺寸大了一号，里面的香蕉头为 4.5mm。

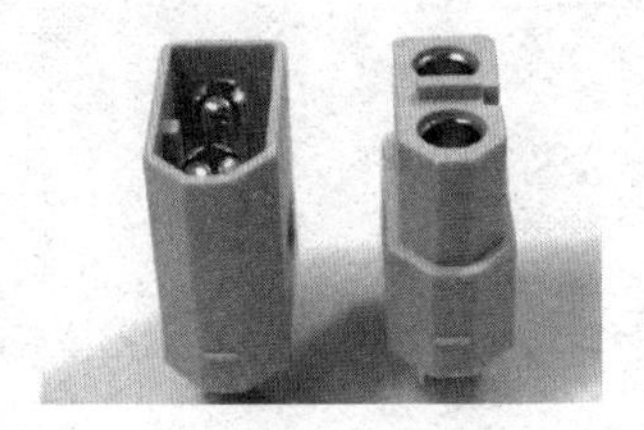

图 2-19 XT60 插头

图 2-20 XT60 和 T 形插头的转接头

6. EC 系列插头

EC 系列插头如图 2-21 所示，主要有 EC2、EC3、EC5，EC2 使用 2mm 镀金香蕉头，EC3 使用 3.5mm 镀金香蕉头，EC5 使用 5mm 镀金香蕉头。

7. JST 插头

JST 插头如图 2-22 所示，是一种小电流的电源插头，成对使用，正反面形状不一样，也具有防接反功能。

图 2-21　EC 系列插头

图 2-22　JST 插头

8. 杜邦线

杜邦线如图 2-23 所示，有各种型号，有独立一根一根的，也有组合在一起的。无人机常用的有 3 根组合的 3P 杜邦线，用于飞控和电调的连接、接收机的连接等。

图 2-23　杜邦线

9. XH2.54/2S 3S 4S 5S 6S 硅胶线平衡充插头

XH2.54 接头如图 2-24 所示，主要用于锂电池的平衡充电，2S 电池表示两块电芯共 3 根线，其中红色是正极，第一根黑色线是第一块电芯的负极，第二根黑色线是第二块电芯和第一块电芯串联后的负极，3S 电池共 4 根线，依此类推。

图 2-24　平衡充插头

10. AWG 硅胶线

AWG 硅胶线如图 2-25 所示，其特点为耐高温、线身柔软有弹性、绝缘性能好，在无人机装配中常用作主电源线使用。型号根据粗细来命名，型号数越大，则线越细，如 26AWG（0.14mm^2）、24AWG（0.2mm^2）、22AWG（0.33mm^2）、20AWG（0.5mm^2）、18AWG（0.75m^2）、16AWG（1.27mm^2）、14AWG（2.07mm^2）、13AWG（2.51mm^2）、12AWG（3.42mm^2）、10AWG（5.3mm^2）、8AWG（8.29mm^2）、6AWG（16.08mm^2）。

11. 热熔胶

热熔胶如图 2-26 所示，配合上述内容中讲的热熔胶枪使用，是一种可塑性的无毒无味的绿色环保胶粘剂，在一定温度范围内热熔胶的物理状态随温度变化而变化，而化学特性保持不变。可用于塑料、电子元器件、泡沫板的粘接。

图 2-25　AWG 硅胶线

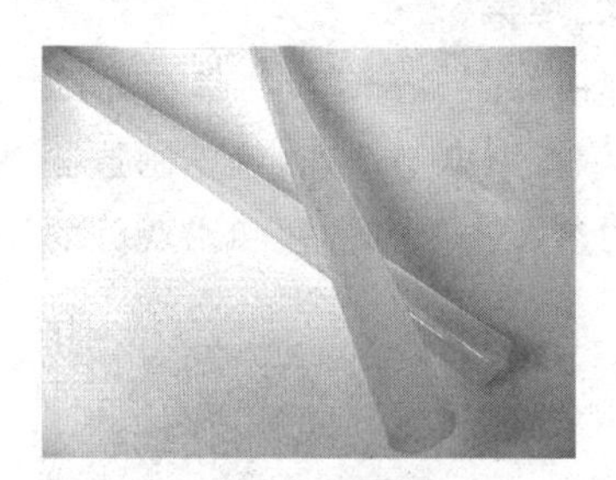

图 2-26　热熔胶

12. 纤维胶带、液体泡沫胶、双面泡沫胶

纤维胶带如图 2-27(a)所示，是泡沫板固定翼无人机常用的胶带，它的主要特点是便携、快速，可以在户外飞行时对损坏的无人机表面进行快速修补；液体泡沫胶如图 2-27(b)所示，一般是指液体的、专门用来粘泡沫板的胶；双面泡沫胶如图 2-27(c)所示，主要用来粘各种电子元器件。

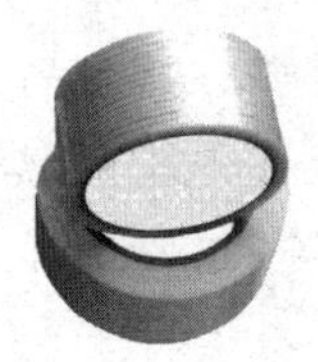

(a) 纤维胶带

(b) 液体泡沫胶

(c) 双面泡沫胶

图 2-27　粘胶

13. 尼龙扎带

尼龙扎带如图 2-28 所示，具有良好的耐酸性、腐蚀性、绝缘性，不易老化、承受力强。操作温度为－20～＋80℃(普通尼龙为 66℃)。可用于无人机装调时的导线捆扎和固定、零配件的固定等。具有绑扎快速、绝缘性好、自锁紧固、使用方便等特点。

图 2-28　尼龙扎带

14. 魔术扎带

魔术扎带如图 2-29 所示，又名魔术贴束线带、粘扣扎带，它采用魔术贴的原理，一面是毛面，一面是勾面，贴在一起时，能相互粘连，在受到一定的拉力下，富有弹性的勾被拉直，从毛面的绒圈上松开，然后又恢复原有的钩形。魔术扎带主要用于电池的固定。

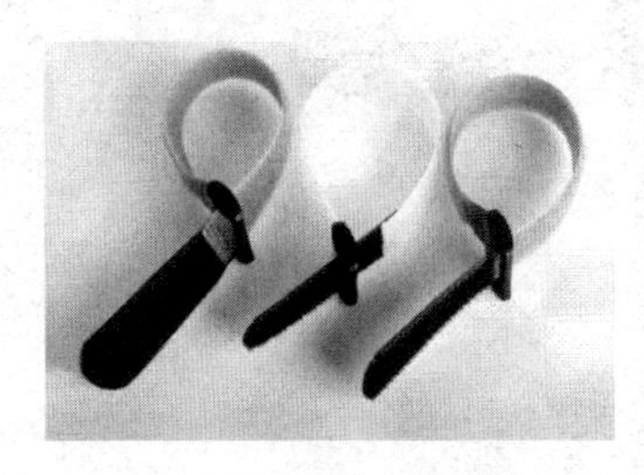

图 2-29　魔术扎带

15. 魔术贴

魔术贴的原理和魔术扎带一样，只是在背面有胶，可以将背面粘贴在物体上，无人机装调时可用来粘贴需要常装拆的物品，如电池、U-BOX 等。

16. 焊锡

焊锡如图 2-31 所示，是在焊接线路中连接电子元器件的重要工业原材料，广泛应用于电子工业、家电制造业、汽车制造业、维修业和日常生活中，是电子行业中必不可少的材料。焊锡的参数主要有含锡和铅成分的比例、熔点和直径。

图 2-30 魔术贴

图 2-31 焊锡

17. 热缩管

图 2-32 热缩管

热缩管如图 2-32 所示，是一种特制的聚烯烃材质热收缩套管，也可以叫作 EVA 材质。具有高温收缩、柔软阻燃、绝缘防蚀功能。广泛应用于各种线束、焊点、电感的绝缘保护，金属管、棒的防锈、防蚀等，主要选择方法是根据内孔直径大小和收缩率。

18. 螺栓、螺母、螺钉

螺栓如图 2-33(a)所示，在机械制造中广泛应用于可拆连接，一般与螺母(通常再加上一个垫圈或两个垫圈)配套使用，螺母与螺栓相配使用；由于无人机飞行过程中会产生振动，为防止螺母松动，通常采用防松螺母，如图 2-33(b)所示；螺钉如图 2-33(c)所示，通常是单独(有时加垫圈)使用，一般起紧固或紧定作用，应拧入机体的内螺纹。

(a) 螺栓　(b) 防松螺母　(c) 螺钉

图 2-33 螺栓、螺母、螺钉

19. 尼龙柱/隔离柱、铝柱

尼龙柱/隔离柱如图 2-34(a)所示，采用优质的尼龙料加工制作而成，具有无毒、质轻、优良的机械强度、耐磨性及较好的耐腐蚀性，主要用于固定和隔离电路板与零部件；铝柱如图 2-34(b)所示，铜柱如图 2-34(c)所示，采用铝合金或铜制作，硬度高，相对尼龙柱更牢固可靠，但是重量比尼龙柱重，主要作用也是固定或隔离电路板或零部件。

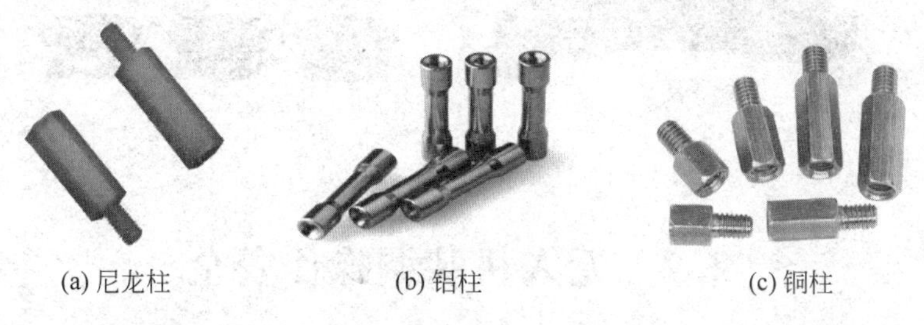

(a) 尼龙柱　(b) 铝柱　(c) 铜柱

图 2-34　尼龙柱、铝柱、铜柱

20. 低电量报警器

低电量报警器(BB 响) 如图 2-35 所示，简称为电压显示器，主要有两个功能：电压显示和低压报警。用于 1～8S 的锂电池检测，自动检测锂电池每个电芯的电压和总电压，支持反向连接保护。它可以随时随地了解电池的工作状态，使电池不会因为过放或过充而造成伤害。当电压低于设定值时，蜂鸣器就会响起，并且红色 LED 灯会闪烁。

图 2-35　低电量报警器(BB 响)

21. 电动机座灯、尾灯

电动机座灯如图 2-36(a)所示，尾灯如图 2-36(b)所示，用高亮 LED 灯珠制作而成，使用便捷，芯片内置整形电路，信号畸变不会累计，稳定显示，可用于 Naze32、CC3D 和 SP Racing F3 飞控等，能表现飞控锁定/解锁、左右副翼、制动、油门、报警提示等状态，在飞行中可警示后面的无人机，避免撞机。尾灯按照形式可分为独立式尾灯、组合式尾灯以及复合式尾灯。

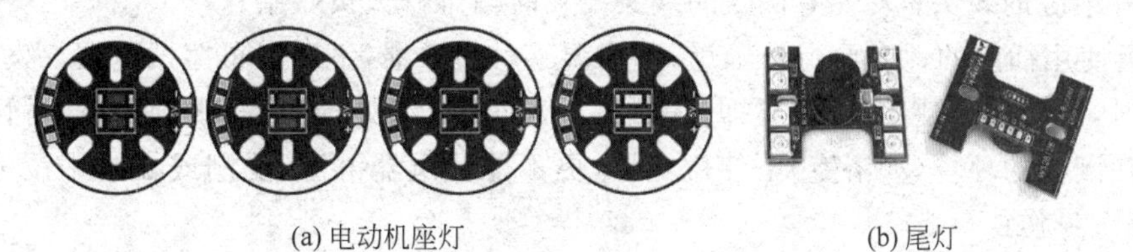

(a) 电动机座灯　(b) 尾灯

图 2-36　电动机座灯、尾灯

22. 减振器

无人机在飞行过程中会产生振动，如果飞控和机架是刚性连接，这些振动传递给飞控后会影响到里面的各种传感器，导致飞控误判断当前飞行情况，从而恶性循环，加剧振动，影响飞行，所以给飞控加装减振器非常有必要。现在有的飞控内部已经内置减振部分，大大减少对传感器的振动。除了飞控使用减振器之外，航拍无人机的云台也需要加减振器。减振器主要由玻璃纤维或碳纤维和减振球制作而成，如图 2-37 所示。

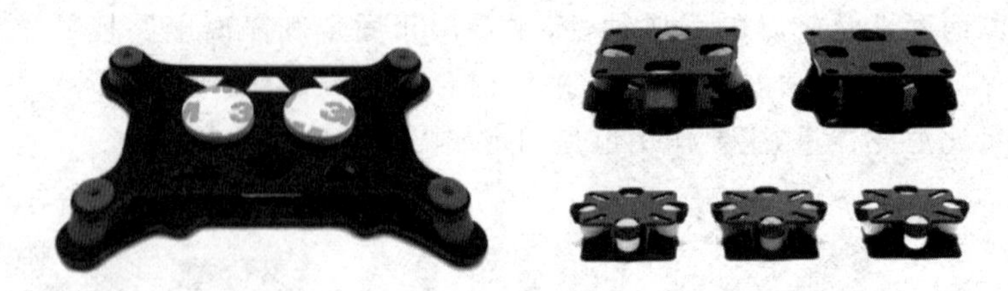

图 2-37　减振器

2.2　无人机装调操作安全

无人机的装调是一门理论与实践相结合的课程，可分为电气装调和机械装调。在进行装调过程中会使用到各种机械、电动工具，还会涉及通电试运行，所以存在一定的危险性。但是，只要遵守相关的安全操作规程、做好相关的防护措施，就可以将危险性降到最低。本节主要介绍用电安全、实训室安全操作规程和实训场地“9S”管理。

2.2.1　用电安全

无人机装调过程中经常会用到各种用电设备、仪器和电动工具，如示波器、直流电源、电烙铁和手电钻等，在操作过程中要注意各种用电设备的安全操作，具体如下。

(1) 认识了解电源总开关，学会在紧急情况下关断总电源。

(2) 用电设备使用完毕后应拔掉电源插头，插拔电源插头时不要用力拉拽电线，以防止电线的绝缘层受损造成触电。电线的绝缘皮剥落，要及时更换新线或者用绝缘胶布包好。

(3) 发现有人触电要设法及时关断电源，或者用干燥的木棍等物将触电者与带电的电器分开，不要用手直接救人。如触电者神志昏迷、停止呼吸，应立即施行人工呼吸，或马上送医院进行紧急抢救。

(4) 不用手或导电物(如铁丝、钉子、别针等金属制品)去接触、探试电源插座内部；不触摸没有绝缘的线头；发现有裸露的线头要及时与维修人员联系。

(5) 使用插座的地方要保持干燥，不用湿手触摸电器，不用湿布擦拭电器。发现电器周围漏水时，暂时停止使用，并且立即通知维修人员做绝缘处理，等漏水排出后，再恢复使用。要避免在潮湿的环境(如浴室)下使用电器，更不能让电器淋湿、受潮或在水中浸泡，以免漏电，造成人身伤亡。

(6) 不要在一个多口插座上同时使用多个电器，用电不可超过电线、断路器允许的负荷能力；增设大型电器时，应经过专业人员检验同意，不得私自更换大断路器，以免起不到保护作用，引起火灾。

(7) 不要将插座电线缠绕在金属管道上，电线延长线不可经由地毯或挂有易燃物的墙上，也不可搭在铁床上。

(8) 电器插头务必插牢，紧密接触，不要松动，以免生热。

(9) 使用电器过程中造成跳闸，一定首先要拔掉电源插头，然后联系维修人员查明跳闸原因，并检查电器故障问题，而后确定是否可以继续使用，以确保安全。

(10) 遇到雷雨天气，要停止使用电器，防止遭受雷击。电器长期搁置不用，容易受潮、受腐蚀而损坏，重新使用前需要认真检查。购买电器产品时，要选择有质量认定的合格产品。要及时淘汰老化的电器，严禁电器超期服役。

(11) 不要随意拆卸、安装电源线路、插座、插头等。

(12) 不要破坏楼内安全指示灯等公用电器设备。

(13) 如果看到有电线断落，千万不要靠近，要及时报告有关专业部门维修。当发现电器设备断电时，要及时通知维修人员抢修。

(14) 当电器烧毁或电路超负载的时候，通常会有一些不正常的现象发生，比如，冒烟、冒火花、发出奇怪的响声，或导线外表过热，甚至烧焦产生刺鼻的怪味，这时应马上切断电源，然后检查用电器和电路，并找到维修人员处理。

(15) 当用电器或电路起火时，一定要保持头脑冷静，首先尽快切断电源，或者将室内的电路总闸关掉，然后用专用灭火器对准着火处喷射。如果身边没有专用灭火器，在断电的前提下，可用常规的方式将火扑灭；如果电源没有切断，切记不能用水或者潮湿的东西去灭火，避免引发触电事故。

2.2.2 实训室安全操作规程

(1) 学生必须在有关教师带领或同意下方可进入实训室。

(2) 学生实训前必须穿好工作服，按规定的时间进入实训室，到达指定的工位，未经同意，不得私自调换。

(3) 不得穿拖鞋进入实训室，不得携带食物、饮料等进入实训室，不得让无关人员进入实训室，不得在室内喧哗、打闹、随意走动，不得乱摸乱动有关电器设备。

(4) 上课时要注意保持实训室内卫生，不许在实训室内吸烟、吃零食以及随地吐痰、乱扔纸屑杂物。

(5) 室内的任何电器设备，未经验电，一般视为有电，不准用手触及，任何接拆线操作都必须切断电源后方可进行。

(6) 设备使用前要认真检查，如发现不安全情况，应停止使用并立即报告教师，以便及时采取措施；电器设备安装检修后，须经检验后方可使用。

(7) 实训操作时，思想要高度集中，操作内容必须符合教学内容，不准做任何与实训无关的事。

(8) 要爱护实训工具、仪表、电器设备和公共财物，凡在实训过程中损坏仪器设备者，应主动说明原因并接受检查，填写报废单或损坏情况报告表。

(9) 保持实训室整洁，每次实训后要清理工作场所，做好设备清洁和日常维护工作。经教师同意后方可离开。

(10) 实训室内的机器设备由任课教师指导使用，未经允许不得随意动用别的机器设备。

(11) 不得随意开关电源及重启设备，发现异常时应及时与任课教师联系。

(12) 下课后每位同学应正常关闭设备，并做好工位卫生工作。

(13) 实训人员要树立"安全第一"的思想，严格遵守安全操作规程。

(14) 实训时，严格按照实训步骤逐一进行操作，确认一切正常后，由教师检查正确后方可进行通电实训。实训始终，板上要保持整洁，不可随意放置杂物，特别是导电的工具和导线等，以免发生短路等故障。

(15) 实训装置上的直流电源及各信号源原则上仅供实训使用，一般不外接负载或电路。如作他用，要注意使用的负载不能超出本电源或信号源允许的范围。实训完毕后，及时关闭实验桌和仪器设备的电源，将仪器设备和元器件整理好整齐地摆放在实验桌上，并填好学生实训登记表。

(16) 认真学习实训指导书，掌握电路或设备工作原理，明确实训目的、实训步骤和安全注意事项。

(17) 学生分组实训前应认真检查本组仪器、设备及电子元器件状况，若发现缺损或异常现象，应立即报告指导教师或实训室管理人员处理。

(18) 无人机组装时要注意细小零部件的摆放，以免滚落地面造成损坏。

(19) 在无人机组装实训过程中使用钻床时，要严格遵循钻床操作规程：钻头和工件要装卡牢固可靠，装卸钻头要用专门钥匙，不得乱剔；操作时严禁戴手套，女生要戴工作帽，工作服袖口要扎紧；不准用手摸旋转的钻头和其他运动部件，运转设备未停稳时，禁止用手制动，变速时必须停车；所钻孔直径超过 5mm 时，要将工件装夹好，禁止用手持工件加工；钻孔排屑困难时，进钻和退钻应反复交替进行；钻削脆性材料和使用砂轮机时要戴防护眼镜，用完后将电源关闭。

(20) 在无人机组装实训过程中使用台钳夹持工件时，钳口不允许张得过大(不准超过最大行程的 2/3)，夹持圆件或精密工件时应用铜垫，以防工件坠落或损伤工件。

(21) 在无人机组装实训过程中使用扳手紧固螺钉时，应检查扳手和螺钉有无裂纹或损坏；在紧固时，不能用力过猛或用手敲打扳手；大扳手需要套管加力时，应该特别注意安全。

(22) 在无人机组装实训过程中使用焊台时，应注意打开电源时风枪必须放在风枪架上，保持出风口畅通，不能有阻碍物；作业完毕后，必须把加热手柄放在加热架上；烙铁头温度不宜长时间过高，间歇不用时应把温度调低；切勿用身体任何部位接触仪器加热部分及风枪热风口；机器在工作后，必须冷却方能存放，机器附近不能有易燃、易爆的物品。

(23) 在无人机组装实训过程中使用电烙铁时，应注意电烙铁在使用中不准乱甩，防止焊锡掉在线间造成短路或烫伤；工作中暂时不用电烙铁，必须将其放在金属支架上，不准放在木板或易燃物附近；工作完毕，切断电源，冷却后妥善保管。

(24) 在无人机组装实训过程中使用手工锯时，应注意锯条必须夹紧，不准松动，以防锯条折断伤人；锯割碳管时，锯要靠近钳口，方向要正确，压力和速度要适宜；安装锯条时，松紧程度要适当，以锯条略有弹性为宜，操作方向要正确，不准歪斜。

(25) 实操安全保证书参考如下。

通过学习有关实操制度以及相关安全知识，本人在无人机装调实操时，一定遵守各项规章制度，遵守各项安全操作规程，做到安全、文明实操。

① ……

② ……

③ ……

班级：

保证人姓名：

学号：

年　月　日

2.2.3 "9S"管理

1. "9S"管理简介

"9S"管理来源于企业，是现代企业行之有效的现场管理理念和方法，通过规范现场、现物，营造一目了然的工作环境，培养师生良好的工作习惯，其最终目的是提升人的品质，养成良好的工作习惯。

何谓"9S"？"9S"就是整理（SEIRI）、整顿（SEITON）、清扫（SEISO）、清洁（SETKETSU）、素养（SHTSUKE）、安全（SAFETY）、节约（SAVING）、学习（STUDY）和服务（SERVICE）9 个项目，因其英语均以"S"开头，简称为"9S"。其作用是提高效率，保证质量，使工作环境整洁有序，预防为主，保证安全。

1）整理（SEIRI）

定义：区分要用和不要用的，留下必要的，其他都清除掉。

目的：把"空间"腾出来活用。

2）整顿（SEITON）

定义：有必要留下的，依规定摆整齐，加以标识。

目的：不用浪费时间找东西。

3）清扫（SEISO）

定义：工作场所看得见看不见的地方全清扫干净，并防止污染的发生。

目的：消除脏污，保持工作场所干净、明亮。

4）清洁（SETKETSU）

定义：将上面"3S"实施的做法制度化、规范化，保持成果。

目的：通过制度化来维持成果，并显现异常之所在。

5）素养（SHTSUKE）

定义：每位师生养成良好习惯，遵守规则，有美誉度。

目的：改变"人治"，养成工作讲究认真的习惯。

6）安全（SAFETY）

定义：

（1）管理上制定正确作业流程，配置适当的工作人员监督指示功能。

（2）对不合安全规定的因素及时举报消除。

（3）加强作业人员安全意识教育，一切工作均以安全为前提。

（4）签订安全责任书。

目的：预知危险，防患于未然。

7）节约（SAVING）

定义：减少企业的人力、成本、空间、时间、库存、物料消耗等因素。

目的：养成降低成本习惯，加强作业人员减少浪费意识教育。

8）学习（STUDY）

定义：深入学习各项专业技术知识，从实践和书本中获取知识，同时不断地向同事及上级主管学习，学习长处从而达到完善自我，提升综合素质。

目的：使企业得到持续改善、培养学习性组织。

9）服务（SERVICE）

定义：站在客户（外部客户、内部客户）的立场思考问题，并努力满足客户要求，特别是不能忽视内部客户（后道工序）的服务。

目的：让每一个员工树立服务意识。

2. "9S"管理的目的

通过规范现场、现物，营造一目了然的工作环境，培养师生良好的工作习惯，其最终目的是提升人的品质，养成良好的工作习惯。"9S"管理是校企合一的体现，在企业现场管理的基础上，通过创建学习型组织不断提升企业文化素养，消除安全隐患，节约成本和时间。实行"9S"管理的目的如下。

（1）全面现场改善，创造明朗、有序的实操环境，建设具有示范效应的实操场所。

（2）全校上下初步形成改善与创新文化氛围。

（3）激发全体员工的向心力和归属感；改善员工精神面貌，使组织活力化。人人都变成有修养的员工，有尊严感和成就感，对自己的工作尽心尽力，并带动改善意识，增加组织的活力。

（4）优化管理，减少浪费，降低成本，提高工作效率，塑造学校一流形象。

（5）形成校企合一的管理制度；建立持续改善的文化氛围。

（6）提高工作场所的安全性。储存明确，物归原位，工作场所宽敞明亮，通道畅通，地上不随意摆放不该放置的物品。如果工作场所有条不紊，意外的发生也会减少，当然安全就会有保障。

（7）"9S"管理的根本目的是提高人的素质。

3. "9S"管理的意识

（1）"9S"管理是校园文化的体现，是校企合一教学的需要。

职业院校是与生产紧密联系的学校，很多管理都与企业息息相关，校企合一，使学生具有企业职业素养是教学目标。

（2）工作再忙，也要进行"9S"管理。

教学与"9S"管理并非对立，"9S"管理是工作的一部分，是一种科学的管理方法，可以应用于生产工作的方方面面。其目的之一，就是提高工作效率，解决生产中的忙乱问题。

4. "9S"管理的流程

推行"9S"管理，其管理内容和所评估的业绩应当是在持续优化和规范生产现场的同时，达到不断提高生产效率和降低生产成本的目的。

"9S"管理流程图如图 2-38 所示。

某学校教师设计的工具放置架如图 2-39 所示，"9S"挂图如图 2-40 所示。

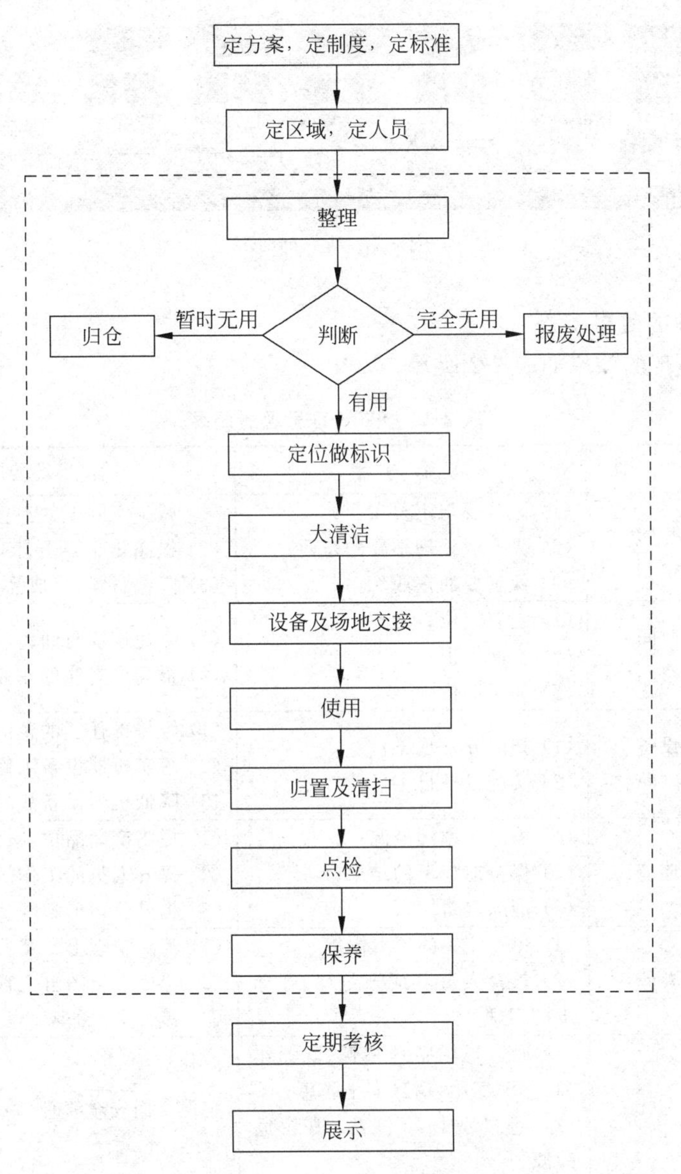

图 2-38　“9S”管理流程图

(a) 工具摆放

(b) 工具架

图 2-39　工具放置架

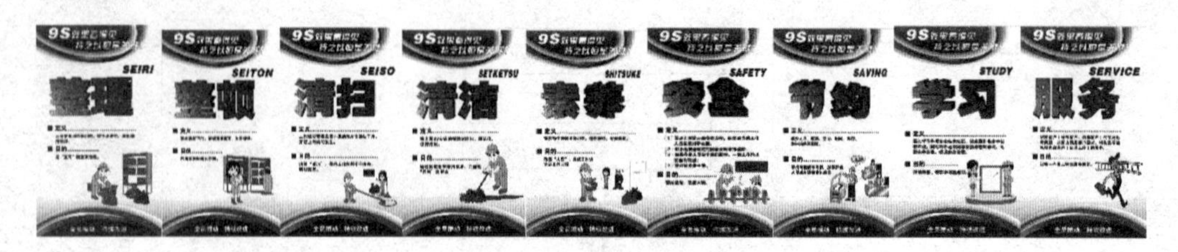

图 2-40 “9S”挂图

5. “9S”管理的效果

“9S”管理呈现的效果如表 2-2 所示。

表 2-2 “9S”管理呈现的效果

9S	对　　象	实施内容	呈现的成果
整理	物品 空间	(1) 区分要与不要东西； (2) 丢弃或处理不要的东西； (3) 保管要的东西	(1) 减少空间上的浪费； (2) 提高物品架子、柜子的利用率； (3) 降低材料、半成品、成品的库存成本
整顿	时间 空间	(1) 物有定位； (2) 空间标识； (3) 易于归位	(1) 缩短换线时间； (2) 提高生产线的作业效率
清扫	设备 空间	(1) 扫除异常现象； (2) 实施设备自主保养	(1) 维持责任区的整洁； (2) 落实机器设备维修保养计划； (3) 降低机器设备故障率
清洁	环境	(1) 消除各种污染源； (2) 保持前“3S”的结果； (3) 消除浪费	(1) 提高产品品位，减少返工； (2) 提升人员的工作效能； (3) 提升公司形象
素养	人员	(1) 建立相关的规章制度； (2) 教育人员养成守纪律、守标准的习惯	(1) 消除管理上的突发状况； (2) 养成人员的自主管理； (3) 提升员工的素养、士气
安全	人员	(1) 通过现场整理整顿、现场作业、“9S”实施，消除安全隐患； (2) 通过现场审核法，消除危险源	实现全面安全管理
节约	人员	(1) 减少成本、空间、时间、库存、物料消耗； (2) 内部挖潜，杜绝浪费	(1) 养成降低成本的习惯； (2) 加强操作人员减少浪费的意识教育
学习	人员	(1) 学习各项专业技术知识； (2) 从实践和书本中获取知识	(1) 持续改善； (2) 培养学习型组织
服务	人员	(1) 满足客户要求； (2) 培养全局意识，我为人人，人人为我	人人时时树立服务意识

无人机装配工艺

无人机装配工艺主要包含机械装配工艺和电气装配工艺，虽然无人机产品的平台结构、规格尺寸、系统配置及性能参数等因素直接影响装配工作的复杂程度，但是其涉及的装配工艺内容是基本一样的。因此，本章主要对无人机装配中应用较多的工艺进行介绍，机械装配工艺中主要涉及机械连接、焊接和胶接等工艺；另外，还介绍了目前无人机上广泛使用的复合材料连接工艺；在无人机电气装配工艺中主要涉及电气组装级别，电连接器、连接导线的选择和使用，以及锡焊连接技术。

3.1 无人机机械装配工艺

3.1.1 概述

机械装配在无人机的组装中占有比较大的比重，其装配方法是否科学，工艺是否合理，会影响到无人机的气动性能、强度和可靠性。比如，对固定翼无人机来讲，机身与机翼的安装精度，直接影响安装角，也会影响气动性能；各操纵舵面的安装也属于机械装配，既要保证各操纵舵面转动灵活，也要使其连接可靠，从而才能保障无人机的操纵可靠性；起落架的安装、发动机安装、任务载荷的安装都属于机械装配，这些安装，既要保证有很好的可靠性，也要有很好的对称性，同时还要保证无人机重心在设计的范围之内。无人直升机的机械装配更要复杂得多，其自动倾斜器、传动系统的装配工艺和方法，都必须科学合理，才能保障无人直升机的性能满足设计要求。多旋翼无人机相对简单，其机架的组装、任务载荷的安装也属于机械装配的范畴。

装配是指组成机械产品中的若干零件和部件，按照规定的技术要求，将若干零件结合成部件，或将若干零件和部件结合成产品的劳动过程。将若干零件结合成部件称为部件装配，将若干零件和部件结合成产品称为总装配。

无人机机械装配工艺是保证产品质量、制造准确度的重要环节，影响产品技术经济性能和使用性能。无人机相较于有人机，零件数量相对较少，但装配步骤及要点基本相同。

1. 装配基准

基准是指确定结构件之间相对位置的一些点、线、面。装配中分为设计基准及工艺基准。

设计基准是用于确定零件外形或决定结构间相对位置的基准，在产品设计中建立，如无人机对称轴线、水平基准线、弦线等。

工艺基准是在工艺过程中使用，存在于零件、装配件上的实际具体的点、线或面，可以用来确定结构件的装配位置。工艺基准根据使用功能不同，又分为以下几种。

(1) 定位基准：用来确定结构件在夹具上的相对位置。

(2) 装配基准：用来确定结构件间的相互位置。

(3) 测量基准：用来测量装配尺寸的起始位置。

在实际装配过程中应建立装配工艺基准，可用来确定结构件的装配位置，选择定位基准和装配基准应遵循以下 4 个原则。

1) 装配定位基准与设计基准统一

结构件定位尽可能直接利用设计基准作为装配定位基准，不能利用的，应通过工艺装备间接地实现基准的统一。例如，机翼翼肋的位置在图样上是用胎轴线确定的，定位翼肋时，应选择翼肋轴线面作为定位基准。

2) 装配定位基准与零件加工基准统一

尽量做到装配定位基准与零件加工基准的统一，否则应进行协调。例如，整体翼肋、整体大梁数控加工时的定位基准孔，当在装配夹具内定位时，采用该孔作为装配定位基准，能保证较高的位置准确度。

3) 装配基准与定位基准重合

当部件或分部件为叉耳对接或围框式对接时，这些接头或平面在部件(分部件)装配时是定位基准，在部件对接时选作装配基准，也即装配基准与定位基准统一。

4) 基准不变

在部件的整个装配过程中，每道工序及每一个装配阶段(装配单元)都用同一基准进行定位，即构件的二次定位应采用同一定位基准。如机翼前梁装配时，以前梁接头对接孔作为定位基准，则当前梁与前缘对合、部件总装时，均应以该接头对接孔作为定位基准。

2. 装配定位

装配定位是指在装配过程中确定零件和组合件之间的相对位置。在定位后应夹紧固定，然后进行连接。

无人机装配常用的定位方法有以下 4 种。

1) 画线定位法

画线定位法是在选定的基体零件上，按图样尺寸，使用 B～4B 铅笔画出待装零件的定位基准线，如图 3-1 所示。这种方法的定位准确度较低，一般用于刚度较大、位置准确度要求不高及无协调要求的部件。

用画线定位效率低，在批量生产中应尽量不用或少用这种方法。但由于画线定位通用性好，是一种常用的辅助定位方法。例如，无人机机身或机臂的铆钉、焊点位置等，有时是用画线确定位置的。

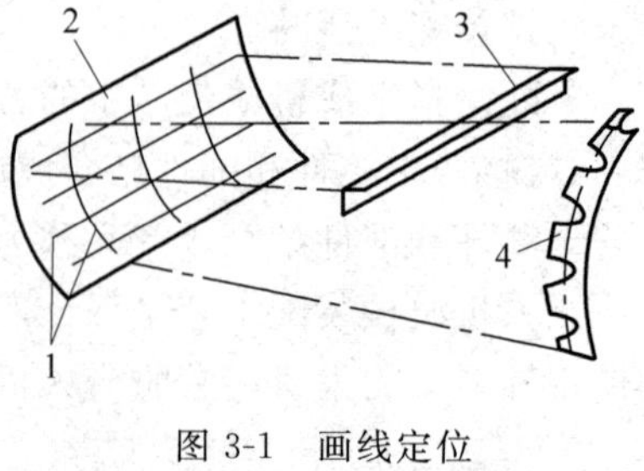

图 3-1　画线定位

1—基准线；2—蒙皮；3—长桁；4—隔框

2) 基准工件定位法

基准工件定位法是机械制造中基本的装配定位方法，其定位准确度取决于工件的刚度和加工精度，一般适用于刚度较大的工件，如图 3-2 所示。

用作基准件的零件或结构件必须有较好的刚性，即在自重的作用下能保持自身的形状，对于低刚性零件可以通过工装或其他方法增强其刚性。基准件上用作定位基准的点、线、面的形状、尺寸、位置必须符合图样和协调要求，并满足待定位零件的位置要求。如果定位用的点、线、面是在装配过程中形成的，应该合理选择该零件上道工序的定位方法。如在固定翼无人机制造中的液压、气动附件采用该定位法；无人直升机中具有复杂空间结构操纵控制机构，也采用该定位法。

制定装配方案时应优先考虑基准工件定位法。随着零件制造准确度的提升和整体件的采用，这种定位方法的应用将越来越多。

3）装配孔定位法

装配孔定位法是在装配时用预先在零件上制出的装配孔来定位，如图3-3所示。当用装配孔确定两个零件的相对位置时，装配孔的数量应不少于两个。装配孔的数量取决于零件的尺寸和刚度，对于尺寸大、刚度小的零件，装配孔数量应相应增多。

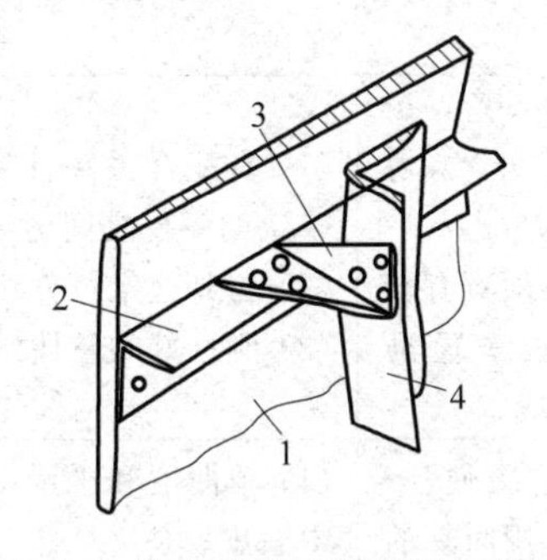

图3-2　按角片确定框的纵向位置

1—蒙皮；2—长桁；3—角片；4—框

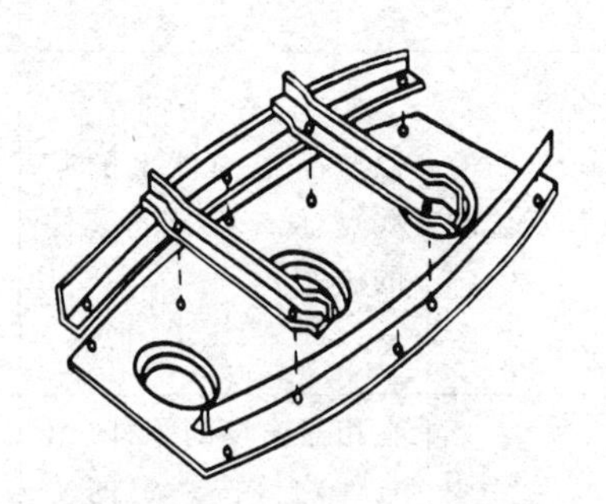

图3-3　翼肋各零件按工艺孔定位

在成批生产中，在保证准确度前提下，应推广应用装配孔定位方法，如平板、单曲度以及曲度变化不大的双曲度外形板件，都可采用装配孔进行定位。点焊及胶接结构板件，也可采用装配孔定位，装配孔定位后送到点焊机点焊或在胶接设备内胶接。

装配定位孔可拓展为基准定位孔定位和坐标定位孔定位。

4）装配型架定位法

装配型架定位法主要是针对固定翼无人机，在零件、组合件及板件等工艺刚度小的情况下采用的装配方法，如图3-4所示。这种方法的定位准确度由装配型架准确度决定，首先应保证装配型架的准确度。

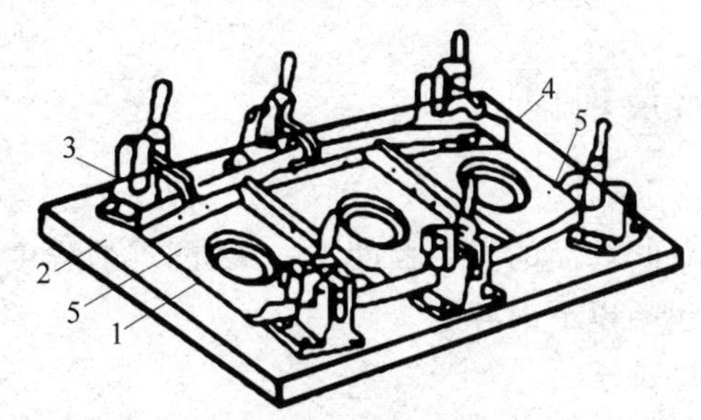

图3-4　用装配夹具定位

1—翼肋腹板；2—夹具底座；3—定位夹紧件；4—挡块；5—定位销

固定翼无人机装配型架的功能主要包括保证零件、组合件在空间具有相对准确位置；定位作用，校正零件形状，限制装配变形；提高劳动生产效率。

在定位可靠的前提下，固定翼无人机主要采用定位型架（专用工装夹具），对结构较简单的组合件或板材可采用装配孔定位的方法，对无协调要求及定位准确度要求不高的装配，可采用画线定位及基准件定位的方法。各种定位方法的特点可参见表3-1。

表3-1　定位方法的特点

类　别	方　法	特　点	选　用
画线定位法	(1) 通用量具和画线工具画线； (2) 专用样板画线； (3) 用明胶线晒相方法	(1) 简便易行； (2) 装配准确度较低； (3) 工作效率低； (4) 节省工艺装备费用	(1) 新机研制时应尽可能采用； (2) 成批生产时，用于简单的、易于测量的、准确度要求不高的零件定位； (3) 作为其他定位方法的辅助定位
基准工件定位法	以产品结构件上的某些点、线来确定特装件的位置	(1) 简便易行，节省工艺装备，装配开敞，协调性好； (2) 基准件必须具有较好的刚性和位置准确度	(1) 有配合关系且尺寸或形状相一致的零件之间的装配； (2) 与其他定位方法混合使用； (3) 刚性好的整体结构件装配
装配孔定位法	在相互连接的零件（组合件）上，按一定的协调路线分别制出孔，装配时零件以对应的定位孔来确定零件（组合件）的相互位置	(1) 定位迅速、方便； (2) 不用或仅用简易的工艺装备； (3) 定位准确度比工艺装备定位低，比画线定位高	(1) 单曲度和平滑双曲线度壁板中蒙皮； (2) 内部加强件的定位； (3) 平面组合件、非外形零件的定位； (4) 组合件与组合件之间的定位
装配型架定位法	利用型架定位确定结构件的装配位置或加工位置	(1) 定位准确度高； (2) 限制装配变形或强迫低刚性结构件符合工艺装备； (3) 保证互换部件的协调； (4) 生产准备周期长	应用广泛的定位方法，能保证各类结构件的装配准确度要求

3.1.2　装配工艺内容及规程

1. 装配工艺内容

无人机根据其机型不同、产品的复杂程度不一、装配难易程度不等，且装配的工作侧重点也有区别，其装配主要包括以下内容。

1）合理的装配单元的划分

根据无人机的结构工艺特征，合理地利用结构的设计分离面和工艺分离面，进行工艺分解，将部件划分为装配单元。

2）确定装配基准和装配定位方法

装配工艺设计的任务是采用合理的工艺方法和工艺装备来保证装配基准的实现。

装配定位方法是指确定装配单元中各组成元素的相互位置。装配定位方法是保证产品图样和技术条件要求的前提下，综合考虑了操作简便、定位可靠、质量稳定、开敞性好、工艺装备费用低和生产准备周期短等因素之后选定的。

3）选择保证准确度、互换性和装配协调的工艺方法

为了保证部件的准确度和互换要求，必须制定合理的工艺方法和协调方法，其内容包括制定装配协调方案，确定协调路线，选择标准工艺装备，确定工艺装备之间的协调关系，利用设计补偿和工艺补偿的措施等。

4）确定装配过程中的工序、工步组成和各构造元素的装配顺序

装配过程中的工序、工步组成包括装配前的准备工作，零件和组件的定位、夹紧、连接，系统和成品的安装与精加工，各种调整、试验、检查、清洗、称重和移交工作，工序检验和总检等。装配顺序是指装配单中各构造元素的先后安装次序。

5）选定所需的工具、设备和工艺装备

包括编制工具清单，选择设备型号、规格及数量，并对工艺装备的功用、结构、性能提出设计要求。

6）零件、标准件、材料的配套

按工艺文件要求零件及标准件进行配套及准备。

2. 装配工艺规程

装配工艺规程是指导工人对指定的装配过程进行实际操作的生产性工艺文件。装配内容是通过装配工艺规程来反映的，制定装配工艺规程应遵循以下基本原则。

(1) 保证并力求提高产品质量，而且要有一定的精度储备，以延长机器使用寿命。

(2) 合理安排装配工艺，尽量减少钳工装配工作量(钻、刮、锉、研等)，以提高装配效率，缩短装配周期。

(3) 所占车间生产面积尽可能小，以提高单位装配面积的生产率。

制定装配工艺规程的步骤如下。

① 研究产品的装配图及验收技术标准。

② 确定产品或部件的装配方法。

③ 分解产品为装配单元，规定合理的装配顺序。

④ 确定装配工序内容、装配规范及工夹具。

⑤ 编制装配工艺系统图。装配工艺系统图是在装配单元系统图上加注必要的工艺说明(如焊接、配钻、攻丝、铰孔及检验等)，较全面地反映装配单元的划分、装配顺序及方法。

⑥ 确定工序的时间定额。

⑦ 编制装配工艺卡片。

3.1.3 机械连接技术

无人机装配的连接技术主要包括机械连接技术、焊接技术和胶接技术等。其中机械连接又分为铆接和螺纹连接。复合材料的连接主要应用胶接和胶螺连接；在无人直升机装配中，主要应用胶接和胶螺连接；多旋翼无人机则主要应用胶接及螺纹连接。

铆接一般应用于铝合金薄壁结构上。

螺纹连接一般应用于整体壁板和整体构件连接、重要承力部件及可卸连接。

胶接一般应用于整体构件、铝合金夹层结构及复合材料上。

焊接一般应用于薄壁结构的连接。与胶接组成混合连接，称为胶焊。

其中机械连接是应用最广泛，也是最主要的装配手段。目前已发展为高效、高质量、高寿命、高可靠性的机械连接技术，包括先进高效的自动连接装配技术、高效高质量的自动制孔技术、先进多功能高寿命的连接紧固系统技术、长寿命的连接技术和数字化连接装配技术等。

1. 铆接

铆接是一种不可拆卸的连接形式，是近代有人机/无人机采用铝合金薄壁结构中，应用最广泛的连接方式。无人机目前较多使用复合材料，因此铆接方式应用较少，但也有所涉及。

1）铆接的优点

（1）使用工具机动灵活、简单、价廉。

（2）适用于较复杂结构的连接。

（3）连接强度较稳定可靠。

（4）操作工艺易掌握。

（5）容易检查和排除故障。

（6）适用于各种不同材料之间的连接。

2）铆接的缺点

（1）容易引起变形，蒙皮表面不够平滑。

（2）普通铆接的疲劳强度低且密封性能差。

（3）劳动强度大，生产效率低，劳动条件差。

（4）增加了结构重量和强度。

铆接分为普通铆接、密封铆接、特种铆接和干涉配合铆接等。

3）普通铆接

普通铆接是指最常用的凸头或埋头铆钉铆接，其铆接过程：制铆钉孔→制埋头窝（对埋头铆钉而言）→放铆钉→铆接，如图3-5所示。

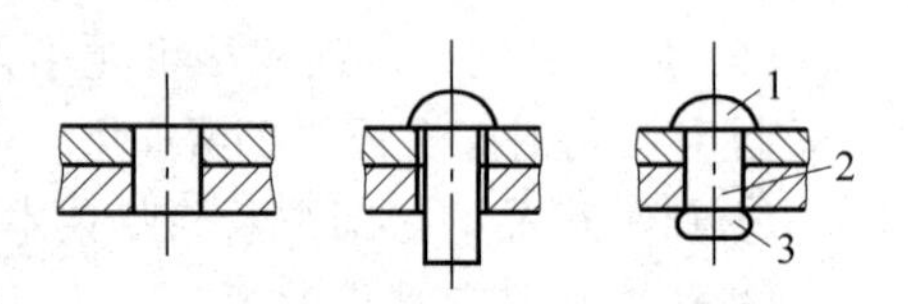

图3-5　铆接典型工序

1—顶头；2—顶杆；3—墩头

铆钉孔直径一般比铆钉杆直径大0.1～0.3mm；铆钉孔的质量，除孔径的公差要求之外，对于孔的椭圆度、垂直度、孔边毛刺、粗糙度都有要求，粗糙度Ra值不大于6.3。

4）密封铆接

密封铆接与普通铆接不同之处是堵塞渗漏路径，使结构具有密封性。一般方法：可在铆接夹层中涂敷密封剂，或者在铆钉处涂加密封剂或装密封元器件，或者使钉孔过盈配合，其余要求与普通铆接基本相同。密封铆接分为缝内铆接和缝外铆接两种形式，如图3-6所示。无人机上的整体油箱，属绝对级密封，在强度、密封、重量、寿命等方面都有严格的要求，要采用密封铆接；同样，水上无人机的水密舱上也采用密封铆接。

密封铆接的典型工艺过程：预装配→钻孔和锪窝→分解去毛刺→清洗密封贴合面→铺放密封材料→重新装配→放铆钉→施铆钉→密封剂的硫化与保护→质量检查和故障排除。

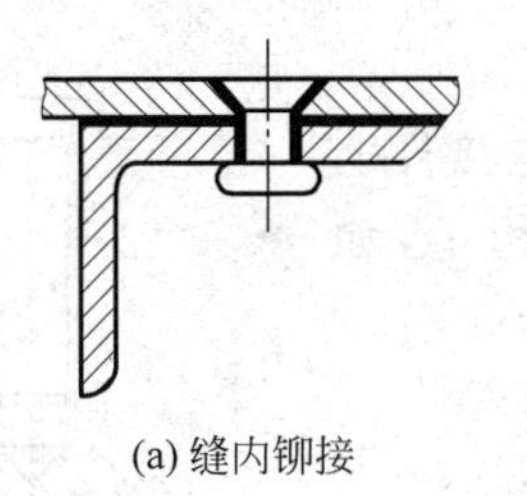

(a) 缝内铆接

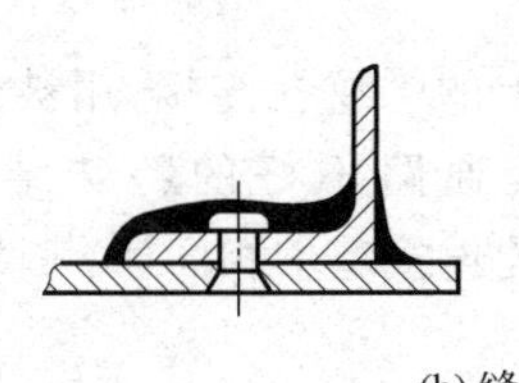

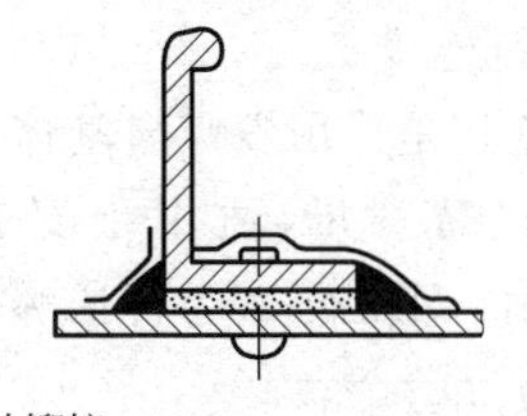

(b) 缝外铆接

图 3-6　密封铆接

2. 螺纹连接

螺纹连接是无人机装配的主要连接形式之一，具有强度高、可靠性好、构造简单、安装方便、易于拆卸的特点。常用的螺纹紧固件如图 3-7 所示。螺纹连接应用于无人机承力结构部位的连接，尤其在大部件对接，如机翼与机身的对接多采用高强度的重要螺栓。还有一些需要经常或定期拆卸的结构，如可卸壁板、口盖、封闭结构的连接，以及易损结构件，如前缘、翼尖的连接，常采用托板螺母连接的方式，能很好地解决工艺性、检查维修和便于更换的问题。

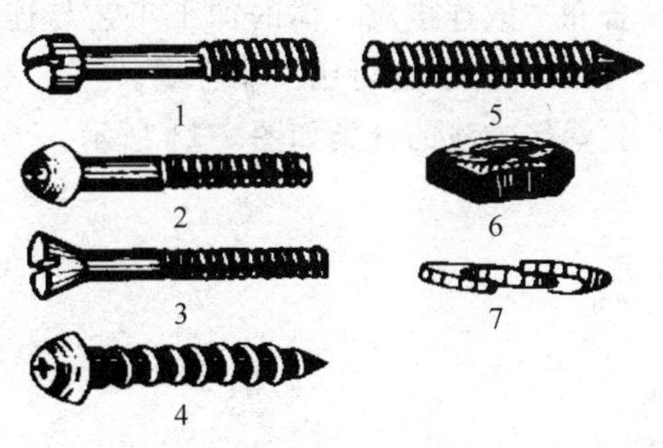

图 3-7　常用螺纹紧固件

1—一字槽圆柱螺钉；2—十字槽平圆头螺钉；3—一字槽沉头螺钉；4—十字槽平圆头自攻螺钉；5—锥端紧定螺钉；6—六角螺母；7—弹簧垫圈

螺纹连接按照工艺特点一般可分为螺栓（钉）与螺母连接、螺栓（钉）与托板螺母连接、螺柱连接、在基体零件上攻丝的螺栓（钉）连接以及自攻螺钉的连接等。在无人机装配中，采用最多的螺纹连接形式是以普通螺栓连接和螺钉连接为主，其余则较少采用。近年来，高锁螺栓连接、锥形螺栓连接、干涉配合螺栓连接和钢丝螺套连接的应用也在不断扩大。

1）普通螺栓连接

普通螺栓连接是最基本、应用最广泛的螺纹连接，能够承受较大载荷，安装方便，适用于组件连接和接头连接部件连接，如图 3-8 所示。

工艺过程：零件夹紧→确定孔位→制孔→制窝→倒圆与倒角→准备紧固件→安装→定力→防松。

2）锥形螺栓连接

锥形螺栓连接是通过锥形螺栓与孔之间形成均匀的干涉量，受力部位进行连接，可提高疲劳寿命，主要孔的加工存在难度，如图 3-9 所示。工艺过程与普通螺栓连接基本相同。

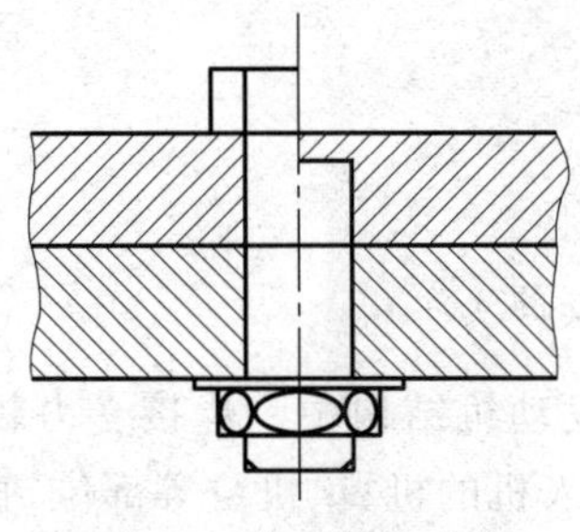

图 3-8　普通螺栓连接

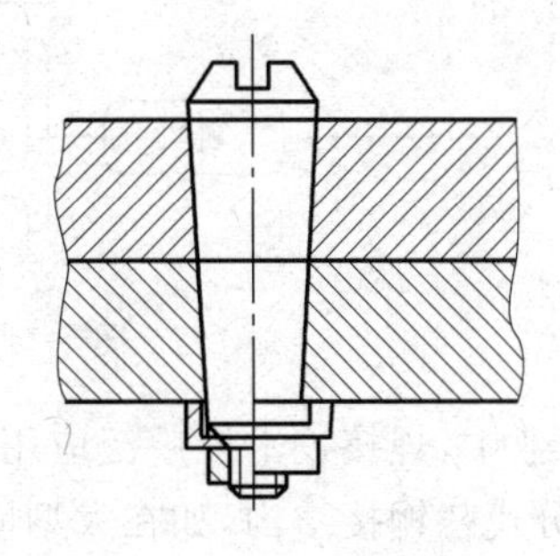

图 3-9　锥形螺栓连接

3）螺钉连接

螺钉连接是采用螺钉与基体上的螺纹孔连接，用被连接件上的螺纹孔代替螺母，适用于安装通路不好的特殊结构上，如图 3-10所示。工艺过程与普通螺栓连接基本相同。

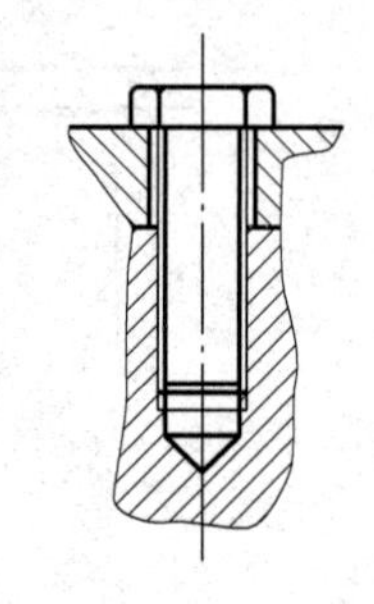

图 3-10　螺钉连接

3.1.4 焊接技术

焊接也可称为熔接，是两种或两种以上材质（同种或异种）通过加热、加压，或既加热又加压，使两工件产生原子或分子之间的结合和扩散连接成一体的加工工艺与连接方式。焊接应用广泛，既可用于金属，也可用于非金属。

焊接方法的分类如图 3-11 所示。

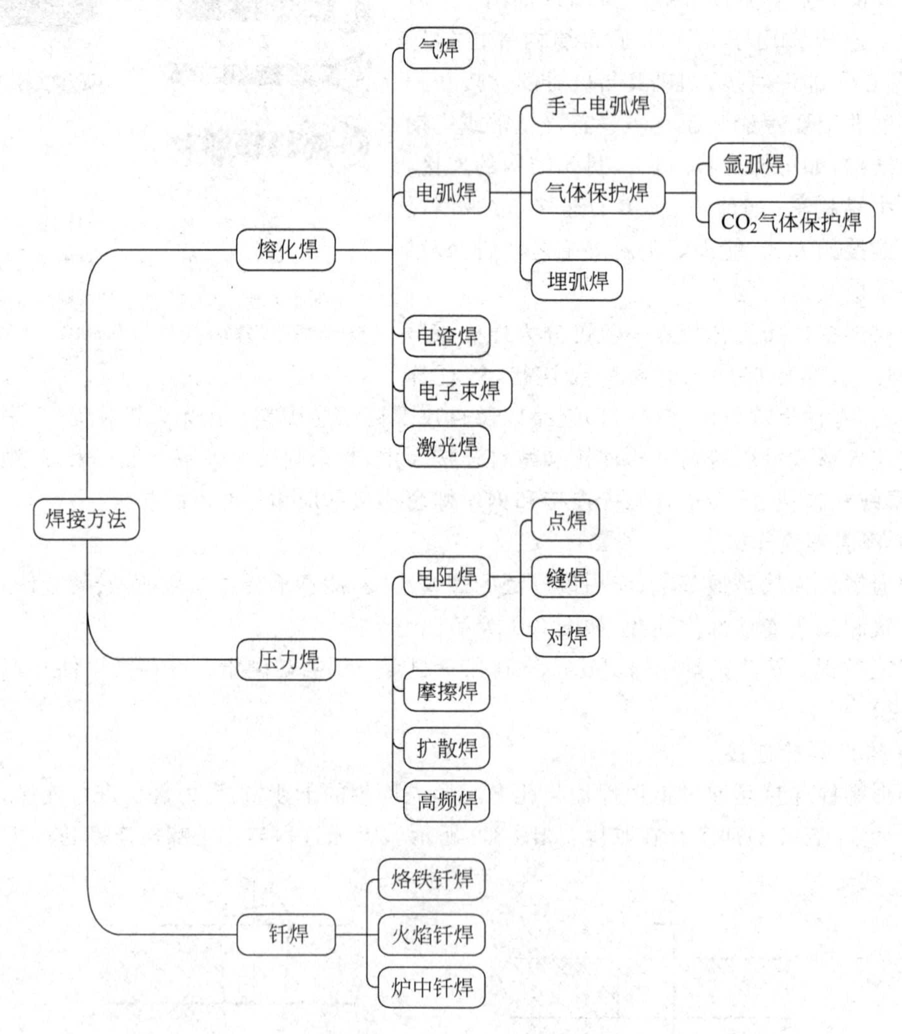

图 3-11　焊接方法的分类

在航空工业中，焊接技术被广泛应用于航空发动机结构中。焊接受力较大的组合件和板件时，可部分代替铆接结构，如在大型固定翼无人机的机翼、机身等部位，直升机的机身结构、起落架，多旋翼无人机的机架及起落架等，都大量用到焊接技术，尤其是薄壁钣金零件常用电焊连接。与铆接和胶接相比，该方式具有生产效率高且成本低的优势，同时焊接结构质量小、表面光滑；不足之处在于疲劳强度不如铆接。因此，在选择连接技术时，要根据零件的实际连接要求合理选择。

1. 常用的焊接方法介绍

1）电弧焊

电弧焊是目前应用最广的焊接方法，包括手工电弧弧焊、埋弧焊、钨极气体保护电弧焊、等离子弧焊、熔化极气体保护焊等。

大部分电弧焊是以电极与工件之间燃烧的电弧做热源。在形成接头时，可以采用也可以不采用填充金属。所用的电极在焊接过程中熔化的焊丝时，叫作熔化极电弧焊，如手工电弧弧焊、气体保护电弧焊等；所用的电极在焊接过程中不熔化的碳棒或钨棒时，叫作不熔化极电弧焊，如等离子弧焊等。

2）电阻焊

电阻焊是以电阻热为能源的一类焊接方法，包括以熔渣电阻热为能源的电渣焊和以固体电阻热为能源的电阻焊。以固体电阻热为能源的电阻焊，主要有点焊、缝焊、凸焊和对焊等。

电阻焊一般是使工件处在一定电极压力作用下并利用电流通过工件时所产生的电阻热将两工件之间的接触表面熔化而实现连接的焊接方法，通常使用较大的电流。为了防止在接触面上产生电弧并且为了锻压焊缝金属，焊接过程中始终要施加压力。

3）高能束焊

（1）电子束焊接技术。电子束焊接是指利用加速和聚焦的电子束轰击置于真空或非真空中的焊接面，使被焊工件熔化实现焊接。其具有能量密度极高、容易实现金属材料的深熔透焊接、焊缝热影响区小、焊接残余变形小、焊接工艺参数容易精确控制、在真空环境下焊缝纯净、重复性和稳定性好等特点，这些优势是其他熔焊方法难以比拟的，因而电子束焊接在航空航天等高技术制造领域正日益得到广泛的应用。

在无人机制造技术方面，电子束焊接技术是无人机重要承力构件，如钛合金承力框、梁等的关键制造技术。

（2）激光焊接技术。激光焊接是以激光为热源进行的焊接。激光是一束平行光，用抛物面镜或凸透镜聚焦，可以得到较高的功率密度。用高密度的激光热源进行焊接，可焊接熔深要求较大的焊缝。

激光焊接具有能量密度高、热影响区小、空间位置转换灵活、可在大气环境下焊接、焊接变形极小等优点。它主要用于无人机大蒙皮的拼接以及蒙皮与长桁的焊接，以保证气动面的外形公差。另外，在机身附件的装配中也大量使用了激光焊接技术，如腹鳍和襟翼的翼盒。近年来，激光焊接也多用于薄壁零件的制造中，如进气道、波纹管、输油管道、变截面导管和异型封闭件等。

4）超声波焊

超声波焊是一种以机械能为能源的固相焊接方法。进行超声波焊时，焊接工件在较低的静压力下，由声极发出的高频振动能使结合面产生强烈摩擦并加热到焊接温度而形成结合。

超声波焊可以用于大多数金属材料之间的焊接，能实现金属、异种金属及金属与非金属之间的焊接。可适用于金属丝、箔或2mm以下的薄板金属接头的重复生产。

5）扩散焊

扩散焊是以间接热能为能源的固相焊接方法，通常是在真空或保护气氛下进行。焊接时使两个被焊工件的表面在高温和较大压力下接触并保温一定时间，以达到原子间距离，经过原子相互扩散而结合。焊前不但需要清洗工件表面的氧化物等杂质，而且表面粗糙度要低于一定值才能保证焊接质量。

扩散焊对被焊材料的性能几乎不产生有害作用。它可以焊接很多同种和异种金属以及一些非金属材料，如陶瓷等，可以焊接复杂的结构及厚度相差很大的工件。

2. 点焊

点焊是将焊件装配成搭接接头，并压紧在两电极之间，利用电阻热熔化母材金属形成焊点的电阻焊方法。主要用于厚度4mm以下的薄板构件冲压件焊接，特别适合汽车车身和车厢、无人机机身的焊接。点焊的缺点主要是集中应力大，疲劳强度低，可焊性差，不同材料不能点焊，零件厚度相差太大或3层以上的结构不能进行点焊。

3. 胶接点焊

胶接点焊简称胶焊。胶焊与单纯点焊相比，具有一系列优点，由于胶焊结构的焊缝内有一层胶粘剂，故胶焊连接是综合了胶接与点焊二者优点的一种连接工艺。焊点周围，即焊缝间的胶粘剂具有良好的耐酸碱性能及密封性能，这就允许胶焊后对铝合金装配件进行除油及阳极化处理，同时胶粘剂也提高了结构的连接强度。高剪切强度的胶接和低成本的点焊相结合的胶接点焊，应用在无人机铝合金结构上，与点焊相比，其静强度及疲劳强度都有显著提高，并改善了耐腐蚀性能；与铆接相比，能降低成本和重量；与胶接相比，由于可以节省部分胶接夹具及基本设备投资，在成本上也会低于胶接。

胶焊连接有两种不同的工艺过程，一种是先进行点焊然后再在接头缝隙处注胶，即“先焊后胶”(焊后涂胶)，也称苏式胶焊法；另一种是先在零件胶合面上涂胶，然后进行点焊，即“先胶后焊”(焊前涂胶)，也称美式胶焊法。

“先焊后胶”的工艺过程：预装配→表面清理→装配和定位→点焊→检验→注胶→晾置→固化→检验→阳极化处理。

“先焊后胶”工艺过程比较简单、方便，而且焊胶工序分开进行，工作面扩大，焊接变形也易校正，产品质量较好。因此，“先焊后胶”是目前最常用的，它最适用于连接薄蒙皮与部件骨架这一类结构，尤其是蒙皮－桁条式板件，另外还可用于框、肋、口盖等构件上。但“先焊后胶”工艺过程的关键是要使胶液充分填满焊缝间隙，以保证阳极化时电解液不渗入缝隙。此外，还要求固化前的晾置时间较长，以使胶液中的溶剂充分挥发，为此要求胶液含溶剂少而流动性好。

“先胶后焊”的工艺过程：预装配→表面清理→涂胶→装配和定位→点焊→固化→检验→阳极化处理。

“先胶后焊”最适合于大宽度(40mm以上)垫板的连接(搭接缝宽)，以及多排焊点、罩盖、盒形件以及波纹板等几何形状比较复杂、胶液不易注入的构件。但“先胶后焊”的主要问题是操作工艺麻烦，而且由于胶液临近“活性期”末尾，焊核内部易产生缺陷，以及点焊时胶液外流，玷污电极，使胶层厚度不匀，胶焊质量不易保证。另外，“先胶后焊”的工件变形更难校正。因此，“先胶后焊”法一般很少采用。

3.1.5 胶接技术

胶接是一种先进的连接方法，克服了铆接的缺点，胶接应力集中小，疲劳强度高，因而可以减轻结构重量，密封性好，表面光滑，劳动量显著低于铆接。成品生产时，成本也低于铆接。

1. 胶接简介

1）原理

利用胶粘剂本身产生的内聚力以及胶粘剂与被胶零件之间产生的黏附力将两个零件牢固地连接在一起。

2）应用场合

胶接技术起初用于蒙皮与桁条的连接，后来主要应用于蜂窝夹层结构和泡沫夹层结构上，现代各种直升机的旋翼桨叶，几乎无例外地采用胶接结构。

胶接技术可用于连接不同材料、不同厚度、二层或多层结构。胶接结构重量轻，密封性能好，抗声振和颤振的性能突出。胶层能阻止裂纹的扩展，具有优异的疲劳性能。此外，胶接结构制造成本和维修成本较低。胶接蜂窝结构及金属层板结构在大无人机上的应用前途宽广。

3）胶接的优点

(1) 胶接适用的范围广，可胶接不同性能、不同厚度和形状的材料，并可根据材料和受力特点进行结合，适用于各种不同材料的连接（金属与金属、金属与非金属）以及厚度不匀的多层结构的连接。

(2) 胶接工艺简单，设备较简单，成本低，省去钻孔、接紧固件等工序。

(3) 胶缝表面光滑，没有铆钉头的凸起或点焊的凹陷，结构变形较小，因而气动性能好。

(4) 胶接所形成的胶缝是连续的，应力分布均匀，耐疲劳性较好，一般来说疲劳寿命可比铆接或点焊提高10倍左右，特别适合薄片的结合。

(5) 胶接兼有密封、防腐、绝缘能力。

(6) 胶接有效减轻了重量，适合航空航天的需要。

(7) 被胶接部件相对于机械连接或焊接而言，其疲劳强度高，应力分散，止裂性能好。例如，推广使用的金属胶接结构蜂窝壁板，具有较高的比强度和比刚度。

4）胶接的缺点

(1) 采用胶接的部件适用的温度范围相对较窄，使用温度一般能达到150℃左右，极少数可在200℃以上工作，随着温度上升，强度明显下降，耐低温在−50℃左右。

(2) 胶接接缝不均匀，剥离强度差。胶接的抗拉、抗剪强度是靠整个结合面保证的，但端头局部一点或一条线受力时强度不高。

(3) 性能稳定性差，可靠的非破坏性检查方法有待提高。胶缝强度的稳定性差，例如，胶缝的抗剪强度可在±15%范围内变动。

(4) 胶粘剂存在老化问题，致使胶接强度降低。在构件投入使用后受应力和环境作用，胶接接头还容易发生腐蚀、分层破坏，暴露了胶接结构不耐久的致命弱点。

(5) 胶接过程中影响胶接性能的因素较多,易产生胶接缺陷。

(6) 维修困难,因此耐久胶接结构已成为明显的发展趋势。

5) 接头形式

胶接常用的接头形式有搭接、套接、嵌接,如图 3-12 所示。

搭接:搭接是将两个被粘接的面合在一起,由于粘接面积小,承受的是不均匀扯离力的作用,所以容易引起直力集中,粘接强度低,效果不好,应尽量不采用。然而在很多修补情况下,不能改变原来的形状,则必须采用搭接的形式,主要应用在受力不大的场合。

套接:套接是将被粘物的一端插入另一被粘物的孔内,或是加上套管完成的粘接。它的粘接面积大,受力情况好,承载能力强,粘接强度高。适于圆管和圆棍的粘接,但胶层不易控制,中心位置不易对正。

嵌接:嵌接也称槽接、镶接,可以看成是搭接和平接的组合形式。它的受力均匀,粘接面积大,有较高的粘接强度。

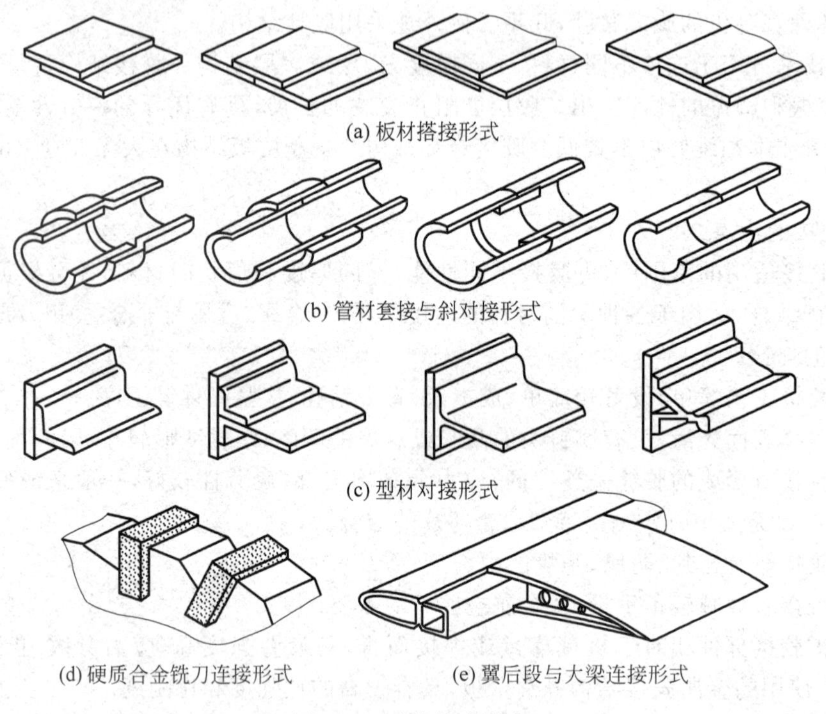

(a) 板材搭接形式

(b) 管材套接与斜对接形式

(c) 型材对接形式

(d) 硬质合金铣刀连接形式

(e) 翼后段与大梁连接形式

图 3-12　胶接接头形式

2. 胶接工艺

金属胶接件分为板-板胶接件和板-芯胶接件两类。板-板胶接件一般由面板(蒙皮)、垫板、长桁和长梁等组成。板-芯胶接件也就是通常所说的蜂窝夹层结构件,一般由面板(蒙皮)、铝蜂窝芯、垫板和封边件等组成,按其外形可分为平板件、曲面件及楔形件 3 种。无人机常用的板-芯胶接件主要有金属蜂窝壁板与楔形件两种。

胶接工艺一般流程如图 3-13 所示,其中主要工序有预装配、胶接前的表面制备、涂胶和烘干、装配及固化。

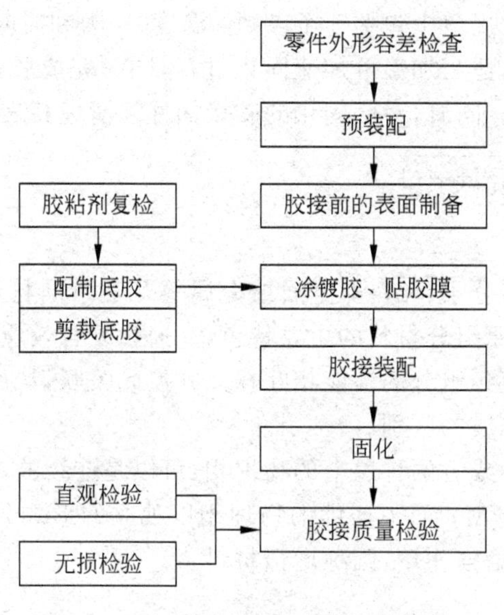

图 3-13 胶接工艺流程

1）预装配

预装配是为了检查零件间的协调关系和胶接面的贴合程度，并进行必要的修配，达到装配准确度要求。

胶层厚度严重影响胶缝强度，胶层应薄而均匀，厚度一般应在 0.01～0.25mm，最好在 0.1mm 以下。胶层太厚时，胶层产生蠕变、内应力、热应力和气泡的趋势增大，产生缺陷的可能性增大，胶接强度将显著下降。因此，胶接零件间的配合间隙要小而均匀，即零件的协调精度要高，如果零件配合不好，应进行修配。考虑到固化前胶膜的厚度和固化后胶层的厚度，预装配时，对不同配合部位的装配间隙有不同的要求。

零件间的装配间隙如下，一般要放置代替胶膜厚度的垫片。

金属与金属面之间间隙：0.15～0.25mm，一般为 0.2mm。

面板与蜂窝芯子之间间隙：0.1mm。

芯子比相邻的金属件高出 0.05～0.2mm，一般为 0.1mm。

2）胶接前的表面准备

胶接件表面处理，目的是除去表面污物、改变表面粗糙度、改变表面化学性质、提高表面防腐能力等。胶粘剂对被粘表面的浸润性及胶接界面的分子间作用力是形成优良胶接的基本条件，因此，零件表面的清洁度和表面状态对胶接质量有决定性影响。

常用的表面处理方法有脱脂除油处理、机械处理、化学处理及漂洗和干燥 4 项，可单独使用，也可联合使用以期达到更好的效果。

3）装配

在胶接模具或夹具中组装全部零件，定位并夹紧，一般按预装配的定位记号进行装配。在装配工件的同时，还要装配好工艺控制试件。最后，检查真空袋和真空系统的气密性，送进热压罐后，检查加压系统的密封性。

4）固化

金属结构腔中的主要组分是热固性树脂胶粘剂，一般须加温、加压，以完成交联固化，形成坚固的胶接连接。固化规范中包括3个参数：温度、压力和时间，对胶缝强度有决定性影响。例如，室温固化胶接，适当加温可加速固化过程，同时完成胶接后在室温下要停放一段时间，才能交联固化充分。同时，对已固化的胶接构件须清理其表面和周边，进行修边。

3.1.6 复合材料连接技术

1. 复合材料基础

复合材料是由有机高分子、无机非金属或金属等几类不同材料通过复合工艺组合而成的新型材料，它既能保留原组分材料的主要特色，又通过复合效应获得原组分所不具备的性能。可以通过材料设计使各组分的性能相互补充并彼此关联，从而获得新的优越性能，与一般材料的简单混合有着本质的区别。

复合材料中存在两种或者两种以上的物理相，可以是连续的，也可以是不连续的。其中连续的物理相称为基体材料；而不连续的物理相以独立的形式分散在连续的基体中，即分散相，如果它对材料起到增强作用，则称增强材料。

1）复合材料的特点

（1）比强度和比模量高。复合材料的比强度和比模量多数远远高于钢、铝合金和钛合金。减轻无人机的结构重量是无人机设计的重要目标之一，因此比强度和比模量高的复合材料是无人机理想的结构材料。部分材料的力学性能如表3-2所示。例如，硼纤维/环氧树脂的比强度约为钢的5倍、铝合金的4倍和钛合金的3倍。采用复合材料制造无人机构件，在强度和刚度相同的情况下，结构重量可以做到更轻。

表3-2 部分材料的力学性能

材料	密度 /(g/cm³)	拉伸强度 /GPa	弹性模量 /10² GPa	比强度 /GPa	比模量 /10² GPa
钢	7.80	1.03	2.10	0.13	0.27
铝合金	2.80	0.47	0.75	0.17	0.26
钛合金	4.50	0.96	1.14	0.21	0.25
玻璃纤维复合材料	2.00	1.06	0.40	0.53	0.20
高强碳纤维/环氧树脂	1.45	1.50	1.40	1.03	0.97
高模碳纤维/环氧树脂	1.60	1.07	2.40	0.67	1.50
有机纤维/环氧树脂	1.40	1.40	0.80	1.00	0.57
硼纤维/环氧树脂	2.10	1.38	2.10	0.66	1.00
硼纤维/铝复合材料	2.65	1.00	2.00	0.38	0.50

（2）耐疲劳性能好。疲劳破坏是材料在交变载荷作用下，由于裂缝的形成和扩展而形成的低应力破坏。大多数金属材料的疲劳破坏极限是其拉伸强度的30%～50%，而碳纤维树脂复合材料则达70%～80%。

（3）减振性好。复合材料的比模量高，因此用这类材料制成的结构件具有高的自振频率。同时，复合材料中纤维及基体间的界面具有吸振能力，使材料的振动阻尼很高。对相同形状和尺寸的梁进行振动试验得知，轻合金梁需9s才能停止振动，而碳纤维复合材料梁只需2.5s就可停止同样大小的振动。

（4）过载时安全性好。纤维增强复合材料基体中有大量独立的纤维。这类材料的构件一旦超载并发生少量纤维断裂时，载荷会重新迅速分配到未破坏的纤维上，从而使这类结构件不至于在极短时间内有整体破坏的危险。

(5) 耐热性能好。树脂基复合材料的耐热性一般都要比它相应的塑料有明显的提高。金属基复合材料在这方面更显示出它的优越性。例如，一般铝合金在400℃时，其弹性模量就会大幅度下降到几乎接近于零，强度也显著下降。而用碳或硼纤维增强的铝，在这个温度下，其强度或弹性模量基本不变或稍有下降。目前常用树脂基复合材料作为无人机的耐腐蚀材料。

(6) 各向异性及性能可设计性。各向异性是复合材料的一个突出特点，与之相关的是性能的可设计性。复合材料根据需求设计制造，无须焊、铆、切割等二次加工。各向异性(如力学性能)可根据载荷及使用条件的不同选择相应的铺层设计，可以突破指导的优化设计，做到安全可靠、经济合理。

(7) 工艺性好。复合材料可用模具采用一次成型来制造各种构件，从而减少了零部件的数量及接头紧固件，并可节省原材料及工时。

2) 复合材料的不足

制备工艺复杂，材料性能受制备工艺影响大，而且制备方法在材料之间常常不通用，且当前复合材料的性能仍远远低于计算值。纤维与基体组成的复合材料，微观结构不均匀，易在薄弱处发生破坏；层间剪切强度和横向强度低；抗冲击性差；长期耐高温及耐老化性能差；工艺质量不够稳定，材料性能的分散性大。另外，价格过高是制约复合材料推广的重要因素。

3) 复合材料分类

根据基体性质分类：聚合物复合材料、金属基复合材料、树脂基复合材料、陶瓷基复合材料、碳/碳复合材料。

根据增强材料分类：碳纤维复合材料、玻璃纤维复合材料、硼纤维复合材料和芳纶纤维复合材料等。

根据制造方法分类：层合复合材料、混合复合材料及浸渍复合材料等。

2. 复合材料的连接技术

先进复合材料技术的实际应用在无人机设计与制造中具有重要的地位。这是因为复合材料的许多优异性能，如比强度和比模量高，优良的抗疲劳性能，以及独特的材料可设计性等，都是无人机结构需要的理想性能。众所周知，高性能无人机要求结构重量轻，从而可以减少燃料消耗，延长留空时间，飞得更高更快或具有更好的机动性；也可以安装更多的设备，提高无人机的综合性能，减轻结构的重量，可大大节约无人机的使用成本，取得明显的经济效益。

估计有40%的无人机结构和部件将采用最新一代的碳质复合材料和先进的金属材料制造，它们除了比传统材料轻之外，还在使用可靠性、维护性和修理方便性等方面带来很大优势。复合材料在无人机上应用更为广泛，一般在50%～80%，有的无人机机身全部采用的是复合材料。

1) 复合材料的机械连接

复合材料在应用过程中，常常需要进行机械加工，并与其他材料或同类材料进行连接。和金属结构相比，连接是复合材料结构的薄弱环节。据统计，航空航天无人机有60%～

70%的破坏都发生在连接部位。因此,设计人员要尽可能避免使用连接。

在复合材料机械连接中常采用铆钉连接和螺纹连接。一般铆钉连接适用于连接厚度达3mm的层合板。使用铆钉连接时注意不要造成层合板钉孔边的过量损伤,因为这种损伤会削弱接头。一般只是在复合材料与金属连接且传递一定载荷的接头上才允许使用铆接。螺纹连接中,紧固件的材料选择,应与所使用的复合材料相匹配。如碳纤维/环氧树脂复合材料与常规紧固件材料间有较大的电位差,易产生电偶腐蚀。

2)复合材料的胶接

胶接连接是复合材料无人机构件的主要连接方法之一。它和机械连接不同,不需要连接件,只用胶粘剂将若干零件连接成一个具有一定承载能力的整体构件,而相互连接的零件之间的应力传递就靠胶粘剂来完成。

适用于连接先进纤维复合材料和金属的基本胶接接头有单搭接头、双搭接头、单嵌接接头、双嵌接接头、台阶型接头、双台阶型接头等。为了使制造成本最低,应选择能达到所需强度的最简单的接头形式。

制作接头时最关键的步骤是产生良好的胶接表面。为了保证优良的胶接强度和耐久性,铝和钛合金等金属一般要经过除油、酸洗和阳极化来形成稳定的氧化膜。胶接以前要在表面涂一层防腐蚀底漆。对于固化后的环氧树脂基复合材料,表面处理要做的是产生一个粗糙的树脂表面和清除表面污物,一般通过除污和用砂纸打磨胶接区来实现。

3.2 无人机电气装配工艺

3.2.1 概述

电气装配主要是对一系列电子元器件组成的各种电路的装配组合,现代无人机装配一般指总装,即将各零部件、插装件以及单元功能结构按照设计要求,进行装配连接,组成一个具备一定功能的完整产品。

无人机电气系统一般包括电源、配电系统、用电设备3个部分,电源和配电系统组合统称为供电系统。供电系统的功能是向无人机各用电系统或设备提供满足预定设计要求的电能。

1. 电气装配一般要求

无人机电气装配应遵循先轻后重、先铆后装、先里后外、先低后高、先小后大、先装后焊、先平后高、先装后连、上道工序不得影响下道工序的顺序原则。

安装的基本要求如下。

(1) 对电气安装所用的材料、元器件、零部件和整件均应检验合格后才准许使用,否则不得用于安装使用。

(2) 安装应牢固可靠,避免碰坏机架及元器件的涂覆层,不破坏元器件的绝缘性能,安装件的方向、位置要正确。

(3) 被焊件的引出线、导线的芯线与接头,在焊接前应根据整机工艺文件要求,采用插接、搭接或绕接等方式固定,且元器件引出线、裸导线不应有切痕或钳伤。

(4) 套绝缘套管,应在引线上套上适当长度和大小的套管。多股导线的芯线加工后不应有断股现象存在。

（5）严格遵守装配的顺序要求，注意前后工序的衔接。

2. 装配级别

（1）元器件级装配：指电路元器件、集成电路的组装，是最低的组装级别，其特点是结构不可分割。

（2）插件级装配：用于组装和互连电子元器件。

（3）插箱板级装配：用于组装和互连插件或印制电路板部件。

（4）箱柜级装配：主要通过电缆及连接器互连插件和插箱，并通过电源电缆送电构成独立的具有一定功能的电子仪器、设备和系统。

无人机电气装配过程主要是指箱柜级装配，因此涉及的装配工艺主要是各类接插件及导线的选择以及连接的焊接工艺。

3.2.2 电连接器选择

电连接器也可称接插件，是一种插拔式电气连接的器件，广泛应用于各种电气线路中，起着连接或断开电路的作用。一般由插头和插座两部分组成，在产品内部用于模块之间的电气连接。有些接插件能够将产品与外部装置相连接，如网络接线器、外设接线器和电源接线器等。它是用来在机器与机器之间、电路板与电路板之间、器件与电路板之间进行电气连接的元器件，是电子产品中用于电气连接的常用器件。

1. 电连接器分类

电连接器常用的分类方法如下。

按外形结构分：圆形连接器和矩形连接器。

按连接方式分：螺纹连接、卡口（快速）连接、卡锁连接、推拉式连接和直插式连接等。

按接触体端接形式分：压接、焊接、绕接、螺钉（帽）固定。

按环境保护分：耐环境电连接器和普通电连接器。

按工作频率分：低频和高频（以3MHz为界）划分。

按用途分：印制板用连接器、机柜用连接器、音响设备用连接器、电源连接器、特殊用途连接器、射频电连接器、密封电连接器（玻璃封焊）、高温电连接器、自动脱落分离电连接器、滤波电连接器、复合材料电连接器和机场电源电连接器等。

2. 组成

电连接器由壳体、绝缘体和接触体三大基本单元组成。

（1）壳体：电连接器壳体是指插头插座的外壳、连接螺帽和尾部附件。外壳作用是保护绝缘体和接触体等电连接器内部零件不被损伤，连接螺帽用于插头座连接和分离，尾部附件用于保护导线与接触体端接处不受损伤并用于固定电缆，壳体还具有一定的电磁屏蔽作用。

（2）绝缘体：由装插针绝缘体、装插孔绝缘体、界面封严体和封线体等组成。用以保持插针插孔在设定位置上，并使各个接触体之间及各接触体与壳体之间相互电气绝缘。通过绝缘体、界面封严体、封线体等封严措施，来提高电连接器的耐环境性能。

（3）接触体：插针插孔是接触体的总称，分为焊接式、压接式和绕接式等，用来实现电路连接。

插针插孔是电连接器的关键元件,它直接影响着电连接器的可靠性。插针插孔大多采用导电性能良好的弹性铜合金材料制作,表面采用镀银镀金达到接触电阻小及防腐蚀的目的。插孔一般有劈槽式插孔、线簧插孔、冠簧插孔与冲制插孔等。

3. 连接方式

电连接器一般由插头和插座组成,其中插头也称自由端电连接器,插座也称固定电连接器。通过插头与插座的插合和分离来实现电路的连接与断开,存在不同的插头和插座的各种连接方式。

以圆形电连接器为例,主要有螺纹式、卡口式、直插式和卡锁式连接 4 种方式,如图 3-14所示。

1) 螺纹式连接

螺纹式连接最常见,它具有加工工艺简单、制造成本低、适用范围广等优点,但连接速度较慢,不适宜于需频繁插拔和快速连接的场合。

2) 卡口式连接

卡口式连接一般由 3 条(或两条)曲线槽和卡销组成,分为内卡式和外卡式,有两条和 3 条曲线槽之分。由于其 3 条(或两条)卡口槽的导程较长,因此连接的速度较快,使用方便,有明显的到位警示声,是目前国内外电连接器中使用最普遍的一种连接方式。但它制造较螺纹式复杂,成本也就较高。

3) 直插式连接

直插式连接是 4 种连接方式中速度最快的,不需进行旋转运动,只需进行直线运动就能实现连接、分离和锁紧的功能,操作空间小。由于该方式属于直推拉式,因此适用于总分离力不大的电连接器,一般在小型电连接器中较常见。

4) 卡锁式连接

卡锁式连接具有卡锁式连接和多头螺纹式连接结构,采用的是多条不规则的凸键和凹槽,具有快速连接的功能,抗电磁干扰性能好、可盲插;但是其加工工艺复杂,制造成本高,外形较大,因此使用场合及范围受限。

(a) 螺纹式连接电连接器

(b) 卡口式连接电连接器

(c) 直插式连接电连接器

(d) 卡锁式连接电连接器

图 3-14　电连接器连接方式

4. 端接方式

端接方式是指电连接器的接触对与电线或电缆的连接方式。合理选择端接方式和正确使用端接技术，也是使用和选择电连接器的一个重要方面。

1）焊接

焊接，最常见的是采用锡焊，锡焊连接最重要的是焊锡料与被焊接表面之间应形成金属的连续性，一般是将导线焊接在接触件焊槽内。簧片式接触对常见的焊接端有焊片式、冲眼焊片式和缺口焊片式；针孔式接触对常见焊接端有钻孔圆弧缺口式。接触对上常用的镀层是锡合金、银和金。

2）压接

压接是为使金属在规定的限度内压缩和位移并将导线连接到接触对上的一种技术，如图 3-15 所示。一般是将导线压接在接触件压接筒内，可通过接触件拆卸工具，将其与电连接器分离。好的压接连接能产生金属互熔流动，使导线和接触对材料对称变形。压接能得到较好的机械强度和电连续性，并承受更恶劣的环境条件，目前普遍认为采用正确的压接连接比锡焊好，特别是在大电流场合主要使用压接。

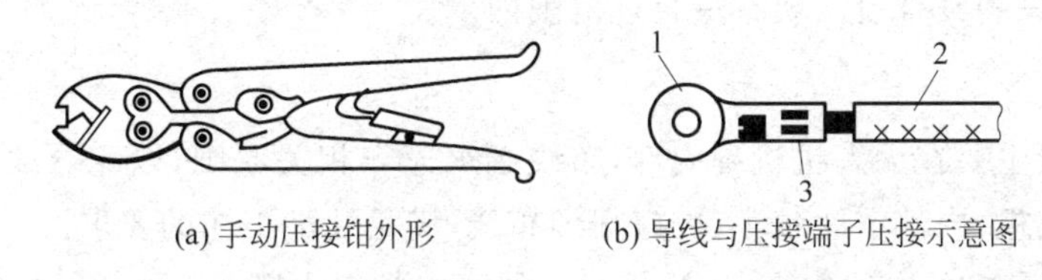

(a) 手动压接钳外形　　(b) 导线与压接端子压接示意图

图 3-15　压接

1—压接端子；2—导线；3—压窝在中间

3）绕接

绕接是将导线直接缠绕在带棱角的接触件绕接柱上。绕接时，导线在张力受到控制的情况下进行缠绕，压入并固定在接触件绕接柱的棱角处，以形成气密性接触。绕接的工具包括绕接枪和固定式绕接机，如图 3-16 所示。

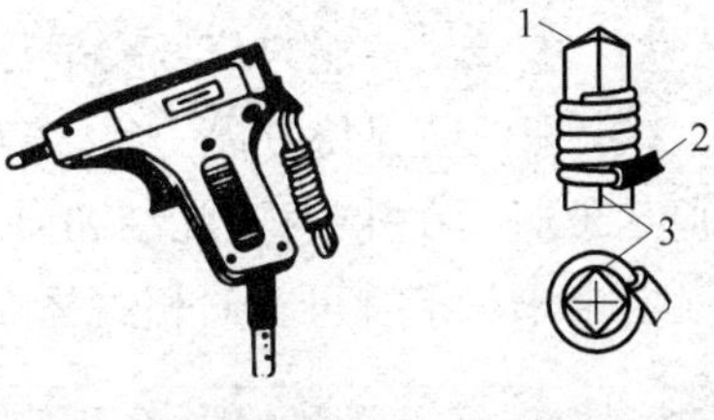

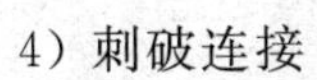

(a) 电动型绕接枪　　(b) 绕接示意图

图 3-16　绕接

1—有棱边接线端子；

2—导线绝缘层部分；3—棱边

4）刺破连接

刺破连接又称绝缘位移连接，适用于带状电缆的连接。连接时不需要剥去电缆的绝缘层，依靠连接器的 U 形接触簧片的尖端刺入绝缘层中，使电缆的导体滑进接触簧片的槽中并被夹持住，从而使电缆导体和连接器簧片之间形成紧密的电气连接。该方式具有可靠性高、成本低、使用方便等特点。

5）螺钉连接

螺钉连接是采用螺钉式接线端子的连接方式。要注意允许连接导线的最大和最小截面以及不同规格螺钉允许的最大拧紧力矩。

其他连接方式可查阅相关标准。

3.2.3 连接导线选择

1. 选用原则

电连接器与元器件之间、元器件与元器件之间的连接都主要依靠导线，常用的导线包括裸线、电磁线、绝缘电线电缆和通信电缆 4 种，选用导线主要考虑流过导线的电流，这个电流的大小决定了导线芯线截面积的大小。同时，还可通过使用不同颜色的导线区分电路的性质和功能以减少接线的错误。

导线选用一般遵循以下 3 个原则。

(1) 近距离和小负荷按发热条件选择导线截面(安全载流量)，用导线的发热条件控制电流，截面积越小，散热越好，单位面积内通过的电流越大。

(2) 远距离和中等负荷在安全载流量的基础上，按电压损失条件选择导线截面。远距离和中等负荷仅仅不发热是不够的，还要考虑电压损失，要保证到负荷点的电压在合格范围内，电器设备才能正常工作。

(3) 大负荷在安全载流量和电压降合格的基础上，按经济电流密度选择；还要考虑电能损失，电能损失和资金投入要在最合理范围内。

2. 布线原则

元器件布线主要在无人机机身内部，布线必须遵守相关原则，以免导线相互干扰，尤其是对于微型无人机，内部空间较小，更应仔细布线，满足装配工艺的要求。

(1) 应选择最短的布线距离，但连接时导线不能拉得太紧。

(2) 不同种类的导线应避免相互干扰和寄生耦合。

(3) 导线应远离发热元器件，不能在元器件上方近距离走线。

(4) 电源线不能与信号线平行。

(5) 埋线应保持方向一致、美观，扎线应扎紧，并且扎带之间保持一定的间距，所有线材都应尽量捆扎在扎带内，扎结朝向一致。

其余未尽事宜可查阅相关标准。

3.2.4 电子元器件焊接工艺

1. 锡焊基本知识

锡焊是使金属连接在一起的一种方法，是将导线、元器件引脚与印制电路板连接在一起的过程。焊接过程要满足机械连接和电气连接两个目的，其中，机械连接是起固定作用，而电气连接是起电气导通的作用。在电子元器件及各类接插头的生产装配中，大量采用锡焊技术。

手工焊接中的锡焊原理是通过加热的烙铁将固态焊锡丝加热熔化，再借助于助焊剂的作用，使其流入被焊金属之间，待冷却后形成牢固可靠的焊接点；锡焊是通过润湿、扩散和冶金结合这 3 个物理化学过程来完成的，被焊件未受任何损伤。放大 1000 倍的焊点剖面如图 3-17 所示。

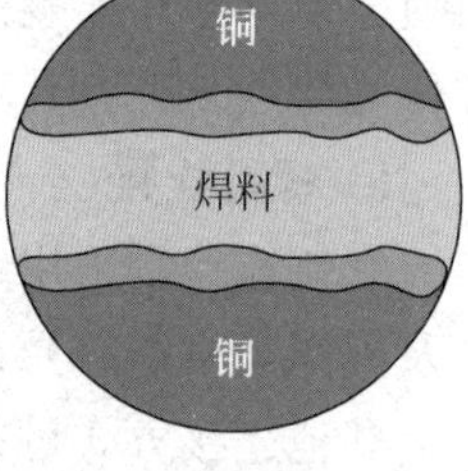

图 3-17 焊点剖面

2. 焊接材料

1）锡铅合金焊料

焊锡是连接元器件与线路板之间的介质，在电子线路的安装和维修中经常用到的焊锡是由锡和铅两种金属按一定比例融合而成的，其中锡所占的比例稍高。

纯锡为银白色，有光泽，富有延展性，在空气中不易氧化，熔点为232℃。锡能与大多数金属融合而形成合金。但纯锡的材料呈脆性，为了增加材料的柔韧性和降低焊料的熔点，必须用另一种金属与锡融合，以缓和锡的性能。

纯铅为青灰色，质软而重，有延展性，容易氧化，有毒性，熔点为327℃。

当锡和铅按比例融合后，构成锡铅合金焊料，此时，它的熔点变低，使用方便，并能与大多数金属结合。

焊锡的熔点会随着锡铅比例的不同而变化，锡铅合金的熔点低于任何其他合金的熔点。优质的焊锡其锡铅比例是按63%锡和37%铅配比的，这种配比的焊锡，其熔点为183℃。有些质量较差的焊锡熔点较高，而且凝固后焊点粗糙呈糠渣状，这是由于焊锡中铅含量过高所致。为改善焊锡的性能，还出现了加锑焊锡、加镉焊锡、加银焊锡和加铜焊锡。

2）助焊剂

助焊剂在焊接工艺中能帮助和促进焊接过程。助焊剂的主要作用如下。

(1) 破坏金属氧化膜使焊锡表面清洁，有利于焊锡的浸润和焊点合金的生成。

(2) 能覆盖在焊料表面，防止焊料或金属继续氧化。

(3) 增强焊料和被焊金属表面的活性，降低焊料的表面张力。

(4) 焊料和焊剂是相熔的，可增加焊料的流动性，进一步提高浸润能力。

(5) 能加快热量从烙铁头向焊料和被焊物表面传递。

(6) 合适的助焊剂还能使焊点美观。

助焊剂分为无机类、有机类和树脂类3大类。

在电子产品的焊接中使用比例最大的是松香，即树脂类助焊剂，即树脂类助焊剂。松香在固态时呈非活性，只有液态时才呈活性，其熔点为127℃，活性可以持续到315℃。锡焊的最佳温度为240～250℃，正处于松香的活性温度范围内，且它的焊接残留物不存在腐蚀问题，这些特性使松香成为非腐蚀性焊剂而被广泛应用于电子设备的焊接中。

松香类助焊剂使用时应注意，松香反复加热使用后会碳化发黑，不起助焊作用，还影响焊点质量；另外，当温度达到600℃时，松香的绝缘性能下降，焊接后的残留物对发热元器件有较大的危害。现在普遍使用氢化松香，是一种高活性松香，性能更稳定，助焊作用更强。

3）阻焊剂

在浸焊和波峰焊中，要求焊料只在规定的焊点上进行焊接，其他不需要焊接的地方就要隔离，因此，这就需要通过阻焊剂来实现。阻焊剂是一种耐高温的涂料。

阻焊剂一般是覆盖印制电路板的板面，起到保护作用，防止印制电路板受到热冲击或机械损伤；同时，防止了短路、虚焊的情况，可以有效提高焊接效率和质量。

3. 手工焊接技术

1）电烙铁的握法

电烙铁要拿稳对准，一般有3种握法，如图3-18所示，具体选择哪种握法根据实际的焊接情况确定。

(1) 反握法：用五指把电烙铁的柄握在掌内，此法适用于大功率电烙铁，焊接散热量大的被焊件。

(2) 正握法：适用于较大的电烙铁，弯形烙铁头一般也用此法。

(3) 握笔法：用握笔的方法握电烙铁，此法适用于小功率电烙铁，焊接散热量小的被焊件。

2) 焊锡丝的拿法

焊锡丝一般有两种拿法，即连续锡丝拿法和断续锡丝拿法，如图 3-19 所示。

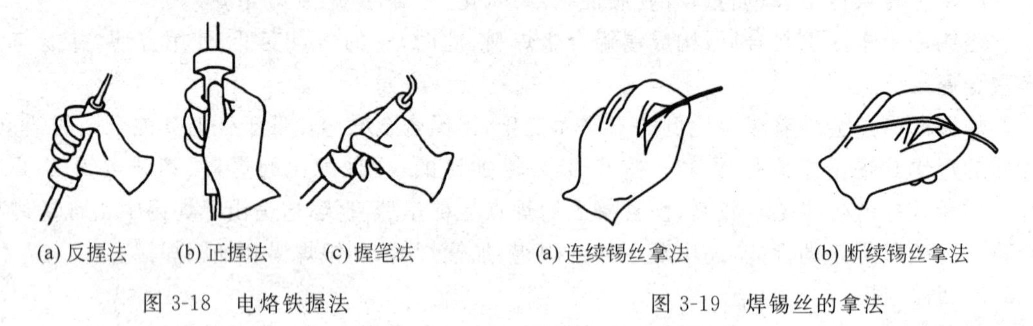

(a) 反握法　(b) 正握法　(c) 握笔法

图 3-18　电烙铁握法

(a) 连续锡丝拿法　(b) 断续锡丝拿法

图 3-19　焊锡丝的拿法

3) 焊接五步法

手工焊接一般采用五步法，如图 3-20 所示。

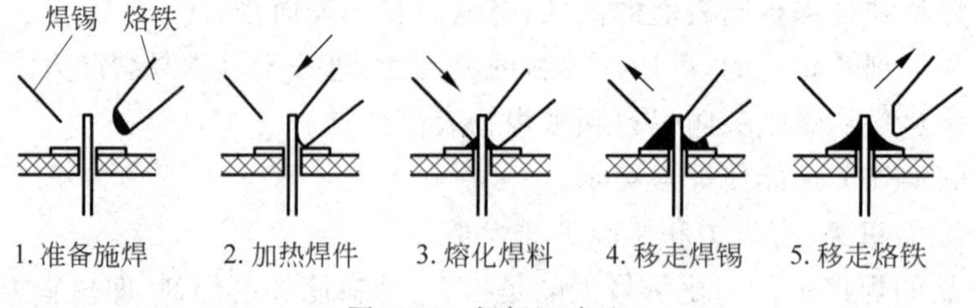

1. 准备施焊　2. 加热焊件　3. 熔化焊料　4. 移走焊锡　5. 移走烙铁

图 3-20　焊锡五步法

(1) 准备施焊：准备好焊锡丝和烙铁。此时应特别强调的是烙铁头部要保持干净，即不可以沾上焊锡(俗称吃锡)。

(2) 加热焊件：将烙铁接触焊接点，注意首先要保持烙铁加热焊件各部分，例如印制电路板上引线和焊盘都使之受热；其次要注意让烙铁头的扁平部分(较大部分)接触热容量较大的焊件，烙铁头的侧面或边缘部分接触热容量较小的焊件，以保持焊件均匀受热。

(3) 熔化焊料：当焊件加热到能熔化焊料的温度后将焊丝置于焊点，焊料开始熔化并润湿焊点。

(4) 移走焊锡：当熔化一定量的焊锡后将焊锡丝移走。

(5) 移走烙铁：当焊锡完全润湿焊点后移开烙铁，注意移走烙铁的方向应该是大致 45°的方向。

4) 注意事项

锡丝成分中含铅，而铅是对人体有害的重金属，因此操作时应戴手套或操作后洗手，避免食入；同时，人的鼻子应距离电烙铁不小于 30cm 或配置抽风吸烟罩。

另外，使用电烙铁要配置烙铁架，一般放置在工作台右前方；电烙铁用后一定要稳妥放于烙铁架上，并注意导线等物不要触碰烙铁头。

4. 焊接技艺

1）焊接前准备

首先应熟悉电路原理图及装配图，检查印制电路板的情况，检查待焊接元器件的型号、规格、数量等。

其次对待焊元器件进行整形及镀锡处理，镀锡可提高焊接的质量和速度，要求镀锡后，元器件的镀层表面应该均匀光亮，且无明显凹凸点；多股导线在剥去绝缘皮后，应将其绞合在一起才能镀锡。

再次要对元器件的引线进行整形，如图3-21所示，引线整形后，两引出线要平行，其间的距离应与印制电路板焊盘孔的距离相同，对于卧式安装，两引线左右弯折要对称，以便于插装。在批量生产中，一般采用剪脚机整齐地剪切，而在小批量生产中，一般用尖嘴钳或者镊子加工，可根据实际需要整理引线的形状，具体要求如下。

(1) 引线整形后，引线弯曲部分不允许出现模印、压痕和裂纹。

(2) 引线整形过程中，元器件本体不应产生破裂，表面封装不应损坏或开裂。

(3) 引线整形尺寸应符合安装尺寸要求。

(4) 凡是有标记的元器件，引线整形后，其型号、规格、标志符号应向上、向外，方向一致，以便于目视识别。

(5) 元器件引线弯曲处要有圆弧形，其半径不得小于引线直径的2倍。

(6) 元器件引线弯曲处离元器件封装根部至少2mm。

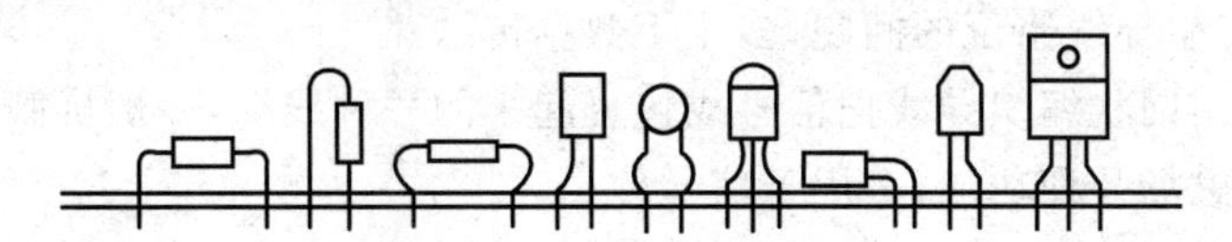

图3-21 元器件引线整形

最后要确定焊接的顺序，一般常用元器件的装焊原则是先低后高、先轻后重、先耐热后不耐热。具体的装焊顺序依次是电阻器、电容器、二极管、晶体管、集成电路、大功率管等。

2）常用元器件的插装焊接

常用的电子元器件主要包括电阻器、电容器、电感器和半导体元器件等，插装焊接应严格按照装配工艺图纸要求对成型元器件进行。具体插装焊接方法如下。

电阻器的插装方式分为卧式和立式两种。电阻器卧式插装焊接时应贴紧印制电路板，并注意电阻的阻值色环向外，同规格电阻色环方向应排列一致；直标法的电阻器标志应向上。电阻器立式插装焊接时，应使电阻离开多孔电路板1～2mm，并注意电阻的阻值色环向上，同规格电阻色环方向排列一致。

电容器的插装方式也可分为卧式和立式两种。一般直立插装的电容大都为瓷片电容、涤纶电容及较小容量的电解电容；对于较大体积的电解电容或径向引脚的电容(如胆电容)，一般为卧式插装。插装焊接瓷片电容时，应使电容离开印制电路板4～6mm，并且标记面向外，同规格电容排列整齐、高低一致。插装电解电容时，应注意电容离开印制电路板1～2mm，并注意电解电容的极性不能搞错，同规格电容排列整齐、高低一致。

二极管的插装方式也可分为卧式和立式两种。二极管卧式插装焊接时，应使二极管离开印制电路板 1～3mm。注意二极管正负极性位置不能搞错，同规格的二极管标记方向应一致。二极管立式插装焊接时，应使二极管离开印制电路板 2～4mm。注意二极管正负极性位置不能搞错，有标识的二极管其标记一般向上。

晶体管的插装方式分为直排式和直跨式两种。直排式为 3 根引线并排插入 3 个孔中，直跨式为 3 个引脚成一定角度插入印制电路板中。插装焊接时应使晶体管（并排、跨排）离开印制电路板 4～6mm，并注意晶体管的 3 个电极不能插错，同规格晶体管应排列整齐、高低一致；应尽量缩短焊接时间，注意散热。尤其焊接大功率晶体管时，应加装散热片，将接触面打磨光滑并涂上硅脂紧固，加大接触面积。

按图纸要求将集成电路按照要求装入印制电路板的规定位置，检查集成电路的型号、引脚位置是否符合要求再进行焊接，应先焊接 4 个角的引脚再依次逐个焊接。

3）导线焊接

在电子电路中常使用的连接导线有 4 类：单股导线、多股导线、排线和屏蔽线。

单股导线内部的芯线只有一条铜丝的线缆，根据绝缘层不同，可以分为塑料单股线和橡胶单股线；根据芯线的软硬不同，可以分为单股软线和单股硬线，主要应用于各种电源的供电和信号的传输。

多股导线由多根细软铜线捻合、编织而成，对该类导线进行加工时可绕性也比单股线容易加工，一些损耗比较高的电路中使用的短线、接地线及电流量较大的线缆通常为多股导线。

排线主要用于软性电路板或扁平电缆，排线一般应用于成组出现的接线中。在使用排线时，可以避免产生导线错位的问题，多用于数据传送。

屏蔽线是使用网状编织导线把信号线包裹起来的一种线缆，一般屏蔽线具有屏蔽静电、屏蔽电磁和屏蔽磁场 3 种功能，多用于信号传送。

（1）导线与接线端子的焊接。

导线与接线端子之间的焊接有 3 种基本形式：绕焊、钩焊和搭焊，如图 3-22 所示。

绕焊：将已挂锡的导线头在接线端子上缠几圈，用钳子拉紧缠牢后进行焊接。注意导线一定要紧贴端子表面，导线的绝缘层不能接触端子，绝缘皮离焊点距离在 1～3mm 为宜。此种连接可靠性最好。

钩焊：将导线端子弯成钩形，勾在接线端子孔内，用钳子夹紧后进行焊接。此种焊接方法强度低于绕焊，但操作较简便。

搭焊：把已挂锡的导线直接搭到接线端子上进行施焊。这种焊接方法方便，但强度可靠性最差，一般用于临时焊接或不便于缠、勾的地方。

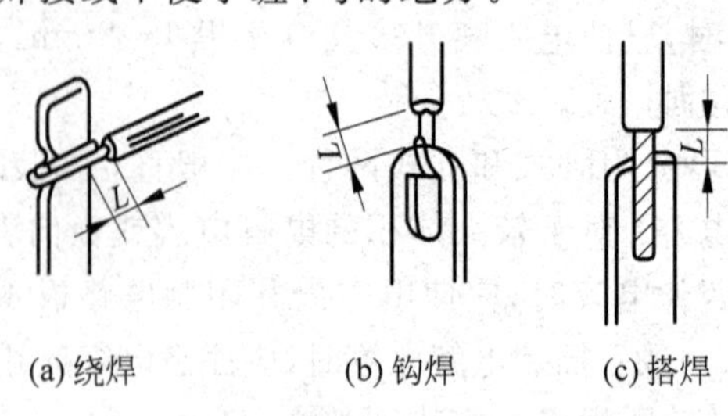

图 3-22 导线与接线端子之间的焊接形式

(2) 导线与导线之间的焊接。以绕焊为主,操作步骤如下:首先将导线去掉一定长度的绝缘皮;其次给导线头挂锡并穿上适合的套管;再次将两根导线绞合,施焊;最后趁热套上套管,确保冷却后套管固定在焊接头处。操作过程如图 3-23 所示。

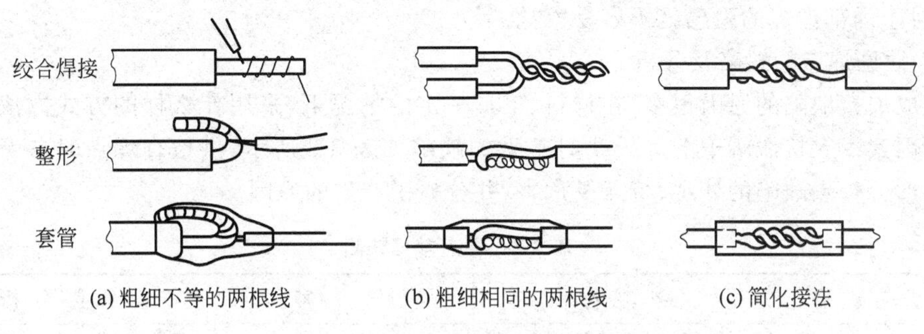

图 3-23　导线与导线之间的焊接

5. 焊接质量

1) 焊点质量要求

对焊点的质量要求主要从电气连接、机械强度和外观 3 方面考虑。

(1) 电气连接可靠。焊点的质量极大地影响了电子产品的可靠性,焊点应保证足够的接触面积、足够的厚度,使之具有可靠的电气连接性能,应避免出现虚焊、桥接及脱焊等现象。

(2) 机械强度足够。焊接在保证电气连接的同时,还起到固定元器件即机械连接的作用,这就要求焊点也要保证足够的机械强度。

机械强度与焊料的多少有直接影响,但是不能一味地增加焊料,导致虚焊、桥接短路的故障。因此,焊接过程应选择合适的焊料,控制焊料数量及选择合适的焊点形式。

(3) 外观平整、光洁。良好的焊点的焊料用量应适当,外观有光泽、明亮、清洁及平滑,没有桥接和拉尖的现象。

综上所述,一个合格焊点从外观上看,必须达到以下要求。

① 形状以焊点的中心为界,左右对称,呈半弓形凹面。

② 焊料量均匀适当,表面光亮平滑,无毛刺和针孔。

合格的焊点形状如图 3-24 所示。

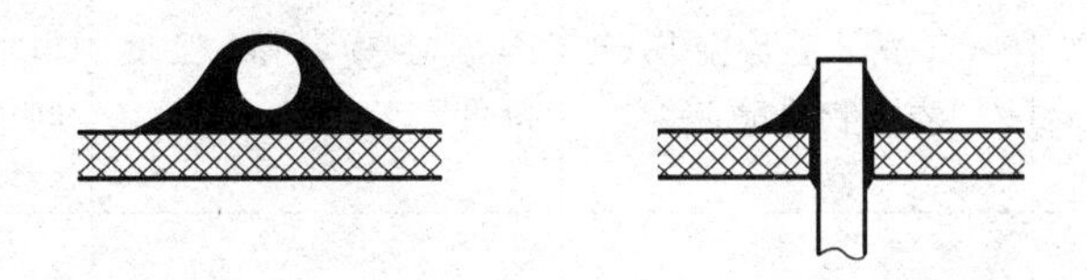

图 3-24　合格的焊点形状

2) 焊接质量检验

(1) 目视检查。从外观上检查焊接质量是否合格,查看焊点是否存在缺陷,主要检查:根据装配图纸检查是否有漏焊;焊点的外观是否平整、光洁;焊点的周围是否残留焊剂;有没有连焊、焊盘有没有脱落;焊点有没有裂纹和拉尖现象。

(2) 手触检查。触摸或轻轻摇动元器件时,检查焊点是否有松动、焊接不牢和脱落的现象。还可尝试镊子夹住元器件引线轻轻拉动,检查有无松动的现象。

(3) 通电检查。在外观检查结束以后,确定连线正确,才可进行通电检查,此步骤是检验电路性能的关键。通电检查可检查到许多微小的缺陷,例如,用目测观察不到的电路桥接,但对于内部虚焊的隐患就不容易察觉。

3) 常见焊点的缺陷及分析

造成焊接缺陷的原因很多,在材料、工具一定的情况下,采用什么样的方式方法是较大的影响因素。在接线端子上焊导线时常见的缺陷如表 3-3 所示,供检查焊点时参考。表中列出了部分焊点缺陷的外观、特点及危害,并分析了产生的原因。

表 3-3 焊点常见缺陷

焊点缺陷	外观特点	危害	原因分析
虚焊	焊锡与元器件引线或与铜箔之间有明显黑色界线,焊锡向外界凹陷	不能正常工作	元器件引线未清洁好,未镀好锡或锡被氧化; 印制电路板未清洁好,喷涂的助焊剂质量不好
焊料堆积	焊点结构松散白色、无光泽,蔓延不良,接触角大(70°～90°),不规则的圆	机械强度不足,可能虚焊	焊料质量不好; 焊接温度不够; 焊锡未凝固时,元器件引线松动
焊料过少	焊接面积小于焊盘的75%,焊料未形成平滑的过渡面	机械强度不足	焊锡流动性差或焊丝撤离过早; 助焊剂不足; 焊接时间过短
焊料过多	焊料面呈凸形	浪费焊料,且可能掩盖缺陷	焊丝撤离过迟
夹松香渣	焊缝中夹有松香渣	强度不足,导通不良,有可能时通时断	焊剂过多或已失效; 焊接时间不足,加热不足; 表面氧化膜未去除
过热	焊点发白,无金属光泽,表面较粗糙	焊盘容易剥落,强度降低	电烙铁功率过大,加热时间过长
冷焊	表面呈豆腐渣状颗粒,有时可能有裂纹	强度低,导电性不好	焊料未凝固前焊件抖动
浸润不良	焊料与焊件交界面接触过大,不平滑	强度低,不通或时通时断	焊料清理不干净; 助焊剂不足或质量差; 焊件未充分加热

续表

焊点缺陷	外观特点	危　害	原因分析
不对称	焊锡未流满焊盘	强度不足	焊料流动性不好； 助焊剂不足或质量差； 加热不足
松动	导线或元器件引线可能移动	导通不良或不导通	焊锡未凝固前引线移动造成空隙； 引线未处理（浸润差或不浸润）
拉尖	出现尖端	外观不佳，容易造成桥接现象	电烙铁不洁，或电烙铁移开过快使焊处未达焊锡温度，移出时焊锡沾上从而形成尖端
桥接	相邻导线连接	电气短路	焊锡过多； 电烙铁撤离角度不当
焊锡短路	焊锡过多，与相邻焊点连锡短路	电气短路	焊接方法不正确； 焊锡过多
焊点剥落	焊点从铜箔上剥落（不是铜箔与印制电路板剥离）	断路	焊盘上金属镀层不良

6. 拆焊

1）概述

拆焊是指将已焊的焊点进行拆除。在返工、返修或调试情况下，经常需要更换一些元器件，此时就需要使用专用工具对元器件进行拆焊，拆焊次数一般不能超过2次，拆焊的步骤一般与焊接的步骤相反。拆焊前，一定要弄清楚原焊接点的特点，不要轻易动手。拆焊应遵循的原则如下。

(1) 不损坏拆除的元器件、导线、原焊接部位的结构件。

(2) 拆焊时，不可损坏印制电路板上的焊盘与印制导线，不可用电烙铁去撬或晃动接点，不允许用拉动、摇动或扭动等办法去强行拆除焊接点。

(3) 对已判断为损坏的元器件，可先行将引线剪断，再行拆除，这样可减小其他损伤的可能性。

(4) 在拆焊过程中，应该尽量避免拆除其他元器件或变动其他元器件的位置。若确实需要，则要做好复原工作。

(5) 拆焊过程中，要严格控制加热的时间与温度，受热易损元器件对温度更是十分敏感。在拆焊时，如果时间过长、温度过高会烫坏元器件，甚至会使印制电路板焊盘翘起或脱落，进而给继续装配造成很多麻烦。

2）拆焊方法

常用的拆焊方法主要有分点拆焊法、集中拆焊法和断线拆焊法，其余拆焊方法可根据实际应用情况选用。

(1) 分点拆焊法。对于需要拆焊的元器件引线较少，并且焊点与焊点之间的距离较远时，可以采用分点拆焊法，用电烙铁直接进行拆焊，如果引线是弯折的，应撬直后再行拆除。

分点拆焊法如图 3-25 所示。首先固定印制电路板，同时用镊子从元器件面夹住被拆元器件的一根引线；用电烙铁对被夹引线上的焊点进行加热，以熔化该焊点上的焊锡；待焊点上的焊锡全部熔化，将被夹的元器件引线轻轻从焊盘孔中拉出；其次用同样的方法拆焊被拆元器件的另一根引线。这种方法不宜在同一焊点上多次使用，因为印制电路板上的铜箔经过多次加热后很容易与绝缘板脱离而造成电路板的损坏。

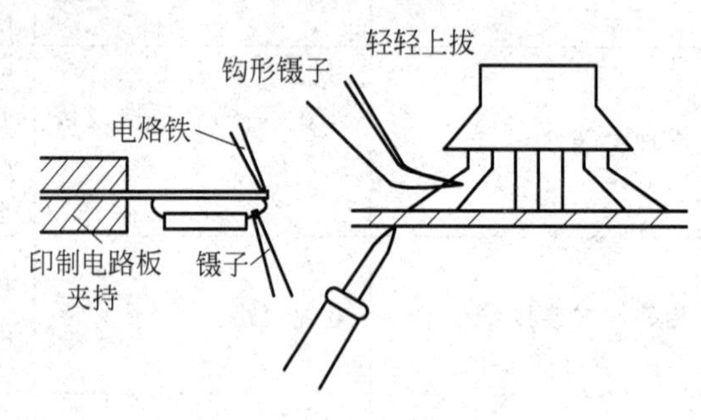

图 3-25　分点拆焊法

(2) 集中拆焊法。对于引线之间焊点距离较小的元器件，如晶体管、立式安装的电阻、电容等，多采用集中拆焊法。

集中拆焊法如图 3-26 所示。首先固定印制电路板，同时用镊子从元器件面夹住被拆元器件。用电烙铁对被拆元器件的各个焊点快速交替加热，以同时熔化各焊点上的焊锡；待焊点上焊锡全部熔化，将夹着的被拆元器件轻轻从焊盘孔中拉出；用烙铁头清除焊盘上多余焊料。

图 3-26　集中拆焊法

(3) 断线拆焊法。对于被拆焊点上的元器件引线及导线留有余量的情况，或者确定元器件已经损坏，可以直接将元器件或导线剪下，再将焊盘上的线头拆下。

在实际的拆焊过程中，具体采用什么方法要根据实际情况而定，有时候并不一定采用单一的方法。各类焊点的拆焊方法和注意事项如表 3-4 所示。

表 3-4　各类焊点的拆焊方法和注意事项

焊 点 类 型	拆 焊 方 法	注 意 事 项
引线焊点拆焊	首先用烙铁头去掉焊锡，然后用镊子撬起引线并拉出。如引线用缠绕的焊接方法，则要将引线用工具拉直后再抽出	撬、拉引线时不要用力过猛，也不要用烙铁头乱撬，要先弄清引线的方向
引脚不多的元器件的焊点拆焊	采用分点拆焊法，用电烙铁直接进行拆焊，一边用电烙铁对焊点加热至焊锡熔化，一边用镊子夹住元器件的引线，轻轻地将其拉出	这种方法不宜在同一焊点上多次使用，因为印制电路板上的铜箔经过多次加热后很容易与绝缘板脱离而造成电路板的损坏

续表

焊点类型		拆焊方法	注意事项
有塑料骨架的元器件的拆焊		因为这些元器件的骨架不耐高温，所以可以采用间接加热拆焊法。拆焊时，首先用电烙铁加热除去焊接点焊锡，露出引线的轮廓；其次用镊子或捅针挑开焊盘与引线间的残留焊锡；最后用烙铁头对已挑开的个别焊点加热，待焊锡熔化时，迅速拔下元器件	不可长时间对焊点加热，以防止塑料骨架变形
焊点密集的元器件的拆焊	采用吸锡电烙铁	它具有焊接和吸锡的双重功能。在使用时，只要把烙铁头靠近焊点，待焊点熔化后按下按钮，即可把熔化的焊锡吸入储锡盒内	
	采用吸锡器	吸锡器本身不具备加热功能，它需要与电烙铁配合使用。拆焊时先用电烙铁对焊点进行加热，待焊锡熔化后撤去电烙铁，再用吸锡器将焊点上的焊锡吸除	撤去电烙铁后，吸锡器要迅速地移至焊点吸锡，避免焊点再次凝固而导致吸锡困难
	采用吸锡绳	使用电烙铁除去焊接点焊锡，露出导线的轮廓。将在松香中浸过的吸锡绳贴在待拆焊点上，用烙铁头加热吸锡绳，通过吸锡绳将热量传导给焊点熔化焊锡，待焊点上的焊锡熔化并吸附在锡绳上，拉起吸锡绳。如此重复几次即可把焊锡吸完。此方法在高密度焊点拆焊操作中具有明显优势	吸锡绳可以购买或自制。自制可将多股胶质电线去皮后拧成绳状，再加热吸附上松香助焊剂即可

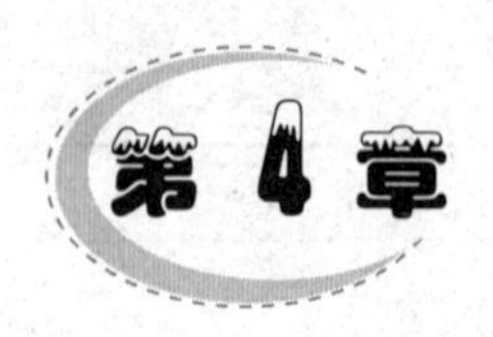

多旋翼无人机的组装

多旋翼无人机的组装一般是指把无人机的基本硬件以及辅助设备按照一定的技术要求,组装成具备设计功能的无人机。组装过程一般包括多旋翼无人机机架的选型及组装;动力系统的组成选型及组装;飞控系统的组装;遥控装置的组装;无线图传设备及云台的组装。

4.1 概 述

4.1.1 多旋翼无人机的组成

多旋翼无人机一般由机架、动力系统、飞控系统、遥控装置和任务载荷等模块组成。图 4-1 所示为多旋翼无人机组成结构框图。

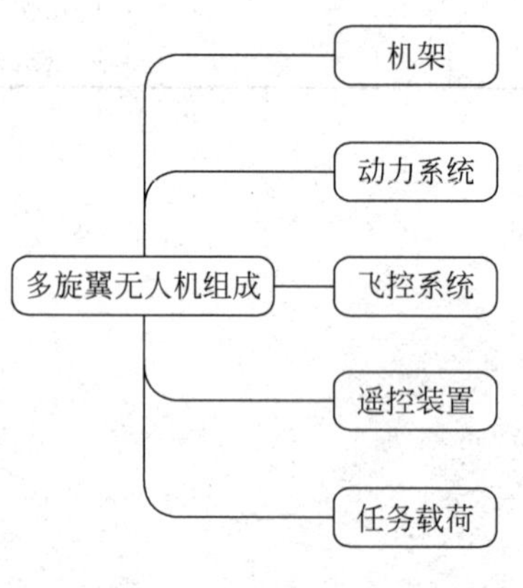

图 4-1 多旋翼无人机组成结构框图

1. 机架

机架：指多旋翼无人机的机身,是多旋翼无人机其他结构的安装基础,起承载作用。

根据旋翼轴数的不同,可分为 3 轴、4 轴、6 轴、8 轴甚至是 18 轴机架等。而根据发动机个数分有 3 旋翼、4 旋翼、6 旋翼、8 旋翼甚至 18 旋翼机架等。轴数和旋翼数一般情况下是相等的,但也有特殊情况,比如 3 轴 6 旋翼,是在 3 轴每个轴上下各安装一个电动机构成 6 旋翼。

2. 动力系统

动力系统：是指为无人机飞行提供动力的系统。目前多旋翼无人机采用的动力系统一般分为电动系统和油动系统。在民用和商用领域,多旋翼无人机常用的是电动系统。电动系统一般由电池、电动机、电调和螺旋桨组成。

1）电池

电池为无人机提供能量,分为有镍镉、镍氢、锂离子和锂聚合物电池等。

2）电动机

电动机是指直接将电能转化为机械能的部件。与有刷电动机相比,无刷电动机具有效率高、寿命长等优势。多旋翼无人机往往采用外转子电动机。无刷电动机基本不需要定时保养。

3）电调

电调是指将飞控板的控制信号进行功率放大，并向各开关管送去能使其饱和导通和可靠关断的驱动信号，以控制电动机的转速。

4）螺旋桨

螺旋桨是安装在无刷电动机上的桨叶，通过电动机旋转带动螺旋桨旋转从而产生拉力或推力。多旋翼无人机采用定矩螺旋桨，其桨矩固定不变。螺旋桨从桨毂到翼尖安装角逐渐减小，这是因为半径越大的地方线速度越大，所以半径越大的桨叶段受到的空气反作用力就越大，容易造成桨叶因各处受力不均匀而折断。

3. 飞控系统

无人机飞行控制系统（以下简称飞控）是控制无人机飞行姿态和运动的设备，由传感器、机载计算机和执行机构三大部分组成。

飞控中一般集成了高精度的感应器元件，包括陀螺仪、加速度计、角速度计、气压计、GPS、指南针、控制电路等，能够稳定无人机飞行姿态，并能控制无人机自主或半自主飞行。多旋翼无人机本质上是一个不稳定的系统，所以飞控系统无时无刻不在监视并控制着无人机的飞行状态，将遥控器和地面站的飞行指令转化成对应的 PWM 信号发送给电动机，使无人机尽可能地满足设定的飞行要求。

多旋翼无人机常用的飞控主要有以下几种。

1）F3 飞控

F3 飞控全名为 Spracing F3 飞行控制器，是为飞手提供高性能的飞行体验而设计的，具有经过验证的传感器算法，同时还提供无与伦比的 I/O 能力，使用新一代 CPU 把设计浓缩到一个轻巧的 PCB 上。

2）A2 飞控

A2 飞控是一款面向商用及工业用多旋翼平台的飞行控制系统，它以主控器为核心，通过主控器将 IMU、GPS-COMPASS PROPLUS、LED-BT-1、PMU 和电调等设备接入 A2 系统，利用 IMU 惯性导航，结合 GPS 可进行高精度定位，实现无人机控制功能。

3）NAZA 飞控

NAZA-M“哪吒”飞控，是一款专为多旋翼无人机爱好者打造的新一代轻量级多旋翼控制平台，其创新的一体化设计理念，将控制器、陀螺仪、加速度计和气压计等传感器集成在了一个更轻、更小巧的控制模块中，同时可提供 D-BUS 支持，且支持固件在线升级，功能、硬件均可扩展。

4）A3 飞控

A3 系列飞控系统，代表着大疆飞控技术在当下的最高水平。全新 A3 系列飞控系统结合安全可靠和精准控制的特性，以丰富的扩展功能和外设支持开创更多可能，全面满足行业应用的严苛需求。

4. 遥控装置

遥控装置一般是指地面上可以对无人机发出指令以及接收无人机传回信息的设备，它的硬件可以是一个遥控器，也可以是一部手机，或者一台笔记本电脑。

在多旋翼无人机的应用中，遥控器是最常见的一种遥控装置。遥控器集成了数传电台，通过控制摇杆的舵量向无人机发出控制信号，以此实现对无人机的控制。遥控器分美国手和日本手，区别在于一个是左手油门，一个是右手油门。通常遥控器可以控制无人机飞行姿态，如俯仰运动、滚转运动、偏航运动，并通过控制油门增减无人机飞行动力。

1）遥控器

遥控器的作用是发送驾驶员的遥控指令到接收机上，接收机接收指令并解码后传给飞控，进而控制无人机根据遥控指令做出各种飞行动作。无线电遥控器(RF Remote Control)是利用无线电信号对远方的各种机构进行控制的遥控设备。这些信号被远方的接收设备接收后，可以指令或驱动其他各种相应的机械或者电子设备完成各种操作，如控制无人机完成飞行任务。

2）接收机

接收机用来接收发射机发出的无线电信号。由于接收机被安装在机架上，一般都做得很小巧。普通接收机比一个火柴盒还小，质量仅十几克，而超小型接收机更是只有一枚硬币大小，仅几克重。接收机一般要与发射器配套使用。

5. 任务载荷

任务载荷是指装配到无人机上用以实现无人机飞行所要完成的特定任务的设备和仪器，统称为无人机的任务载荷。无人机系统升空执行任务，通常需要搭载任务载荷。任务载荷一般与侦察、武器投射、通信、遥感或货物运输有关。无人机的设计通常围绕所应用的任务载荷进行。有些无人机可携带多种任务载荷。任务载荷的大小和重量是无人机设计时最重要的考虑因素。

常用的任务载荷有图传和云台等。

(1) 图传是指无线图像传输。提供机载设备的无线图像系统的数据链路通道负责记载图像采集数据实时无损/有损地传输到地面接收设备上，供实时观察和存储，以及图像分析等后续工作。

(2) 云台是指安装、固定摄像机的支撑设备，主要作用是防止拍摄画面抖动以及控制云台转动角度、改变拍摄角度。

以四旋翼 F450 无人机为例，其组成如图 4-2 所示，硬件清单如表 4-1 所示。

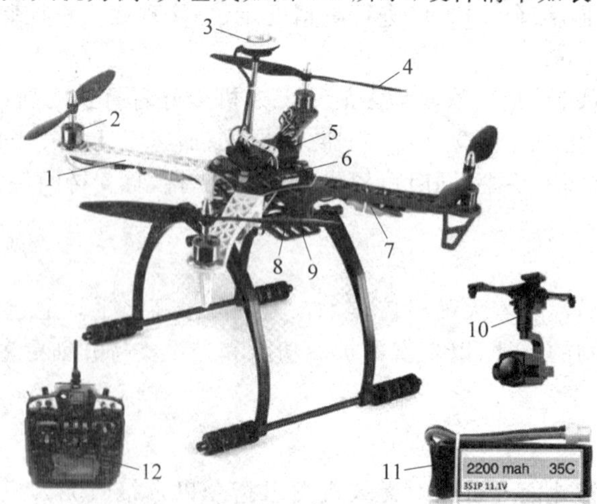

图 4-2 多旋翼无人机硬件清单

1—机架；2—电动机；3—GPS；4—螺旋桨；5—飞控；6—接收机；
7—电调；8—图传；9—分电板；10—云台、相机；11—电池；12—遥控器

表 4-1　F450 硬件清单

名　称	数　量	名　称	数　量
机架(集成分电板)	×1	螺旋桨	×4
电动机	×4	飞控	×1
电调	×4	遥控器	×1
电池	×1	接收机	×1
图传	×1	云台	×1
GPS	×1	相机	×1

4.1.2　组装步骤

微型及以下多旋翼无人机的内部结构相对简单，组装的过程有很多相似性，建议一般的组装步骤为机架的组装、动力系统的组装、飞控系统的组装、遥控装置的组装和任务载荷的组装等，如图 4-3 所示。在不影响飞行性能的前提下，部分组装顺序可适当调整。不同的多旋翼无人机产品，其组装步骤可能会要求两个或两个以上的系统并行组装。

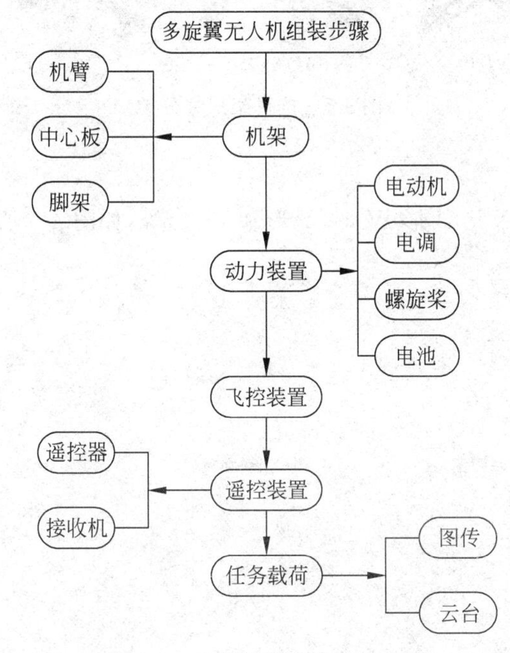

图 4-3　多旋翼无人机组装步骤

4.2　机架安装

4.2.1　机架简介

机架通常由机臂、中心板和脚架等部分组成。

1. 旋翼轴数

按旋翼轴数分类一般分为 4 旋翼无人机、6 旋翼无人机和 8 旋翼无人机等，如图 4-4 所示。

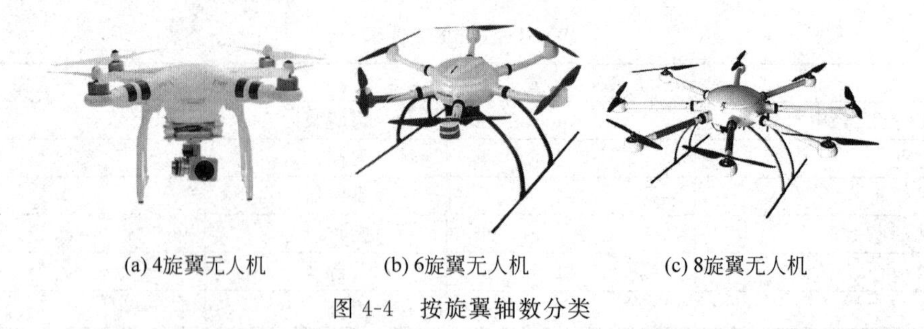

(a) 4旋翼无人机　(b) 6旋翼无人机　(c) 8旋翼无人机

图 4-4　按旋翼轴数分类

2. 机架轴距

轴距是指机架对角线两个电动机或者桨叶中心的距离，机架按轴距一般分为 180mm 无人机、250mm 无人机和 450mm 无人机等，如图 4-5 所示。

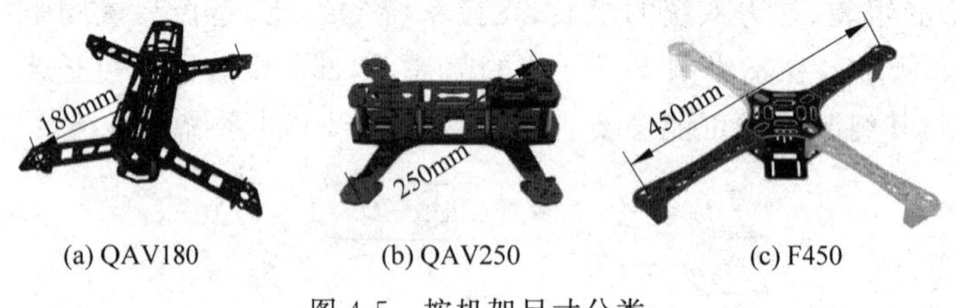

(a) QAV180　(b) QAV250　(c) F450

图 4-5　按机架尺寸分类

3. 机架布局

常见的机架布局有 X 形、I 形、V 形、Y 形和 IY 形等，如图 4-6 所示。

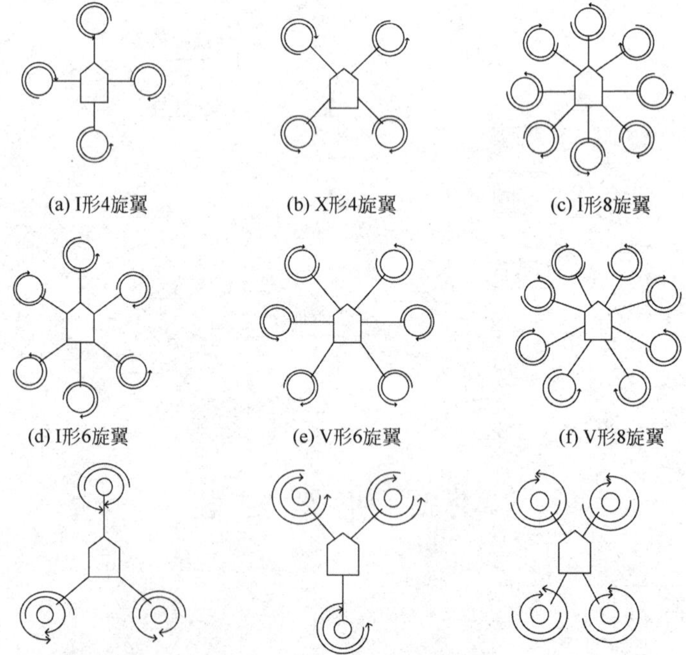

(a) I形4旋翼　(b) X形4旋翼　(c) I形8旋翼

(d) I形6旋翼　(e) V形6旋翼　(f) V形8旋翼

(g) IY形共轴双桨3轴6旋翼　(h) Y形共轴双桨3轴6旋翼　(i) V形共轴双桨4轴8旋翼

图 4-6　按机架形状分类

4. 机架材质

机架材质一般有以下几种。

(1) 塑料：比较适合初学者，价格便宜。

(2) 玻璃纤维：相比塑料机架，玻璃纤维强度高、重量轻、价格贵，中心板多用玻璃纤维，机臂多用管型。

(3) 碳纤维：相比玻璃纤维机架，强度更高、价格更贵。

(4) 铝合金/钢：适合 DIY 制作。

4.2.2 机架的组装步骤

以下以 F450 多旋翼无人机为例，介绍其组装步骤。机架的组成如图 4-7 所示。

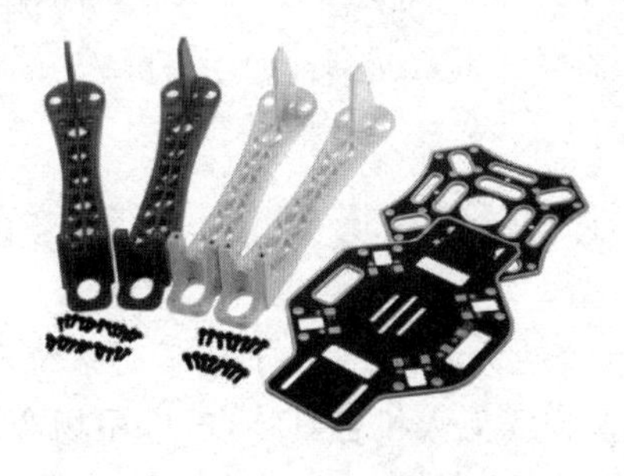

图 4-7　F450 机架

1. 注意事项

(1) 检查机架零部件是否缺少。

(2) 检查零部件是否有破损、变形。

(3) 检查螺钉数量是否足够、螺钉长度是否合适。

(4) 使用符合螺钉规格的螺钉旋具，防止螺钉滑丝。

(5) 焊接时注意不能有虚焊，防止在飞行过程中因为抖动而导致接口松动。

(6) 上螺钉时按照对角线原则拧螺钉，待所有螺钉上完再拧紧。

(7) 同颜色机臂装在同一侧，以方便飞行时辨认机头方向。

2. 组装步骤

(1) 将电调的输入端两根电源线分别焊接到中心板(分电板)的正极(红线)和负极(黑线)上，如图 4-8(a)所示。

(2) 焊接动力电源线，如图 4-8(b)所示。

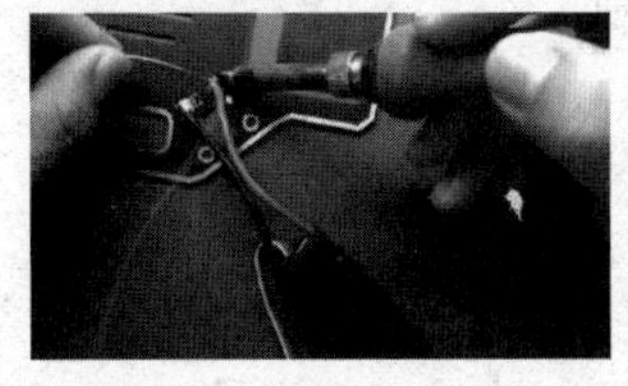

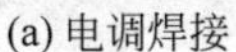
(a) 电调焊接

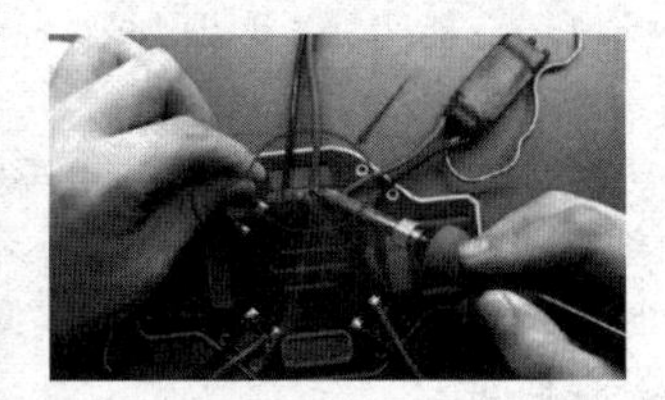

(b) 动力电源线焊接

图 4-8　电调、动力电源线焊接

(3) 使用万用表检查电路是否连通。

(4) 按照顺序把4个机臂安装在中心板上,同色机臂在同一侧,如图4-9(a)所示。

(5) 安装云台脚架,如图4-9(b)所示。

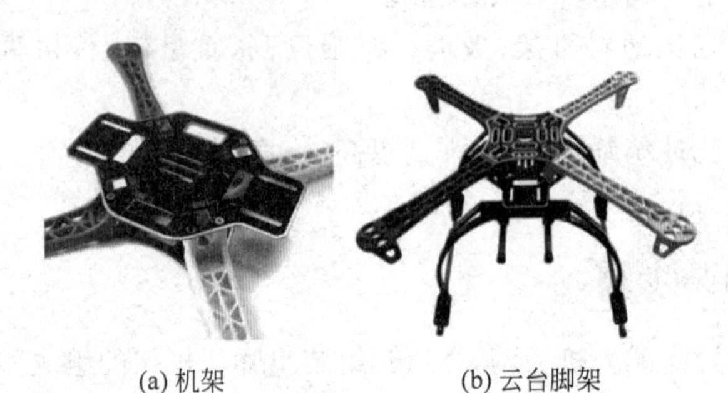

(a) 机架　　(b) 云台脚架

图4-9　安装机架、云台脚架

4.3　多旋翼无人机动力系统的组装

目前,多旋翼无人机采用的动力系统一般分为电动系统和油动系统,如图4-10所示。采用电动系统和油动系统的多旋翼无人机各具特点,应用场合和性能特性也有区别,两者的特点比较如表4-2所示。

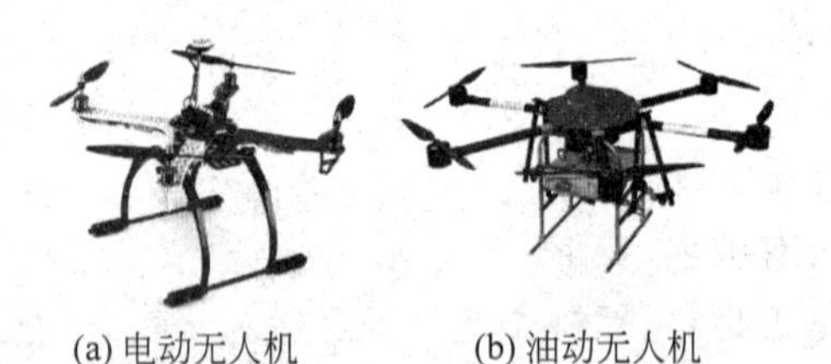

(a) 电动无人机　　(b) 油动无人机

图4-10　电动无人机和油动无人机

表4-2　电动无人机与油动无人机特点比较

特点＼无人机	电动无人机	油动无人机
优点	(1) 系统稳定性强,可靠性高; (2) 日常维护简单,易掌握,对操作员的操作水平要求低; (3) 场地适应能力强,展开迅速,轻便灵活; (4) 高原性能优越,电动机输出功率不受含氧量影响; (5) 电池可充电重复使用,使用成本低,同时环保低碳; (6) 振动小,成像质量好	(1) 具有较好的抗风能力; (2) 续航能力强

续表

特点 \ 无人机	电动无人机	油动无人机
缺点	(1) 抗风力弱(最高可抗5级风); (2) 续航能力弱(基于现有电池的能量密度,电动无人机的续航能力较弱)	(1) 使用复杂,不易掌握,对操作员的操作水平要求高; (2) 稳定性差(现有民用无人机大多采用航模发动机,发动机稳定性差,工艺复杂); (3) 环境场地适应能力差,高原性能不足; (4) 振动大(发动机振动较大,影响成像质量,容易对传感器造成损伤); (5) 危险性大(油动无人机系统较重,危害大)

目前,国内民用、商用多旋翼无人机市场,主要以电动多旋翼无人机应用为主,所以本节主要针对电动系统进行介绍。

4.3.1 电动系统

电动系统是将化学能转化为电能再转化为机械能,为无人机飞行提供动力的系统,一般由电池、电动机、电子调速器和螺旋桨组成。

1. 电池

1) 标称电压

电池的电压是用伏特(V)来表示的。标称电压是厂家按照国家标准标示的电压,实际使用时电池的电压是不断变化的。一般来说,一组或一个电池的电压都是标称电压,比如,锂聚合物电池,其标称电压一般为3.7V,但使用中的实际电压往往高于或低于标称电压,锂聚合物单块电芯电池正常使用的最低电压是2.7V,最高是4.2V。不同种类电池的截止电压如表4-3所示。

表4-3 电池的截止电压 单位:V

电池种类	放电最低截止电压	充电最高截止电压
锂离子	2.7	4.2
锂聚合物	2.7	4.2
锂锰	2.7	4.2
锂铁	2.7	3.6
镍氢	0.8	1.5

2) 电池容量

电池容量是用毫安·时(mA·h)来表示的,它的意思是电池在1h内可以放出或充入的电流量。例如,1000mA·h就是这个电池能保持1000mA(1A)放电1h。但是电池的放电并非是线性的,所以不能说这个电池在500mA时能维持2h。不过电池的小电流放电时间总是大于大电流放电时间的,所以可以近似推算出电池在其他电流情况下的放电时间。一般来说,电池的体积越大,它储存的电量就越多,这样无人机的质量也就会增加,所以选择合适的电池对无人机的续航时间影响很大。此外,某些厂家生产的电池标称电量往往高于它的实际电量。

3）充/放电倍率

（1）充电倍率：一般用于充电时限制最大充电电流，以免充电电流过大损害电池使用寿命，计算方法与放电电流相同，也用倍数（*C*）来表示。*C* 的倒数是电池放完电所用的时间，单位为 h。例如，1*C* 是 1/1h 放完电，2*C* 是 1/2h 放完电。如果一个电池标着 2000mA·h，以 2000mA 放电，则 1h 完全放电；2000mA·h 电池以 6000mA 完全放电，为 3*C*（2000mA×3）。因此，电池的 *C* 额定值是根据它的容量确定的。

（2）放电倍率：电池的放电能力是以倍数，即放电倍率（*C*）来表示的，即按照电池的标准容量可达到的最大放电电流。例如，一个 1000mA·h、10*C* 的电池，最大放电电流可达 1000mA×10＝10000mA＝10A。在实际使用中，电池的放电电流与负载电阻有关，根据欧姆定理，电压等于电流乘以电阻，所以电压和电阻是常数时，电池的放电电流也是一定的。例如，使用11.1V、1100mA·h、10*C* 的电池，电动机的电阻是 1.5Ω，那么在电池电压为 12V 的情况下，忽略电调和线路的电阻，电流为 12V/1.5Ω＝8A。此外，放电电流不但和 *C* 有关，还和容量相关，因此 *C* 小的电池有可能比 *C* 大的放电电流还要大。不论何种电池，放电倍率越大，寿命越短。

不能用低 *C* 的电池大电流充/放电，这样会使电池迅速损坏，甚至自燃。

4）串联/并联数

经常用“XSXP”表示多少电芯并联或串联的情况。XS（serice，串联）代表 4 电池组中串联电池的个数，例如 3S 代表内有 3 个电芯串联。XP（parallel，并联）代表电池组中并联电池的个数。因此，2100mA·h 电芯名为 3S4P 的电池组共有 12 个电芯。12 个电芯中，3 个串联电芯决定了电池组电压，因为串联电芯的数量决定电压大小。因为是 4 个电芯并联，所以最大放电电流是单个电芯最大放电电流的 4 倍。通常，11.1V 的锂电池都由 3 个锂电芯串联而成（3S1P）。

5）循环寿命

电池的循环寿命一般是指充满并放光一次电，即充电周期的循环数，但充电周期和充电次数没有直接关系。例如，一块锂电池在第一天只用了 1/2 的电量，然后又为它充满电。如果第二天还如此，即用 1/2 就充，总共两次充电，这只能算作一个充电周期，而不是两个。因此，通常可能要经过好几次充电才能完成一个周期。每完成一个充电周期，电量就会减少一点。不过，减少幅度非常小，高品质的电池经过多个充电周期后，仍会保留原始电量的 80%，很多锂电供电产品在经过两三年后仍然可以照常使用，就是这个原因。

锂电池的寿命一般为 300～500 个充电周期。假设一次完全放电提供的电量为 *Q*，如不考虑每个充电周期以后电量的减少，则锂电池在其寿命内总共可以提供或为其补充（300～500）*Q* 的电量。由此可知，如果每次用完 1/2 电量就充，则可以充 600～1000 次；如果每次用完 1/3 电量就充，则可以充 900～1500 次。依此类推，如果随机充电，则次数不定。总之，不论怎么充，总共补充（300～500）*Q* 的电量这一点是恒定的。所以，也可以这样理解：锂电池寿命和电池的总充电电量有关，和充电次数无关。事实上，浅放/浅充对于锂电池更有益处，只有在产品的电源模块为锂电池做校准时，才有深放/深充的必要。所以，使用锂电池供电的产品不必拘泥于过程，一切以方便为先，随时充电，不必担心影响寿命。电池到了循环寿命后，老化严重，容量将下降很多。循环寿命也是衡量电池的重要指标。IEC 标准规定电池的循环寿命达到500次后，应仍能保持容量为初始值的60%；国标规定循环300次后，容量应保持为初始容量的70%。

6）电池使用注意事项

（1）禁止反向充电。正确连接电池的正负极，严禁反向充电。若正负极接反，将无法对电池进行充电，而且会使电池受到破坏，甚至导致发热、泄漏、起火。

（2）新的锂电池组充电之前，应逐个检查电芯的电压。充/放电10次后，再检查电压。如果每次放电后电池都不平衡，必须更换其中的不良电池。

（3）尽量减少快速充电的次数。

（4）必须等锂电池完全冷却后才能充电，否则会严重损坏电池。刚用过的锂电池，即使表面已完全冷却，内部依然有一定余温。因此，应至少静置锂电池40min以上再充电。

（5）考虑安全，充电时尽量使用防爆袋。

（6）切勿充电时无人看守。

（7）放在阻燃材料上充电，着火时可以避免其他物体燃烧，减少损失。

（8）放电电流不得超过说明书规定的最大放电电流，否则会导致容量剧减并使电池过热膨胀。

（9）充电电流不得超过说明书规定的最大充电电流，使用高于推荐电流充电可能引起电池充/放电性能、力学性能和安全性能等方面问题，并可能导致发热或泄漏。

（10）充电电压不得超过规定的限制电压，通常4.2V为每个电芯充电电压的上限。锂电池电压高于4.2V属于过度充电，内部化学反应过于剧烈，锂电池会鼓气膨胀，若继续充电会燃烧。严禁采用直充（非平衡化）充电，否则可能造成电芯过度充电。

（11）电池必须在产品说明书规定的环境温度范围内进行充电，否则电池易受损坏。当发现电池表面温度异常（超过50℃）时，应立即停止充电。

（12）电池必须在说明书规定的工作温度范围内放电。当电池表面温度超过70℃时，要暂时停止使用，直到电池冷却到室温为止。

（13）锂电池电压低于2.75V就属于过度放电，此时锂电池会膨胀，内部的化学液体会结晶，这些结晶有可能会刺穿内部结构层造成短路，甚至会使锂电池电压变为零。

（14）如果不需供电，一定要断开电调上的插头，以免电池发生漏电情况。

（15）要发挥锂电池的最大效能，就要经常使用它，让电池内的电子始终处于流动状态。锂电池深度放电的程度越小，则使用的时间越长，如果有可能，应尽量避免完全充/放电。

7）储存

电池应放置在阴凉的环境下储存，长期存放电池（超过3个月）时，建议置于温度为10～25℃且无腐蚀性气体的环境中。电池在长期储存过程中，应每3个月充/放电一次以保持电池活性，并保证每个电芯电压在3.7～3.9V范围内。

锂电池充满电时内部的化学反应很活跃。如果维持在满电状态电压虽不会降低，但实际放电时化学反应会变得迟缓，放电平台下降，导致锂电池性能大不如前。因此，充满电的锂电池最好在24h内使用。充满电的电池，不能满电保存超过3天，如果超过一周不放电，有些电池就直接鼓包了；有些电池可能暂时不会鼓包，但几次满电保存后，就会毁坏。因此，正确的方式是准备试飞之前才给电池充电，如果因各种原因没有使用，也要在充满后3天内把电池放电到3.8V。

8）选用原则

（1）电池输出电流一定要大于电动机的最大电流。

（2）电动机工作电压由电调决定，而电调电压由电池输出决定，所以电池的电压要等于或小于电动机的最大电压。

（3）电池电压不能超过电调最高承载电压。

（4）电池的放电电流达不到电调的电流时，电调就发挥不了最高性能，而且电池会发热，产生爆炸，所以一般要求电池的持续输出电流大于电调的最大持续输出电流。

（5）电池容量与无人机续航能力密切相关，电池容量越大，续航能力越强。

9）电池与机架的常用搭配

电池与机架的常用搭配如表4-4所示。

表4-4　电池与机架的常用搭配

机　型	常用电池配置
QAV180	3S 1300mA・h 25*C*/45*C*
QAV250	3S 2200mA・h 25*C*/45*C*
F330	3S 2600mA・h 25*C*/45*C*
F450	3S 3300mA・h 25*C*/45*C*

2. 电动机

1）无刷电动机工作原理

无刷电动机在电磁结构上与有刷直流电动机一样，但其电枢绕组放在定子上，转子上安装永磁铁。电动机的电枢绕组一般采用多相形式，经由驱动器接到直流电源上，定子采用电子换向代替有刷电动机的电刷和机械换向器，依靠改变输入无刷电动机定子线圈上的电流频率和波形，在绕组线圈周围形成一个绕电动机几何轴心旋转的磁场，这个磁场驱动转子上的永磁铁转动，和转子磁极主磁场相互作用产生转矩使电动机旋转。

2）无刷电动机参数

以某无刷电动机X2212为例，其参数如表4-5所示。

表4-5　朗宇无刷电动机X2212参数

参数名称	*KV*980	*KV*1250	*KV*1400	*KV*2450
定子外径/mm	22	22	22	22
定子厚度/mm	12	12	12	12
定子槽数	12	12	12	12
定(转)子级数	14	14	14	10
电动机型号	980	1250	1400	2450
空载电流/A	0.3	0.6	0.9	1.6
电动机电阻/mΩ	133	79	65	32
最大连续电流/(A/s)	15/30	25/10	28/15	40/30
最大连续功率/W	300	390	365	450
质量(含长线)/g	58.5	58	59	57
转子直径/mm	27.5	27.5	27.5	27.5

续表

参数名称	KV980	KV1250	KV1400	KV2450
出轴直径/mm	3.175	3.175	3.175	3.175
电动机长度/mm	30	30	30	30
电动机含轴长度/mm	32	32	32	32
最大电池节数/节	2～4	2～4	2～4	2～3
建议使用电调规格/A	20	30	30	40
推荐螺旋桨规格	APC8038，APC9047，APC1047，GWS8043，APC8038	APC8060，APC9047，APC9045，APC9060	APC9047，APC9045，APC8060，APC8038，APC7062	AOC6040
适用多旋翼无人机的质量/g	300（3S 1038/1047，4S 8038/8043/8045/9047）	—	—	尾推特技机550（3S 6040）

(1) 电动机尺寸：无刷电动机尺寸对应4位数字，其中前2位是电动机转子的直径（单位：mm），后2位是电动机转子的高度。简单来说，前2位越大，电动机越粗；后2位越大，电动机越高。

(2) 额定电压：即无刷电动机适合的工作电压。其实无刷电动机适合的工作电压范围非常广，额定电压是指定了负载条件而得出的电压。例如，2212～850KV电动机指定了1045螺旋桨的负载，其额定工作电压就是11V。如果减小负载，如带7040螺旋桨，则这个电动机完全可以工作在22V电压下。但是这个工作电压也不是无限上升的，主要受制于电调支持的最高频率。所以说，额定工作电压是由工作环境决定的。

(3) KV值：无刷电动机引入了KV值的概念。

电动机KV值用来表示电动机空载转速，指电压每增加1V，无刷电动机增加的每分钟转速，即电动机空载转速＝电动机KV×电池电压。比如，使用KV值为920的电动机，电池电压为11.1V，那么电动机的空载转速应该为920×11.1＝10212r/min。

KV值是电动机的一个重要参数，可以简单理解为电动机扭矩与速度的一种平衡关系。电动机的KV值越高，提供的扭力就越小；KV值越低，效率越高，控制的扭力越大。选择时应遵循的准则：高KV值电动机适合在低电压、高转速环境下工作，搭配小直径螺旋桨；低KV值电动机适合在高电压、低转速环境下工作，搭配大直径螺旋桨。

(4) 最大电流和最大功率：根据散热量的大小，每个电动机工作时的最大电流（电动机能够承受并安全工作的电流）是有限的。这个指标称为最大允许电流，以安培（A）为单位。因为无刷电动机都是三线电动机，所以一般以电调输入电流，即电池输出线上的电流作为其总电流，超额运转时很容易烧毁。

电动机能够承受并安全工作的最大功率极值称为最大功率。功率的选择首先要确定负载总质量，计算所需电动机功率。例如，按照1W功率带4g质量计算，无人机质量（含电池）

为 800g 时，实际所需的功率是 800W/4＝200W。

选择多旋翼电动机时，必须选择合适功率的电动机以及与它搭配的螺旋桨，让电动机工作在相对轻松的状态。一般来说，悬停时工作功率是最大功率的 30％～45％比较好。不可小马拉大车，也不能大马拉小车。

3）选用原则

电动机与机架常用配置如表 4-6 所示。

表 4-6　电动机与机架常用配置

机架尺寸/mm	常用电动机 *KV* 值
350～450	1000 左右
250	2000 左右
180	3000 左右

3. 电子调速器

电子调速器简称电调，是控制电动机转速的调速器，必须与电动机相匹配。

1）电调的作用

（1）电调最基本的功能就是通过飞控板给定 PWM 信号进行电动机调速。

（2）为遥控接收机上其他通道的舵机供电。

（3）为飞控供电。

（4）充当换相器的角色，因为无刷电动机没有电刷进行换相，所以需要靠电调进行电子换相。

（5）电调还有一些其他辅助功能，如电池保护、启动保护和刹车等。

2）电调的指标参数

多旋翼无人机电调参数主要有电流、内阻、刷新频率，同时需要有可编程特性和较好的兼容性。

（1）电流。无刷电调最主要的参数是电调的持续电流，单位为安培（A），如 10A、20A、30A。不同电动机需要配备不同电流的电调。无刷电调有持续电流和瞬时电流两个重要参数，前者表示正常时的电流，后者表示电调承受的最大电流。

选择电调型号时一定要注意电调最大电流的大小是否满足要求，是否留有足够的安全裕度容量，以避免电调上面的功率管烧坏。

（2）内阻。电调具有相应内阻，需要注意其发热功率。有些电调电流可以达到几十安培，发热功率是电流平方的函数，所以电调的散热性能也十分重要，大规格电调内阻一般都比较小。

（3）刷新频率。电动机的响应速度与电调的刷新频率有很大关系。在多旋翼无人机开始发展之前，电调多为航模无人机而设计，航模无人机上的舵机由于结构复杂，工作频率最大为 50Hz。相应地，电调的刷新频率也都为 50Hz。多旋翼无人机不使用舵机，而是由电调直接驱动，其响应速度远超舵机。目前，高速电调可支持高 500Hz 的刷新频率。

（4）可编程特性。通过内部参数设置，可以达到最佳的电调性能。通常有 3 种方式可对电调参数进行设置：通过编程卡直接设置电调参数；通过 USB 连接，用计算机软件设置电调参数；通过接收机，用遥控器摇杆设置电调参数。设置的参数包括电池低压断电电压设定、电流限定设定、刹车模式设定、油门控制模式设定、切换时序设定、断电模式设定、启动模式设定以及PWM模式设定等。

(5) 兼容性。如果电动机和电调兼容性不好，就会发生堵转现象，即电动机不能转动，所以要求电调兼容性要好。

3) 电调驱动

电调驱动包括方波驱动和正弦波驱动。

(1) 方波驱动：方波是数字信号，控制元件工作在开关状态，具有电路简单、容易控制、发热少等优点。

(2) 正弦波驱动：正弦波属于模拟信号，模拟信号控制相对复杂，而且控制元件工作在放大状态，发热严重。但正弦波驱动在运行平衡性、调速范围和减少噪声、振动等方面要比方波驱动好得多。

4) 电调的选择

常用的电调品牌有好盈、花牌和银燕等。某企业生产的电调型号及其参数如表4-7所示。

表4-7 电调参数

型 号	持续工作电流/A	瞬时电流/A	适用锂电池节数/节	长×宽×高/(mm×mm×mm)	质量/g	线 性
ESC-3A	3	4	1	11×13×4	0.7	N/A
ESC-7A	7	9	1～2	22×12×5	5	1A/5V
ESC-12A	12	15	1～3	22×17×7	8	1A/5V
ESC-20A	20	25	2～3	55×28×7	28	2A/5V
ESC-25A	25	30	2～4	50×28×12	31	2A/5V
ESC-30A-Ⅰ	30	40	2～4	50×28×12	34	2A/5V
ESC-30A-Ⅱ	30	40	2～4	59×28×12	36	3A/5V
ESC-35A	35	45	2～4	59×28×12	38	3A/5V
ESC-35A-UBEC	35	45	2～4	59×28×12	38	开关模式
ESC-40A	40	50	2～5	58×58×11	35	3A/5V
ESC-40A-UBEC	40	50	2～5	58×28×11	35	开关模式
ESC-45A	45	55	2～5	58×28×11	35	3A/5V
ESC-45A-UBEC	45	55	2～5	58×28×11	35	开关模式
ESC-50A	50	65	2～5	58×28×15	44	3A/5V
ESC-50-UBEC	50	65	2～5	58×28×15	44	开关模式
ESC-60A	60	80	2～6	63×28×18	51	3A/5V
ESC-60A-UBEC	60	80	2～6	63×28×18	51	开关模式
ESC-80A	80	100	2～6	63×28×18	60	3A/5V
ESC-80A-UBEC	80	100	2～6	63×28×18	60	开关模式
ESC-100A	100	120	3～6	96×55×21	130	无
ESC-120A	120	150	3～6	96×55×21	150	无
ESC-150A	150	180	3～6	96×55×21	180	无
ESC-80A-HV	80	100	3～10	96×55×21	150	无
ESC-100A-HV	100	120	3～10	96×55×21	160	无
ESC-120A-HV	120	150	3～10	96×55×21	180	无

5）选用原则

（1）在选择电调之前，应比较各品牌电调的性能参数和性价比，选择最合适的电调。

（2）电调和电动机要合理匹配。

（3）电调的输出电流必须大于电动机的最大电流。

4. 螺旋桨

1）螺旋桨的分类

根据材质的不同，桨叶可以分成注塑桨、碳纤桨和木桨。

（1）注塑桨：是指使用塑料等复合材料制成的桨叶，如图 4-11 所示。无人机爱好者公认美国 APC 系列的桨叶质量最好。APC 系列螺旋桨由美国知名大厂 Landing Products 设计生产，该厂除设计模型用螺旋桨外，也设计载人无人机所使用的螺旋桨，如美国海军 UAV 垂直起降无人机所使用的螺旋桨。其所生产的螺旋桨具有强度高、不易变形的特质，并且高效率的流体力学设计使其成为无人机爱好者的首选。

（2）碳纤桨：是指使用碳纤维制成的桨叶，如图 4-12 所示。碳纤维是一种与人造丝、合成纤维类似的纤维状碳材料。由于碳纤维材料具有优异的硬度，可制成合适的桨形，因此非常适合技巧性飞行，其效率优于木桨，但价格比木桨更贵。

图 4-11　注塑桨

图 4-12　碳纤桨

（3）木桨：是指使用木材制成的桨叶，硬度高、质量轻，材料多为榉木，经过风干、打蜡、上漆以后不怕受潮，如图 4-13 所示。在航空史中，木桨在早期扮演了非常重要的角色。第一次世界大战时期的很多无人机都使用木桨，后来才逐渐被铁桨取代。

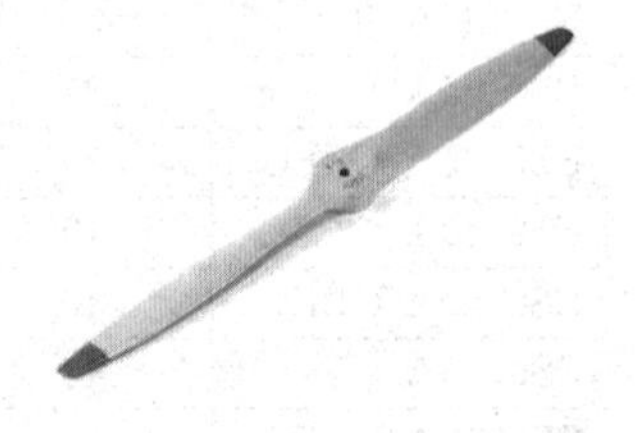

图 4-13　木桨

螺旋桨按照功能的不同分为电动桨和油动桨；按照桨叶的数量可分为二叶桨、三叶桨和多叶桨。二叶桨和三叶桨各有侧重，应用不同。同样直径下，三叶桨由于桨面积大，拉力比二叶桨大，在穿越机上多使用三叶桨，可以提高无人机的机动性，提高 FPV 体验。常见的螺旋桨是大二叶桨、小三叶桨。

2）螺旋桨的参数

螺旋桨的型号由 4 位数字表示，如 8045、1038 等，分别代表桨叶的两个重要参数：桨直径和桨螺距。桨直径是指桨转动所形成的圆的直径，对于二叶桨恰好是两片桨叶长度之和，由前两位数字表示，如上面的 80 和 10，单位为 1/10in(1in＝25.4mm)。桨螺距则代表桨旋转一周前进的距离。桨螺距由后两位数字表示，如上面的 45 和 38。桨直径和桨螺距越大，桨能提供的拉(推)力越大。

如 8045 的桨叶，表示桨直径为 8in (8×2.54cm＝20.32cm)，桨螺距为 4.5in。

螺旋桨的选型是与电动机配套进行的。不同的桨叶和电动机(KV值不一样)能够形成不同的动力组合,适合于不同的无人机和应用场景,螺旋桨产生的拉力与其直径的三次方、转速的平方及桨螺距成正比。因此,各项参数对螺旋桨拉力的影响顺序为直径最大,转速次之,桨螺距最小,其余参数则更小。

大螺旋桨需要用低KV值电动机,小螺旋桨就需要高KV值电动机,即"高速电动机配小桨,低速电动机配大桨"。螺旋桨与电动机不同组合下的性能参数,如表4-8所示。

表4-8　性能参数

电动机	桨型号	电压/V	电流/A	推力/N	转速/(r/min)	功率/W	效率/(g/W)
X2212KV980	1047	11.1	13.2	870	7100	146.5	5.93
	1145	11.1	17.2	960	5853	190.9	5.02
	9047	12	11	740	8400	132	5.6
X2212KV1250	9047	12	19	980	10050	228	4.29
	9047	11	16.8	800	9370	184.8	4.33
	9047	10	14.8	660	8860	148	4.46
X2212KV1400	8040	7	6.5	410	5600	45.5	9.01
	8040	8.5	7.2	500	6200	61.2	8.17
	8040	10	10.8	600	6500	108	5.56

3) 选用原则

在不超负载的情况下,多旋翼无人机可以更换很多不同的螺旋桨。虽然同样都可以飞起来,但是飞行效果和续航时间却是大相径庭。螺旋桨选得适合,飞行更稳,航拍效果、续航时间都兼得;选得不好,可能效果就相反。

相同的电动机,不同的KV值,用的螺旋桨也不一样,每个电动机都会有一个推荐的螺旋桨。相对来说,螺旋桨配得过小,不能发挥最大推力;螺旋桨配得过大,电动机会过热,会使电动机退磁,造成电动机性能的永久下降。

选择螺旋桨时应考虑以下因素。

(1) 不同材质的螺旋桨,价格和性能差别较大,应根据实际需要,选择最适合的螺旋桨。

(2) 螺旋桨的型号必须与电动机的型号相匹配,可参考电动机厂家推荐使用的螺旋桨型号。

4.3.2 电动系统的组装步骤

F450 4旋翼无人机的电动系统配置清单如表4-9所示。组装主要包括电动机与电调的连接、电动机的安装和螺旋桨的安装。

表4-9　F450无人机配置清单

名称	品牌	规格	数量
电动机	朗宇	2216/KV900	×4
电调	好盈	30A	×4
螺旋桨	APC	1045	×4
电池	格氏	3S/3300mA·h/25C	×1

1. 电动机与电调的连接

(1) 电调的3根输出线与电动机的3根输入线焊接,如图4-14所示。

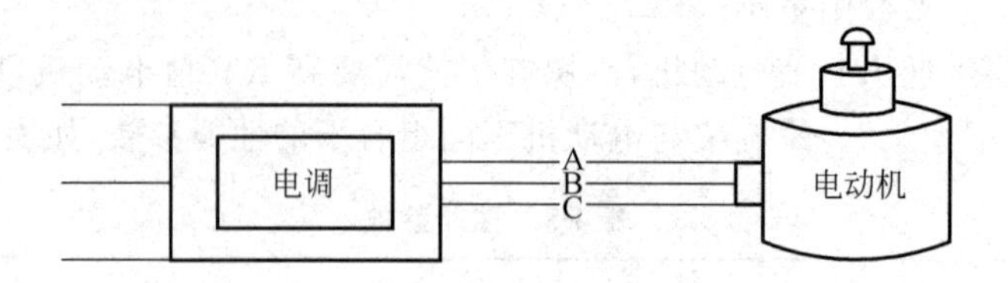

图4-14 电动机与电调的连接方法

(2) 电调的2根输出线与电动机的2根输入线互换可改变电动机的旋转方向,如图4-15所示。

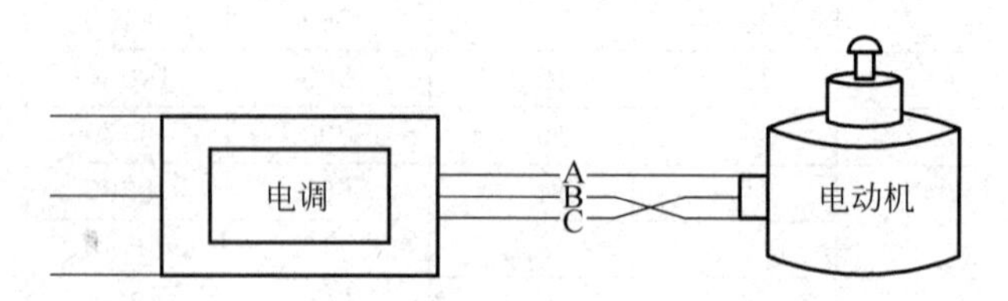

图4-15 改变电动机旋转方向的连接方法

(3) 焊接连接处要牢固、可靠,不能有虚焊,以防止无人机在飞行过程中因为抖动而导致松动脱落。

(4) 线缆长度适宜,合理布线,保证无人机外表美观。

(5) 所有焊接连接处以及铜线裸露的地方都必须套上热缩管。

(6) 为方便替换零部件,一般在连接处使用香蕉头连接。

2. 电动机的安装

电动机的安装如图4-16所示。

图4-16 电动机的安装

电动机安装的注意事项如下。

(1) 安装电动机时无人机机头方向的左上和右下为顺时针(CW)电动机,右上和左下为逆时针(CCW)电动机。

(2) 安装电动机时使用的螺钉长度要合适,螺钉过长会顶到电动机定子导致烧坏电动机,太短则不能完全把电动机固定锁在机臂上。

(3) 保证电动机机座与机臂连接牢固。飞行中电动机机座松动,是造成电动机偏转以及炸机的重要原因之一。

(4) 电动机安装好后要校正水平,电动机不水平会使多轴无人机的稳定性大大降低。

3. 螺旋桨的安装

螺旋桨的安装如图4-17所示。

螺旋桨安装的注意事项如下。

(1) 螺旋桨一般在飞行前才安装。

(2) 安装螺旋桨前一定要分清正桨和反桨。螺旋桨如果装反，起飞时由于受力不平衡，无人机必然会倾覆。

(3) 固定螺旋桨的螺帽一定要锁紧。飞行中由于电动机的高频振动很容易引起螺钉松动造成射桨，射桨不仅可能会造成炸机，也可能会对操作手和其他人员的生命安全造成威胁。

图4-17　螺旋桨的安装

4.4　多旋翼无人机飞控系统的组装

飞控系统是无人机完成起飞、空中飞行、执行任务和返场回收等整个飞行过程的核心系统。飞控对于无人机相当于驾驶员对于有人机的作用，是无人机最核心的技术之一。其实现的功能主要有无人机姿态稳定和控制、无人机任务设备管理和应急控制三大类。

本节以多旋翼无人机常用的PIXHAWK飞控为例，介绍其基本接口和组装步骤。

4.4.1　PIXHAWK飞控介绍

PIXHAWK飞控如图4-18所示，是一款基于32位ARM芯片的开源飞控，其前身是APM，由ETH的Computer Vision and Geometry Group的Lorenz Meier开发。最初采用的是分体式的设计，即PX4，PX4系列可以单独使用PX4FMU，但是接线很复杂，也可以配合输入/输出接口板PX4I/O来使用，但是因为没有统一的外壳，不好固定，再加上使用复杂，所以基本上属于一代实验版本。之后通过PX4系列的经验，厂商简化了结构，把PX4FMU和PX4I/O整合到一块板子上，并加上了骨状外壳，优化了硬件和走线之后合并成一个整体形成现在的PIXHAWK。

图4-18　PIXHAWK飞控

1. 飞控组成

PIXHAWK飞控的零部件组成如图4-19所示。

2. 飞控接口

PIXHAWK飞控的接口定义如图4-20～图4-22所示。

3. 飞控接线原理

PIXHAWK飞控的接线原理如图4-23所示。

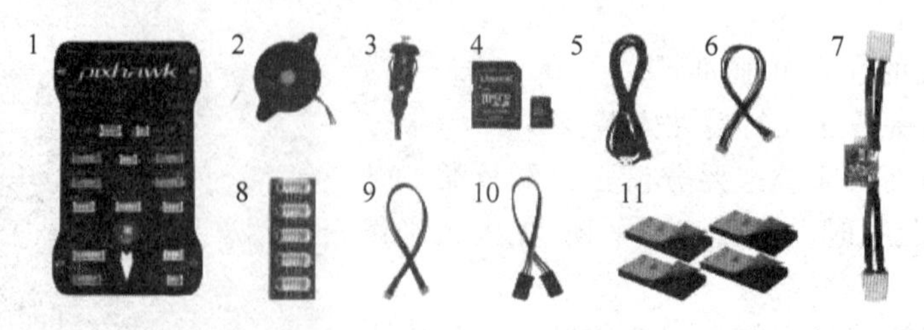

图 4-19　PIXHAWK 飞控零部件

1—附带 SD 卡的 PIXHAWK；2—蜂鸣器；3—安全开关；4—SD 卡 USB 适配器；5—USB 连接线；6—六线制连接线×2；7—电源模块；8—$\mathrm{I^2C}$ 分配器模块；9—四接口 $\mathrm{I^2C}$ 分配器连接线；10—三线制伺服连接线；11—泡沫双面粘胶

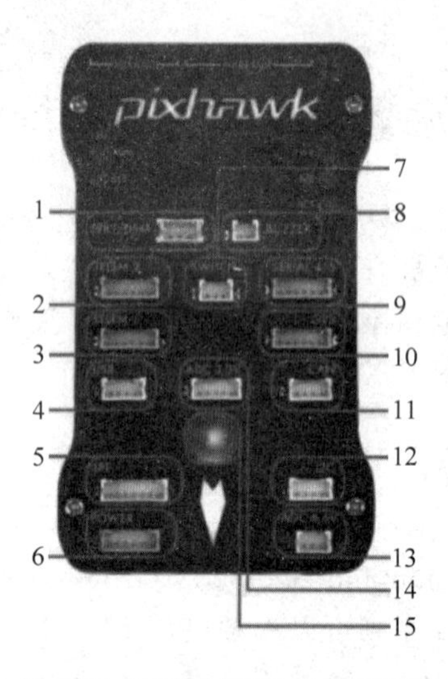

图 4-20　PIXHAWK 飞控正面接口

1—Spektrum DSM 接收机专用接口；2—遥测：屏幕显示 OSO(TELEM2)；3—遥测：数传(TELEM1)；4—USB；5—SPI 总线(串行外设接口)；6—电源模块(接供电检测模块)；7—安全开关；8—蜂鸣器；9—串口；10—GPS 模块；11—CAN 总线；12—$\mathrm{I^2C}$ 分路器或接指南针(罗盘)模块；13—模/数转换器(ADC)6.6V；14—模/数转换器(ADC)3.3V；15—LED 指示灯

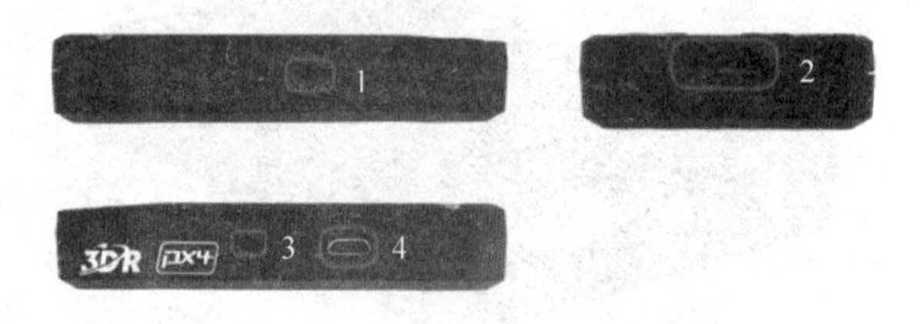

图 4-21　PIXHAWK 飞控前端面和侧面接口

1—输入/输出重置按钮；2—SD 卡插槽；3—飞行管理重置按钮；4—MicroUSB 接口

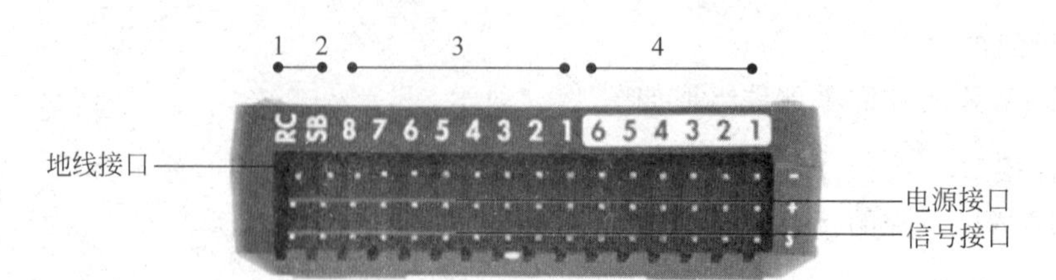

图 4-22　PIXHAWK 飞控后端面接口

1—接收机输入；2—S-BUS 输出；3—主输出；4—辅助输出

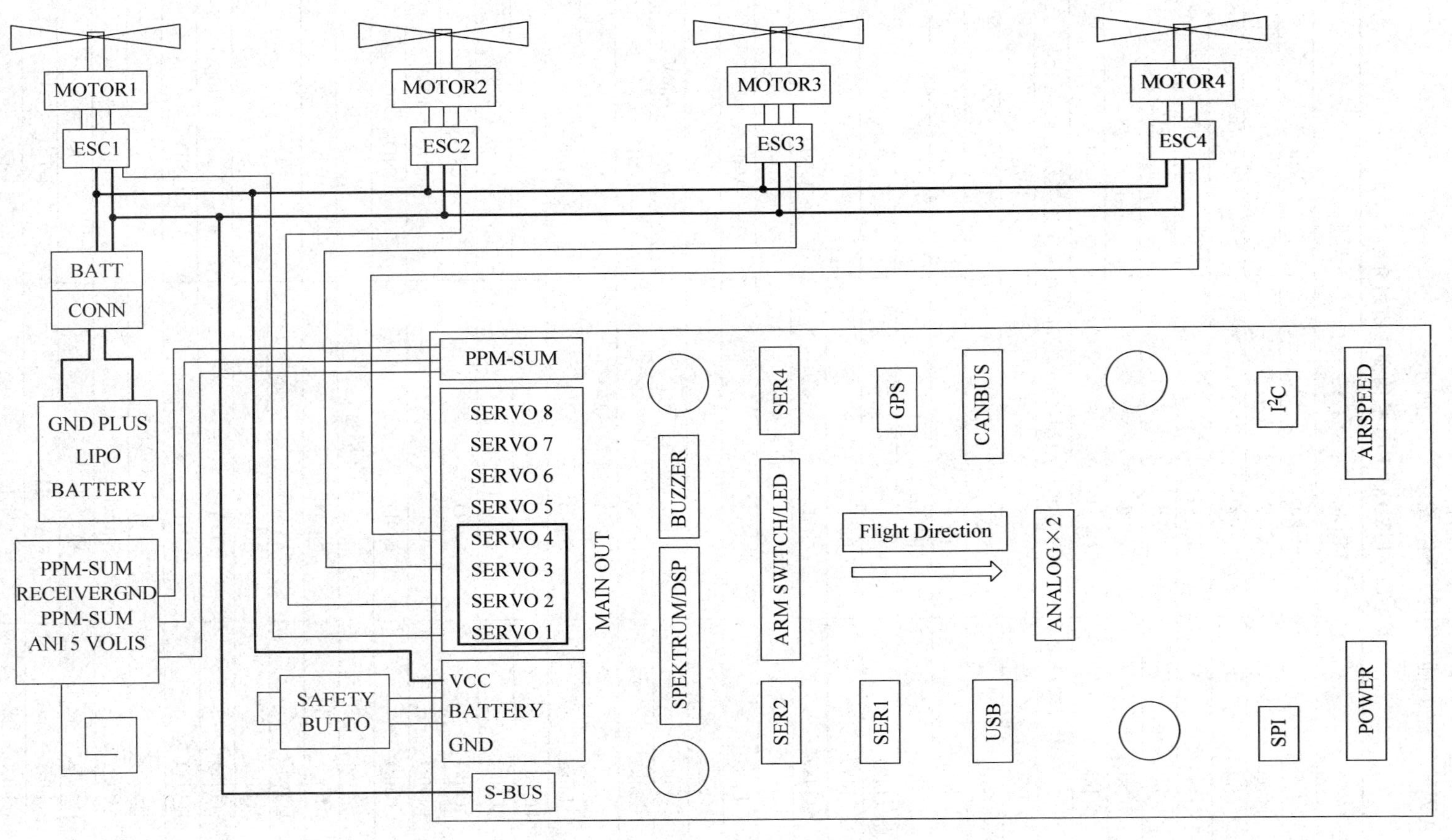

图 4-23　PIXHAWK 飞控接线

4. 插脚引线

PIXHAWK 飞控的插脚引线介绍如表 4-10 所示。

表 4-10　PIXHAWK 飞控的插脚引线介绍

TELEM1,TELEM2 接口		
Pin	Signal	Volt
1(red)	VCC	+5V
2(blk)	TX(OUT)	+3.3V
3(blk)	RX(IN)	+3.3V
4(blk)	CTS	+3.3V
5(blk)	RTS	+3.3V
6(blk)	GND	GND
串行端口 4/5——由于空间的限制,两个端口都在一个连接器上		
Pin	Signal	Volt
1(red)	VCC	+5V
2(blk)	TX(#4)	+3.3V
3(blk)	RX(#4)	+3.3V
4(blk)	TX(#5)	+3.3V
5(blk)	RX(#5)	+3.3V
6(blk)	GND	GND
ADC 6.6V		
Pin	Signal	Volt
1(red)	VCC	+5V
2(blk)	ADC IN	up to +6.6V
3(blk)	GND	GND
ADC 3.3V		
Pin	Signal	Volt
1(red)	VCC	+5V
2(blk)	ADC IN	up to +3.3V
3(blk)	GND	GND
4(blk)	ADC IN	up to +3.3V
5(blk)	GND	GND
I^2C(罗盘)		
Pin	Signal	Volt
1(red)	VCC	+5V
2(blk)	SCL	+3.3(pullups)
3(blk)	SDA	+3.3(pullups)
4(blk)	GND	GND
CAN		
Pin	Signal	Volt
1(red)	VCC	+5V
2(blk)	CAN_H	+12V
3(blk)	CAN_L	+12V
4(blk)	GND	GND

续表

SPI		
Pin	Signal	Volt
1(red)	VCC	+5V
2(blk)	SPI_EXT_SCK	+3.3V
3(blk)	SPI_EXT_MISO	+3.3V
4(blk)	SPI_EXT_MOSI	+3.3V
5(blk)	SPI_EXT_NSS	+3.3V
6(blk)	GPIO_EXT	+3.3V
7(blk)	GND	GND
POWER(电池)		
Pin	Signal	Volt
1(red)	VCC	+5V
2(blk)	VCC	+5V
3(blk)	CURRENT	+3.3V
4(blk)	VOLTAGE	+3.3V
5(blk)	GND	GND
6(blk)	GND	GND
SWITCH(安全开关)		
Pin	Signal	Volt
1(red)	VCC	+3.3V
2(blk)	IIO_LED_SAFETY	GND
3(blk)	SAFETY	GND

4.4.2　PIXHAWK 飞控的组装步骤

1. 减振座的安装

减振座的安装如图 4-24 所示。

(1) 把减振球安装在减振板上。

(2) 使用 3M 胶把减振座固定在沉金板重心位置上。

2. 飞控的安装

飞控的安装如图 4-25 所示。

图 4-24　减振座的安装

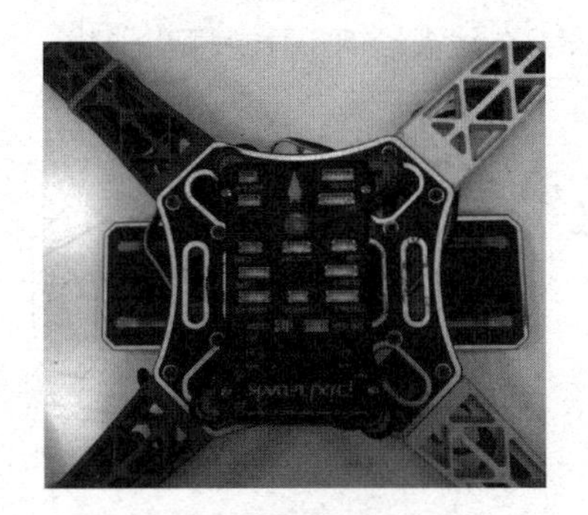

图 4-25　飞控的安装

(1) 使用 3M 胶将飞控固定在减振座上。

(2) 确保飞控上的飞行方向箭头指向无人机机头方向。

(3) 为方便拆卸,不要整个飞控板都粘上 3M 胶,一般在飞控的 4 个角粘上部分 3M 胶。

3. 蜂鸣器的安装

蜂鸣器的安装如图 4-26 所示

(1) 将蜂鸣器使用 3M 胶固定在机臂上。

(2) 将蜂鸣器的接线插到飞控的 BUZZER 插口上。

4. 安全开关的安装

安全开关的安装如图 4-27 所示。

(1) 将安全开关固定在机架上。

(2) 将安全开关的接线插到飞控 SWITCH 插口上。

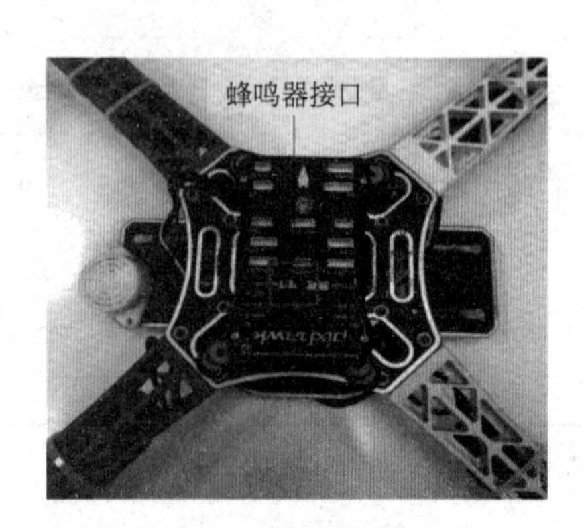

图 4-26　蜂鸣器的安装

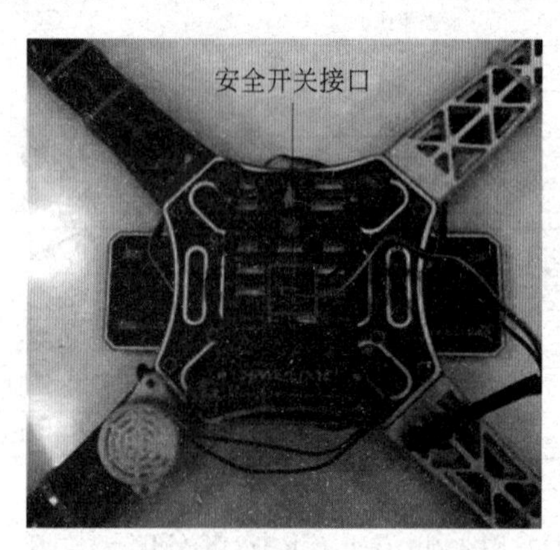

图 4-27　安全开关的安装

5. 电调杜邦线的安装

电调杜邦线的安装如图 4-28 所示。

(1) 杜邦线按照电动机编号顺序分别插在飞控 MAIN OUT 的对应编号插口上,电动机编号如图 4-28 所示。

(2) 插线时注意负极在上,信号线在下。

(3) 布线要合理,不能相互干扰。

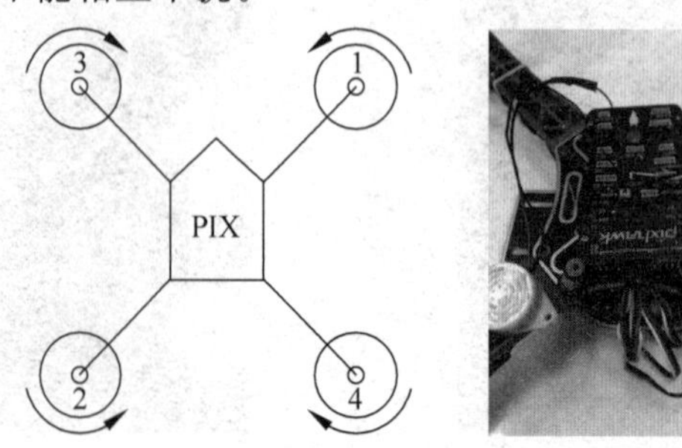

图 4-28　PIXHAWK 飞控电调杜邦线接线

4.5　多旋翼无人机遥控装置的组装

4.5.1　常见遥控器介绍

遥控器种类繁多，遥控接收也有多种类型。目前的遥控器功能越来越强大，在市面上的遥控器比较常见的有乐迪、Futaba、睿思凯、天地飞和富斯等。

下面以乐迪 AT9 为例进行介绍。乐迪 AT9 遥控器可遥控直升机、固定翼、滑翔机和多旋翼四大类无人机，通信系统采用抗干扰能力较强的 DSSS(直接序列扩频系统)，功能全面且人性化的菜单设计对初学者与熟练者均适用。

(1) 遥控器面板如图 4-29 所示。

(2) 接收机通道定义如图 4-30 所示。

4.5.2　遥控装置的组装步骤

1. 接收机的安装

(1) 使用泡沫双面胶将接收机安装在沉金板或者机臂上，如图 4-31 所示。

(2) 接收机是由精密的电子部件组成，应避免剧烈的振动并使其远离高温。为了更好地保护接收机，可以使用泡沫或其他吸振材料将其缠绕起来。将接收机放在塑料袋中并用橡皮筋将其扎紧是很好的防水方法。如果不小心有水分或燃料进入接收机，可能会导致间断性失控甚至坠毁。

2. 接收机与飞控接线

在 S-BUS 情况下，用一根杜邦线连接接收机的 S-BUS 插口，另一端连接飞控的 RC 插口，如图 4-32 所示。

3. 遥控器电池的安装

将电池插头完全插入遥控器插槽至最底部。当需要断开连接时，不要拉扯电线，而应该握住塑料连接头将其拔下。

4. 接收机天线的安装

(1) 一般情况下接收机的天线比较长，安装时不要折断或者将其缩进去，否则将缩短可控制的范围；接收机的天线应尽可能远离金属物，在飞行之前应执行飞行范围检测。

(2) 尽量保证天线笔直，否则将会减小控制范围。

(3) 无人机上可能会存在影响信号发射的金属部件，在这种情况下，天线应处于无人机的两侧，这样在任何飞行姿态下都能保证拥有最佳的信号状态。

(4) 天线应该尽可能远离金属导体和碳纤维，至少要有半英寸的距离，但不能过度弯曲。

(5) 尽可能保持天线远离电动机、电调和其他可能的干扰源。

5. 发射机天线的安装

(1) 发射机的天线是可调整的，要确保飞行过程中天线不要直接对着无人机，这可能会减弱接收机信号强度。

天线
把手
VRA襟翼微调旋钮/CH6
VRB CH8旋钮
SwB方向舵双比率开关
SwC 开关
SwF开关
SwH 开关
SwE开关
SwG 开关
AT-9
SwA 升降舵双比率开关
SwD副翼双比率开关
电源指示灯
RadioLink
发射指示灯
升降舵/方向舵操作杆
油门/副翼操作杆
升降舵微调杆
油门微调杆
方向舵微调杆
副翼微调杆
Mode 键
挂带环
End 键
滚轮
PUSH键
T1 00:00.0
T2 00:00.0
MT 00 06
DIGITAL RADIO CONTROL SYSTEM
电源开关
LCD 面板
教练功能 /DSC
功能线连接处
VRD 开关
VRC 开关
电池盖
开口处

图 4-29　遥控器面板

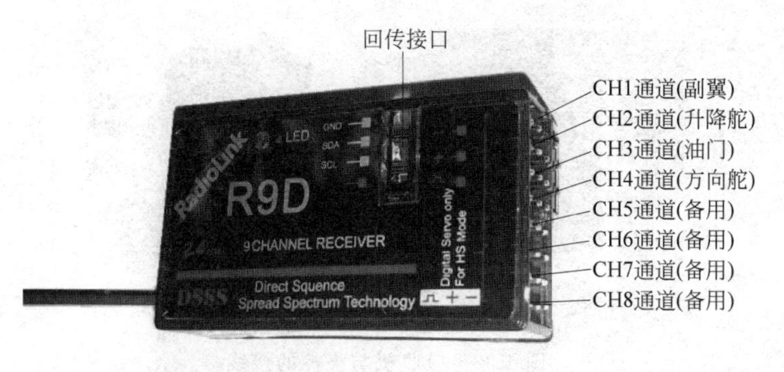

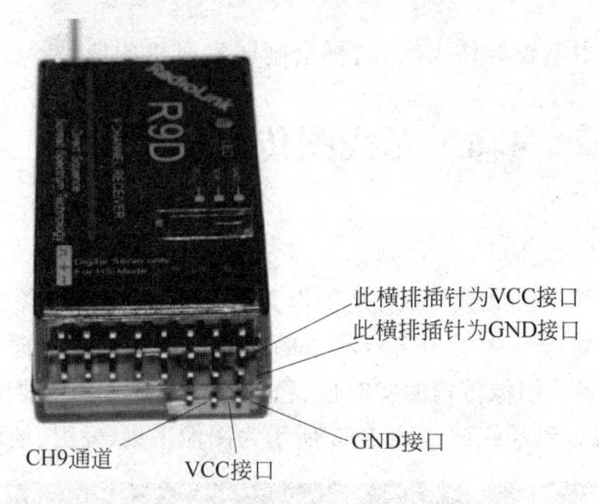

图 4-30　接收机通道定义

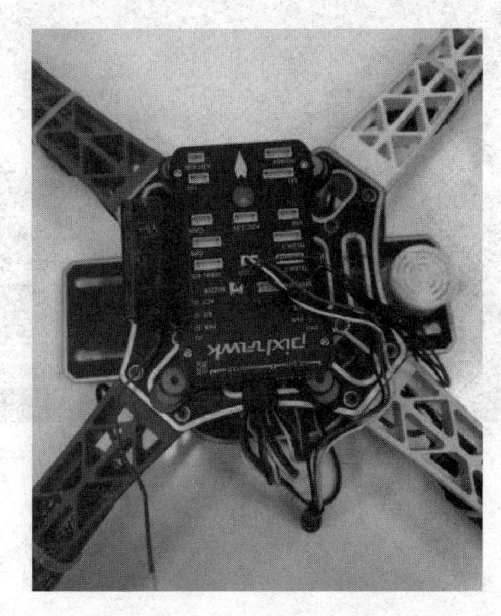

图 4-31　接收机的安装

(2) 保持天线垂直于发射机的表面，能使接收机收到最佳的接收信号，这也取决于如何握持发射机。但是在大多数情况下，调整发射机的天线至垂直于发射机的表面将会有更好的发射和接收效果。可根据握持发射机的方式调整发射机的天线。

图 4-32　接收机与飞控的接线

(3) 在飞行过程中不要握住天线,这样会削弱发射机的信号。

4.6　无线图传设备的组装

4.6.1　图传介绍

无线图像传输系统简称无线图传,是用作无线图像传输和视频实时传输的设备。无人机图像传输系统就是将天空中处于飞行状态的无人机所拍摄的画面实时稳定地发射给地面无线图传遥控接收设备。图像传输的实时性、稳定性是关键。其主要由图像采集端、图像发射端、图像接收端和图像显示端组成。图 4-33 所示为图像采集、发射、地面接收及显示流程。

图 4-33　无线图传

4.6.2　图传结构

1. 图像采集端

图像采集端是指在无人机端用来采集图像的设备,如摄像头、运动相机和单反相机等,如图 4-34 所示。

1) 摄像头

摄像头是指不带存储功能、不带电源的模拟摄像头,如图 4-34(a)所示,它具有结构简

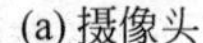
(a) 摄像头

(b) 运动相机

(c) 单反相机

图 4-34　图像采集设备

单、重量轻、体积小、功率低等优点；缺点是只能传输实时图像用于显示，不能拍摄照片和录制视频。不过可以通过接收端的录制功能录制传输后的图像和视频，但是图像和视频质量较差，因为非摄像头的原始数据和无线传输设备限制了图像质量。

小型摄像头主要用于穿越机 FPV 飞行。FPV（First Person View）即“第一人称主视角”，是一种基于遥控无人机或者无人车上加装无线摄像头回传设备，在地面看屏幕操控设备的新玩法。FPV 飞行的特点是操纵者不用实时看着无人机，可在幕后操纵无人机，以便于无人机能独立在较高、较远或环境恶劣的地方完成任务，也可以通过观看显示屏幕操纵无人机在赛道上竞速飞行。竞速飞行能给操纵者带来强烈的视觉冲击感及操纵感，为了得到更好的飞行体验，需要更久的飞行时间、更及时的图像传输（无延迟）和更快的飞行速度，所以需要减轻无人机的重量，采用重量轻、不带存储功能的模拟摄像头。

2）运动相机

运动相机为运动而生，如图 4-34（b）所示，应用于徒步、攀岩、骑行、滑翔和滑雪等运动环境下拍摄，也可应用于普通家用拍摄或监控等。运动相机是一款数码相机，功能齐全，能拍摄相片，录制视频，自身有存储功能，自带电源，可独立工作，多用于商业级无人机的航拍。通常情况下，为了得到更优的画质和更佳的拍摄角度，将云台配合运动相机使用。使用过程中可传输数字视频信号也可传输模拟信号，根据图传装置来决定，配置高的运动相机配有远程操控模块，可通过无人机遥控器控制相机拍照及录像。

3）单反相机

单反相机如图 4-34（c）所示，可应用在专业的航拍机上。它的拍摄效果不是运动相机可比的。但由于单反相机的重量重、价格昂贵和对拍摄者的水平要求较高等因素，对无人机的动力配制，机架的尺寸，机架的刚性，飞行控制的可靠性、稳定性，操纵者的水平都有较高的要求。

2. 图像发射端

图像发射端是指无线图像传输设备的发射设备，包括发射器和天线。通常安装在无人机飞行平台上，随无人机飞行，配合摄像头或相机使用。

图像发射端的选配原则如下。

1）图传类型选择

图传分模拟图传和数字图传。模拟图传延迟小，画质清晰度一般；数字图传画面清晰度高，画面延迟较大。

2）频道选择

5.8GHz 是国家开放的业余频段，目前在 5.8GHz 工作的设备很少，这个频段相对比较纯静，干扰较少；但频率越高电子元器件的造价越高，对天线等精度要求更高，更容易发热，对靠近发射机的导磁体比低频更敏感，做大功率发射更困难。无人机的图传普遍使用这种频段。

3）频率的选定

同频段的图传在使用过程中很容易受到干扰，甚至出现串频（显示了别人的画面），当目前频率有干扰时可以选择其他频率，通常发射机都有多种频率可供选择。常用的发射机有32个频道或40个频道甚至更多，其更换频道的方法一般有两种，分别是拨码开关更换和按钮更换，按钮更换一般带有数码管显示。常见的发射机对应频道如表4-11所示。

表 4-11 常见的发射机对应频道 （单位：MHz）

FR \ CH	CH1	CH2	CH3	CH4	CH5	CH6	CH7	CH8
FR1(A)	5865	5845	5825	5805	5785	5765	5745	5725
FR2(A)	5733	5752	5771	5790	5809	5828	5847	5866
FR3(A)	5705	5685	5665	5645	5885	5905	5925	5945
FR4(A)	5740	5760	5780	5880	5820	5840	5860	5880

4）功率大小

图像发射端功率从由几十毫瓦到几百毫瓦，功率大的能达到瓦级别，有些发射机为满足更多要求，采用功率可调的形式。通常功率越大传输距离越远，信号越稳定，但同时发热也更大，耗电量也更大。小功率发射机发热少，使用导热金属片散热，如图4-35(a)所示，甚至无散热；大功率发射机使用导热金属片加散热风扇散热，如图4-35(b)所示。影响传输距离的因素有很多，如发射机功率、发射机质量、天线类型、天线质量和空间有无阻挡等，其中功率占主要因素。某品牌的发射机功率大小和传输距离理论值对应表如表4-12所示；最低传输距离实际值对应表如表4-13所示，表格仅供参考。

(a) 小功率发射机 (b) 大功率发射机

图 4-35 不同功率的图传

表 4-12 某品牌图传发射机功率、传输距离理论值对应表（不考虑阻挡物）

发射功率/mW \ 天线	2dB全向天线		15dB平板天线		23dB平板天线	
	稳定工作距离/m	极限飞行距离/m	稳定工作距离/m	极限飞行距离/m	稳定工作距离/m	极限飞行距离/m
200	900	2700	4000	12 000	10 000	30 000
600	1400	4200	6200	18 600	15 500	46 500
1000	2000	6000	8800	26 400	22 000	66 000
2000	2800	8400	12 320	36 930	31 000	93 000

表 4-13　某品牌图传发射机功率、最低传输距离实际值对应表(不考虑阻挡物)

天线 / 发射功率/mW	2dB 全向天线/m	15dB 平板天线/m	23dB 平板天线/m
200	500	2000	5500
600	800	3200	8800
1000	1200	4800	13 200
2000	1600	6800	18 000

3. 图像接收端

图像接收端是指无线图像传输设备在地面的接收器,包括接收机和天线两部分,通常直接和显示器连接。一款常用的接收机 RC832 如图 4-36 所示。

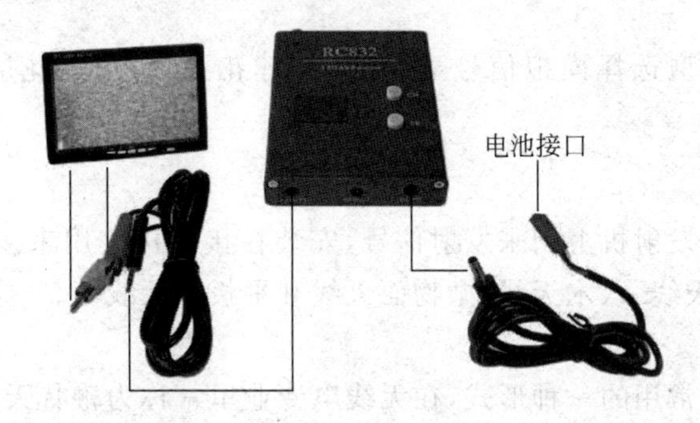

图 4-36　RC832 接收机

图像接收端的选配原则如下。

(1) 接收端和发射端如果不是成套购买的,需要根据发射要求类型购买,如模拟发射机配模拟接收机。

(2) 接收机通常都带有多个频率可以搜索,常用的接收机有 8 个频道,传输信号类型一样的情况下只要频率一样就可以接收到图像信号,如表 4-14 所示。

(3) 有些显示屏带接收机,可以直接使用。

表 4-14　接收机常用的 8 个频道

频道序号		CH1	CH2	CH3	CH4	CH5	CH6	CH7	CH8
接收频率/MHz		5705	5685	5665	5645	5885	5905	5925	5945
引脚电平	CH1	0	1	0	1	0	1	0	1
	CH2	0	0	1	1	0	0	1	1
	CH3	0	0	0	0	1	1	1	1

4. 图像显示端

图像显示端是指在地面的显示器,和接收机配套使用,通常包括三脚架、显示屏和电池等。根据传输信号类型选择显示屏类型,如模拟信号和和数字信号。

图像显示端的选配原则如下。

(1) 根据使用习惯选用 FPV 显示屏,如图 4-37(a)所示;或选用视频眼镜,如图 4-37(b)所示。

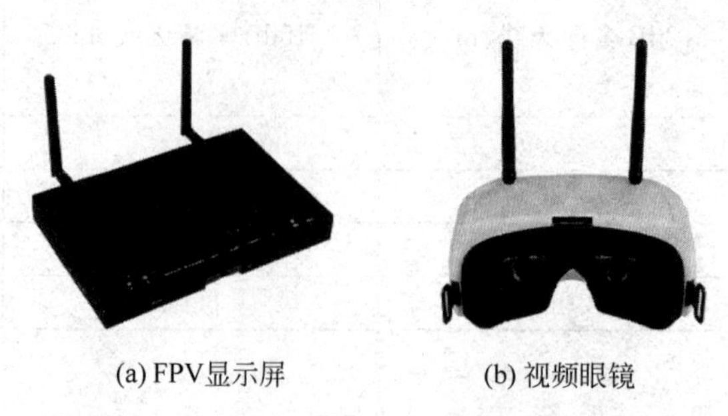

(a) FPV显示屏　　(b) 视频眼镜

图 4-37　FPV 显示屏和视频眼镜

(2) 根据是否带接收机来选择是否含接收机的显示屏;如果是带接收机的显示屏,还要选择天线的类型。

(3) 根据信号类型选择模拟信号显示屏(如莲花头接口、雪花屏)、数字信号屏(如带 HDMI 接口)。

5. 天线

天线是指安装在发射机上用来发射信号,安装在接收机上用来接收信号的装置。一般有全向天线、蘑菇头天线、八木天线、抛物面天线和平板状天线等。

1) 全向天线

全向天线是比较常用的一种形式,在无线电专业里常称为鞭状天线。虽然叫全向天线,其实还是有局限性的,它就像一根灯管,其发射范围,垂直放置时,是在水平方向上向周围散射,在 360°范围内都有均匀的场强分布。水平放置时,假如天线是东西方向放置,场强分布是包括天空在内的南北方向,以及天线到地面的南北方向空间范围内分布。因此垂直天线主要针对水平方向的目标,水平天线主要针对垂直高度上的目标和窄范围内的水平目标。通常可以用两根全向天线垂直安放,如图 4-38 所示,以增强接收信号强度。

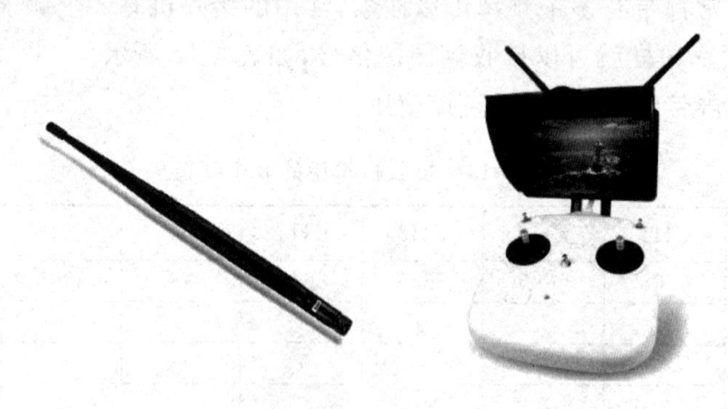

图 4-38　全向天线

2) 蘑菇头天线

蘑菇头天线内部就是三叶草或四叶草天线,如图 4-39 所示,通常三叶草天线用在发射机上,四叶草天线用在接收机上。这种天线的特性和平板状天线的特性刚好相反,如果它原来是直的,那么它的特性就和棒子天线是一样的;但是如果它被掰弯了,掰的每个方向对于它来说都是一样的,不存在指向性。

图 4-39　蘑菇头天线

3）八木天线

八木天线即定向传输天线。八木天线由比天线稍短的引向器、比天线稍长的反射器、中间安装天线的结构构成。八木天线的场强主要集中在引向器一侧,反射器将天线发出的信号反射回引向器方向,使场强增强,同时有屏蔽后方干扰的作用,如图 4-40 所示。八木天线在垂直安装时,上下的场强分布角与全向天线差不多,在水平方向上场强分布角与引向器的多少有关,引向器越多,夹角越小,方向性越强,夹角内的场强越高。一般常见引向器 3～5 支,再多效果也不明显。其主要特点是在有效范围内场强分布均匀,方向性好,干扰能力强。

4）抛物面天线

抛物面天线场强分布有两部分,类似于手电光,一部分是灯泡直接射出的散射光;另一部分也是主要部分,是反射器反射形成的直射光,如图 4-41 所示。所以抛物面天线的效率是最高的,但方向性也是最强的,最常见是用在固定点对点的微波通信。如果用在无人机上的通信,必须装在高精度跟踪云台上才可以。另外,抛物面天线对组装精度要求也很高。

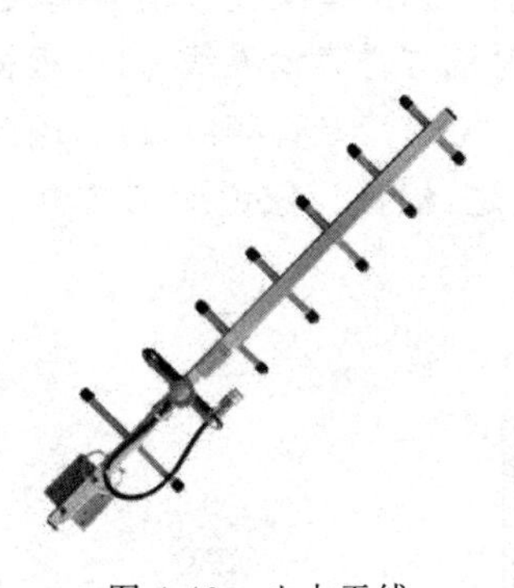

图 4-40　八木天线

图 4-41　抛物面天线

5）平板状天线

平板状天线特性和八木天线基本相同。好的平板状天线结构较复杂,但体积小,重量轻,安装简单,是野外 FPV 的首选天线,有较强的定向性,需配合跟踪云台使用,如图 4-42 所示。

图 4-42　平板状天线

4.6.3 图传的组装步骤

图传的组装一般分硬件的组装和线路的连接两大部分。

1. 硬件的组装

(1) 摄像头的安装：穿越机一般安装在前方或上方,注意做好保护措施,保护摄像头。

(2) 图传发射机的安装：通常用双面海绵胶粘在机架内部,将天线引出至外部。

2. 线路的连接

根据无人机安装布局将电线裁剪好长度并制作好接头(如摄像头和图传发射机电压一致,可并用电源),图传和摄像头品牌多种多样,但接线原理基本一致,根据电路图将线路接好即可。

某品牌图传系统电路如图 4-43 所示,摄像头一般至少有 3 根线,分别是电源正、接地线、视频输出线,接线时要看清电源电压,将电源接好。

图传发射机线路主要分两部分,即图传电源输入和摄像头视频信号输入,有些图传发射机还带有电源输出(供摄像头用),还有些图传发射机有音频输入线,可以根据实际情况进行连接。一般情况下穿越机用的摄像头不带麦克风,所以没有音频线输出,因此图传发射机不用接音频线,可将此线悬空,或剪掉不要。总而言之,根据厂家说明书按电路图将线路依次接好即可。

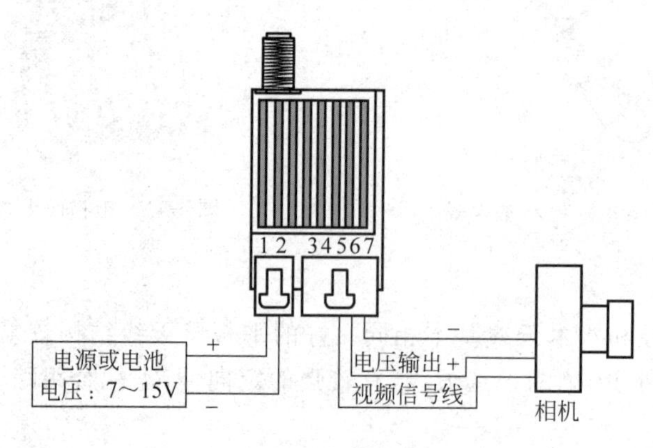

图 4-43　图传系统电路

3. 注意事项

(1) 确认图传电压和摄像头电压分别是多少,如果都在同样的范围,则可以共用电源;如果图传电压是 12V,摄像头电压是 5V,此时要注意单独给摄像头供 5V 电源,可考虑从分电板接电。

(2) 要注意发射机的最佳安装位置,避免产生干扰。多旋翼无人机要注意尽量让图传、GPS、遥控接收机分开安装,图传天线尽量靠近机身尾部。

(3) 如果图传发射机是双天线的,尽量让两根天线垂直,以扩大发射方向。

(4) 穿越机上的图传要注意保护好,尽量安装在机身内部,避免炸坏。

(5) 图传的接线为插头连接时,要注意是否有松动,如有,则要采取紧固措施,如打热熔胶。

4.7 云台的组装

4.7.1 云台介绍

云台又称增稳云台,是指安装、固定摄像机的支撑设备,如图 4-44 所示。

图 4-44 航拍云台

云台主要有以下两大作用。

(1) 防止拍摄画面抖动。航拍云台通过传感器感知机身的动作,通过电动机驱动让相机保持原来的位置,抵消机身晃动或者振动的影响。

(2) 可遥控控制云台转动角度,改变拍摄角度。通过配置好的遥控器通道控制两轴或三轴云台平缓地动作达到所需的角度。

云台的功能主要是稳定平台,对于任务设备来说十分重要。当无人机在高空飞行时拍摄角度轻微的误差在实际中就相差甚远。云台主要考察几个性能:增稳精度、兼容性(一款云台能适配几款相机和镜头)和转动范围(分为俯仰、横滚和偏航 3 个轴)。如果遇到变焦相机,就更加考验云台的增稳精度了,因为经过长距离的变焦,一点点轻微的振动都会让画面抖动得很厉害。市面上无人机云台主要由无刷电动机驱动,在偏航、横滚、俯仰 3 个轴向对相机进行增稳,可搭载的摄影器材从小摄像头到运动相机,再到微单相机,甚至全画幅单反相机以及专业级电影机都可以。摄影器材越大,云台就越大,相应的机架也就越大。

4.7.2 云台分类

1. 按驱动方式分

按驱动方式分为固定云台和电动云台。

(1) 固定云台：是将相机与无人机固定在一起，运用提前调整好的角度来拍摄，或通过调整无人机的角度来调整航拍时的视角。固定云台优点是能够降低成本、减轻重量、省电，从而提高飞行时间；其缺点也非常明显，即无法抵消抖动、航拍画质较差、无法改变视角。

(2) 电动云台：主要是指其驱动方向是电动驱动的，是相对固定运动而言的，其工作方式通过控制板控制，检测相机当前姿态，并进行姿态补偿，可以拍摄出较好的画质，也可以拍摄更多视角；其缺点是重量重，增加无人机的耗电量。

2. 按驱动轴数分

按驱动轴数分为两轴云台和三轴云台。

(1) 两轴云台如图 4-45(a)所示，是指在横滚方向、俯仰方向两个方向控制的云台，也就是两个自由度。

(2) 三轴云台如图 4-45(b)所示，是指除横滚方向、俯仰方向外，偏航方向也能得到控制，总共有 3 个自由度，这样控制的转向角度更大。

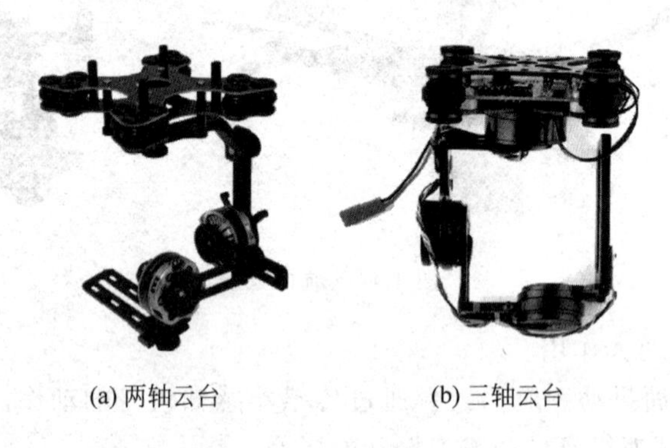

(a) 两轴云台　　(b) 三轴云台

图 4-45　云台按驱动轴数分类

3. 按执行机构分

按执行机构分为伺服舵机驱动、步进电动机驱动和直流无刷电动机驱动等。

(1) 伺服舵机驱动：是指其驱动方式采用舵机驱动。一般该控制方式无云台控制板，通过飞控控制，其驱动简单，质量小，体积小，驱动力矩大，但对比电动机转动不够平稳，有细微抖动，启动和停止时较生硬。

(2) 步进电动机驱动：是指其驱动方式采用步进电动机。该控制方式较复杂，体积相对较大，能精准地控制转动角度，相同质量情况下力矩过小。

(3) 直流无刷电动机驱动：是指其驱动方式采用直流无刷电动机，是目前最常用的驱动方式，采用云台控制板驱动，转动平稳，相同质量的情况下力矩较大，无噪声。

4.7.3 云台组成

云台一般由云台挂载部分、控制部分和执行部分3个部分组成，如图4-46所示。

(1) 挂载部分：是指云台和无人机的连接板，通常用碳纤维板或玻璃纤维板通过减振球连接。

(2) 控制部分：是指通过陀螺仪等传感器检测姿态后控制云台进行姿态补偿的控制板，一般分为两轴控制板和三轴控制板。

(3) 执行部分：是指控制板控制的直流无刷电动机、伺服舵机或步进电动机，两轴云台有两个电动机或舵机，三轴云台有三个电动机或舵机。

图4-46　云台组成
1—挂载部分；2—控制部分；3—执行部分

4.7.4 云台的组装步骤

由于云台结构比较简单，通常都是成套购买，所以安装主要是云台和无人机之间的安装。通常的安装方法有螺纹连接、挂载板连接等。

1. 安装步骤

(1) 云台与无人机的安装。

(2) 云台线路的连接，根据电路图依次连接云台电源线、信号线和控制线。某品牌云台电路如图4-47所示。

(3) 遥控器通道的配制。

(4) 运动相机的安装。

(5) 通电试机。

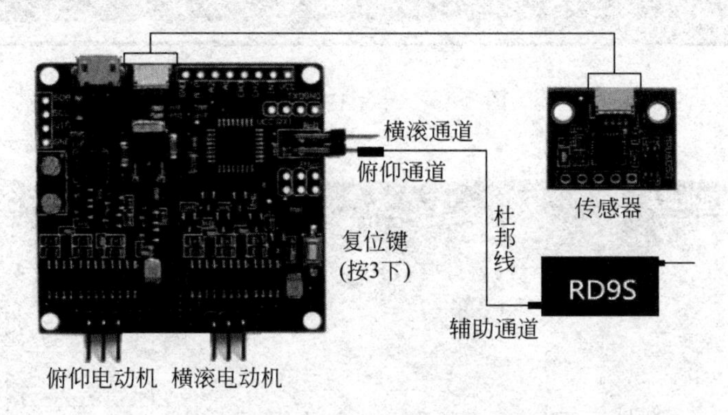

图4-47　某品牌云台控制板的连接

2. 安装注意事项

(1) 看清云台电源电压、正负极，切勿接错。

(2) 传感器通常在相机座底部，注意传感器信号线不要缠绕，保护好线路。

(3) 通电前务必装好相机，在带有负载的情况下通电。

(4) 调整相机安装位置时要尽量使相机在自然状态下保持平衡。

3. 调参软件使用说明

电动云台通常分为免调试版和调试版，不同品牌的云台调试界面不一致，下面以某品牌云台的调参软件为例进行介绍。

1）调参软件介绍

该无刷云台控制器采用双处理器方案，分为云台主控处理器和云台电动机驱动处理器。调参软件的云台主控调参界面如图 4-48 所示，云台电动机驱动调参界面如图 4-49 所示。

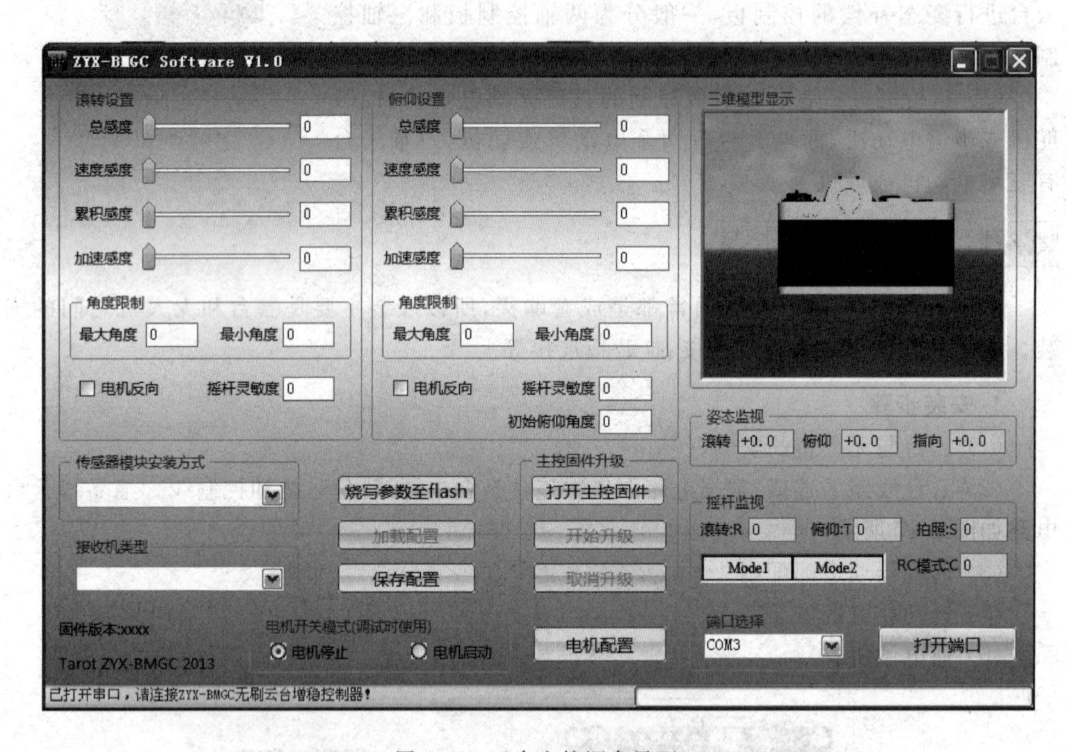

图 4-48　云台主控调参界面

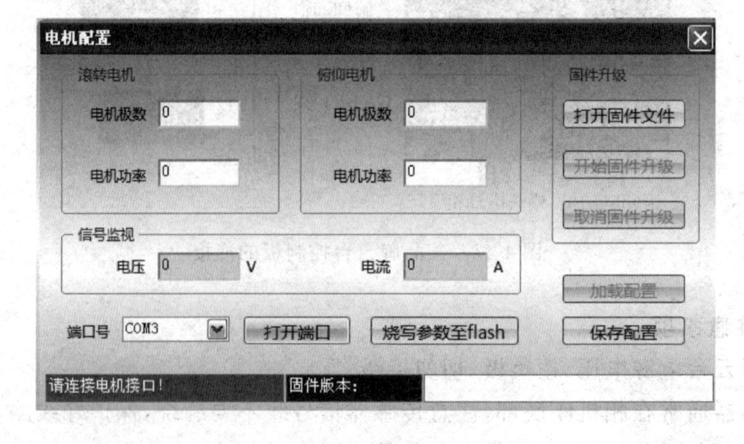

图 4-49　电动机驱动调参界面

2）云台主控调参界面说明

将附带的 USB 模块连接至云台主控调参接口，并将 USB 模块连接至计算机，双击打开 ZYX-BMGC. exe 文件，运行 ZYX-BMGC 调参软件，软件界面如图 4-50 所示。

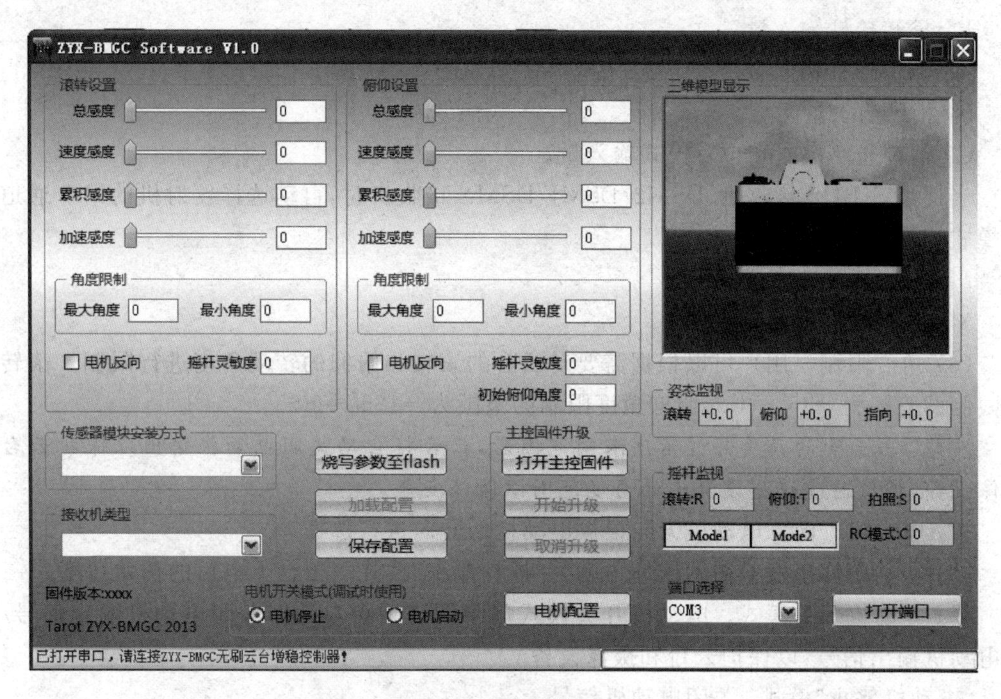

图 4-50　软件界面

(1) 打开端口。单击端口选择的下拉列表框，选择 USB 模块对应的端口号，然后单击“打开端口”按钮。成功打开端口后，再给云台通电，电压应保证云台正常工作。

(2) 云台主控模块连接状态。等待云台主控模块初始化成功后，软件界面状态提示栏显示“软件界面参数已更新”，表明云台主控模块已经成功连接。这时用手拨动云台任意轴，软件中三维模型显示界面即会显示当前摄像设备的姿态角度。为了方便用户配置参数，云台主控模块连接成功后会自动设置为“电动机停止”模式。

(3) 传感器模块安装方式。在软件的“传感器模块安装方式”中选择对应的安装方式，然后观察“三维模型显示”界面中相机模型是否能够正确反映云台上摄像设备的真实运动。

(4) 选择接收机类型。将接收机连接至对应接口。选择对应的接收机类型，当接收机类型改变时，软件会弹出提示消息，请根据提示文字先单击“烧写参数至 Flash”按钮，然后将云台重新通电，使接收机类型生效。

DSM2/DSMJ/DSMX 接收机类型说明如下。

DSM2-1：发射机为 DX7 等(使用 6、7 通道接收机对频)。

DSM2-2：发射机为 DX8、DSX9 等(使用 6、7 通道接收机对频)。

DSM2-3：发射机为 DX8、DSX9 等(使用 9 通道接收机对频)。

DSM2-4：发射机使用 DM8、DM9 高频头(使用 6、7 通道接收机对频)。

DSMJ：发射机为 DSMJ 制式(使用配套接收机对频)。

DSMX-1：发射机为 DX 8 等 11ms 模式(使用配套接收机对频)。

DSMX-2：发射机为 DX 8 等 22ms 模式(使用配套接收机对频)。

(5) 摇杆监视。当选择完接收机类型并重新通电之后，打开遥控器，拨动摇杆，可以从摇杆监视界面观察对应的摇杆变化如下。

R：滚转摇杆输入量。

T：俯仰摇杆输入量。

S：拍照输入量。

C：摇杆速率模式和位置模式输入量。

当使用 S-BUS 接收机、DSM2/DSMJ/DSMX 接收机时，自动选择发射机的第 5 通道作为模式切换通道。

Mode1：摇杆速率模式。

Mode2：摇杆位置模式。

(6) 角度限制。用户可以根据需要对云台的滚转和俯仰的转动角度进行限制。滚转角度限制的范围为－45°～45°，俯仰角度限制的范围为－135°～90°。

注意：当云台的角度超过角度限制范围后，云台将自动关闭电动机输出以保护云台和摄像设备，调试时建议先设置小的角度范围以保证安全。

(7) 电动机方向。电动机方向根据电动机的转向进行选择。

(8) 初始俯仰角度。初始俯仰角度为“摇杆速率”模式下云台上电后的初始角度。

(9) 电动机开关模式。电动机开关模式用于调试云台参数时关闭电动机输出信号/开启电动机输出信号，以保护云台和摄像设备。

“电动机停止”模式：关闭电动机信号。

“电动机启动”模式：输出电动机信号，并且开启姿态感应反馈，此时云台有增稳效果。

注意：

① 仅当电动机开关模式位于“电动机停止”模式时，才能设置传感器模块的安装方式。

② 当电动机开关模式位于“电动机启动”模式时，有两种情况可能会使云台自动关闭电动机输出。

第一种情况：某一轴的总感度为零或者其他 3 个感度都为 0；

第二种情况：摄像设备当前姿态超出角度限制的范围。

如需重新开启电动机输出，应调整感度参数后将摄像设备拨回到水平位置，并检查传感器模块安装方向是否正确。

(10) PID 参数调整。感度参数范围是 0～500，基本规则为总感度不能为 0，速度感度和累积感度不能同时为 0。如果违反上述规则会关闭电动机输出以保护云台及摄像设备。

在同样负载的情况下，当电动机功率增大后必须减小 PID 感度；相反地，电动机功率减小后可以适当增大 PID 感度。因此在电动机功率足够的情况下尽量减小电动机功率可得到较大的 PID 感度，进而得到更好的增稳效果。但电动机功率减小会降低云台抗扰动的能力。

① 加速感度调整：首先将总感度设置为合适的数值(如 100)，并将速度感度和累积感度调整为最小值(如 1)。其次由小到大逐步调节加速感度，直到云台出现高频抖动，此感度为其最大加速感度。最后将加速感度减小 20%作为最终的加速感度。

② 速度感度调整：首先由小到大调节速度感度，直到云台出现抖动，此感度为其最大

速度感度。其次将速度感度减小20%作为最终的速度感度。

③ 累积感度调整：首先由小到大调节累积感度，直到云台出现抖动，此感度为其最大累积感度。其次将累积感度减小20%作为最终的累积感度。

④ 感度细微调整：在完成上述步骤之后可以适当地微调各感度并查看增稳效果，使云台达到满意的效果。

(11) 烧写参数至Flash。在完成调试后，单击“烧写参数至Flash”按钮，以确保参数烧写至云台的Flash中，云台下次通电时将自动从Flash中加载该组参数。

3）云台电动机驱动调参界面说明

将附带的USB模块连接至云台电动机驱动调参接口，并将USB模块连接至计算机，双击打开ZYX-BMGC.exe文件，运行ZYX-BMGC调参软件，单击“电动机配置”按钮，弹出电动机配置界面，如图4-51所示。

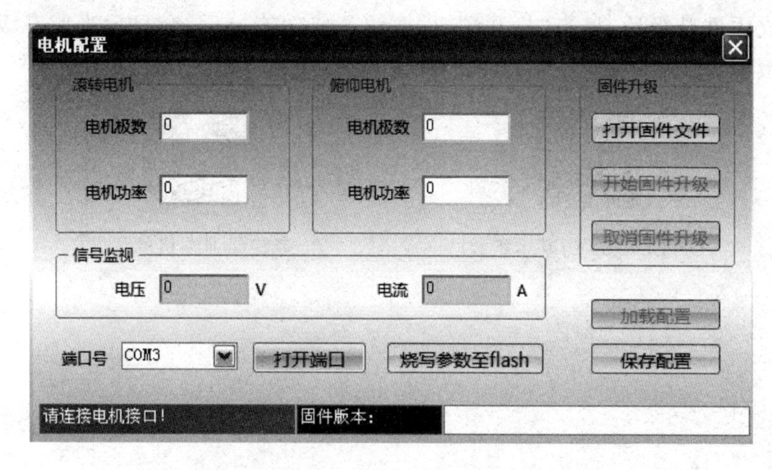

图4-51 电动机配置界面

(1) 打开端口。单击端口号选择的下拉列表框，选择USB模块对应的端口号，然后单击“打开端口”按钮。成功打开端口后，再给云台通电，电压应保证云台正常工作。

(2) 电动机驱动模块连接状态。等待电动机驱动模块初始化成功后，软件界面状态提示栏显示“软件界面参数已更新”，表明电动机驱动模块已经成功连接，同时更新电动机参数并显示电压和电流。

(3) 设置电动机极数。电动机极数是电动机的磁极数目，该参数会影响电动机的减速比和最高转速，通常情况下可以设置为与电动机实际极数一致，如果为了达到某种性能，可以适当调节此参数与实际电动机极数不一致。

(4) 调整电动机功率。电动机功率范围为0～100%，根据负载情况进行调整。在同样负载的情况下，当电动机功率增大后必须减小PID感度；相反，电动机功率减小后可以适当增大PID感度。因此在电动机功率足够的情况下尽量减小电动机功率可得到较大的PID感度，进而得到更好的增稳效果。但电动机功率减小会降低云台抗扰动的能力。

(5) 信号监视。显示云台的供电电压及工作电流。电压值显示会比供电电压小0.3V左右。

(6) 烧写参数至Flash。在完成调试后，单击“烧写参数至Flash”按钮，以确保参数烧写至云台的Flash中，云台下次通电时将自动从Flash中加载该组参数。

4）固件升级

由于无刷云台控制器采用双处理器协同工作的方案，分为云台主控处理器和云台电动机驱动处理器，因此会有对应不同处理器的升级文件。升级前应确保硬件接口连接正确，升级文件选择正确。

(1) 云台主控固件升级。先将 USB 模块连接至云台主控调参接口，然后在主界面下选择对应的端口号，单击“打开主控固件”按钮，选择要升级的固件文件。打开固件文件成功后，单击“开始升级”按钮，然后将云台通电，等待升级进度条，最后完成固件升级。当完成固件升级后，单击“打开端口”按钮。成功连接后，会显示当前升级完成的主控固件版本。

(2) 电动机驱动固件升级。先将 USB 模块连接至云台电动机驱动调参接口，然后在电动机配置界面下选择对应的端口号，单击“打开固件文件”按钮，选择要升级的固件文件。打开固件文件成功后，单击“开始升级”按钮，然后将云台通电，等待升级进度条，最后完成固件升级。当完成固件升级后，单击“打开端口”按钮。成功连接后，会显示当前升级完成的电动机驱动固件版本。

DF-EDU 04 的基本组装

多旋翼训练机的组装

第5章

多旋翼无人机的调试

将机架、飞控系统、动力系统和通信系统等多旋翼无人机硬件组装后，为了实现无人机的良好飞行及功能要求，必须进行合理的调试，调试工作关系着飞行性能及安全。一般来说，多旋翼无人机的硬件结构相比无人直升机和固定翼无人机来说较为简单，在一些工业级无人机中也存在较复杂的结构，如装有自动收放脚架、折叠机臂、喷洒装置等的机型，会需要进行机械结构的调试。因为多旋翼机械结构的调试一般根据产品说明书的要求进行即可，在此不再展开介绍。本章主要针对多旋翼无人机调试中应用最为广泛的软件调试内容进行介绍，主要包括飞控调试、遥控器和遥控接收机调试以及动力系统调试等内容。

5.1 概　　述

本节主要介绍无人机调试的两种调试方法和调试步骤，包括无桨调试和有桨调试的主要内容、调试注意事项和相互之间的关系。调试步骤主要以电动4旋翼无人机的软件调试进行介绍。

5.1.1 无桨调试与有桨调试

根据调试过程中是否需要安装螺旋桨，可分为无桨调试和有桨调试。假设一款标有2204*KV*2400的直流无刷电动机，接在12V电源上，那么此时电动机的空载转速约为2400×12=28 800r/min，这还仅仅是电动机的转速，如果再装上桨叶，那么桨叶边缘的线速度将更高，所以非常危险。为了降低在调试时产生的危险，应先将不需要装桨叶就能调试的内容调试完，再进行必须安装桨叶才能完成的调试内容。

1. 无桨调试主要内容

(1) 连接所有线路，接通电源，进行首次通电测试，检查飞控、电调、电动机和接收机是否正常通电，检查有没有出现短路或断路现象。

(2) 检查遥控器，进行对频及相关设置，确认遥控器发出的各个通道信号能准确地被接收机接收到并能传送给飞控。

(3) 将飞控连接到计算机，用调试软件(地面站)对飞控进行调试，如烧写固件、设置接收机模式、遥控器校准、电调校准、加速度计校准、陀螺仪校准、设置飞行保护措施、设置飞行模式、通道设置和解锁方式等。

(4) 接通电源用遥控器解锁飞控，推动油门检查4个电动机的转向是否正确，如果不正确则通过调换电动机任意两根电源线来更换转向。

确认以上内容都调试完毕并能通过遥控器解锁无人机，操作遥控器各个通道，观察无人机都有相应的反应，此时即完成了无人机的无桨调试。

2. 有桨调试主要内容

有桨调试必须装桨试飞才能完成，根据试飞出现的问题进行调试。在有桨调试时，多旋翼无人机已经装好螺旋桨，并会产生高速旋转，为确保人身和设备的安全，在飞行前要进行以下一系列的检查。

(1) 根据电动机转向正确安装螺旋桨。

(2) 限制无人机，将无人机放在安全防护网内试飞，或通过捆绑的方式限制无人机。无人机第一次试飞可能会出现各种意外情况，通过防护网或捆绑可以有效保护人员和设备的安全。

(3) 飞行测试，通过飞行状态检验无人机是否正常。具体如下。

① 先打开遥控器电源，再接通无人机电源，将无人机解锁。根据之前调试所设定的解锁方式进行解锁，解锁后油门保持最低能使螺旋桨旋转的位置。

② 起飞检查。缓慢推动油门，起飞。在推动油门时不要动其他摇杆，当无人机开始离地时观察无人机的飞行趋势，然后操控遥控器以相反的方向使无人机能平稳地飞起来，理论上只推油门不做其他任何操作无人机就能垂直起飞，但实际由于硬件或软件上的各种原因会导致无人机跑偏。如果一起飞就大幅度跑偏或翻倒，立刻将油门拉到最低，将无人机上锁，再关掉无人机电源，检查问题所在，通常是线路问题或遥控器通道反相问题。

③ 基本功能检查。当无人机飞起来后，依次缓慢操作其他摇杆(副翼、偏航、升降和飞行模式等)，观察遥控器各通道正反相是否正确、各通道是否对应无人机的动作，检验飞行模式是否正确并能正常切换。

④ 飞行性能检查。检查起飞和降落是否平稳、4 个基本动作(前进、左右、上下、旋转)角度是否正常、动作是否平稳、动作是否有振动、摇杆回中后无人机回中的响应情况是否及时，此类问题大部分通过地面站调试和 PID 参数调试解决。各种飞控地面站不相同，调试方法也不相同，但基本思路一致，在下节中将详细阐述。

5.1.2 调试步骤

电动多旋翼无人机调试内容主要为软件部分的调试，包括飞控调试、遥控器和接收机调试、动力系统调试等。其中，飞控调试又包括飞控固件的烧写、各种传感器校准和飞控相关参数的设置等；遥控器和接收机调试包括对码操作、遥控模式设置、通道配置、接收机模式选择、模型选择和机型选择、舵机行程量设置、中立微调和微调步阶量设置、舵机相位设置、舵量显示操作、教练功能设置和可编混控设置等；动力系统调试主要是电调调参等内容。

5.2 多旋翼无人机飞控调试

飞控调试是指用调试软件对飞控进行调试。飞控是无人机的核心部件，根据其是否开源，分为开源飞控和闭源飞控。闭源飞控使用简单，几乎不用调试，只要进行简单的设置即可。开源飞控调试较复杂，调试内容多，下面对调试软件、PID调参以及常见的几款飞控的具体调试方法进行介绍，最后对一些工业级飞控进行介绍。

5.2.1 调试软件

调试软件是指飞控调试软件，除了价格低廉的闭源飞控外，大部分飞控都能支持调参，都有相应的调试软件。常用的几款飞控与对应的调试软件如表5-1所示。飞控调试软件不是唯一的，有些飞控可用多款调试软件调试，调试软件安装在PC端或手机端等移动设备端使用，通过调试软件进行调参、数据监控和设定航线等内容。商业级的无人机地面站比较简单，通常把装有调试软件的计算机端或移动设备端称为地面站，调试软件又可称为地面站软件。

表5-1　飞控与调试软件

飞控	调试软件
CC3D	OpenPilot GCS
F3、F4飞控	CleanFlight、BetaFlight
NAZA	Zadig
MWC	Arduino
APM、PIXHAWK	Mission Planner

5.2.2 PID调参

1. PID简介

无人机想要在空中悬停，或者说想飞得稳，就必须通过PID来控制。以悬停为例，我们看到无人机悬停不动，其实无人机无时无刻不在动，只是动的幅度大小和动的频率高低而已。那么它为什么要不断地动呢？原因就是无人机在不断测量当前的姿态和位置，比较目标的姿态和位置，通过比较得出的偏差值的大小来自行控制无人机达到目标姿态和位置的响应时间、响应速度和响应力度。我们需要做的就是根据不同的无人机硬件特点和飞行性能，改变它的PID值，让无人机能平稳飞行。由于无人机的自稳主要体现在横滚方向和俯仰方向，偏航方向的影响不大，所以在PID调节时主要针对横滚和俯仰。

在闭环自动控制技术领域里都是基于反馈的概念以减少不确定性，其反馈的要素包括3个部分：测量、比较和执行。测量关键的是被控变量的实际值与期望值相比较，用偏差来纠正系统的响应，执行调节控制。在工程实际中，应用最为广泛的调节器控制规律为比例、积分、微分控制，简称PID控制，又称PID调节。PID分别代表了比例、积分和微分。

比例P控制：是一种最简单的控制方式。其控制器的输出与输入误差信号成比例关系。当仅有比例控制时系统输出存在稳态误差。

积分I控制：在积分控制中，控制器的输出与输入误差信号的积分成正比关系。对一个自动控制系统，如果在进入稳态后存在稳态误差，则称这个控制系统是有稳态误差的或简称有差系统。为了消除稳态误差，在控制器中必须引入积分项。积分项误差取决于时间的积分，随着时间的增加，积分项会增大。这样，即便误差很小，积分项也会随着时间的增加而加大，它推动控制器的输出增大使稳态误差进一步减小，直到等于零。因此，比例＋积分

$(P+I)$控制器可以使系统在进入稳态后无稳态误差。

微分D控制：在微分控制中，控制器的输出与输入误差信号的微分（误差的变化率）成正比关系。自动控制系统在克服误差的调节过程中可能会出现振荡甚至失稳。其原因是存在有较大惯性组件（环节）或有滞后（delay）组件，具有抑制误差作用，其变化总是落后于误差的变化。解决的办法是使抑制误差作用的变化“超前”，即在误差接近零时，抑制误差的作用就应该是零。即在控制器中仅引入比例项往往是不够的，比例项的作用仅是放大误差的幅值，还需要增加微分项，它能预测误差变化的趋势，这样，具有比例＋微分的控制器，就能够提前使抑制误差的控制作用等于零，甚至为负值，从而避免了被控量的严重超调。所以对有较大惯性或滞后的被控对象，比例＋微分$(P+D)$控制器能改善系统在调节过程中的动态特性。

2. 不良PID值的表现

（1）动态响应过快或过慢。

（2）控制过冲或不足。

（3）抖动，无法顺利起飞和降落，自稳能力弱，摔机。

3. 较好PID值的表现

在姿态信息和螺旋桨转速之间建立比例、积分和微分的关系，通过调节各个环节的参数大小，使多旋翼系统控制实现更优良的稳定性、准确性、快速性。具体体现如下。

（1）动态响应迅速、及时。

（2）控制既不过冲也不欠缺。

（3）无抖动，飞行平稳，自稳能力强，动作迅速有力。

4. PID手动调参

前面介绍了无人机PID参数的意义以及PID参数对于无人机的影响，本节主要介绍PID手动调参。手动调参是相对自动调参来说的，是指先对无人机试飞，感受它在飞行过程中有哪些问题，然后根据经验，对PID值进行修改，修改完后再进行试飞，经过反复修改后达到理想的状态。

通常调节方法分以下两种。

（1）直接感受无人机的飞行情况，从感观上来判断问题所在，然后再逐步调试。

（2）利用飞控调试软件的黑匣子功能，里面有记录电动机在飞行过程中的振荡记录，根据记录来调试。

PID的调整口诀如下。

参数整定找最佳，从小到大顺序查。
先是比例后积分，最后再把微分加。
曲线振荡很频繁，比例度盘要放大。
曲线漂浮绕大弯，比例度盘往小扳。
曲线偏离恢复慢，积分时间往下降。
曲线波动周期长，积分时间再加长。
曲线振荡频率快，先把微分降下来。
动差大来波动慢，微分时间应加长。

理想曲线两个波，前高后低4比1。

一看二调多分析，调节质量不会低。

5. PID自动调参

自动调参是相对手动调参而言的，调节内容和手动调节一样，只是调节的方式不一样而已。自动调参是通过把无人机飞在一定高度后，无人机自行重复数次向两个方向(横滚方向、俯仰方向)做偏摆动作，同时自行检测响应速度、自稳的力度和速度等，然后自行进行PID调参，直到一个比较好的状态。但是调试过程中会受各种外界因素的影响，有时调完后并不是一个理想状态，我们可以重复进行多次自动调参，通常经过几次调参后效果会比较理想。并不是所有的飞控都有自动调参功能，配置较低的飞控通常都不具备，下面以PIXHAWK飞控为例介绍自动调参方法。

1) PIXHAWK飞控自动调参功能

PIXHAWK飞控自动调参是在ArduCopter 3.1-rc5版本以上固件里才有的功能。自动调参功能可以自动调整Stabilize P和Rate P、Rate D的参数，从而得到更高的灵活性，同时也不会过大的超调。通过在飞行中不断的Roll(横滚)和Pitch(俯仰)动作来得到最佳的PID参数，所以在使用自动调参前必须切换至定高模式，而且要时刻观察无人机状态，保证无人机在控制范围内。

调控注意事项如下。

(1) 要在一个空旷的场所进行自动调参。

(2) 保证无人机电量充足。

(3) 尽量减少导致不稳定飞行的外部因素。

(4) 在切换自动调参功能前，确保无人机姿态已经相对稳定。

(5) 确定控制自动调参的开关可以达到所需的行程量。

(6) 在自稳模式时，自动调参也可以启动，所以在启动自动调参之前，要确保无人机已经切换到定高模式，要避免误碰，发生危险。

(7) 实时观察无人机飞行状态，注意人身及设备安全。

(8) 当无人机发生漂移时，迅速调整无人机姿态，避免无人机移动速度过快。

(9) 自动调参完后，如果效果不好，建议排查飞控减振、机械部件松动等因素。

(10) ATUN (自动调参概要)与ATDE (自动调参详情)的信息会写入闪存记录中，具体的相关内容可参见wiki的闪存记录页面。

2) 自动调参步骤

(1) 设定定高模式(飞行模式的一种，飞行时无人机自动控制高度不变)，如图5-1所示；把通道7或者通道8设定为自动调参的开关，如图5-2所示。

(2) 在起飞时确保通道7或通道8处于低位，在一个较好的天气(晴朗、无风)到一个开阔的场地进行调参，起飞后在一个合适的高度切换到定高模式(定高模式下无人机只是高度保持不变，但在水平方向会漂移，需操纵者实时控制无人机水平位置，高低位置不需要控制)。

(3) 当无人机姿态相对稳定后，将第7通道和8通道都拨至高位以开启自动调参模式。此时无人机以20°左右的角度在横滚方向来回偏摆几分钟，然后在俯仰方向重复同样的过程。如果无人机飘得过远，可以打杆让它飞回来(此时无人机用的是自动调参前的PID参

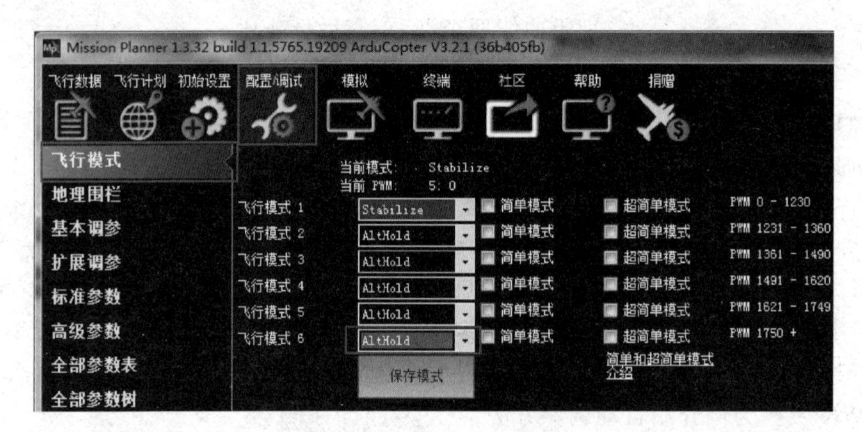

图 5-1　定高模式

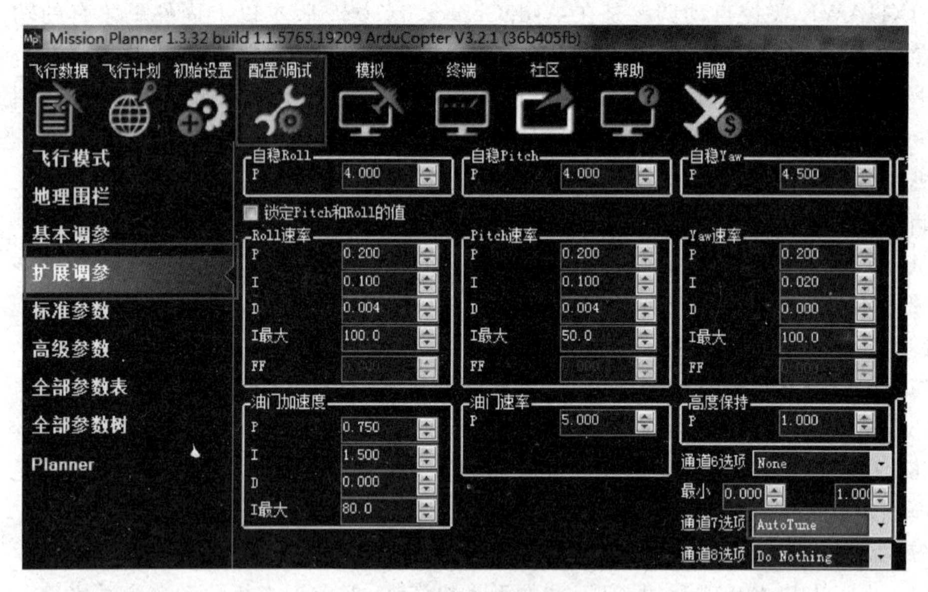

图 5-2　自动调参开关

数)。飞回来之后松开遥控器摇杆,自动调参将会继续进行。此时一定要有耐心等待,不然前功尽弃。如果想终止自动调参,只需要把第 7 通道和 8 通道都切回低位,此时自动调参将会终止并且切回自动调参前的 PID 参数。

(4) 经过几分钟的偏摆动作后,无人机将会切回自动调参前的 PID 参数,如果想测试自动调参得到的 PID 参数的飞行效果,需要将第 7 通道和 8 通道都先切回低位,再拨至高位,此时使用的就是自动调参得到的 PID 参数,如果想继续使用自动调参前的 PID 参数,将第 7 通道和 8 通道都切到低位即可。

(5) 如果觉得自动调参得到的 PID 参数飞行效果不错,在给无人机上锁的时候保持通第 7 通道和 8 通道都处于高位,这样新的 PID 参数将会保持并且覆盖自动调参前的 PID 参数。如果不想要自动调参得到的参数,在给无人机上锁的时候保持第 7 通道和 8 通道都处于低位,此时自动调参得到的参数就不会保存。如果自动调参效果不理想,也可以将自动调参的参数保存后再重复进行一次自动调参,选择调参效果最好的一次。

5.2.3　F3 飞控调试

1. 飞控介绍

在 F3 飞控流行之前很多人使用 CC3D 飞控，之后又流行更高级的 F4 飞控。每款飞控性能都有很大的改善，价格也越来越贵，F3 飞控是继 CC3D 飞控、NAZA32 飞控后兴起的新一代飞控，虽然现在出了更高级的 F4 飞控，但仍有不少爱好者使用 F3 飞控。

CC3D 飞控如图 5-3 所示，使用 STM32F103 芯片，如果按照飞控处理芯片来命名的话，可以称为 F1 飞控；F3 飞控如图 5-4 所示，使用 STM32F303 芯片；F4 飞控如图 5-5 所示，使用 STM32F405 芯片。

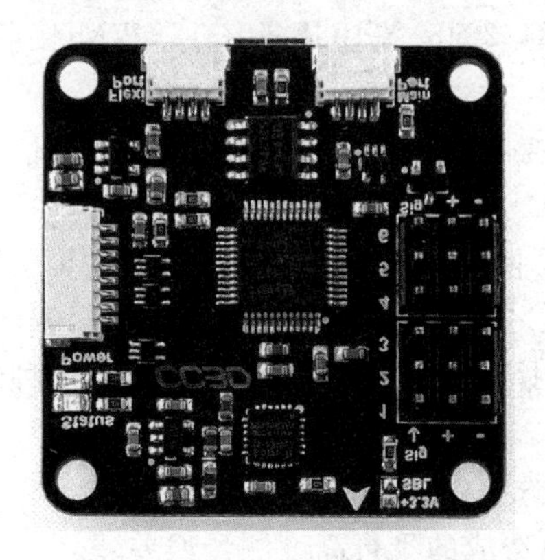

图 5-3　CC3D 飞控

图 5-4　F3 飞控

图 5-5　F4 飞控

1）简介

Sp racing F3 飞行控制器简称 F3 飞控，是为飞手提供高性能的飞行体验而设计的，具有经过验证的传感器算法，同时还提供较强的 I/O 能力，较 CC3D 飞控使用了新一代的 CPU，把设计浓缩到一个轻巧的 PCB 上。

F3 飞控特点如下。

(1) 全新的 I/O 设计理念。同时使用互不影响，全接口可同时使用。可以在 OSD ＋SMARTPORT ＋S-BUS＋GPS＋LED 灯条＋电池监测＋声呐＋8 路电动机中 8 类接口同时流畅使用。

(2) 新颖而又贴心的"黑匣子"功能。板载的大容量内存用于记录飞行数据，记录了无人机的各种状态，详细而又丰富。优化无人机参数设置，了解飞行状态，告别了以经验为主的调参时代。

(3) 数据计算从容应对。急速 ARM Cortex M4 内核的 STM32F3 处理器，内置浮点运算单元，飞行控制运算信手拈来。

(4) 整合与 OSD 和配电板堆叠的完美设计。

(5) 16 条 PWM I/O 线为 ESC 电调、伺服舵机和传统的接收器服务，8 条使用标准的插针，8 条分布在侧装连接器上。

(6) 完全支持 OneShot ESC 电调，并为 PID 参数整定提供充分支持。

(7) 支持 S-BUS、SUMH、SUMD、Spektrum1024/2048、X-BUS、PPM、PWM 接收机。无须外部反相器(已内置)。

(8) 专门的可编程 LED 灯条为无人机航向、竞赛和夜间飞行提供丰富多彩的信号灯支持。

(9) 专用的 I^2C 端口的 OLED 显示连接而不需要使用其他电池。贴近地面时可使用高精度声呐。蜂鸣器发出报警和通知。

(10) 开发友好的调试端口(SWD)和启动模式选择，不会死锁的 Bootloader。一种超整齐布线的对称设计。

(11) 电线用排针、JST-SH 插座或焊盘连接。可选直针或弯针。

(12) 气压计安装在底板底部，有效减少环境气流造成的飞行高度测量误差。

(13) Looptime 可达上一代基于 STM32F1 飞控的大约 2 倍。

(14) 通过一个跨平台的 GUI 来进行飞行控制器的配置(Windows、OSX 和 Linux)。

(15) 支持多种无人机。

(16) 可提供标准版(Acro)及豪华版(Deluxe)。

2) 版本类型

标准版本(Acro)：支持标准的竞赛及飞行。

豪华版本(Deluxe)：增加气压高度计和电子罗盘方向传感器。

3) 使用的软件

F3 运行开源 CleanFlight 飞行控制软件(以下简称 CF)，是具有友好的开发者和用户不断增长的社区软件。

CleanFlight 附带详细的手册，通过 CleanFlight 开发商进行审查和社区维护。官网链接为 http://cleanflight.com。

F3 飞控出厂时默认都刷好 CleanFlight 固件，但也可以刷 BETAFLIGHT 固件(以下简称 BF 固件)。两款应用程序不仅名字相似，软件界面也极其相似，并且都支持 F3 飞控。两款调试软件是两个不同的团队开发的，BF 软件在滤波、陀螺仪优化和 PID 算法上与 CF 都是完全不同的。

2. 飞控调试

以下以刷 BF 固件为例介绍调试方法。

1) F3 飞控驱动程序的安装

虽然飞控是用 USB 连接计算机，但调参软件是用 COM 口连接飞控，所以需要下载

USB 转串口的驱动程序 CP210x USB to UART Bridge。在网上下载该驱动程序，下载后根据自己的操作系统是 64 位或 32 位来安装，安装好后连接飞控时才能被识别，如图 5-6 所示，接上飞控之后有端口出现说明驱动安装正确。

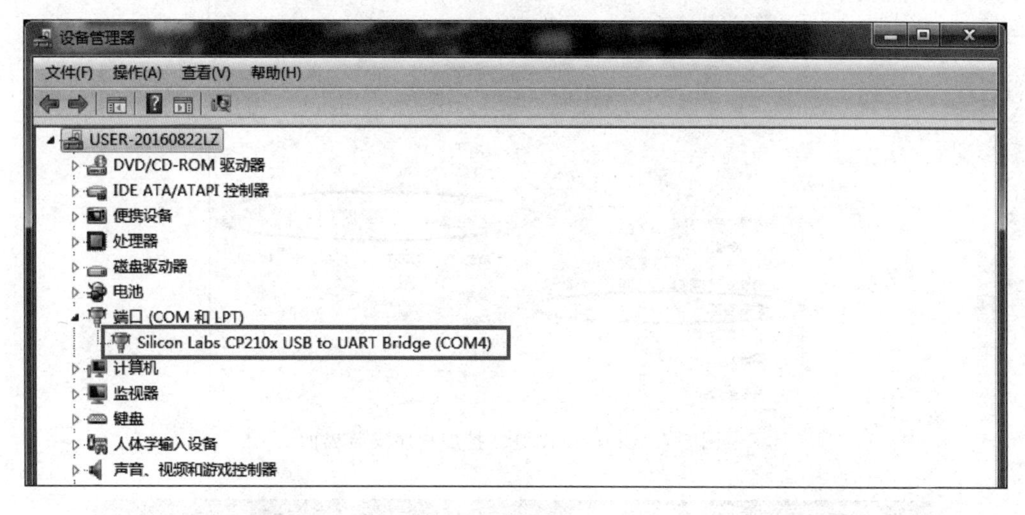

图 5-6　F3 飞控驱动

2）调试软件的安装

调试软件包含谷歌 Chrome 浏览器和 BF 调参软件，该浏览器用来安装扩展程序（CF 调参软件或 BF 调参软件）。

扩展程序也叫脚本插件，是使用一些脚本语言编写的可以在浏览器端运行的程序，用来扩展浏览器的功能的组件。使用浏览器还可以很方便地翻墙浏览获取国外网站资源。

Google Chrome 是由谷歌开发的一款设计简单、高效的 Web 浏览工具。Chrome 的特点是简洁、快速，除此之外，Chrome 浏览器还支持扩展程序，扩展程序的运行，实现浏览器功能的扩展。除了 Chrome 浏览器能用扩展程序外，其他浏览器如 QQ 浏览器也能使用。下载 BF 调参软件链接：https://github. com/betaflight，在 Chrome 浏览器，自定义及控制→更多工具→扩展程序→加载已解压的扩展程序→浏览刚才下载的 BF 调参软件安装→详细信息→在桌面上创建快捷方式，如图 5-7 所示。两款调试软件可同时安装在计算机上，如图 5-8 所示。

3）烧写固件

（1）连接好计算机和飞控，查看设备管理器找到飞控使用的 COM 口，在调参软件上选择该 COM 口，设定波特率 115 200，尝试能不能连接，若能连接可直接进行调参；若不能连接可能是驱动、飞控接口、数据线或是固件问题。

（2）刷固件时不需要在高度软件端进行连接，只需将飞控和计算机的数据线连接即可，然后打开 BETAFLIGHT。如果刷的固件是非原生固件，需要在通电前短接 Bootloader，进入强刷模式，如图 5-9 所示，如果是刷官方固件则不需要短接此端口。单击“固件烧写”→选择左上方选择飞控板(F3)→选择一个固件版本→无重启顺序→擦除这个芯片→手动设置波特率 115 200→不显示不稳定的固件，如图 5-10 所示。

（3）可以选择载入本地固件，或选择之前下载好的固件，单击“固件烧写”按钮开始烧写，烧写过程中保持飞控和计算机的连接。

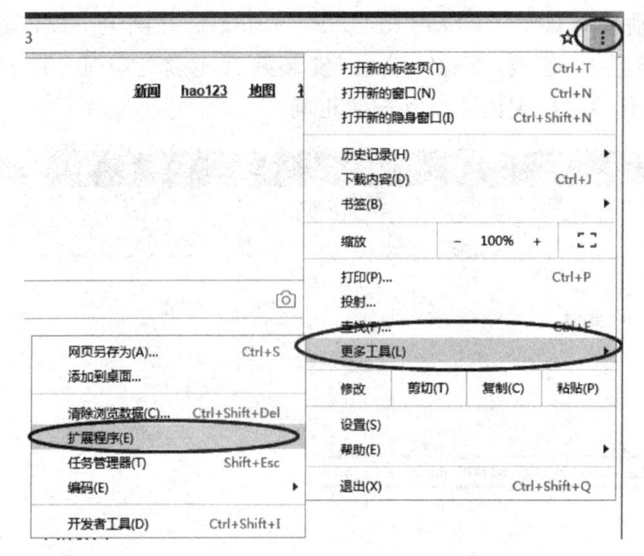

图 5-7　Chrome 浏览器扩展程序安装界面

图 5-8　Chrome 浏览器两款扩展程序

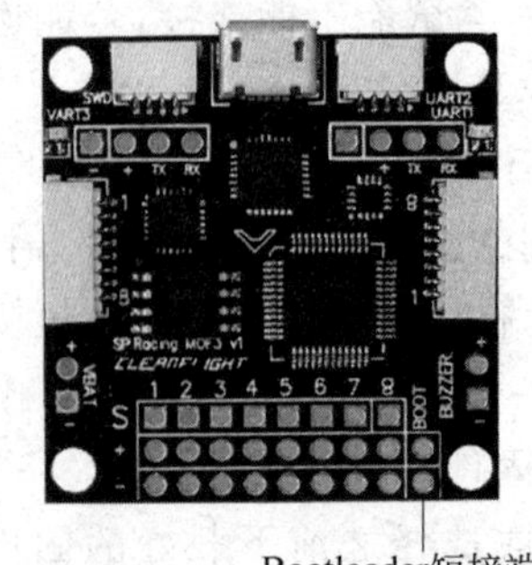

图 5-9　Bootloader 短接端口

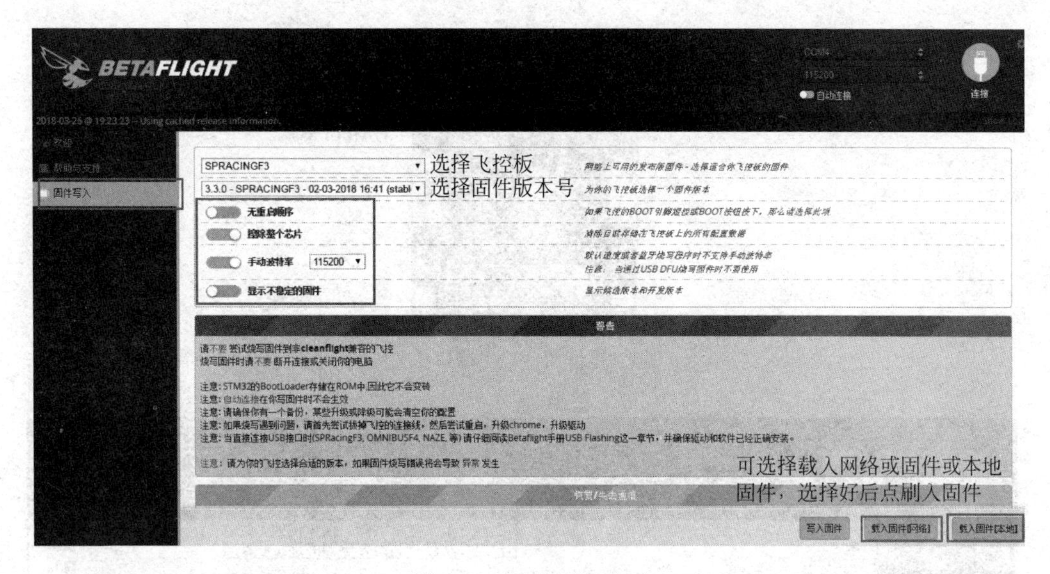

图 5-10　固件写入界面

4）飞控设置

（1）固件刷完后将飞控连接计算机，选择正确的 COM 口和波特率，默认的 COM 口应该是对的，如不确定 COM 口，打开计算机设备管理器查看，可以打开自动连接以方便下次直接连接，单击“连接”按钮将飞控与调参软件连接。

（2）查看无人机姿态，如图 5-11 所示，手拿着无人机动一下看看和软件界面的动作是否一致，如果不一致则更改配置→飞控方向对齐，将飞控尽量放水平然后依次单击“加速度计校准”和“复位 Z 轴”按钮，即水平校准。

图 5-11　加速度计校准

（3）端口设置。F3 飞控有 3 个端口，分别是 UART1、UART2、UART3，如图 5-12 所示，通常把 OSD 接在 UART1、GPS 接在 UART2、接收机接在 UART3 端口，如果接收机接在 UART3，如图 5-13 所示，打开 Serial RX 再单击“保存并重启”按钮。

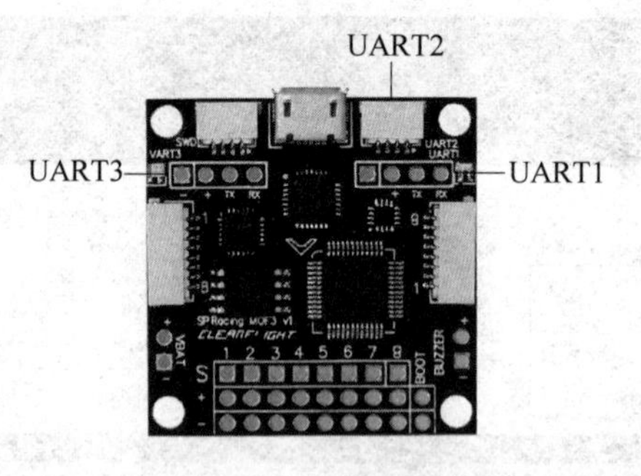

图 5-12　3 个端口

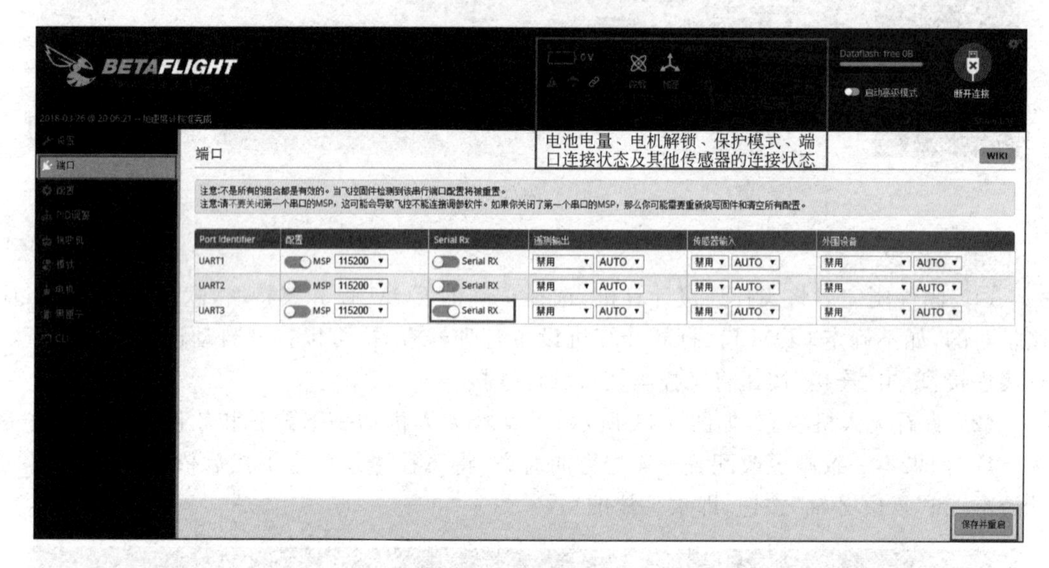

图 5-13　接收机端口

(4) 飞控配置。如图 5-14 所示，在配置界面(1)，要进行以下设置：选择无人机类型，如 Quad X，表示 X 形 4 轴；电调电动机协议，如 ONESHOT125；解锁时电动机不会旋转(可根据个人爱好设置，旋转则可以更好地提醒自己已经解锁，不旋转则减少解锁时由于旋转带来的危险)，遥控通道中点值建议设为 1500，最小油门建议设为 1000，油门最高值建议设为 2000，油门最小控制设为 1000。配置界面(2)如图 5-15 所示，接收机模式根据接收机使用类型选择如 RX_SERIAL 基于串口的接收机(SPEKSAT，S-BUS，SUMD)；串行接收机厂商根据使用类型选择，如 S-BUS；VBAT 电池电压检测(如果接收机不带电压回传，关闭该项)，如果没有接 GPS、电流传感器、3D 模式电调则关掉这些选项；当使用全手动模式时，可以关闭系统配置→加速度计；当需要使用 6 通道控制分电板蜂鸣器寻找无人机时，打开其他参数→SERVO_TILT 云台该项，保存并重启。

(5) 接收机设置。如图 5-16 所示，这里主要是查看遥控器是否通过接收机与飞控正确连接上，也是检测接收机协议和端口是否开启正确的界面。如果遥控器和接收机正确对频并且正常通电，当拨动遥控器摇杆或者开关时，界面上的数值应该会有相应的改变，如果没反应那一定是前面的设置不正确，需要重返"第 3 点，端口设置"和"第 4 点，配置"，其中接收机相关的选项不正确，需要检查和正确设置，直到遥控器信号一栏有响应为止。

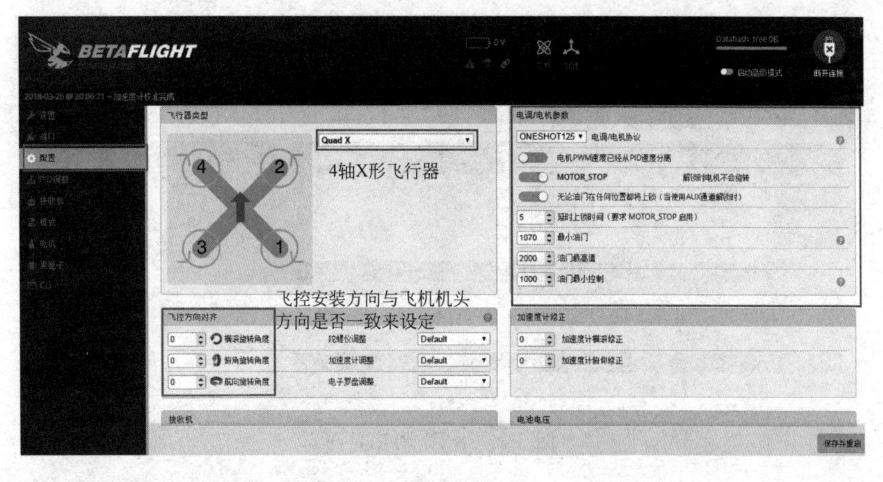

图 5-14　配置界面(1)

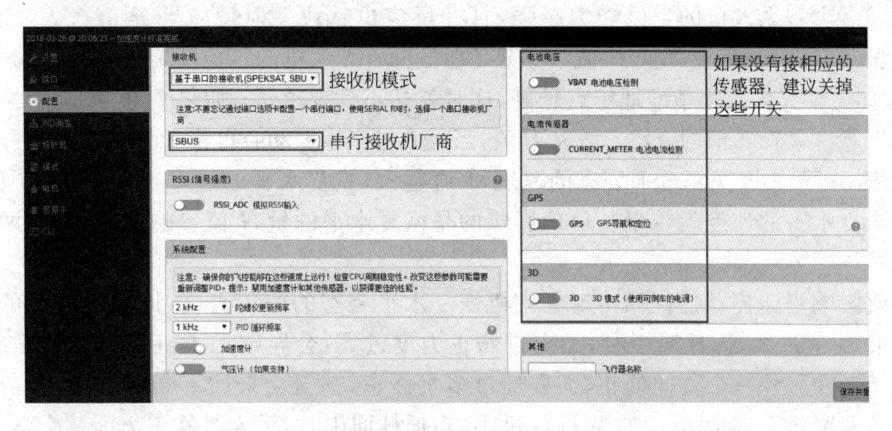

图 5-15　配置界面(2)

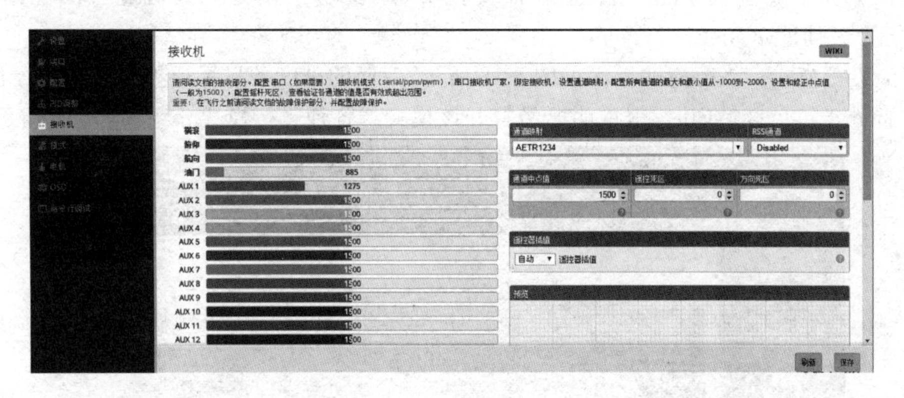

图 5-16　接收机

(6) PID 调参。PID 调参界面如图 5-17 所示，由于每款无人机的重量、大小、重心位置、动力配置都不一样，所以每款无人机的理想的 PID 值都不同，每款无人机都需要针对性地调节。如果只是普通飞行，默认参数也能满足。下面介绍无人机在自稳模式下调节 PID 的方法(在默认 PID 的基础上进行)。

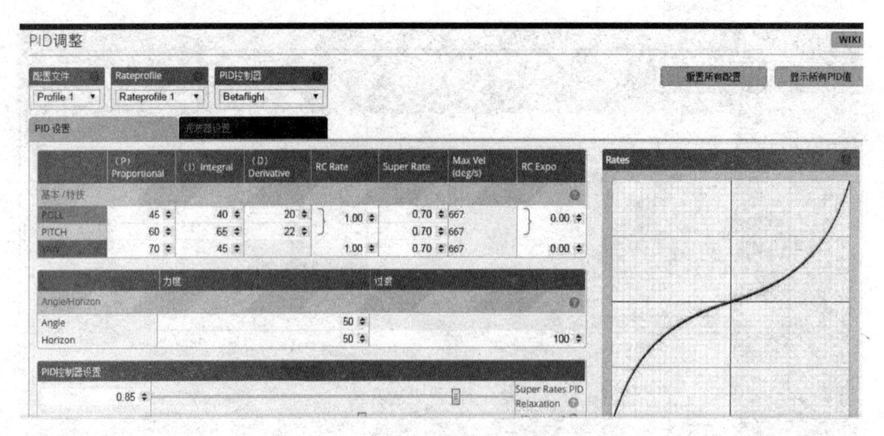

图 5-17　PID 调参界面

P 值决定了无人机是否可以正常起飞，所以整个调节过程中 *P* 是最重要的。先调大 *P* 值，*P* 值越大，无人机的定位能力越强，打杆反应也越快。但是如果 *P* 值太大，无人机就会产生振动，这时就需要降低 *P* 值。如果 *P* 值过低，无人机的定位能力不够，无人机会漂浮不定，假如需要无人机很精准地定点悬停，这时就达不到要求了；如果 *P* 值更低，无人机很可能飞不起来。调节 *P* 值的方法：增大 *P* 值，当无人机产生振动时再将 *P* 值略微减小一点。

I 值影响无人机恢复水平姿态的速度，*I* 值越大，恢复水平的速度也就越快；*I* 值越小，无人机恢复水平的速度就越慢。*D* 值影响的是恢复水平的量，*I* 值影响的是速度，两者相互配合。

D 值影响当遥控器摇杆回中时无人机恢复水平姿态的修正力度，即每次恢复的量的大小。如果 *D* 值过大，摇杆回中时，无人机修正力度过大，会导致无人机往反方向倾斜，这时无人机又会往另外一个方向修正，需要经过多次修正，甚至会来回不断地修正，最后导致炸机。这时需要将 *D* 值调小。如果 *D* 值过小，当摇杆回中时，无人机修正力度就会不够，同一个方向的修正需要多次才能完成，这时需要把 *D* 值调大，当调到无人机能一次性修正到位时，*D* 值为最佳值。

(7) 飞行模式。飞行模式界面如图 5-18 所示，后面的进度条显示遥控器通道舵量位置，当舵量位置处于黄色区域内时，就说明已经打开该模式。各种飞行模式介绍如表 5-2 所示。

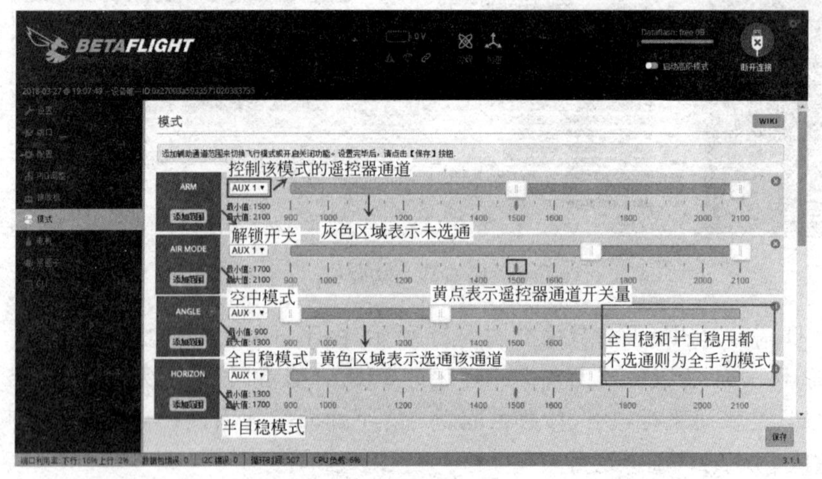

图 5-18　飞行模式界面

表 5-2　飞行模式介绍

飞 行 模 式	飞行模式注解
ARM(解锁开关)	这不是飞行模式,而是解锁开关,可以不通过"油门杆向下,方向杆向右"的方式解锁,直接用某个通道控制这个开关解锁和上锁
AIR MODE(空中模式)	PID 增强控制模式,油门值为 0 时 PID 仍然有效
ANGLE(传统自稳模式)	摇杆回中时,无人机自动恢复中间位置
HORIZON(自稳模式)	摇杆打在一定比例前是"传统自稳模式",超过这个比例变为"ACRO(运动)模式",即轻柔控制是自稳模式,暴力操作是运动模式,也可称为半自稳模式
MAG(锁头模式)	固定无人机机头的方向
HEADADJ(无头模式)	无论无人机机头在哪里,如果向前推 Pitch 摇杆,无人机就会飞离而去,向后推 Pitch 摇杆,无人机就会飞回来。这个模式对新手比较好用,当出现无法判断无人机机头方向时,切换到这个飞行模式能把无人机拉回来
FAILSAFE(失控保护)	这不是飞行模式,而是一种保护措施,手动激活失控保护,也可用于测试失控保护是否生效
BEEPER(开启 BB 响)	这不是飞行模式,当无人机找不到时,开启 BB 响有助于找到无人机的位置
BLACKBOX(黑匣子)	这不是飞行模式,而是用于开启或者关闭黑匣子日志记录功能

(8) 遥控器控制 BB 响(寻机模式)。在飞控上自行焊接蜂鸣器,在调参软件的飞行模式里用通道设置 BEEPER,勾选"启用高级"模式,在舵机界面 Servo 0—A2 打钩,可启用寻机模式,如图 5-19 所示。

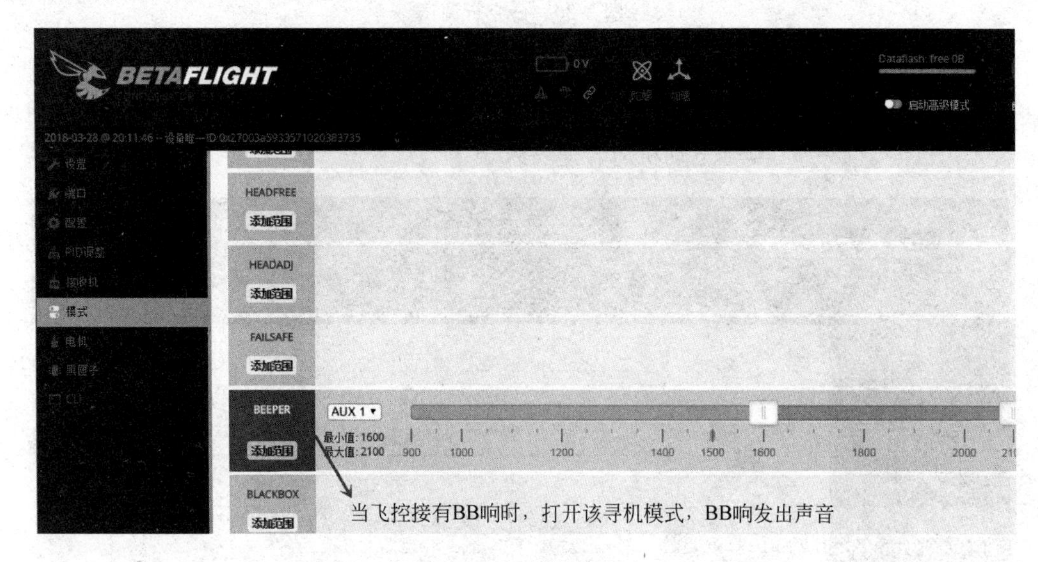

图 5-19　寻机模式

(9) 命令行调试。命令行调试是一种高级调参功能,如图 5-20 所示。以下以调节油门值为例进行介绍。

锁定飞控的最低油门及最高油门:

输入 dump 回车;

输入 set min_check = 1000 回车,确认最低油门值 1000;

输入 set max_check = 2000 回车,确认最高油门值 2000;

输入 save 回车，保存重启飞控。

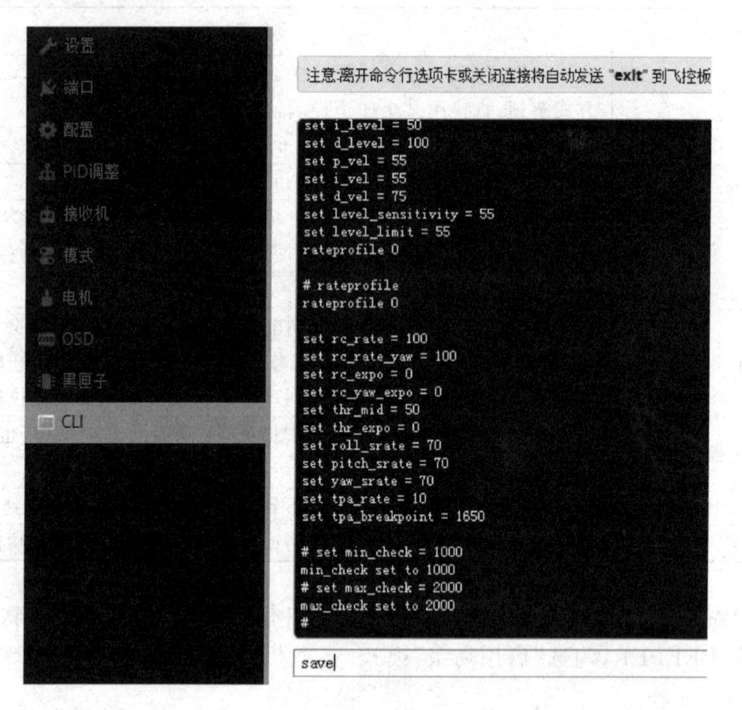

图 5-20　命令行调试

（10）电动机电调行程校准。电动机电调校准如图 5-21 所示，主要目的是将遥控器的油门行程和电调的转速匹配起来，并且使 4 个电调控制电动机的最低转速达到一致。理论上当无人机处于水平时，4 个电动机应转速一致。

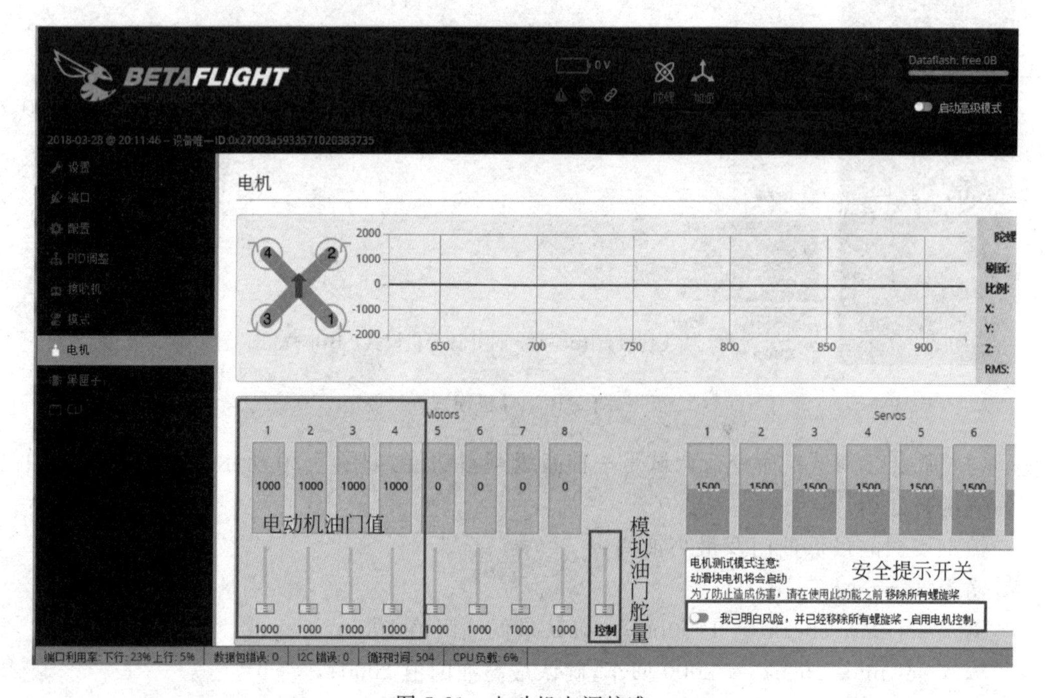

图 5-21　电动机电调校准

该项内容的调试必须接通无人机的动力电池，在调试过程中电动机很有可能会高速旋转，所以必须看清楚提示，千万不能装螺旋桨。确认后勾选“我已明白风险，并已经移除所有螺旋桨-启用电机控制”再将“控制”推到最高，接上动力电池，电调开始播放音乐“12345…”。等音乐结束，把“控制”拉到最低，电调确认最低油门值，最终确认电调自检完成，电调电动机的油门行程校准也就完成了。

5.2.4 NAZA 飞控调试

1. 飞控介绍

NAZA-M“哪吒”系列飞控如图 5-22 所示，各飞控特点如表 5-3 所示。NAZA 是 DJI 专为多旋翼无人机爱好者打造的新一代轻量级多旋翼控制平台，其创新的一体化设计理念，将控制器、陀螺仪、加速度计和气压计等传感器集成在一个更轻、更小巧的控制模块中，同时可提供 D-BUS 支持，且支持固件在线升级，功能、硬件均可扩展。

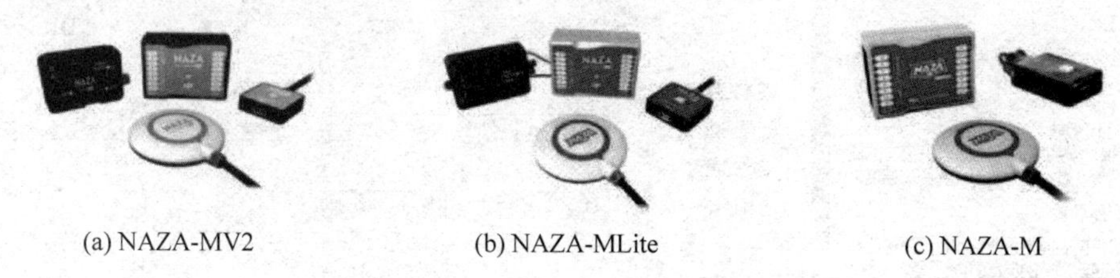

(a) NAZA-MV2　　(b) NAZA-MLite　　(c) NAZA-M

图 5-22　NAZA 飞控分类

表 5-3　NAZA 系列飞控特点

型　号	特　点	适用人群
NAZA-M LITE	入门级产品，以 V1 平台开发，可以加 GPS，无更多扩展功能	适合初学者和只需飞行平台的玩家使用
NAZA-MV1	第一代 NAZA 产品，官网已停售	
NAZA-MV2	第二代 NAZA 产品，在 V1 的基础上硬件结构做了优化，具有极强的扩展性能。支持 ZenmuseH3-2D/NAZA OSD/NAZA 蓝牙模块/IOSD/地面	适合重度玩家使用，足够的扩展性能能够搭建完善无人机系统，能够满足大部分玩家的要求

2. 飞控调试

1）调参软件安装介绍

（1）Windows 操作系统上安装运行。

（2）在 DJI 官方网站 www.dji.com 相关产品页面下载 EXE 格式的调参软件和驱动安装程序。

（3）打开遥控器，接通飞控系统电源。

（4）使用 MicroUSB 连接线连接飞控系统和计算机。

（5）运行 DJI 驱动安装程序，按照提示完成驱动安装。

（6）运行调参软件安装程序，严格按照安装说明提示完成安装。

2）感度

进入“飞控系统”参数调节界面→基础→感度，如图 5-23 所示，通常初次飞行可尝试使用默认“100%”的感度值,但是为了更好的飞行表现,需要在飞行过程中进行微调。如果感度值过大,会导致无人机在相应的运动方向上抖动;感度值过小,无人机的响应会变得迟钝。可以在软件中手动写入,改变感度值,或者通过旋钮调参用遥控器旋钮来调整。单击选择 X1 通道调节基本感度;选择 X2 通道调节姿态感度。在“遥控器”设置中,给“X1”“X2”分配了两个旋钮,当旋转这两个旋钮时会看到感度值发生相应的变化,这样就可以在飞行过程中边飞行边调节感度。

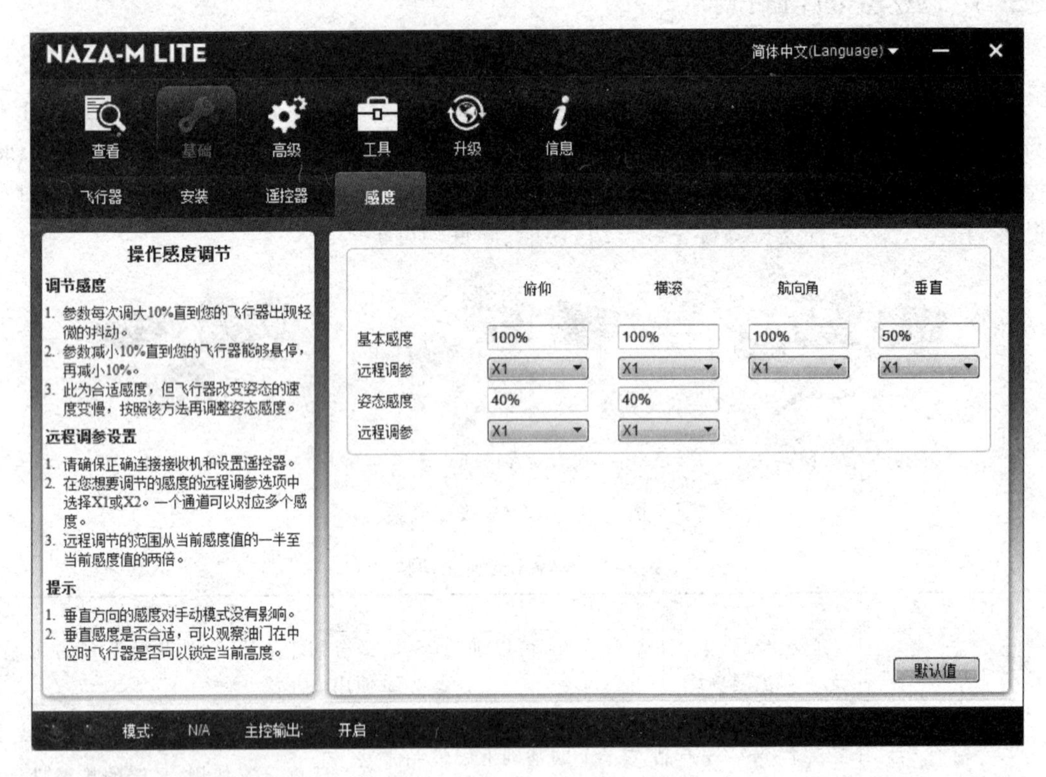

图 5-23　感度

3）增强型失控保护

该功能仅在配备 NAZA-M GPS 模块时才能实现,选中“自动下降”单选按钮时保护措施为降落,选中“自动返航降落”单选按钮时保护措施为返航并降落到起点,如图 5-24 所示。

4）智能方向控制

该功能也需要配备 GPS 模块,并勾选“智能方向控制”。注意,由于 X2 通道在前面的演示中被“旋钮调参”所占用,这里“智能方向控制”不能同时运行,需要把调参的 X2 功能关闭才能使用,关闭后就可以勾选和使用“智能方向控制”功能,然后给 X2 分配一个 3 挡开关,如图 5-25 所示。例如,将刚才设置的旋钮 RD 改为一个 3 挡开关 SD,用遥控器设置一个 3 挡开关,然后切换开关查看调参软件里是否有相应的变化,3 挡开关自动分配为“返航点锁定”“航向锁定”“关闭”,来回切换 3 次返航点锁定和航向锁定,NAZA-M 飞控会重新记录返航点位置,在“关闭”和“航向锁定”两挡之间切换 3 次,将记录新的航向。

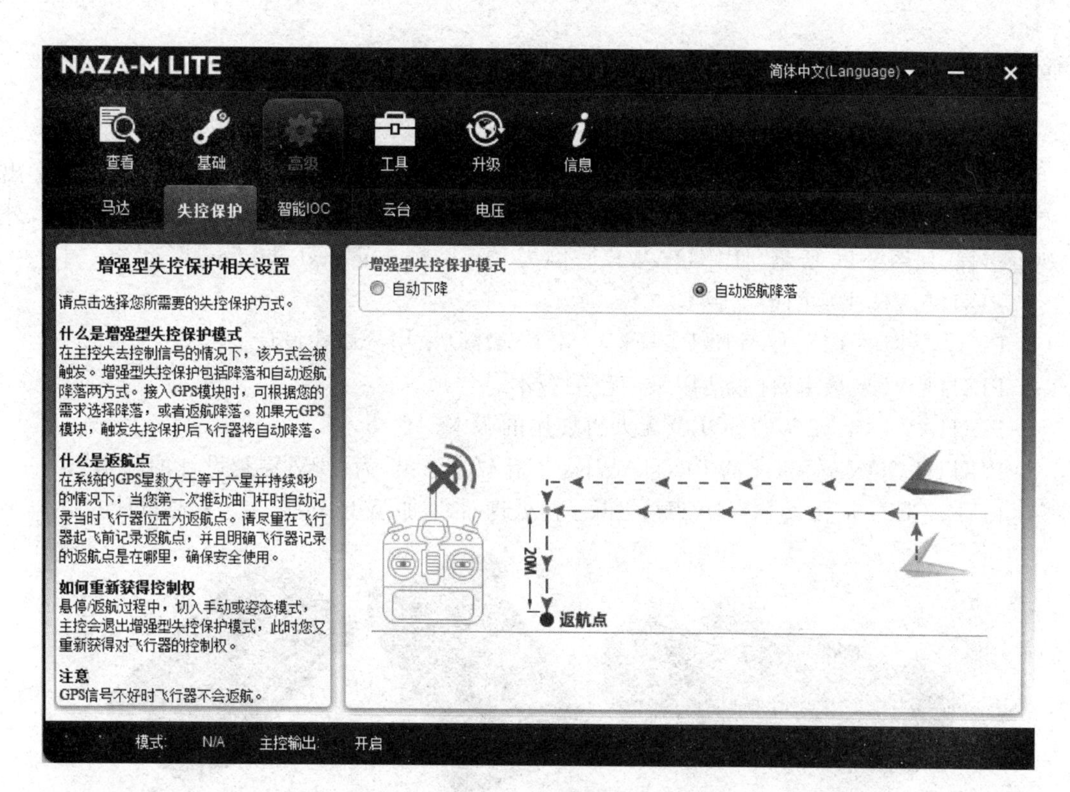

图 5-24　失控保护

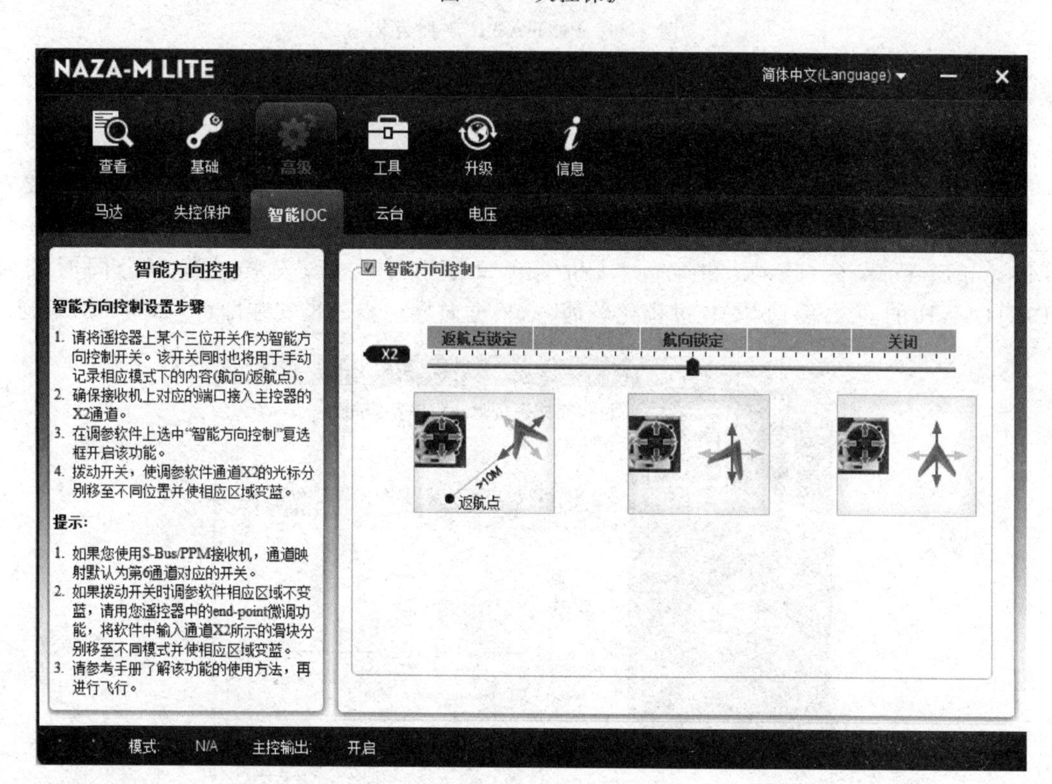

图 5-25　智能方向控制

5.2.5 PIXHAWK 飞控调试

1. 飞控介绍

PIXHAWK 是一款基于 32 位 ARM 芯片的开源飞控，硬件和软件都开源，因此衍生出很多不同的软硬件版本。因为 PIXHAWK 飞控硬件和软件开源，所以有很多厂家生产，外观也多样，如图 5-26 所示。PIXHAWK 官网为 http://www.pixhawk.com/。

PIXHAWK 主要的衍生版本如下。

PX4：早期的 PIXHAWK，PX4FMU 和 PX4I/O 采用分体式设计。

PIXHAWK：最主要的、使用最广泛的版本。

PIXHAWK2：3DR 的 SOLO 无人机使用的版本。

PIXFALCON：轻量化的 PIXHAWK，介绍 I/O 输出，为 FPV 穿越设计的版本。

PIXRACER：简化版 PIXHAWK，去除了协处理器，增加 WiFi 功能，专为穿越设计的版本。

图 5-26 PIXHAWK 飞控封装

2. 飞控调试

1）驱动和调参软件的安装

PIXHAWK 飞控地面站（调参软件）Mission Planner 安装（以下简称 MP），首先需要安装微软的 Net Framework 4.0 组件，如果计算机已经安装则不需要重新安装。其次安装 Mission Planner，有 MSI 版和绿色版，也有英文版和中文版，安装过程中会同时安装 PIXHAWK 的 USB 驱动，安装过程比较简单，根据向导一步一步安装即可，如图 5-27 所示。

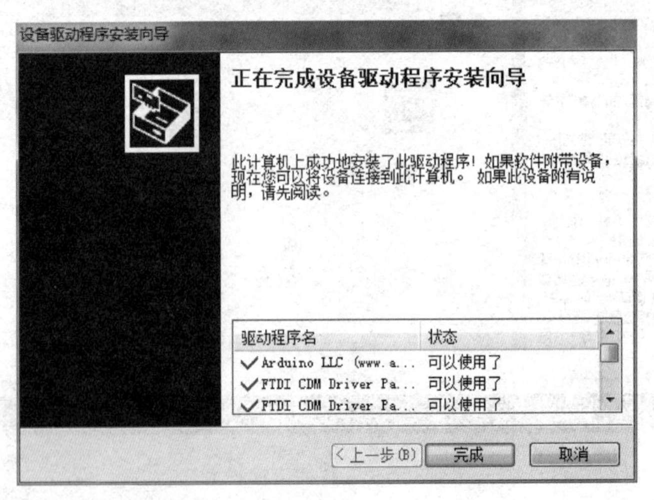

图 5-27 PIXHAWK USB 驱动

首次连接飞控时，将飞控与计算机连接，并查看设备管理器端口分配为哪个端口，如图5-28所示。然后打开调参软件，在如图5-29所示MP主界面，右上方端口选择下拉列表框，再选择对应的COM口，可以通过计算机设备管理器的端口查看驱动安装情况，一般正确识别的COM口都有PX4标识，直接选择带这个标识的COM口，然后波特率选择115200，然后单击“连接”按钮即可。

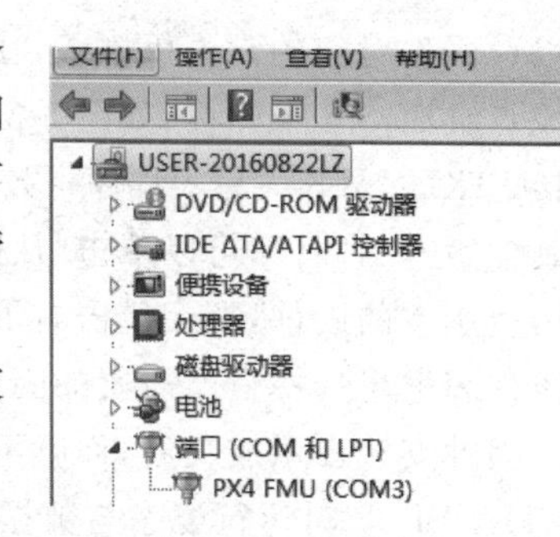

图5-28　PIXHAWK端口

2）烧写固件

新的PIXHAWK飞控拿到手后，一般会带有4轴X形飞行器固件，当需要安装新的固件时，可以自行安装。

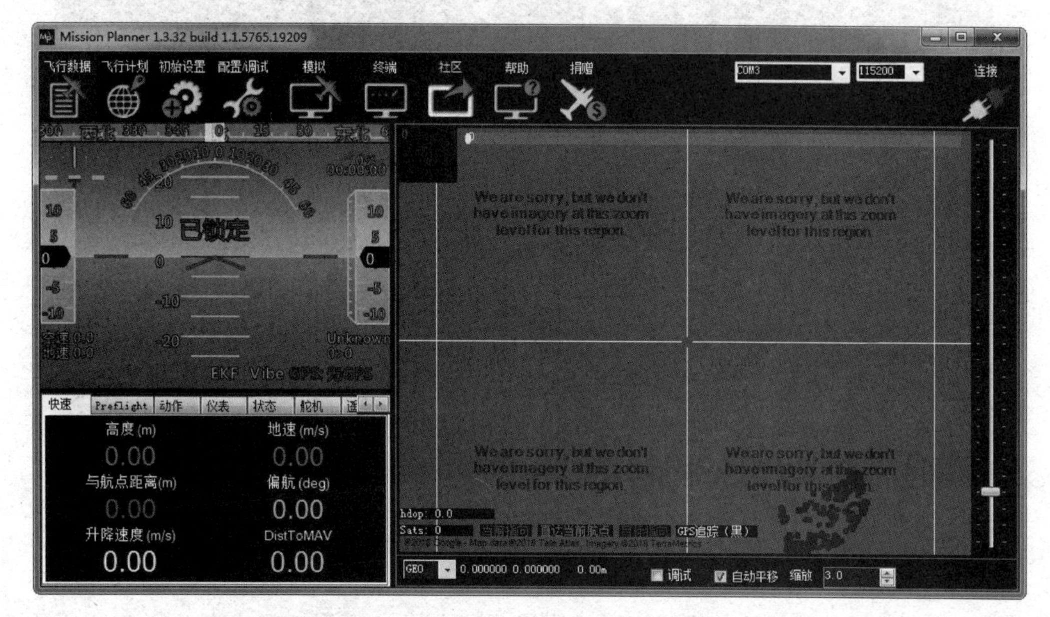

图5-29　MP主界面

安装固件注意事项如下。

(1) 安装固件时只需将飞控与计算机的USB线连接，不用在MP软件上连接飞控。

(2) 勿使用数传连接飞控安装固件，虽然无线数传跟USB有同样的通信功能，但它缺少reset信号，无法在刷固件过程中给Mega2560复位，导致安装失败。

(3) 安装过程中勿断开数据线，按提示操作。

安装固件操作步骤如下。

(1) 将飞控与计算机的USB线连接。

(2) 打开MP软件，单击“初始设置”按钮，MP提供两种方式安装固件，一种是手动模式；另一种是向导模式，向导模式会一步一步地以对话方式提示选择对应的飞控板、飞行模式等参数，虽然比较人性化，操作简单，但是有个弊端，即向导模式会在安装过程中检索你的端口，如果检索端口时因计算机性能的差异，端口没有有效释放，后续的固件烧入会提示不成功，所以使用向导模式升级安装固件出错概率比较大，建议使用手动模式安装。

单击“安装固件”按钮，窗口右侧会自动从网络下载最新的固件并以图形化显示固件名称以及固件对应的无人机模式，在对应无人机模式的图片上点击，例如，要刷四轴多旋翼，就应该点页面第 3 个图标，如图 5-30 所示，MP 就会自动从网络上下载该固件，然后自动完成连接 PIXHAWK→写入程序→校验程序→断开连接等一系列动作，无须人工干预。如果需要其他版本的固件，可以单击“从网页下载固件”按钮，下载其他版本的固件；如果想使用一个历史版本的固件，那么单击右下角“选择以前的固件”处，会出现一个下拉列表框，只要在下拉列表框里选择自己需要的固件就行了。

固件安装提示成功后，你就可以单击右上角的 connect 连接按钮连接 PIXHAWK，查看 PIXHAWK 实时运行姿态与数据了。

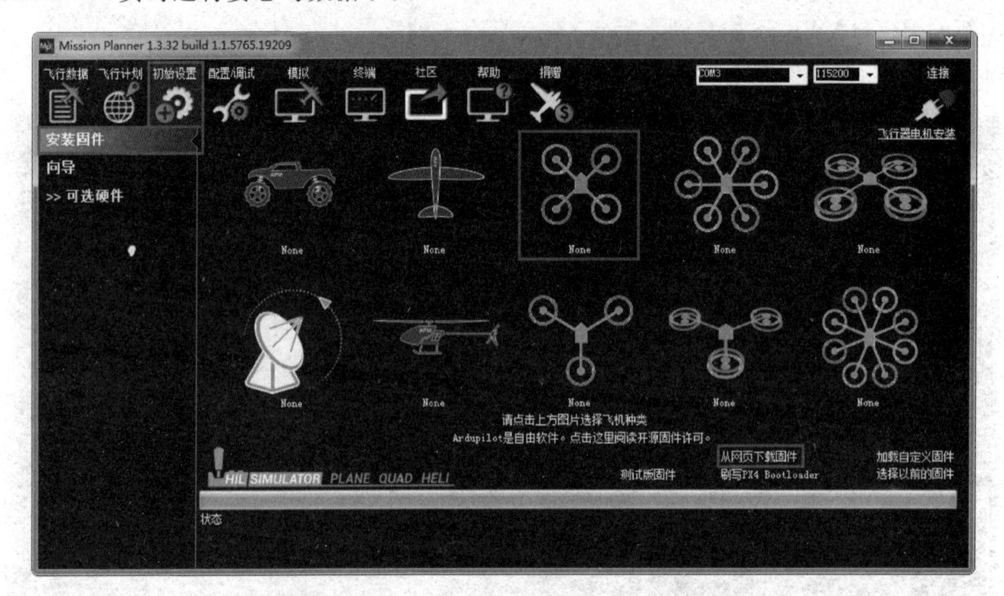

图 5-30　安装固件

3）飞控设置

重新刷固件后传感器的数据都变回初始值，需要进行一系列校准才能正常使用，需要校准的内容包括加速度计校准、罗盘校准、遥控器校准。如果没有进行以上 3 项校准，解锁飞控时会出现以下 3 种报警。

① PreArm：INS not calibrated（加速度计没有校准），如图 5-31 所示。

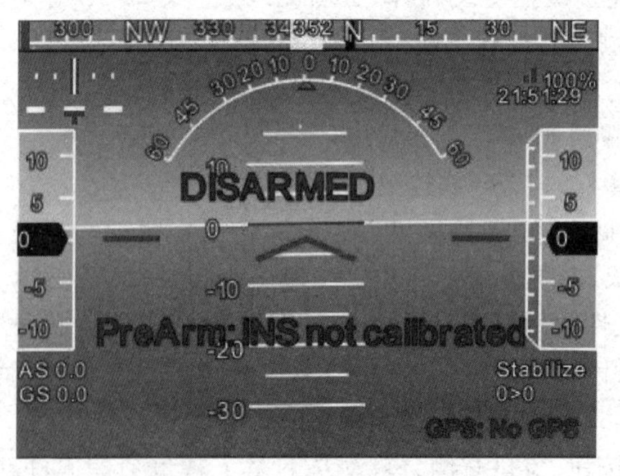

图 5-31　加速度计没有校准

② PreArm：Compass not calibrated(罗盘没有校准)，如图 5-32 所示。

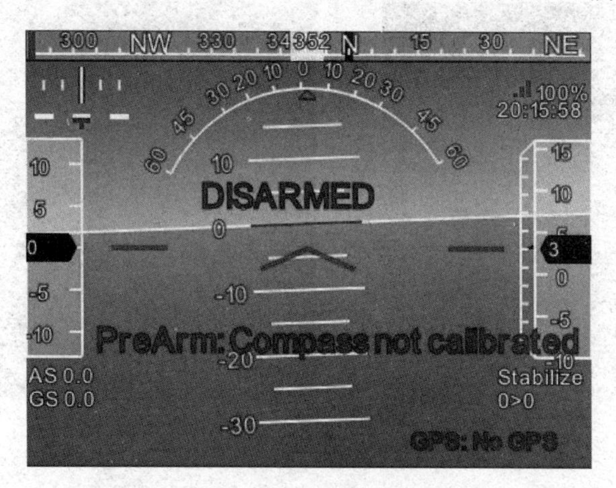

图 5-32　罗盘没有校准

③ PreArm：RC not calibrated(解锁准备：遥控器没有校准)，如图 5-33 所示。

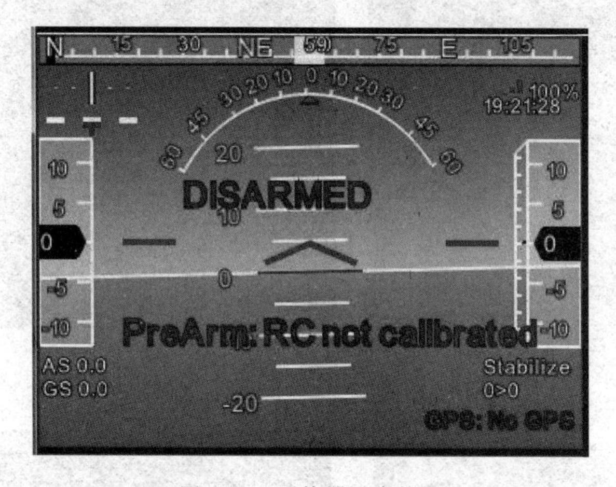

图 5-33　遥控器没有校准

(1) 加速度计校准。加速度计校准需要准备一个 6 面平整、边角整齐的方形硬纸盒或者塑料盒作为辅助工具，我们将以它作为 PIXHAWK 校准时的水平垂直姿态参考，另外还需要水平的桌面或者地面。

首先用双面胶将 PIXHAWK 主板正面向上固定于方形盒子上，然后连接 PIXHAWK 与计算机，打开 MP 并连接，单击"安装固件"下的"必要硬件"菜单，选择"加速计校准"选项，单击右边的校准加速度计开始加速度计的校准点，如图 5-34 所示。

步骤 1：单击以后会出现提示"Place vehicle level and press any key."(请把 PIXHAWK 水平放置然后按任意键继续。)。单击键盘上的任意键继续，如图 5-35 所示。

步骤 2：完成第一个水平校准动作按任意键继续后，就会出现提示"Place vehicle on its LEFT side and press any key."(请把飞控向左侧立然后按任意键继续。)，此时请按图放置 PIXHAWK，注意 PIXHAWK 板上的箭头(机头)指向，后面的校准动作都将以此来辨别 PIXHAWK 的前后左右。放好后，键盘上按任意键继续，如图 5-36 所示。

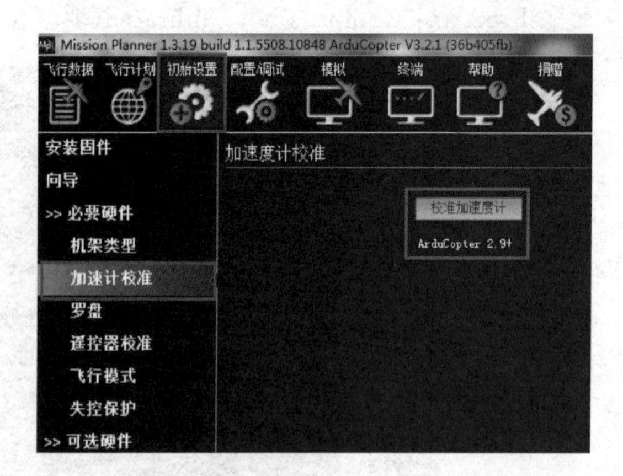

图 5-34　加速度计校准界面

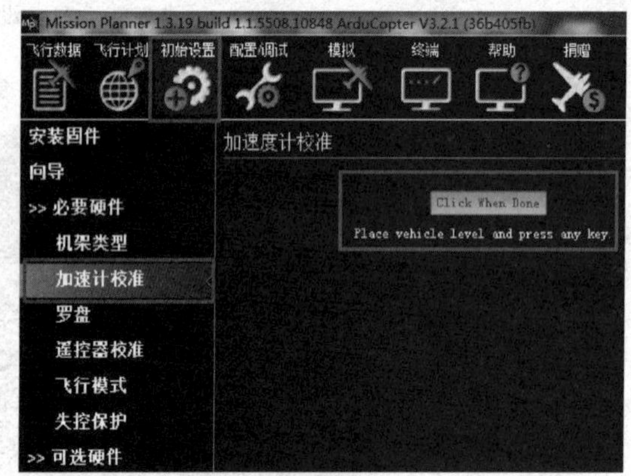

图 5-35　加速度计校准步骤(1)

图 5-36　加速度计校准步骤(2)

步骤 3：出现提示“Place vehicle on its RIGHT side and press any key.”(请把飞控向右侧立然后按任意键继续。)，单击屏幕上的 Click When Done 按钮继续，如图 5-37 所示。

步骤 4：出现提示“Place vehicle nose DOWN and press any key.”(请把飞控机头向下垂直立起然后按任意键继续)，单击屏幕上的 Click When Done 按钮继续，如图 5-38 所示。

图 5-37　加速度计校准步骤(3)

图 5-38　加速度计校准步骤(4)

步骤 5：出现提示“Place vehicle nose UP and press any key.”(请把飞控机头向上垂直立起然后按任意键继续)，单击屏幕上的 Click When Done 按钮继续，如图 5-39 所示。

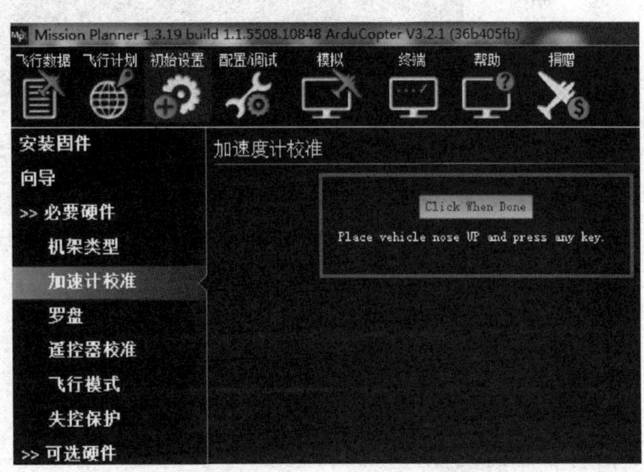

图 5-39　加速度计校准步骤(5)

步骤 6：出现提示“Place vehicle on its BACK and press any key.”(请把飞控背部向上水平放置然后按任意键继续)，单击屏幕上的 Click When Done 按钮继续，如图 5-40 所示。

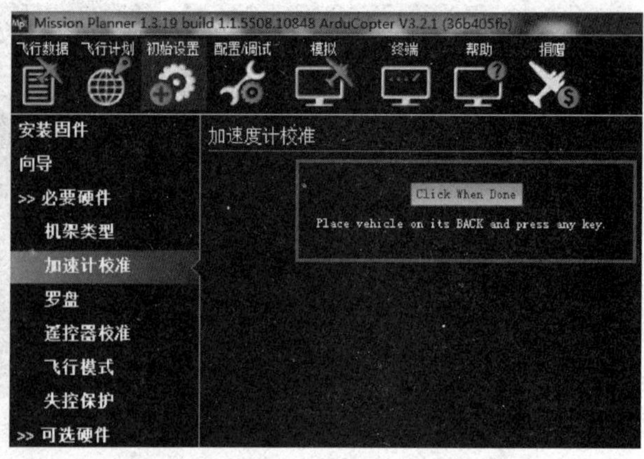

图 5-40　加速度计校准步骤(6)

当跳出 Calibration successful(校准成功)后,说明加速度计校准完成,可以进行下一步的罗盘校准了,如图 5-41 所示。

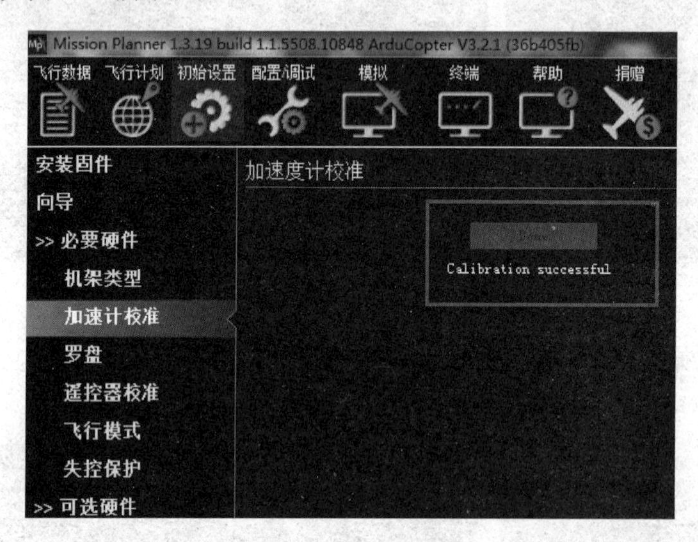

图 5-41　加速度计校准完成

(2) 罗盘校准。PIXHAWK 飞控有自带罗盘,也可以外接带罗盘的 GPS,我们可以选择仅使用内置罗盘,也可以仅使用外置罗盘,或者两者共同使用。如果两者共同使用,要注意一定要同时校准,而且校准后外置罗盘要标记方向,在使用时不要改变安装方向,否则会导致解锁不成功。

选择初始设置→罗盘→如使用内置罗盘则选第一个 Pixhawk/PX4→开始校准,如图 5-42 所示。

沿各个轴对飞控进行圆周运动,至少延每个轴旋转一次,即俯仰 360°一次,横滚 360°一次,水平原地自转 360°一次,可以看到屏幕上的进程,如图 5-43 所示。

校准完成后会提示罗盘的补偿量(误差量),如图 5-44 所示,单击 OK 按钮完成罗盘校准。如果觉得误差太大,可尝试重复校准一次。

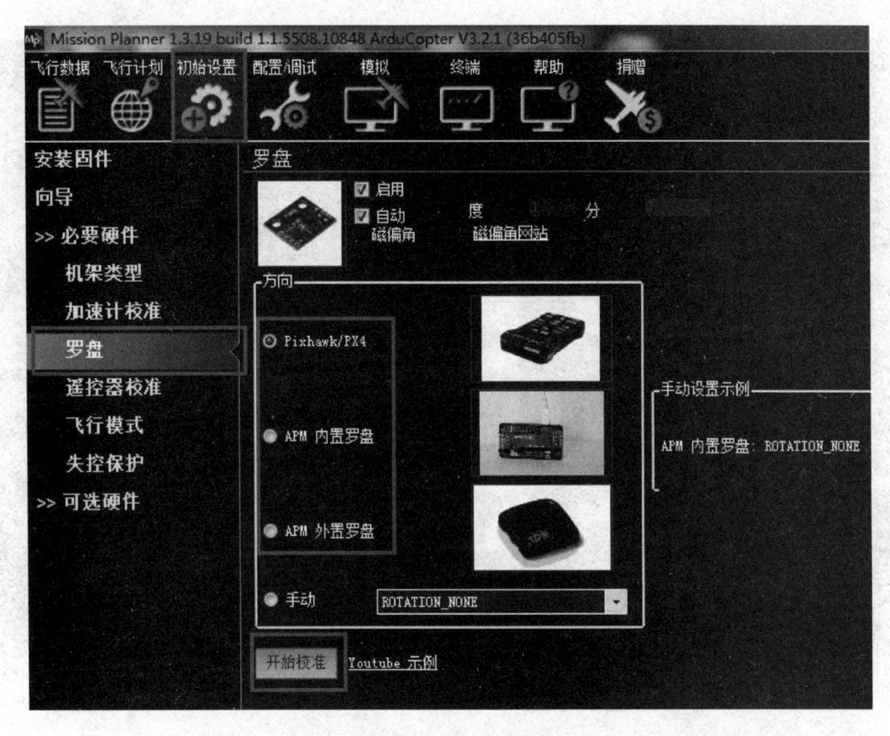

图 5-42 罗盘校准步骤(1)

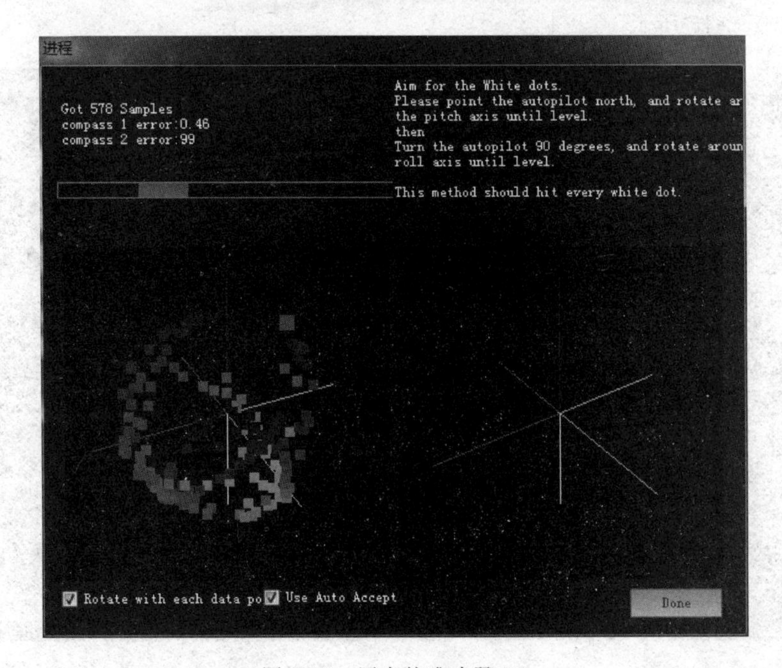

图 5-43 罗盘校准步骤(2)

(3) 遥控器校准。遥控器校准需要连接接收机,具体连接请查看PIXHAWK连接安装图,连接好后连接PIXHAWK的USB数据线(也可以通过数传进行连接),然后打开遥控器发射端电源,运行MP,按步骤选择好波特率与端口后单击Connect连接PIXHAWK,接着

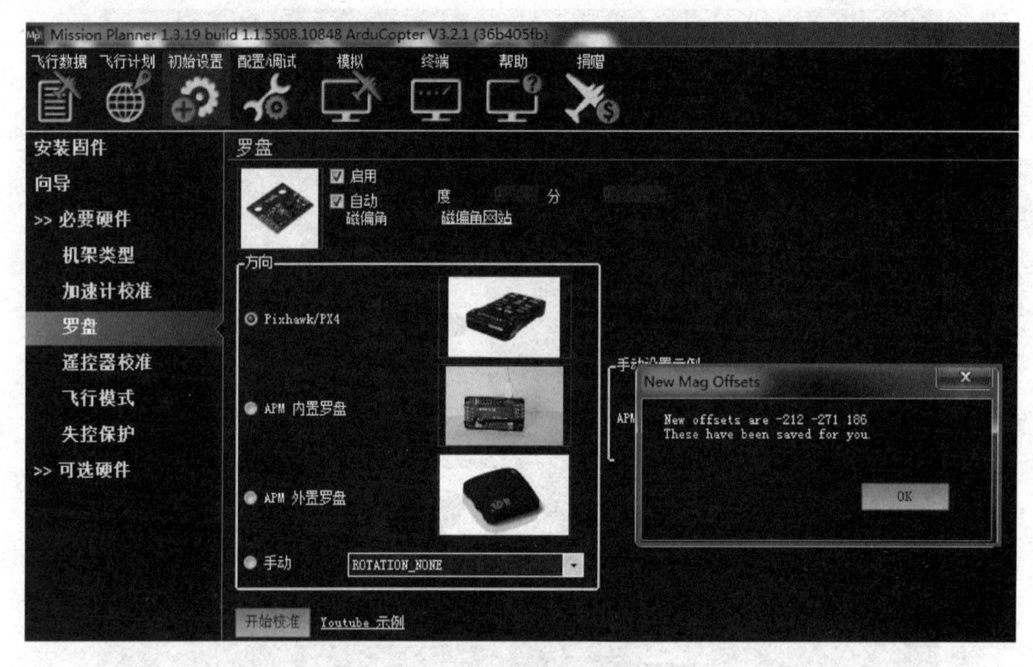

图 5-44 罗盘校准完成

单击 Install Setup(初始设置)→Mandatory Hardware→Radio Calibrated(遥控校准)→校准遥控按钮,如图 5-45 所示。

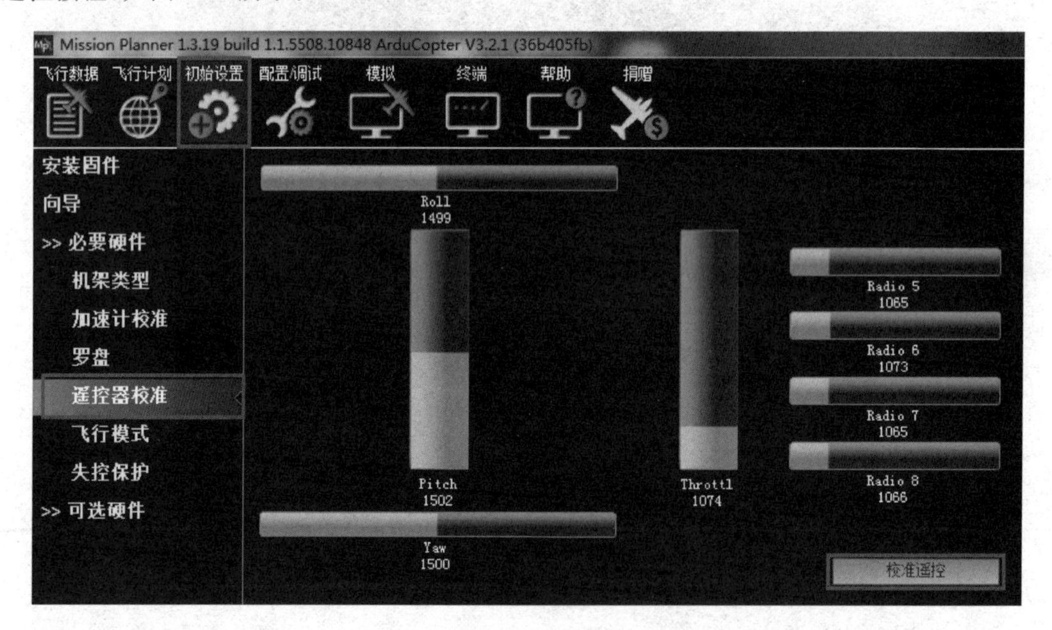

图 5-45 遥控器校准步骤(1)

单击校准遥控器后会依次弹出两个提醒:第一个是确认遥控器发射端已经打开,如图 5-46 所示;第二个是接收机已经通电连接,确认你的电动机没有通电,如图 5-47 所示,这一点非常重要,做这一步工作时建议 PIXHAWK 只连接 USB 和接收机两个设备。

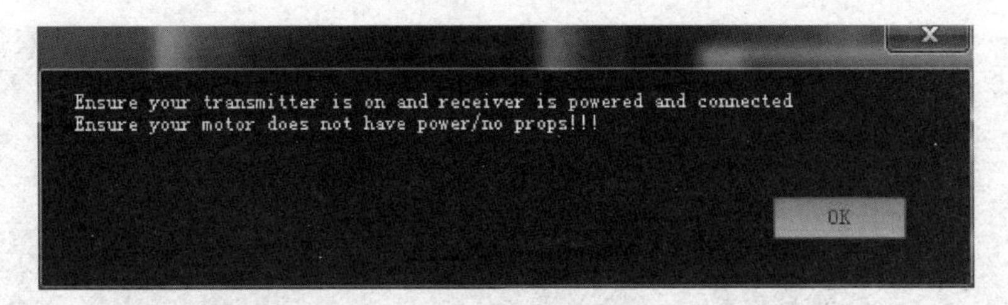

图 5-46　遥控器校准步骤(2)

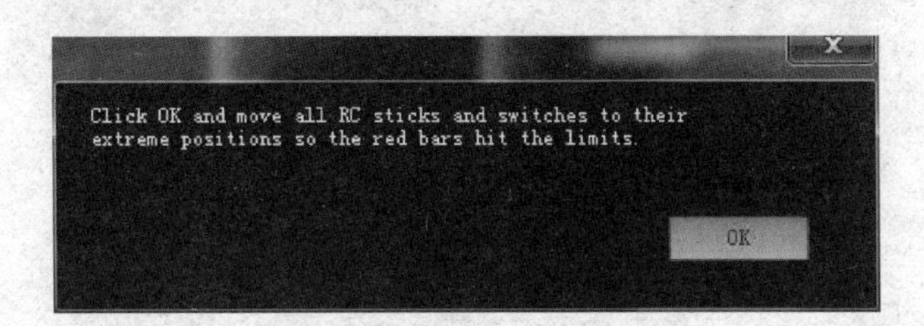

图 5-47　遥控器校准步骤(3)

然后单击 OK 按钮开始拨动遥控开关，使每个通道的红色提示条移动到上下限的位置，如图 5-48 所示。

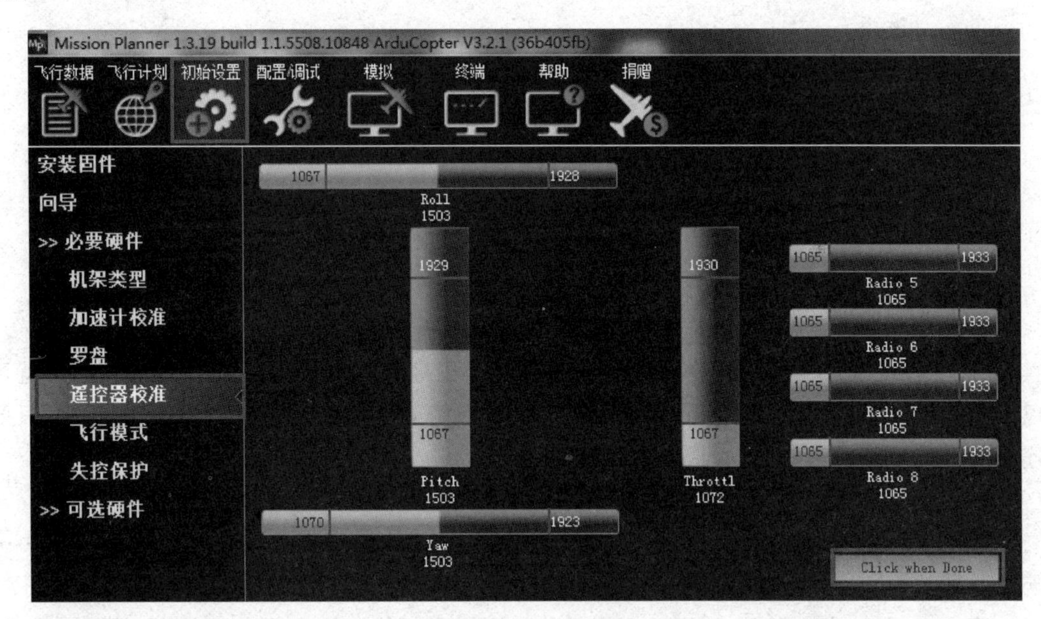

图 5-48　遥控器校准步骤(4)

当每个通道的红色指示条移动到上下限位置时，单击 Click When Done 按钮保存校准，弹出两个 OK 窗口后完成遥控器校准，如图 5-49 所示。如果拨动摇杆时上面的指示条没有变化，应检查接收机连接是否正确，另外同时检查每个通道是否对应。

(4) 油门行程校准。油门行程校准也可理解为电调校准，其目的是一样的，即将油门行程和电调控制电动机的转速匹配起来。通常更换了电调、电动机，或者无人机严重撞击后，都需要重新校准。步骤如下。

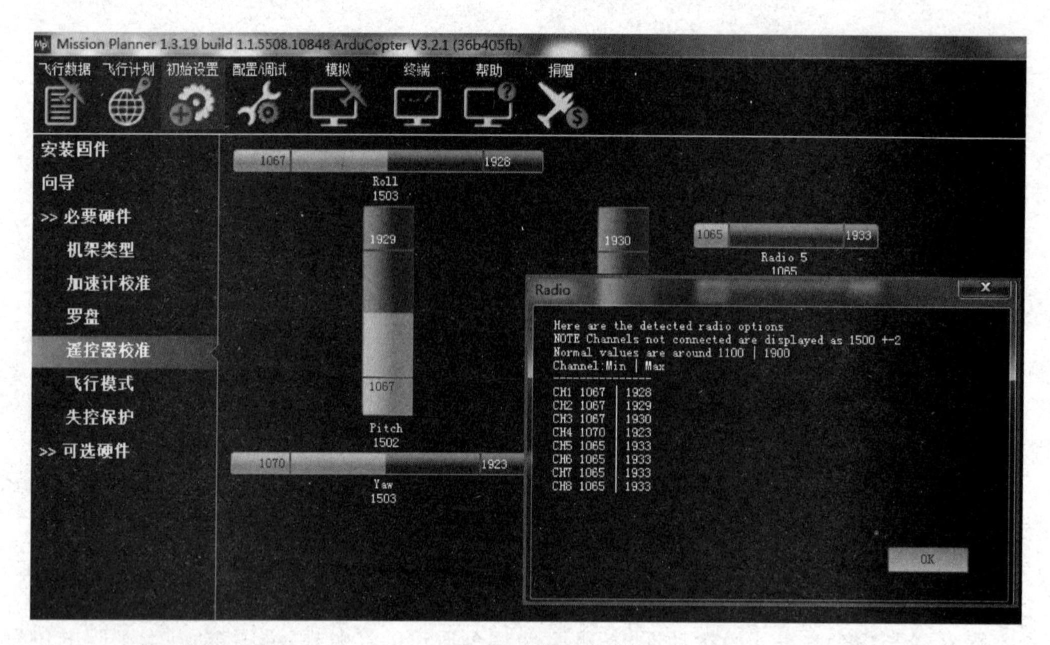

图 5-49　遥控器校准完成

① 全部断电。

② 遥控器上电，油门保持最大。

③ 飞控上电(在此之前连接好电调、电动机，禁止装螺旋桨)。

④ 飞控正常启动完成，电动机“嘀嘀”粗响两声。

⑤ 飞控断电再上电，长响一声很粗的声音。

⑥ 按下安全开关按键，到灯变成长亮，电动机发出“嘀嘀”两声。

⑦ 油门拉到最低，电动机发出“嘀嘀嘀——嘀”4 声。

行程校准完毕，此时可以推高油门查看电动机转速升高效果。

(5) 解锁启动。当完成遥控器校准、加速度计校准、罗盘校准和油门行程校准后，就可以开始尝试解锁了，注意此时还在调试阶段，为降低危险，无须装桨、无须接动力电池，只要连接 MP 或者查看 LED 是否成功解锁即可。

解锁步骤如下。

第一步，解锁安全开关。安全开关解锁动作是先长按解锁开关，当听到“嘀……嘀……嘀……嘀……”音乐后说明解锁已准备好。

第二步，通过安全开关后，再检测遥控第 3 通道最低值＋第 4 通道最右值，即油门最低，方向最右。无论是左手油门还是右手油门，只要操纵摇杆使油门最低，方向摇杆最右(PWM 值最大)即可执行 PIXHAWK 的解锁动作，如图 5-50 所示。解锁成功后会听到一声“嘀……”长鸣。需要注意的是，PIXHAWK 解锁以后，15s 内没有任何操作，PIXHAWK 会自动上锁。手动上锁方法：油门最低，方向最左(PWM 最低)。注意，并不是每次都能解锁、都能一次成功，有时听到“嘎嘎”两声，说明解锁失败，需要重新解锁。

注意：PIXHAWK 只有处于 Stabilize、Acro、AltHold、Loiter 这几种模式时才能解锁，如果不能解锁，应检查飞行模式是否正确，一般情况下建议从 Stabilize 模式解锁。

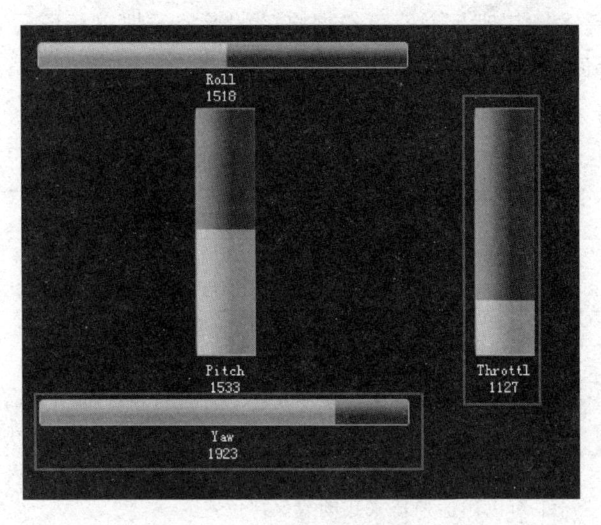

图 5-50 遥控器校准完成

(6) 飞行模式配置。在实际飞行当中,PIXHAWK 的许多功能切换都是通过切换飞行模式实现的,PIXHAWK 有多种飞行模式可供选择,但一般一次只能设置 6 种,加上 CH7、CH8 的辅助,最多也就 8 种。为此,需要遥控器其中一个通道支持可切换 6 段 PWM 值输出,一般以第 5 通道作为模式切换控制通道,当第 5 通道输入的 PWM 值分别在 0～1230、1231～1360、1361～1490、1491～1620、1621～1749、1750＋这 6 个区间时,每个区间的值就可以开启一个对应的飞行模式,推荐的 6 个 PWM 值是 1165、1295、1425、1555、1685、1815ns。如果遥控具备这个功能,就可以直接配置 PIXHAWK 飞行模式了;如果不具备,也许只能配置 3 个甚至 2 个飞行模式,如果第 5 通道是 3 段开关,就只能设置 3 个飞行模式。如图 5-51 所示,飞行模式 1、4、6,或者尝试下将第 5 通道开关改装成多段开关。配置飞行模式前同样需要连接 MP 与 PIXHAWK,单击"初始设置"菜单,选择"飞行模式"选项,就会弹出飞行模式配置界面,然后设置所需的飞行模式。

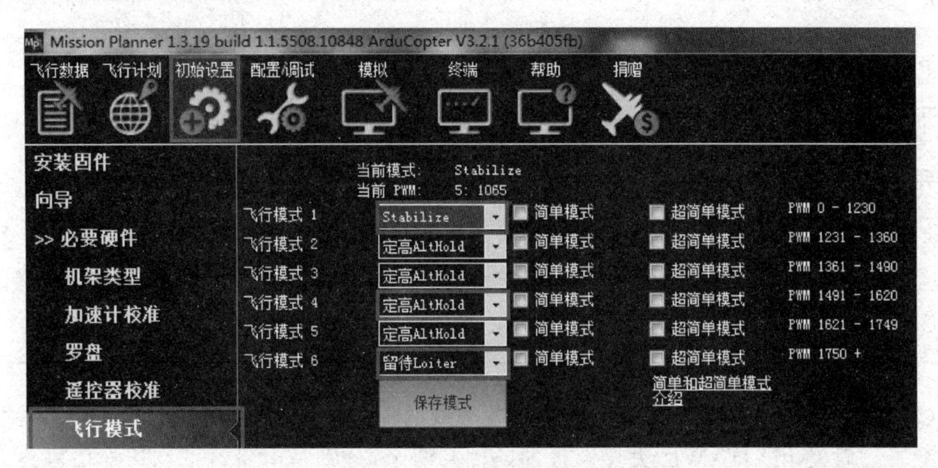

图 5-51 飞行模式

配置界面中,6 个飞行模式对应的 PWM 值,是否开启简单模式,Super Simple 模式都一目了然,模式的选择只需在下拉列表框中选择即可。出于安全考虑,一般建议将 0～1230

设置为RTL(返航模式),其他5个值可根据自己的遥控习惯自行配置,但有一个原则,即要保证模式切换开关随时能切换到Stabilize(自稳)模式上。选择好6个模式以后单击“保存模式”按钮进行保存。各种飞行模式介绍如表5-4所示。

表5-4 PIXHAWK飞行模式

飞行模式	飞行模式注解
Acro(特技模式)	也称为手动模式,是基于速率控制的模式,是遥控器与无人机之间最直接的控制关系,就像不装飞控一样控制无人机,需要持续不断地手动操作摇杆
Sport(运动模式)	和特技模式不同的是,无人机的姿态受遥控器Roll和Pitch控制,但当遥控器摇杆不动,无人机会保持当前姿态
Stabilize(自稳模式)	自动保持无人机的水平状态并且维持目前的朝向,和运动模式不同的是无人机的Roll和Pitch控制的姿态角度更小,通常无法偏转超过45°
AltHold(定高模式)	根据气压计的数据保持当前高度,但不会定点,无人机会在水平方向漂移,可以用遥控器来移动或保持位置
Position(定点模式)	定点不定高,通过油门直接控制
Loiter(悬停模式)	在定高模式的基础上,加入GPS定位,无人机在水平位置和垂直位置均不会移动
OF_Loiter(光流定点)	和悬停模式不同的是,不采用GPS定位,而使用光流传感器定位
RTL(返航模式)	需要GPS定位,当切换到返航模式时,返回解锁前的位置并降落。返航前,无人机会先飞到至少15m的高度,如果当前高度高于15m,则直接保持当前高度返航
Auto(自动模式)	无人机会自动执行地面站Mission Planner设定好的任务,例如,起飞、按顺序飞向多个航点和降落等
Drift(漂移模式)	无人机在转弯时能自动协调转弯,类似汽车的漂移
Guided(引导模式)	需要无人机和地面站软件通信(安装数传),在软件界面的地图上任意位置右击,显示“Fly to Here”(飞到这里),软件会提示输入一个高度,无人机会飞到指定位置和高度并保持悬停
Circle(绕圈模式)	无人机围绕指定位置旋转,无人机机头方向始终对准目标。遥控器可实时改变圆心和高度,但不能降落,圆的半径可以通过高级参数修改
Land(降落模式)	自动降落无人机,下降至10m前通过WPNAV_SPEED_DN参数限制下降速度,在10m时通过LAND_SPEED参数的速度继续下降至地面,默认为50cm/s,一到达地面,如果油门处于最低位,无人机自动关闭电动机并锁定
Follow(跟随模式)	操纵者地面站设备带有GPS和数传,无人机跟随地面站指令飞行
Simple(简单模式,无头模式)	无人机在解锁时确定无人机机头方向,之后不管无人机如何旋转,无人机不管机头朝向,始终认为解锁时的方向为起点
Super Simple(超级简单模式)	可以让无人机朝向家(解锁时的位置),需要借助GPS定位才能实现

(7) 失控保护。是当无人机失控时自动采取的保护措施,通过PIXHAWK的失控保护菜单配置。触发PIXHAWK失控保护的条件有两个,分别是电量过低和遥控信号丢失。如果保护措施是返航,则必须安装GPS并且有卫星信号。

① 电量过低:该失控保护需电流计实时监测电压,当无人机上的动力电池电压低于设定值时,启动低电量保护措施。如图5-52所示,当达到触发条件,就可以启动失控保护措施

选项了，失控保护措施选项有继续任务、LAND(着陆)、RTL(返航)等可选。

除了飞控自带的失控保护外还可以使用遥控器自带的失控保护功能，比如，设置遥控器接收机在失去遥控信号时，第 5 通道输出 PWM 值使 PIXHAWK 切换到返航模式或者着陆模式，而油门通道保持失控前的值。

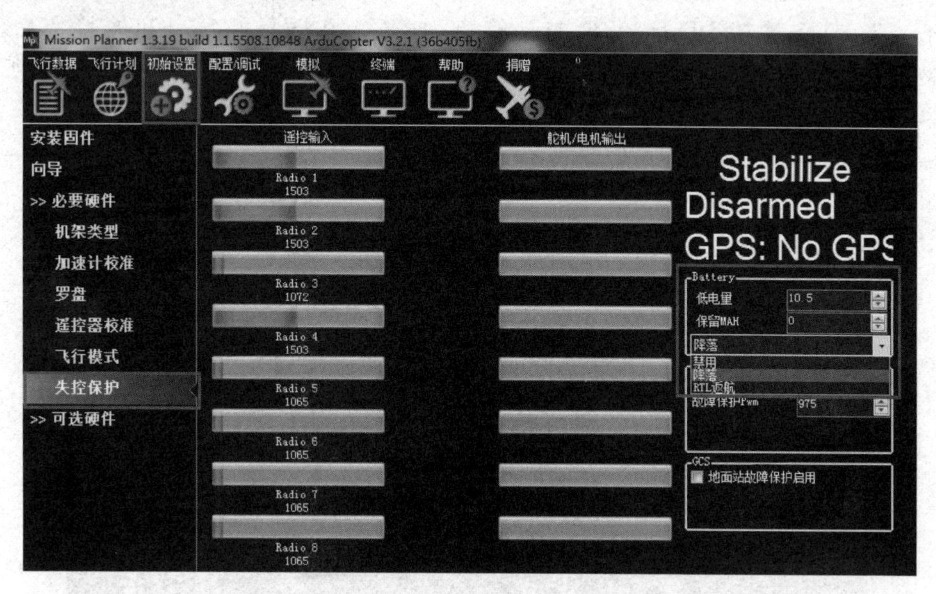

图 5-52　低电量失控保护

② 遥控信号丢失(油门 PWM 过低)：该失控保护是监测油门 PWM 值是否过低来判断遥控信号是否丢失从而启动失控保护措施选项，主要监测遥控油门值 PWM 是否低于设定值时。如图 5-53 所示，当达到触发条件，如遥控器电量过低无法正常工作或无人机飞行距离超出可控范围，就可以启动失控保护措施选项了。

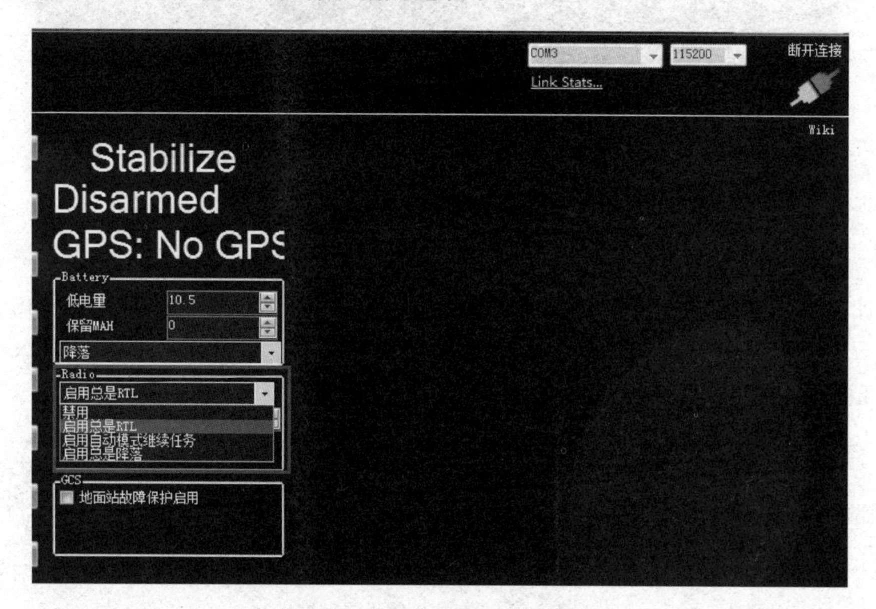

图 5-53　油门值低失控保护

(8) 命令行的使用。MP 地面站中的 TERMINAL(命令行终端)是一个类似 DOS 环境的串口调试工具,通过它可以测试传感器的原始输出数据流,也可以配置 PIXHAWK 的其他功能,如清空配置信息、设置下载日志、浏览日志等,其功能非常强大。下面以初始化 eeprom 的配置信息为例进行介绍。

第一步,首先连接 PIXHAWK 与计算机,打开 MP 选择好端口和波特率后,单击 TERMINAL(命令行终端)菜单,单击界面左上方的 Connect(连接)按钮,如图 5-54 所示。

第二步,输入 setup,回车。

第三步,继续输入 erase,回车。

第四步,输入 Y,初始化完成。

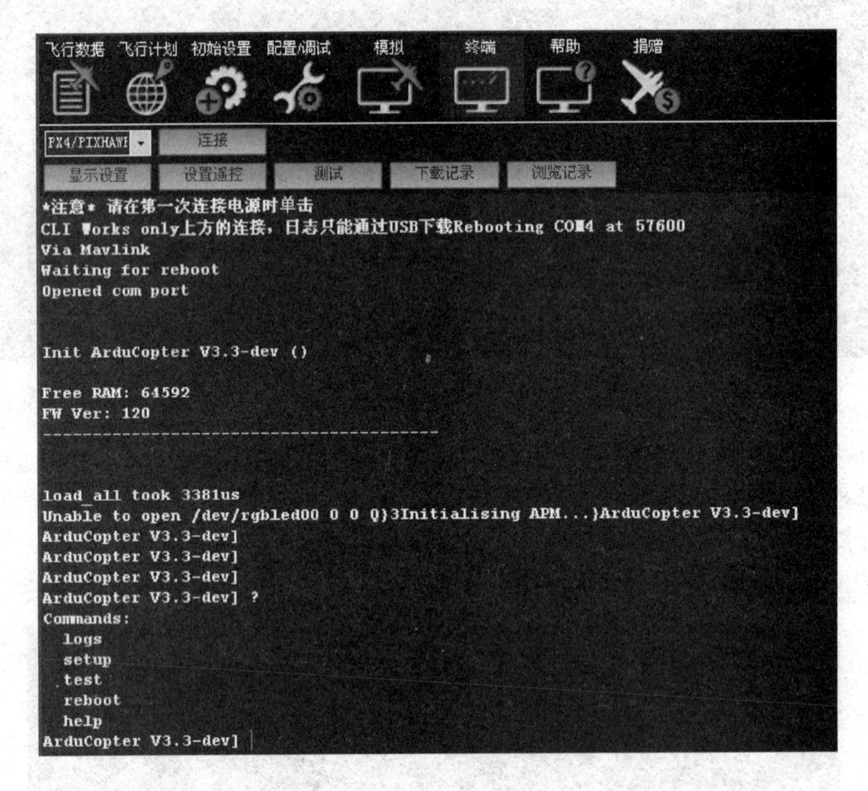

图 5-54 命令行终端

(9) 部分高级参数。

① 如果不想使用安全开关,可将其屏蔽,连接 MP 与 PIXHAWK,单击 Config/Tuning(配置调试)菜单,选择 Full Parameter List,在参数表格中找到 BRD_SAFETYENABLE 参数,默认值为 1,改为 0 后,屏蔽安全开关,如图 5-55 所示。

命令	值	单位	选项	描述
BRD_SAFETYENABLE	1		0:Disabled 1:Enabled	Disabling this option will disable the use of the safety switch on PX4 for arming. Use of the safety switch is highly recommended, so you should leave this option set to 1 except in unusual circumstances.

图 5-55 屏蔽安全开关参数

② 关闭解锁怠速功能：如果已经连接了电动机电池进行解锁，解锁后电动机就会怠速运转，以此提醒你 PIXHAWK 此时已处于工作状态，请注意安全。这个功能的安全意义非常大，但如果不想使用这个功能，也可以关闭这个功能。关闭方法：连接 MP 与 PIXHAWK，单击 Config/Tuning(配置调试)菜单，选择 Full Parameter List，在参数表格中找到 MOT_SPIN_ARMED 参数，将它的值改为 0 即可关闭解锁怠速功能，默认值是 70。改完以后不要忘记单击窗口右边“写入参数”按钮进行保存，如图 5-56 所示。

命令	值	单位	选项	描述
MOT_SPIN_ARMED	70		0:Do Not Spin 70:VerySlow 100:Slow 130:Medium 150:Fast	Controls whether motors always spin when armed (must be below THR_MIN)

图 5-56 设置怠速参数

③ 跳过自检解锁：PIXHAWK 的解锁有一项安全机制，它会先检查陀螺、遥控、气压、罗盘数据，如果其中一个数据存在问题，比如陀螺倾斜过大(机身没有放平)，气压数据异常，PIXHAWK 就不能解锁，红色 LED 快闪发出警告。如果不想使用这个自检功能，也可以设置跳过自检解锁：连接 MP 与 PIXHAWK，单击 Config/Tuning(配置调试)菜单，选择 Full Parameter List，在参数表格中找到 ARMING_CHECK 参数，将它的值改为 0 即可关闭解锁检查功能，默认值是 1。这是一个安全保护功能，一般情况下请不要关闭这个功能，如图 5-57 所示。

命令	值	单位	选项	描述
ARMING_CHECK	1		0:禁用 1:启用 -3:跳过气压 -5:跳过罗盘 -9:跳过gps -17:跳过加速度计 -33:跳过参数 -65:跳过遥控器 127:跳过电压	可以启用或禁用的接收器，加速度计，气压计，罗盘和GPS预先解锁检查

图 5-57 跳过自检解锁

④ 最少定点卫星数：AHRS_GPS_MINSATS，默认值为 6，当卫星个数≥6 时可以进入定点模式，如图 5-58 所示。

命令	值	单位	选项	描述
AHRS_GPS_MINSATS	6		0 10	Minimum number of satellites visible to use GPS for velocity based corrections attitude correction. This defaults to 6, which is about the point at which the velocity numbers from a GPS become too unreliable for accurate correction of the accelerometers.

图 5-58 最少定点卫星数

⑤ 故障保护油门：PWM 值 FS_THR_VALUE，默认值为 975，油门> FS_THR_VALUE 正常飞行，油门< FS_THR_VALUE 进入故障保护。此值不能大于遥控器的最小值，否则认为遥控器输入信号无效，无法解锁；也不能小于关控后的油门值，否则无法启动遥控器故障保护，如图 5-59 所示。

命令	值	单位	选项	描述
FS_THR_VALUE	975	pwm	925 1100	3通道上的PWM水平低于油门失控保护的值

图 5-59 故障保护油门

⑥ GPS 故障保护：FS_GPS_ENABLE，默认值为 1，在 GPS 没有信号时从定点降落。如果想让无人机在定点过程中 GPS 信号丢失切换为定高，则把 1 改为 2，如图 5-60 所示。

命令	值	单位	选项	描述
FS_GPS_ENABLE	2		0:禁用 1:降落 2:定高 3:Land even from Stabilize	控制飞行器采取什么行动，如果GPS信号丢失超过5秒

图 5-60 GPS 故障保护

⑦ 机架类型：FRAME，默认值为 X，如图 5-61 所示。

命令	值	单位	选项	描述
FRAME	1		0:Plus 1:X 2:V 3:H 4:V-Tail 5:A-Tail 10:Y6B (New)	控制混合电机的多轴飞行器.不能用在三轴或传统直升机上

图 5-61 机架类型

⑧ 返航高度：RTL_ALT，默认值为 0，保持原高度返航。如果 RTL 设置太大，无人机往天上飞；如果太低则容易撞到高楼大厦，如图 5-62 所示。

命令	值	单位	选项	描述
RTL_ALT	0	Centimeters	0 8000	最低海拔高度飞机将移动并返回到之前的起飞点.设置为0则保持目前的高度返回.

图 5-62 返航高度

⑨ 遥控器通道调整：RCMAP_ *，如图 5-63 所示。

RCMAP_PITCH：默认值为 2，PITCH 在第 2 通道；

RCMAP_ROLL：默认值为 1，ROLL 在第 1 通道；

RCMAP_THROTTLE：默认值为 3，THROTTLE 在第 3 通道；

RCMAP_YAW：默认值为 4，YAW 在第 4 通道。

命令	值	单位	选项	描述
RCMAP_PITCH	2		1 8	Pitch channel number. This is useful when you have a RC transmitter that can't change the channel order easily. Pitch is normally on channel 2, but you can move it to any channel with this parameter.
RCMAP_ROLL	1		1 8	Roll channel number. This is useful when you have a RC transmitter that can't change the channel order easily. Roll is normally on channel 1, but you can move it to any channel with this parameter.
RCMAP_THROTTLE	3		1 8	Throttle channel number. This is useful when you have a RC transmitter that can't change the channel order easily. Throttle is normally on channel 3, but you can move it to any channel with this parameter. Warning APM 2.X: Changing the throttle channel could produce unexpected fail-safe results if connection between receiver and on-board PPM Encoder is lost. Disabling on-board PPM Encoder is recommended.
RCMAP_YAW	4		1 8	Yaw channel number. This is useful when you have a RC transmitter that can't change the channel order easily. Yaw (also known as rudder) is normally on channel 4, but you can move it to any channel with this parameter.

图 5-63 遥控器通道调整

5.2.6 A3 飞控调试

1. 飞控介绍

2016 年，大疆在美国拉斯维加斯推出新一代飞行平台——“经纬 M600”、崭新的飞行控制系统 A3 和全能云台“如影”Ronin-MX。3 款产品应用了大疆最新的飞控、增稳和图像传输技术，将开启专业航拍与行业应用无人机的新纪元。

A3系列飞控配置如图5-64所示，代表着大疆飞控技术在当下的最高水平。全新A3系列飞控系统结合安全可靠和精准控制的特性，以丰富的扩展功能和外设支持开创更多可能，全面满足行业应用的严苛需求。

A3可通过两个升级套件升级至A3 Pro。A3 Pro配备3套IMU和GNSS模块，通过软件解析余度实现6路冗余导航系统。在飞行中，系统通过先进的软件诊断算法对3套IMU和GNSS数据进行实时监控，当导航系统中的传感器出现异常时，系统立即切换至另一套传感器，以保障可靠稳定的飞行表现。

A3和A3 Pro采用全面优化的姿态解析以及多传感器融合算法，精准可靠。系统具备强大的适应性，可在不同类型的无人机上实现参数免调；当6轴或8轴无人机出现动力故障时，容错控制系统可以让无人机自动稳定飞行姿态，保障飞行安全。

A3系列飞控提供全新的工业系统解决方案，可集成D-RTK GNSS模块、智能电调、智能电池和Lightbridge 2高清图传。D-RTK将无人机定位精度提升到厘米级并提供强大的抗磁干扰能力，保障无人机在高压线、金属建筑物等强磁干扰环境下安全工作。

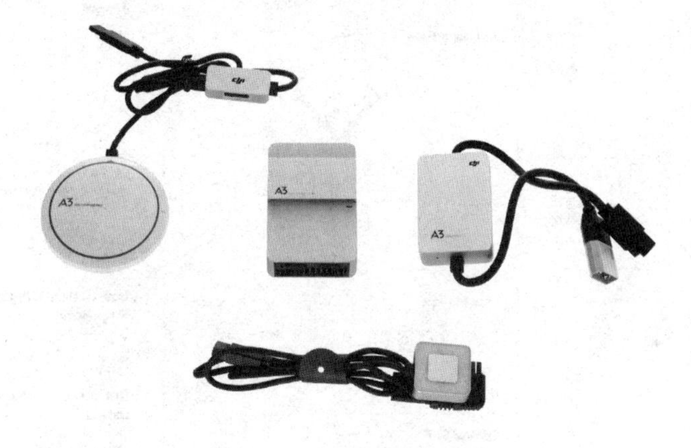

图5-64　A3系列飞控配置

2. 飞控调试

(1) 安装A3飞控调参软件DJI ASSISTANT 2，如图5-65所示。

图5-65　A3飞控调参软件

(2) 将LED模块上的USB和计算机连接，接通无人机飞控电源。

(3) 进入设备页面，如图5-66所示。单击A3设备进入“概览”页面，在该页面可以看到主控的各种状态和设置，如图 5-67 所示。

图 5-66　设备页面

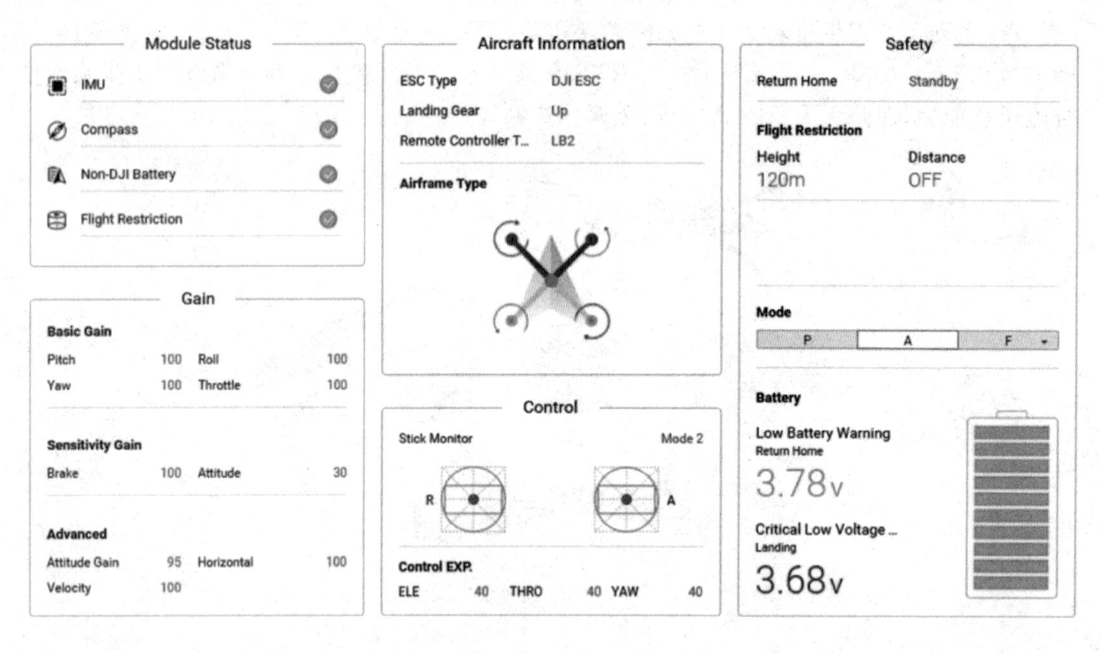

图 5-67　概览页面

(4) 左侧选项栏“基本设置”，进行飞控的设置。基本设置包括飞控系统和飞行平台的安装匹配及遥控与 ESC 设置。

(5) 单击“机架”页面，如图 5-68 所示，选择“选择机架类型”按照画面动态图来选择所使用无人机的类型，如 4 轴、6 轴、8 轴等。

(6) IMU(Inertial Measurement Unit)是测量物体 3 轴姿态角或角速率以及加速度的装置。单击“安装”页面，如图 5-69 所示，进行 IMU 和 GPS 的安装。根据所用系统为 A3 或 A3 Pro 选择安装形式，然后根据 IMU、GPS 和飞控的相对位置与方向输入安装参数，对于 A3 Pro 还需要分别输入外置 IMU1、IMU2 和 GPS2、GPS3 参数。

(7) 遥控器设置。遥控器设置主要分两项内容，一是选择遥控器类型为 S-BUS、DBUS、LB2，根据所用遥控器类型来进行选择；二是遥控器校准，单击“校准”页面，按照页面提示，分别进行校准，按操作提示完成后单击“完成”按钮，如图 5-70 所示。

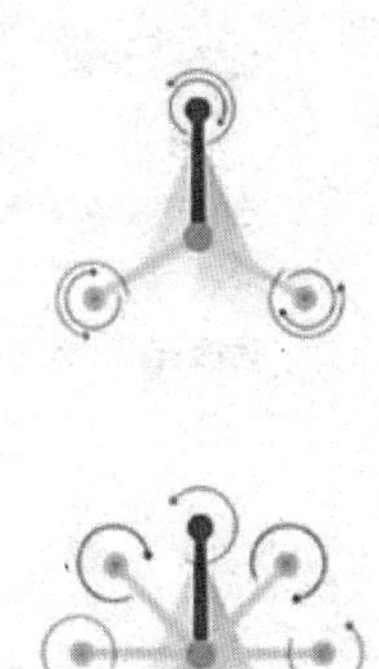

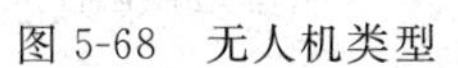

图 5-68　无人机类型

机架	安装	遥控器	ESC设置

选择安装形式:　A3 Pro

A3 / A3 Pro

	内置IMU		外置IMU2
X	0	60	930
Y	0	50	50
Z	-100	-70	76

IMU安装方向:　向前　向前　向前

	GPS1	GPS2	GPS3
X	0	60	10
Y	0	50	10
Z	-80	-150	-150

机架	安装	遥控器	ESC设置

选择安装形式:　A3 Pro

	内置IMU	外置IMU1	外置IMU2
X	10	60	930
Y	30	50	50
Z	-90	-70	76

IMU安装方向:　向前　向前　向前

	GPS1	GPS2	GPS3
X	80	60	10
Y	20	50	10
Z	-10	-150	-150

图 5-69　安装页面

(8) ESC 设置。单击进入“ESC 设置”，如图 5-71 所示，按照所使用的电调类型选择“DJI 电调”或“其他电调”，然后使用电动机测试功能测试所有电动机转向是否正确，如果不正确则将电动机 3 根电源线任意两根对调。

(9) 飞行设置。单击左侧“飞行设置”，进行安全相关的设置，这里可进行两项设置内容的查看和修改，即“操控 EXP”设置(图 5-72)和“感度”设置(图 5-73)，分别是操控的手感和飞行的感度，通常情况下默认的参数能适应绝大部分无人机，因此一般不需要修改。

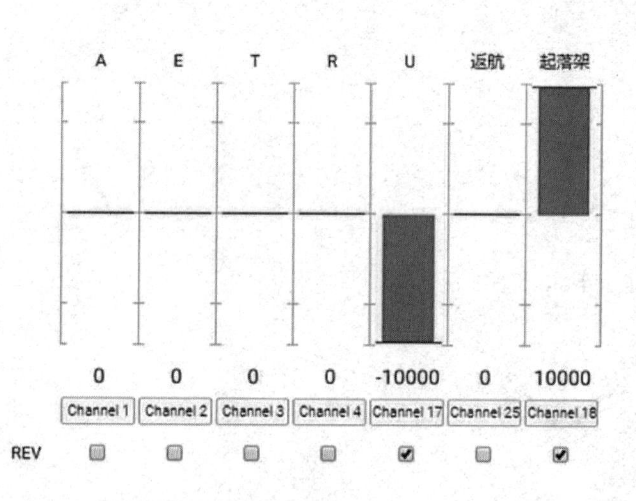

图 5-70 遥控器校准

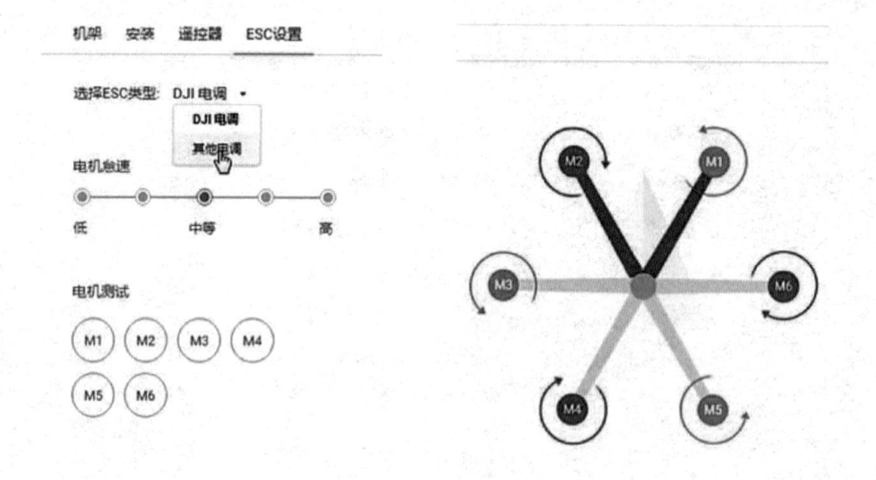

图 5-71 ESC 设置

单击“安全设置”页面，进行返航相关设置；打开返航开关，选择“背向航点”或“朝向航点”，并选择返航高度。“电池”设置如图 5-74 所示，“电芯数量”“低电压报警”参数设置如图 5-75 所示。

5.2.7 其他工业级飞控介绍

飞控也被叫作无人机的“大脑”，作为无人机产业链中重要的一环，飞控的质量直接影响到无人机的稳定性和可靠性，工业级飞控相比商业级飞控来说有更高的稳定性和可靠性。对于工业级无人机来说，使用通用飞控未尝不可。但由于工业级无人机的应用领域各有侧重，比如，电力巡线可能对续航时间、图传距离要求较高，物流无人机对载荷重量、地图分析

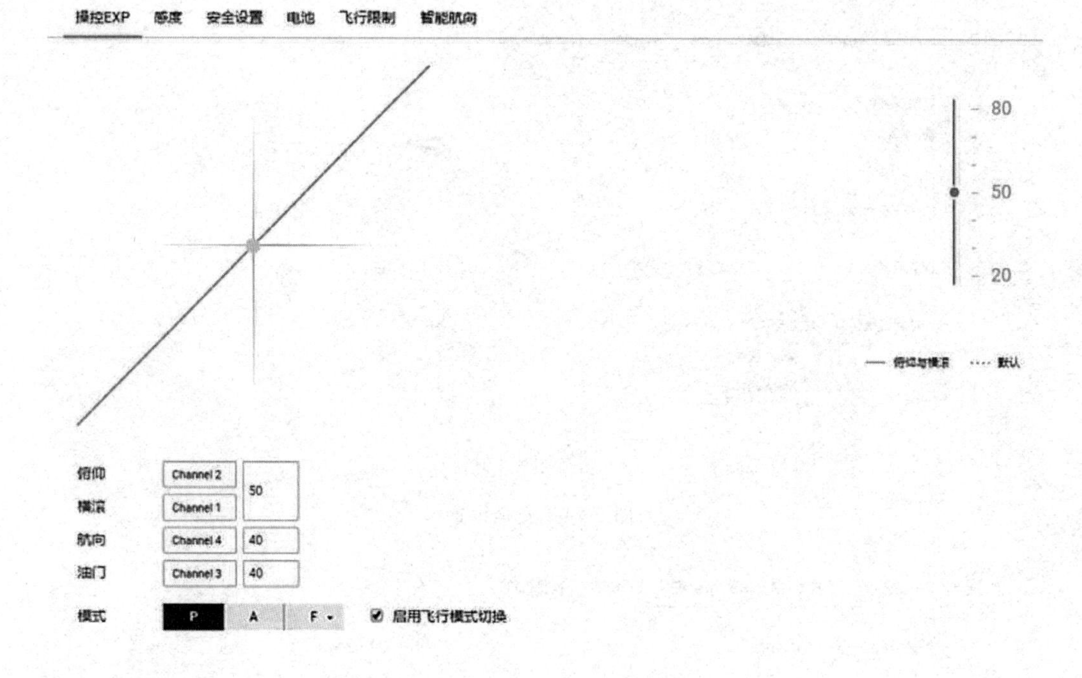

图 5-72　操控 EXP

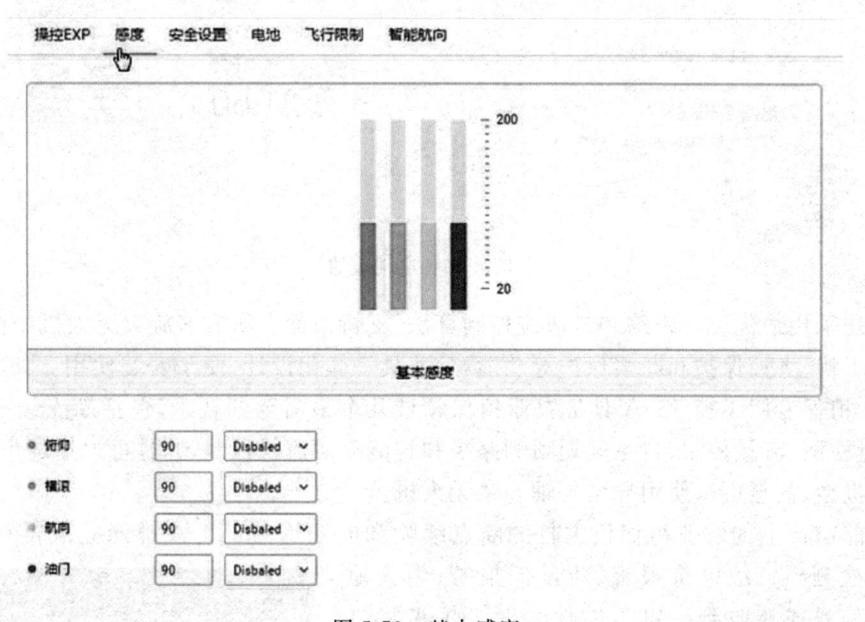

图 5-73　基本感度

能力要求更高，根据不同的需求再加强与飞控的对应，就能同行业应用结合得很好。下面就目前比较前沿的几款工业级飞控进行介绍。

1. 拓攻

拓攻飞控产品线覆盖飞控产品、飞控相关配件和行业飞控定制方案。飞控产品包括通用版飞控 T1 系列产品，农业植保专用飞控 T1-A，以及行业级 RTK 精准飞控套件。拓攻飞

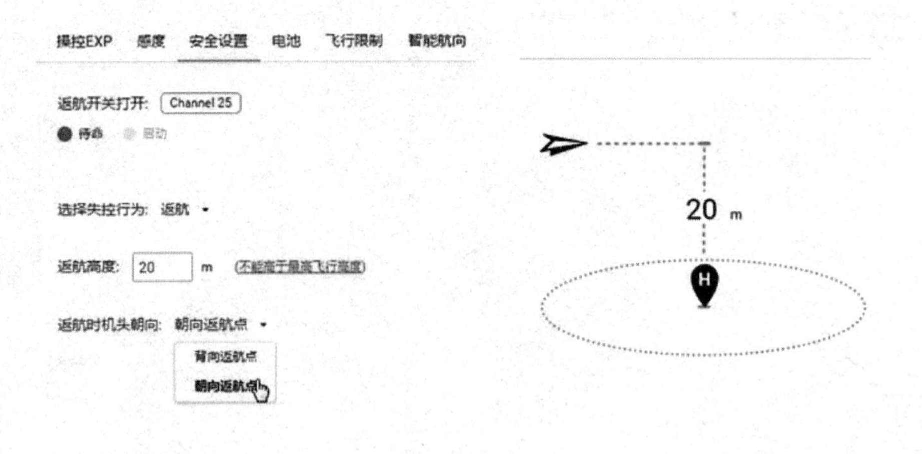

图 5-74 安全设置

图 5-75 电池设置

控产品均采用最优姿态跟踪和自适应控制算法，支持市面上所有多旋翼无人机结构，具有抗强磁场干扰、失控保护和断桨保护等功能，且兼具一体化设计，便于安装使用。如图 5-76 所示，农业植保专用飞控 T1-A 具备农业植保领域几个最需要的技术，包括断点续喷、断药返航、药量检测、流量控制、自主规划喷洒路径和智能喷洒流量控制，并且可以适配市面上几乎所有的机型，甚至可以使用异型 6 轴 8 桨无人机。

目前市面上的农业植保机主打的断点续喷和断药返航，T1-A 都能完成得相当出色。当飞控检测到二级电量报警、药量低报警、失去地面控制信号或接收到一键返航信号时，T1-A 将自主关闭水泵，并闪灯进行提示，延时 10s（延时时间可以自主调节）后，记下当前点为续喷点，补给后一键返回续喷点继续作业。还能对流量进行智能控制，飞行速度越快流量越大，当飞行速度低于设定值，水泵自动关闭，这样有利于提高农药的利用率和植保效率。

图 5-76 T1-A 飞控

2. 易瓦特

易瓦特科技股份公司生产的固定翼无人机、多旋翼无人机和大载荷无人直升机等产品已广泛应用于新闻影视、农林植保、警用消防、国土测绘和电力巡线等多个领域。易瓦特EWT-001飞控如图5-77所示，系统可以控制十字形、X形及4、6、8等多轴无人机，飞控系统使用简单方便，控制精度高，GPS导航自动飞行功能强。

该飞控已经应用于Mini 8旋翼无人机。EWT-001型可以做到不用遥控器，直接使用地面站控制无人机实现一键起飞，自动执行预设航线任务或者指点飞行，并自动降落。EWT-001支持自动导航模式，在配套地面站上可以任意设置飞行路线和航点；支持姿态、定点、任务等多种飞行模式，支持定时定距拍照、投放等功能。同时还拥有红外测距、双目视觉、毫米波雷达、超声波可搭配避障功能，失控返航、低电压报警和任意航线返航等功能，在一些极端情况下，也能保证无人机的安全。

3. 上海极翼

上海极翼拥有飞控、云台、iOS及安卓地面站系统、室内视觉定位系统、北斗差分GPS系统、雷达定高系统、航姿系统等无人机核心技术，还有避障系统、人脸识别自动跟随、语音控制无人机等相关技术。

极翼生产的K3-A飞控如图5-78所示，已于2016年上半年上市，价格在万元以内。K3-A飞控支持4轴、6轴、8轴多旋翼，最多可扩展至12轴多旋翼无人机，完全工业一体化设计，可以实现定高定速飞行、航线规划，支持断点续喷，可抗3级风，同时支持姿态、GPS自稳、智能方向等多种模式。K3-A拥有失控返航、低电压保护、一键侧移等多种功能，同时支持计算机、iOS和安卓等系统。

图5-77　易瓦特EWT-001飞控

图5-78　K3-A飞控

4. 极飞科技

极飞科技公司是以农业航空服务为主业的科技公司，2012年即进入农业植保领域。极飞SUPERX2农业飞控如图5-79所示，是在极飞科技多年的技术积累和实践的基础上，研发出的一款专门用于植保无人机的飞控系统。于2016年年初正式对外公布，售价近2万元。SUPERX2支持自主飞行控制，可根据预先设置的航线与参数，实现自主起飞、自动飞行与

图5-79　极飞SUPERX2农业飞控

降落。SUPERX2 能够针对不同作物与环境，匹配飞行速度和喷洒流量，实现精准喷洒；支持断点续喷。SUPERX2 可与极飞科技研发的 A1 手持地面站相结合，自动完成航线规划，便捷实用。

5. 成都纵横

成都纵横自动化技术有限公司创立于 2010 年，秉承技术创新、军工品质、服务至上的理念，以无人机智能飞行控制与导航、机载任务设备、指挥控制系统以及系统集成为核心技术，致力于为用户提供多用途、高性能、一体化的工业级自动驾驶仪系统、机载任务设备、无人机系统解决方案。公司自主研发的自动驾驶仪已广泛应用于测绘、航拍、农业、林业等领域，为公司进一步研发创新积累了大量的实践经验。

图 5-80　JOUAV MP-101V 飞控

其中，JOUAV MP-101V 飞控如图 5-80 所示，是 2016 年该公司专为垂直起降固定翼无人机研制的低成本、工业级飞控与导航系统。

MP-101V 采用飞思卡尔公司的 MPC5200B 处理器，抗干扰能力强、可靠性高、处理能力强、功耗低、外设接口丰富；集成了高精度 IMU 模块、高精度磁传感器，采用高性能非线性 GPS/SINS/AHRS 算法，具有 400Hz 更新频率，姿态精度高，GPS 信号不好时自动平滑切换为 AHRS 模式。

该款飞控多旋翼部分采用 L1 自适应控制算法，具有极高精度的姿态与航迹控制性能；抗扰动能力强、稳定性好，控制精度及稳定性不因无人机的重心、重量的变化而受影响。固定翼部分则延续了成都纵横多年来经过大量生产实践证明、稳定可靠的固定翼控制算法以及相关功能。同时，该款飞控具有可定制的应急处理能力，支持多种飞行模式、支持 2 轴及 3 轴云台控制、支持云监管功能等，是低成本电动垂直起降固定翼无人机的理想选择。

5.3　多旋翼无人机遥控器和遥控接收机调试

遥控器和遥控接收机是遥控链路的重要组成部分，它负责将地面操控人员的控制指令传送到机载飞控上，以便飞控按照指令执行。遥控器种类繁多，遥控接收机也有多种类型。现代的遥控器功能越来越强大，不但可以支持多种机型，而且可更改许多控制参数，因此新买的遥控器默认出产的设置未必适合每台无人机使用，我们需要对遥控器进行一系列调试才能使遥控器发挥最大的作用和更好的操控无人机。目前，在市面上的遥控器比较常见的有进口品牌 Futaba、JR、Hitec 和 Sanwa 等，常见的国产品牌有睿思凯、天地飞、乐迪和富斯等，在下面的调试中将以乐迪 AT9 为例进行介绍。

5.3.1　对码操作

一般遥控器使用的频段是 2.4GHz，2.4GHz 是指一个频段，并不是指频率为 2.4GHz。我国工业和信息化部在 2015 年 3 月发出通知，规划 840.5～845MHz、1430～1444MHz 和 2408～2440MHz 频段用于无人驾驶航空器系统。

1. 各个频段介绍

(1) 840.5～845MHz频段可用于无人驾驶航空器系统的上行遥控链路。其中,840.5～845MHz也可采用时分方式用于无人驾驶航空器系统的上行遥控和下行遥测链路。

(2) 1430～1444MHz频段可用于无人驾驶航空器系统的下行遥测与信息传输链路,其中,1430～1438MHz频段用于警用无人驾驶航空器和直升机视频传输,其他无人驾驶航空器使用1439～1444MHz频段。

(3) 2408～2440MHz频段可作为无人驾驶航空器系统的上行遥控、下行遥测与信息传输链路的备份频段。相关无线电台站在该频段工作时不得对其他合法无线电业务造成影响,也不能寻求无线电干扰保护。

2. 对码过程

每个发射机都有独立的ID编码。开始使用设备前,接收机必须与发射机对码。对码完成后,ID编码则存储在接收机内,且不需要再次对码,除非接收机再次与其他发射机配套使用。AT9遥控器使用的是R9D接收机,当购买了新的R9D接收机,必须重新对码,否则接收机将无法正常使用。对码步骤如下。

(1) 将发射机和接收机放在一起,两者距离在1m以内。

(2) 打开发射机电源开关。R9D接收机将寻找与之最近的遥控器进行对码。这是R9D接收机的特色之一。

(3) 按下接收机侧面的(ID SET)开关1s以上,LED灯闪烁,指示开始对码。

(4) 当LED灯停止闪烁,遥控器上有信号显示,并且操控遥控器时无人机有相应的反应,说明对码成功。

5.3.2 遥控模式设置

常见的遥控器类型有美国手和日本手,美国手遥控器油门在左边,也叫左手油门,日本手油门在右边,也叫右手油门,区别在于各通道所处位置不一样而已。除了美国手遥控器和日本手遥控器之外,还有其他的操控方式可供操纵者选择,有些遥控器还可以自定义通道。虽然遥控器的左右手在出厂时就已决定,但我们仍然可以在后期进行更改。更改遥控器模式分为硬件部分和软件部分。硬件部分的更改主要是由于油门操纵杆不带复位,如果切换到另外一边就需要把弹簧和弹簧片也相应地更换。下面对乐迪AT9遥控器如何将右手油门的遥控改为左手油门进行示范。

1. 硬件部分

遥控器更换左右手在硬件部分的操作步骤如图5-81所示。

2. 软件部分

在发射机设置菜单下,摇杆模式可用滚轮选择4种模式,即模式1、模式2、模式3和模式4。各种模式如图5-82所示,其中最为典型的两个模式是美国手(模式2)和日本手(模式1),模式3和模式4可根据个人习惯来选用。通常遥控器的通道和遥控功能定义为副翼为1通道、升降为2通道、油门为3通道、航向为4通道。

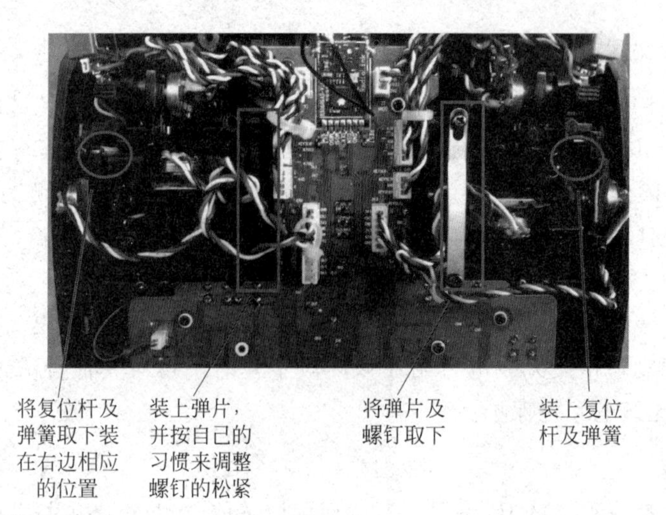

图 5-81 遥控器硬件部分

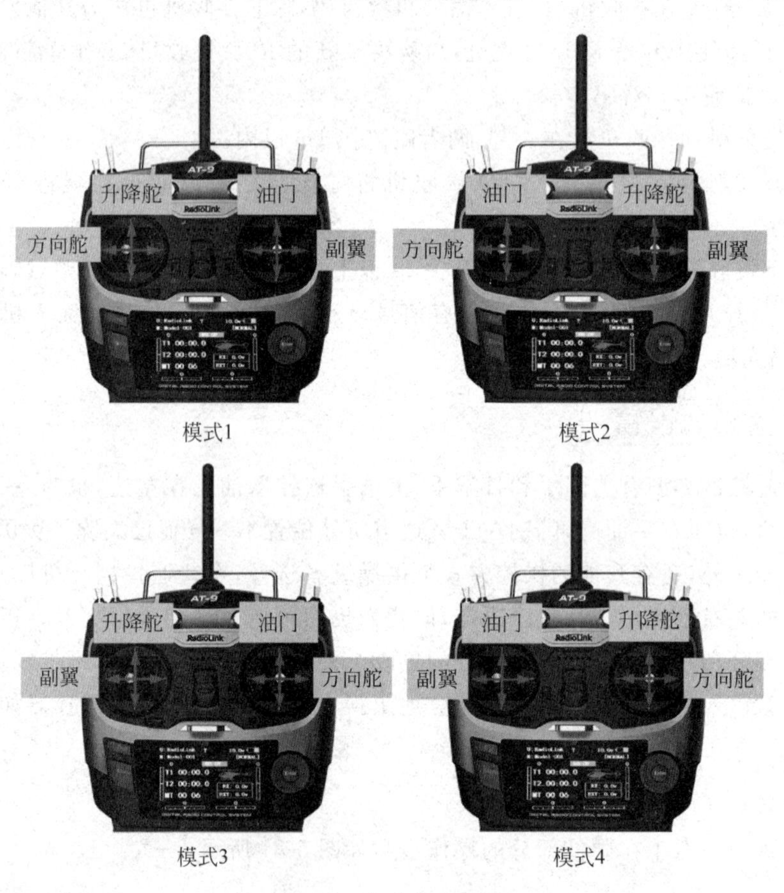

图 5-82 各种遥控模式

5.3.3 通道配置

遥控器有个重要的参数“通道”，常见的有 6 通道、7 通道、8 通道、9 通道和 12 通道等。通道数指的是遥控的自由度，即通过接收机能控制多少个部件（舵机、电调等）或者功能（激活或调整某个参数)。有些通道是调整矢量参数,如舵机、电调等,按遥控器摇杆动作比例同步偏移。油门杆推高,电调输出的功率增大,两者是按比例同步的。舵机也一样,舵机左右方向转动的速度和转动的角度与遥控器摇杆按比例一致。有些通道属于多挡模式开关,拨不同挡位控制不同的功能,如起落架收和放、释放烟雾等。遥控器通道越多价格越高,最基本的能操纵无人机飞行的最少通道只需 4 个即可,分别是加减油门、升降舵、副翼、方向舵,在多旋翼里面油门控制无人机的上升动力,升降舵控制无人机的前后直线运动、副翼控制无人机的左右直线运动、方向舵控制无人机的水平旋转运动。

乐迪 AT9 遥控有 9 个通道,但不是所有通道都用得上,前面讲过无人机飞行只需4 个通道就可完成,第 5 通道为飞行模式的切换通道,一般不能更改,这 4 个通道加上第 5 通道可以称为基本通道,剩下的通道称为辅助通道。假如想用遥控器控制两轴云台,就需要用到遥控器的两个辅助通道,而需要用到的这两个通道我们可以自己定义。

5.3.4 接收机模式选择

接收机模式其实是指接收机编码的模式。通常大多数遥控器能配对多种编码模式的接收机,有些接收机同时兼容两种编码模式。接收机的编码分为几种类型,常用的有 PWM、PPM 和 S-BUS 等。

1. PWM 编码

PWM(Pulse Width Modulation)即脉宽调制,在航模中主要用于舵机的控制,在多旋翼无人机上也可用这种方式控制各通道。这是一种古老而通用的工业信号,是一种最常见的控制信号。该信号主要原理是周期性跳变的高低电平组成的方波。该信号主要用于控制单个电调或者单个舵机脉冲宽度调制信号。

2. PPM 编码

PPM(Pulse Position Modulation)即脉冲位置调制。PPM 简单地将多个脉冲作为一组,并以组为单位周期性发送,通过组内各个脉冲之间的宽度来传输相应通道的控制信号。因为 PWM 每路只能传输一路信号,在分别直接驱动不同设备时(比如固定翼,每路各自驱动不同的舵机和电调)是没有任何问题的。但在一些场合,并不需要直接驱动设备,而是需要先集中获取接收机的多个通道的值,再做其他用途时,比如,将两个遥控器之间连接起来的教练模式,或者遥控器接计算机模拟器或者控制无人机时,就需要将接收机的信号传输给飞控,每个通道一组物理连线的方式就显得非常的烦琐和没有必要,这时候 PPM 就非常省事了。

3. S-BUS 编码

S-BUS(Serial Bus)是一个串行通信协议,最早由日本厂商 FUTABA 引入,随后 FrSky 等很多接收机也开始支持。S-BUS 是全数字化接口总线,数字化是指该协议使用现有数字通信接口作为通信的硬件协议,使用专用的软件协议,这使得该设备非常适合在单片机系统中使用,即适合与飞控连接。总线化是指一个数字接口可以连接多个设备,这些设备通过一个 HUB(集线器)与这个总线相连,并能够得到各自的控制信息。

通过以上所述,我们大概了解了如何选择接收机模式了,有些接收机兼容两种编码模式,如乐迪 R9D 能兼容 PWM 和 S-BUS,而且可以自由切换。以下是切换步骤。

S-BUS 切换,短按接收机侧面的(ID SET)开关两次(1s 内),开关位置如图 5-83 所示,完成 CH9 普通 PWM 或 S-BUS 信号切换。其中,红色 LED 灯亮,CH9 通道输出普通

PWM 信号；蓝色 LED 灯亮，CH9 通道输出 S-BUS 信号。

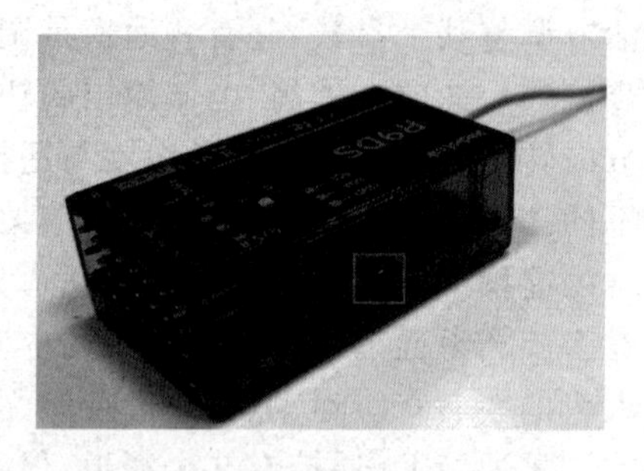

图 5-83　R9D 接收机的开关位置

5.3.5　模型选择和机型选择

模型选择是指一个遥控器配对多个飞行器的接收机，但同一时间只允许控制一个飞行器（安全考虑），也就是一个接收机。为了方便操作，不用每次更换无人机时，都重新将接收机对码，所以需要将每个接收机保存为一种模型，当需要控制其他接收机时只需在模型里面进行选择即可，模型选择如图 5-84 所示。

机型选择则是指每一个模式里面的机型，比如，固定翼、直升机和多旋翼等。机型选择如图 5-85 所示。

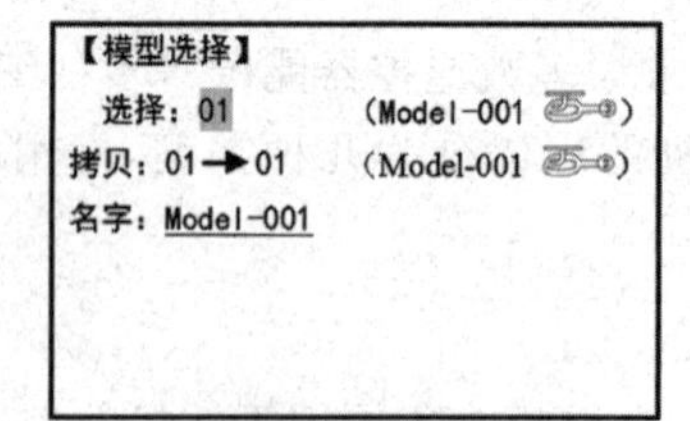

【模型选择】
选择：01
(Model-001
拷贝：01→01
(Model-001
名字：Model-001

图 5-84　模型选择

[机型选择]
复位：执行
机型：多旋翼模型
横滚微调：打开
油门微调：打开
俯仰微调：打开

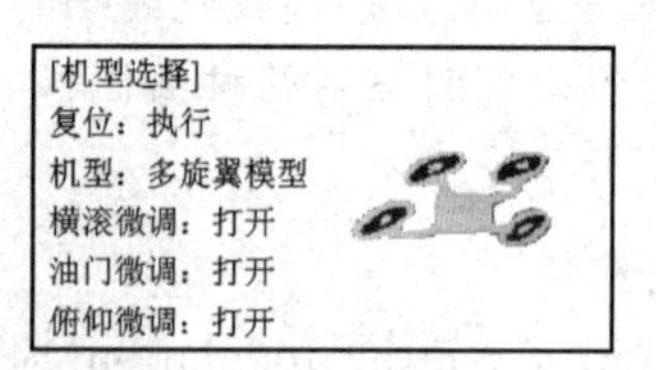

图 5-85　机型选择

5.3.6　舵机行程量设置

舵机行程量是指遥控器控制舵机动作的有效行程，而舵机行程量设置则是调整这一行程量的设置，分为两个方向来调整，一个是正方向；一个是反方向，按百分比调整，注意：调整的范围是有限的。舵机行程量如图 5-86 所示。

5.3.7　中立微调和微调步阶量设置

中立位置是指当遥控器某操纵杆处于行程中间位置时，其对应的舵机是否处于中立位置的情况，如果不处于中立位置时，则可能在无人机起飞后产生偏移，而中立微调则是修改舵机中立位置的设置。微调步阶量是指在进行中立微调时，调节开关每按一次所调整的量，中立微调如图 5-87 所示。

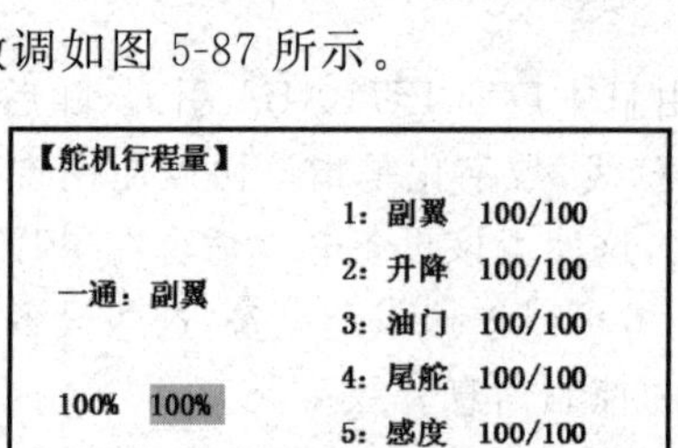

【舵机行程量】
一通：副翼
100%　100%
1：副翼　100/100
2：升降　100/100
3：油门　100/100
4：尾舵　100/100
5：感度　100/100
6：襟翼　100/100
7：辅助　100/100

图 5-86　舵机行程量

【中立微调】
一通：副翼
0
1：副翼　0
2：升降　0
3：油门　0
4：尾舵　0
5：感度　0
6：陀螺　0
7：辅助一　0
8：辅助二　0

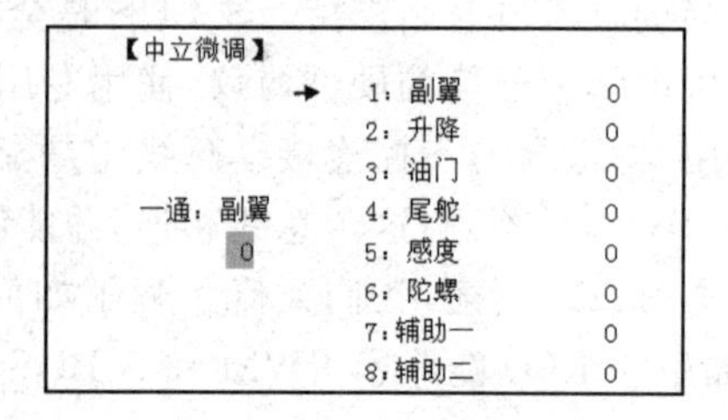

图 5-87　中立微调

5.3.8　舵机相位设置

舵机相位功能用来改变遥控器某操纵杆的动作与其控制的舵机动作对应的关系，如遥控操纵杆往上打，舵机往上动作还是往下动作，所谓的正反相没有标准而言，可以理解为舵机的动作方向与遥控操纵杆操作的方向一致则为正相，不一致则为反相，新配对的遥控器或新安装的舵机可能存在相位不一致的情况，所以需要改正，舵机相位如图 5-88 所示。

5.3.9　舵量显示操作

舵量显示是指通过遥控器屏幕可以查看各个通道的工作状态，也可以分辨通道的正反相，当辅助通道被重新定义时可通过舵量显示查看某个开关与通道的对应关系，通常在新组装无人机时用来查看其通道是否正确，舵量显示如图 5-89 所示。

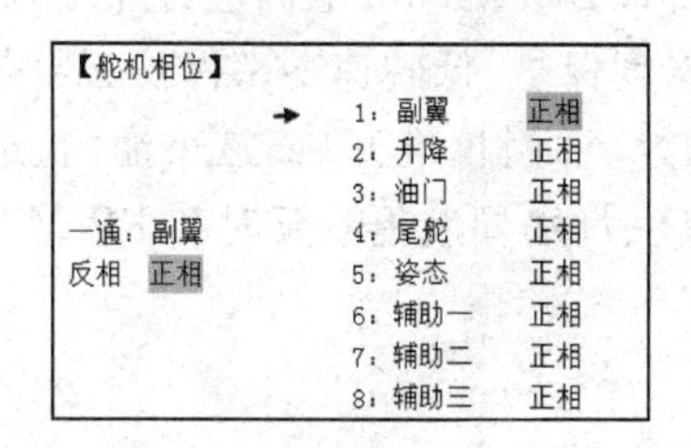

图 5-88　舵机相位

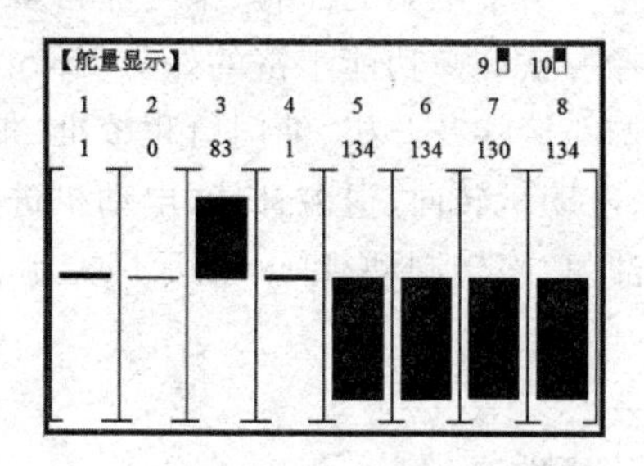

图 5-89　舵量显示

5.3.10　教练功能设置

教练功能是指用两台遥控器用数据线连接后通过功能开关的切换可控制同一台无人机，其主要作用是防止初学者在飞无人机时由于对无人机的性能还未掌握，在发生事故的紧急情况下进行救援。教练的控制能力分为几个等级，可选择性的控制某些功能，教练功能设置如图 5-90 所示。

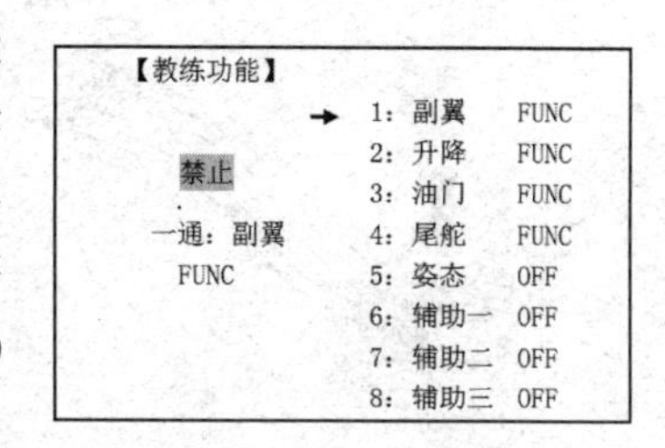

图 5-90　教练功能

5.3.11　可编混控设置

可编混控简单地说就是遥控器上的一个摇杆或者一个开关的操作，可以发射出两路或者多路的信号给接收机，或者说一个操纵杆的操作同时控制两个或两个以上的通道，这个就是混合控制，简称混控。这里要区分一下，并不是将两个舵机共同接在一个接收机通道上一起动作。混控常见的应用例如用于三角翼无人机的控制，因为三角翼无人机副翼和尾翼是共用的，它的副翼既控制无人机的转向动作，也控制无人机的升降动作。遥控器的混控功能不仅能控制多通道，还可以设置多组混控，每个混控的参数均可修改，也称为可编混控，如图 5-91 所示。

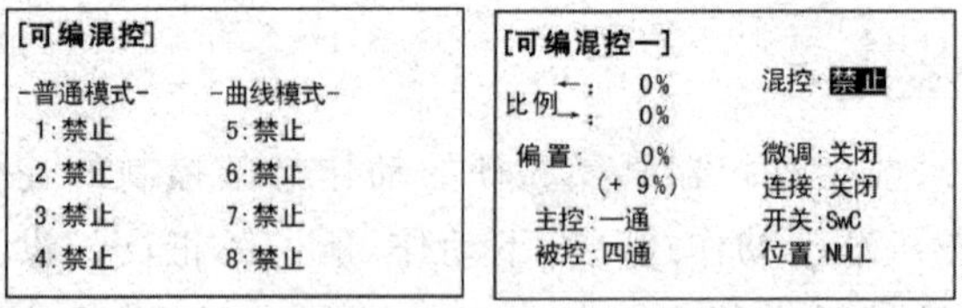

[可编混控]

-普通模式- -曲线模式-
1:禁止 5:禁止
2:禁止 6:禁止
3:禁止 7:禁止
4:禁止 8:禁止

[可编混控一]

比例 ←: 0%
→: 0%
偏置: 0%
(+ 9%)
主控:一通
被控:四通
混控:禁止
微调:关闭
连接:关闭
开关:SwC
位置:NULL

图 5-91 可编混控

5.4 多旋翼无人机动力系统调试

多旋翼无人机按动力类型分为电动和油动,由于电动多旋翼无人机使用非常普遍,也是新手入门的首选类型,所以本节主要以电动多旋翼无人机进行介绍。

电动多旋翼无人机动力系统包括电池、电调、电动机和桨叶,动力系统的调试主要针对电调进行。由于电调的品牌、型号非常多,而且每种电调的功能和调试方法也有区别,本节内容选择一款调参功能丰富的好盈 XRotor Micro 40A BLHeli_32 电调进行介绍,调试内容包括电调的接线及开机、油门行程校准、加速功率、温度保护、低转速功率保护、低压保护、电流保护、电动机转向、退磁补偿、电动机进角、最大加速、油门校准开启、最小油门、最大油门及中位油门、停转制动、LED 指示灯控制、提示音强度、灯塔导航提示延时和 PWM 频率。

5.4.1 电调调试

1. 接线方法

好盈 XRotor Micro 40A BLHeli_32 接线方法如图 5-92 所示。

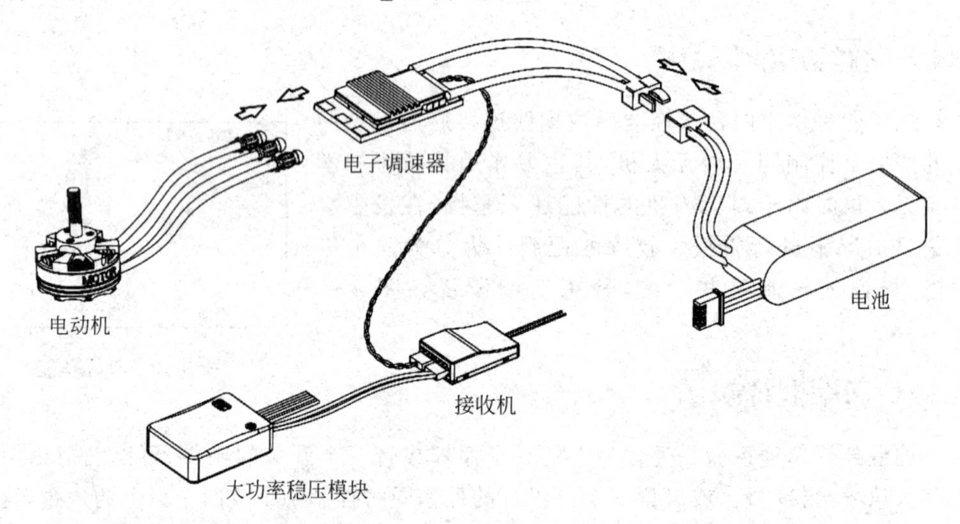

图 5-92 好盈 XRotor Micro 40A BLHeli_32 接线方法

2. 开机过程

好盈 XRotor Micro 40A BLHeli_32 开机过程如图 5-93 所示。

3. 油门行程校准

好盈 XRotor Micro 40A BLHeli_32 油门行程校准过程如图 5-94 所示。

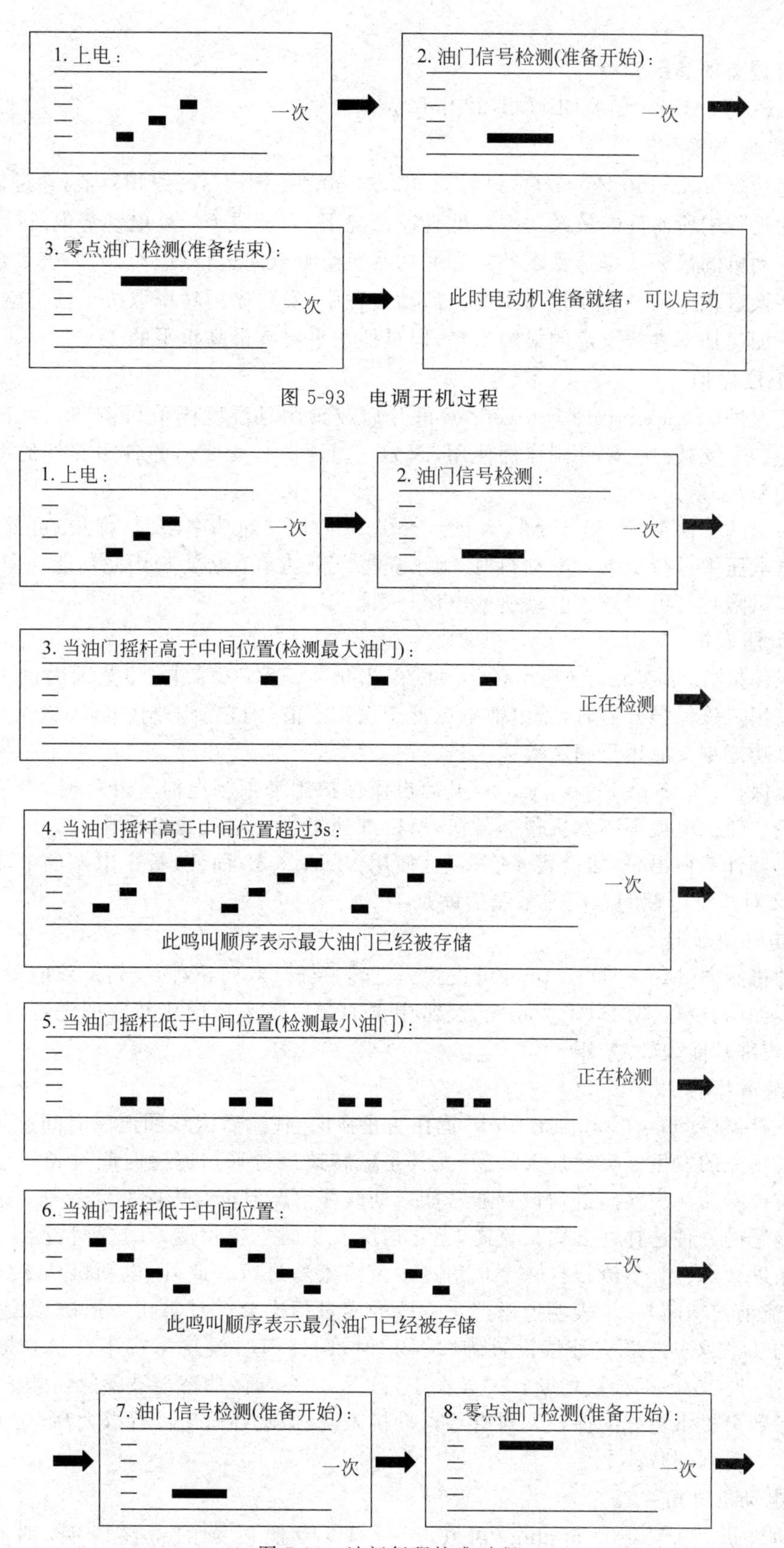

图 5-93　电调开机过程

图 5-94　油门行程校准过程

4. 可调节的参数介绍

以 XRotor Micro 40A BLHeli_32 电调为例。

1）加速功率

加速功率(Rampup Power)可设置为 3%～150%范围内(任意)相对值，它是低转速加速时或启动过程中所允许的最大功率。低转速情况下，为了便于低反电动势电压检测，从电调输出到电动机的最大功率是受限的。加速功率也影响双向运行/操作，因为该参数是用来限制方向转换过程中(所应用的)功率的。启动过程中，实际应用功率取决于油门输入(大小)，它可低于加速功率参数设定的最高水平，但最低水平要有最高水平的 1/4。

2）温度保护

温度保护(Temperature Protection)可开启或禁用且温度阈值可调节。可调节阈值主要是作为一个支持专供硬件制作商使用，因为不同硬件对所使用的各零部件的最大温度有不同的偏差/公差。

低转速功率保护(Low RPM Power Protection)低转速功率限制(保护)可开启或禁用。在低供电电压下运行低 *KV* 电动机时，为了获得全额功率有必要禁用此功能。但是，禁用会增加失步风险且有可能导致电动机或电调烧毁。

3）低压保护

低压保护(Low Voltage Protection)可在 2.5～4.0V(每节电池)范围内调节电池电压或直接禁用。该保护开启时，若电池电压低于设定阈值，则它会限制(电调)输送到电动机的功率。该功能主要应用于固定翼无人机。

电流保护(Current Protection)可开启电流保护用来限制电流。开启时，电流会限制在设定的最大值。电流限制发生得非常快，所以加速过程中电流也会受限制。电流保护的值是根据电调计算得出，例如设置 4 旋翼上(使用 BLHeli_32 固件)每个电调的电流限制值为 40A，那么对 4 个电调的总电流限制值就是 160A。

4）电动机转向

电动机旋向(Motor Direction)可设置为正转、反转、双向，双向反转。双向模式下，中位油门为零油门，中位油门以上为正向旋转，中位油门以下为反向旋转。选定双向运行/操作后，油门校准功能失效/禁用。

5）退磁补偿

退磁补偿(Demag Compensation)旨在防止换向/整流后因线圈退磁时间过长而导致电动机停转现象的发生。突然加大油门(尤其是低转速运行)时，退磁时间过长一般会引发电动机停转或卡滞。高换向进角设置通常能帮助改善情况但也会影响驱动效率。退磁补偿是应对该问题的一种选择性方案。首先，退磁情况发生时它会检测，在这种情况下，不知道电动机进角度数，换向/整流根据一个预估进角值摸索着进行。此外，电动机功率会在下一次换向/整流前被切断，一个表明退磁严重程度的度量标准会被计算出。退磁程度越严重，则被切断的功率越多。退磁补偿设置为“关闭”时，则任何时候功率都不会被切断。设置为“低”或“高”时，功率都会被切断。差异在于，设置为“高”时，功率会被骤然切断。一般来说，高补偿参数可提供更好的保护。对有些电动机来说，退磁补偿值设置得太高，最大功率也会一定程度地受到削减。

6）电动机进角

电动机进角(Motor Timing)可在 1°～31°(参照后面的备注说明，即 0.9375°～

29.0625°)范围内以大约 1°(这里的实际准确值是 0.9375°)的步长来进行调节。一般来说，中间(水平)设置即可工作良好，但若出现电动机卡滞问题，可通过调大进角来进行改善。有些高电感电动机会有很长的换向/整流退磁时间，这样就会导致电动机在突然加大油门(尤其是低速运行)时出现停转或卡顿。高(水平)进角设置允许更长的退磁时间，所以(对前面的问题)通常能起帮助作用。该参数项也可设置为"自动"。在这样的情况下，代码监测退磁时间及保证进角尽可能低同时又不出现退磁方面问题。在性能良好的电动机上，进角在整个功率范围都可设置为低水平，这样最大功率也会被削减。在性能不佳的电动机上，可按需调大进角，这样可以改善时间余量以防电动机失步。

7) 最大加速

最大加速(Maximum Acceleration)可在 0.1%/ms～25.5%/ms 范围内进行调节，它也可设置到最大值，这样的情况下，加速就不受限制，限制加速主要是作为一个辅助参数(在遇到过硬加速导致失步/不同步情况时)来使用。例如，当"最大加速"设置到 10%/ms 时，就意味着应用到电动机上的功率增加速度不允许超过 10%/ms。

8) 油门校准开启(Throttle Cal Enable)

若禁用，油门校准功能则失效/禁用。

9) 最小油门、最大油门及中位油门(Minimum Throttle, Maximum Throttle and Center Throttle)

这些设置设定电调油门行程，且中位油门只用于双向运行/操作，这些设置对应的值为一般的 1000～2000μs 输入信号；对其他输入信号来说，这些值一定要依比例决定；对 Dshot 输入信号来说，这些设置都不起作用。

10) 停转制动

停转制动(Brake On Stop)可在 1%～100%范围内进行调节或直接禁用。非禁用情况下，零油门时，会按规定的刹车力度制动；非零油门时，该项设置无任何效果。该功能主要是应用于带折叠桨的固定翼无人机。在某些电调上，不能线性设置该项功能，只能直接开启(设置在 1%～100%范围内任何值，都会以 100%的力度来制动)或禁用(应用于带 EN/PWM 类型 FET 驱动程序的电调)。

11) LED 指示灯控制

LED 指示灯控制(LED Control)该项设置可控制支持该功能的电调上的 LED 指示灯，实际可控制多达 4 盏 LED 指示灯亮起或熄灭。

提示音强度(Beep Strength)：该项用来设置正常运行情况下提示音强度。

灯塔导航提示音强度(Beacon Strength)：该项用来设置导航提示音强度。若零油门信号持续一段时间，电调即会发出导航提示音。注意，导航提示音强度设置过高会导致电动机或电调发热。

12) 灯塔导航提示延时

导航提示延时(Beacon Delay)用来设置导航提示音开始前延时的长短。

13) PWM 频率

电动机 PWM 频率(PWM Frequency)可在 16～48kHz 范围内进行调节。高 PWM 频率可使电动机运行更平滑，可调节频率。考虑到移动油门响应过程中较小但可能恼人的"颠簸"，所有电调都存在这些"颠簸"问题，使用 BLHeli_32 固件，可在转速范围内移动这些"颠簸”到系统对其没那么敏感的位置。

5.4.2 电调调参软件调参

电调调参的方法有多种，如使用遥控器的操作进行简单的设置、使用编程卡调参、使用电调调参软件调参(BLHeliSuite)。本节主要介绍BLHeliSuite软件使用方法，该软件通过飞控将电调和计算机连接，可对多种品牌、型号电调刷固件、调参。

1. 软件介绍

BLHeliSuite是一款专业的电调调参软件，功能强大，使用方法简单，能对多种品牌、多种型号的电调进行调参。调参内容主要包括Startup Power(启动强度)、Temperature Protection(温度保护阈值)、Low RPM Power Protection(低转速保护)、Motor Direction(电动机转向)、Demag Compensation(消磁补偿)、Motor Timing(电动机进角设置)、PPM Min Throttle(最低行程点)、PPM Max Throttle(最高行程点)、PPM Center Throttle(油门中点位置)、Braker On Stop(在停止时刹车)、Startup Beep Volume(开机上电启动音的强度音量)、Beacon Volume(信号音、提示音的强度音量)、Beacon Delay(通电待机提示音的延迟时间)。其中最常用的功能是改变电动机转向。通常改变电动机转向需要调换电动机和电调的电源线，如果电源线是焊接的话，调换线路非常麻烦，但如果使用这款软件更改转向就非常方便了。

2. 使用方法

(1) 使用时请勿装螺旋桨，接入动力电池，将装有电调的飞控连接计算机，打开BLHeliSuite，软件主界面如图5-95所示。

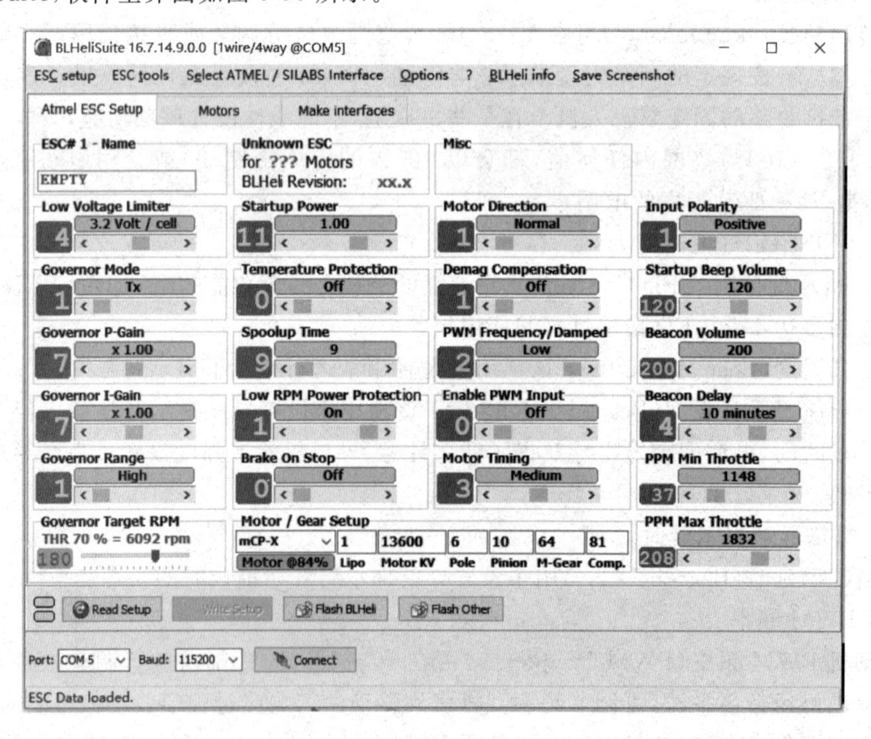

图5-95 主界面

(2) 连接方式有多种，根据飞控使用调参软件来进行选择，整个过程都是通过飞控连接，如飞控使用的是 CleanFlight 固件，则选择通过 CleanFlight 飞控界面连接电调，如图 5-96 所示。然后在左下角选择通信端口，这个同飞控调参的端口一样，波特率选默认的 115200 即可，单击“连接”按钮，连接后单击“读取设置”按钮(Read Setup)，如图 5-97 所示。

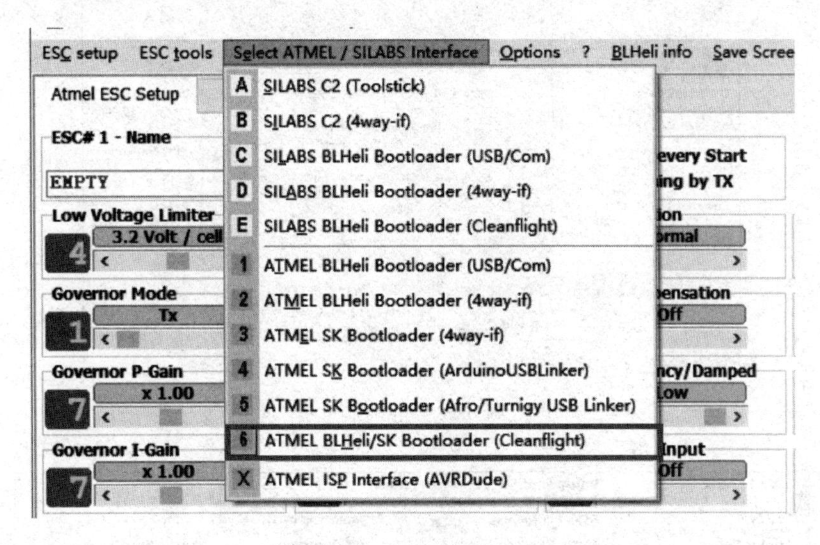

图 5-96　连接步骤(1)

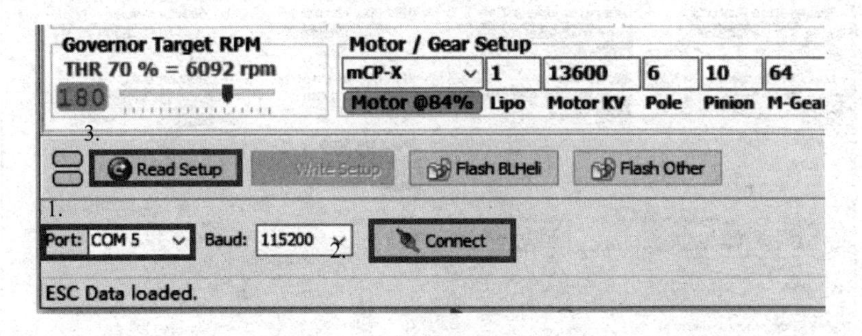

图 5-97　连接步骤(2)

(3) 软件界面会显示 1、2、3、4 四个独立的电调信息，包括电调型号、固件版本和正反转信息等，如图 5-98 所示。调参软件里识别电调都是独立的，不存在四合一电调，四合一电调只是在硬件上整合，在软件控制上是完全独立的，我们只要确认 4 个电调品牌和固件都一致，就可进行调参。除了 read(读取)外，还有 write(写入)，当改变任何配置设置后，需要写入才能生效。Flash 刷写 BLHeli 固件是指电调固件的刷写。

(4) 按下 Read Setup(读取设置)，如图 5-99 所示，显示第一个电调的数据，找到 Motor Direction(电动机转向)，当需要电动机反转时就把 Reversed(相反)变为 Normal(正常)，如果原来电调就是 Normal 那就改为 Reversed，所以这里的 Normal 和 Reversed 并不是绝对的正反转。当调完后按下 Write Setup 按钮(写入设置)，如图 5-100 所示，此时不要忘记当前操作是针对哪个电调的，当前设置为＃1 一号电调(一号电调指的是接在飞控一号输出口的那个电调)。当调完第一个电调后，如果要对二号电调进行操作，可以直接单击下面的一号电调，左上角就会显示当前是＃2 电调了，依此类推，依次调完＃1、＃2、＃3、＃4 电调。

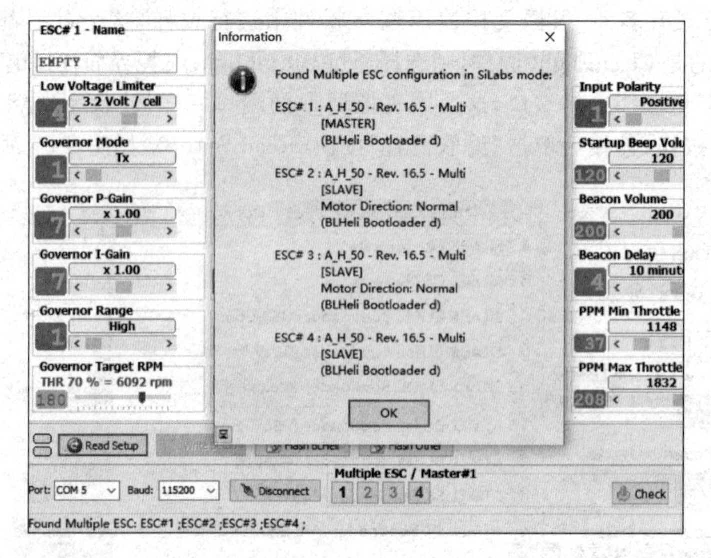

图 5-98 电调信息

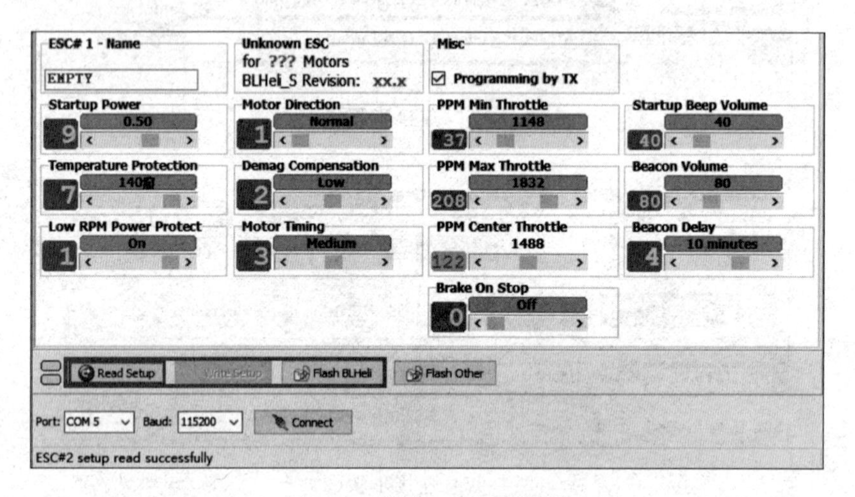

图 5-99 读取一号电调数据

(5) 其他各调参项的设置含义，如图 5-101 所示，图上标明的序号在下文解释。

第 1 项，Startup Power（启动强度），启动功率电调控制电动机从静止、启动到一定的低转速需要一个过程和策略，这个设置相当于选择、缓启动、普通启动还是暴力启动。

第 2 项，Temperature Protection（温度保护阈值），一般设为 140℃即可。

第 3 项，Low RPM Power Protection（低转速保护）。

第 4 项，Motor Direction（电动机转向），Normal 正常、Reversed 反向、Bidirectional 双向旋转（3D 模式），Bidirectional REV 就是在 Bidirectional 的基础上反向，一共 4 个选项，常用的就是前面两个。

第 5 项，Demag Compensation（消磁补偿），一般默认即可。

第 6 项，Motor Timing（电动机进角设置）。

第 7 项，PPM Min Throttle（最低行程点）。

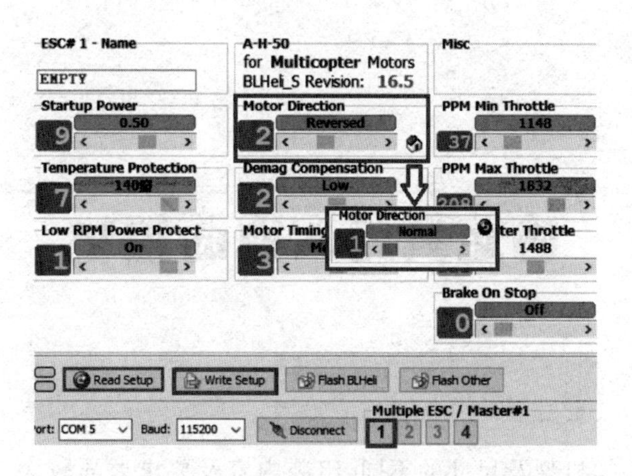

图 5-100　写入设置

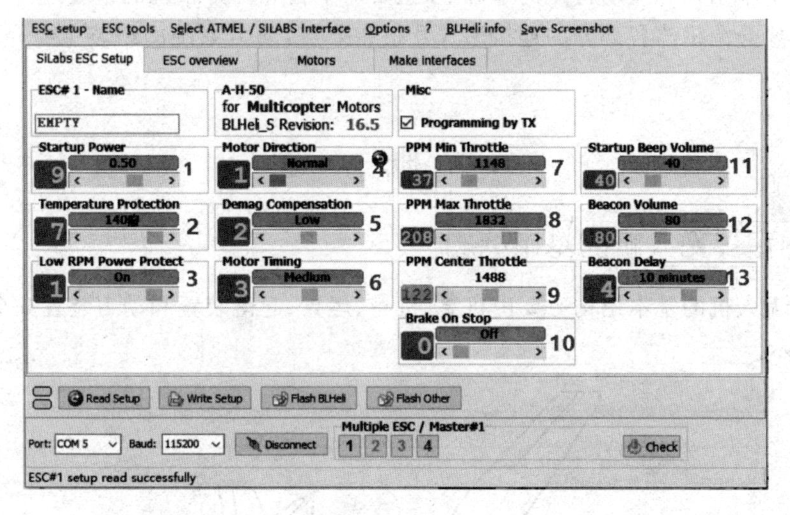

图 5-101　其他设置

第 8 项，PPM Max Throttle（最高行程点），常说的校准电调就是第 7、第 8 这两项。

第 9 项，PPM Center Throttle（油门中点位置），这里是灰色不可调用。

第 10 项，Brake On Stop（在停止时刹车）。

第 11 项，Startup Beep Volume（开机上电启动音的强度音量），这个声音不是越大越好，过大会损伤电动机。

第 12 项，Beacon Volume（信号音、提示音的强度音量）。这项和上面差不多，都是电调让电动机发音的音量，只不过上面是启动音，这里是 BB 音和校准提示音。

第 13 项，Beacon Delay（通电待机提示音的延迟时间），如图 10minutes 表示通电 10min 后不转电动机它就会发出鸣叫提示。

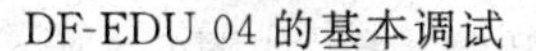

DF-EDU 04 的基本调试　　多旋翼训练机的调试

固定翼无人机的组装

固定翼无人机根据机型及尺寸的不同,组装内容及要求差异较大。本章在基本了解固定翼无人机基本结构和气动特点的基础上,主要对平台和动力系统的组装进行介绍,其中平台的组装主要介绍机体各部分的连接形式及组装要点,动力系统的组装主要介绍选配原则及组装过程。

6.1 概　述

6.1.1 固定翼无人机的基本结构

固定翼无人机的基本结构主要由机翼、机身、尾翼、起落装置和动力装置 5 个部分组成,如图 6-1 所示。

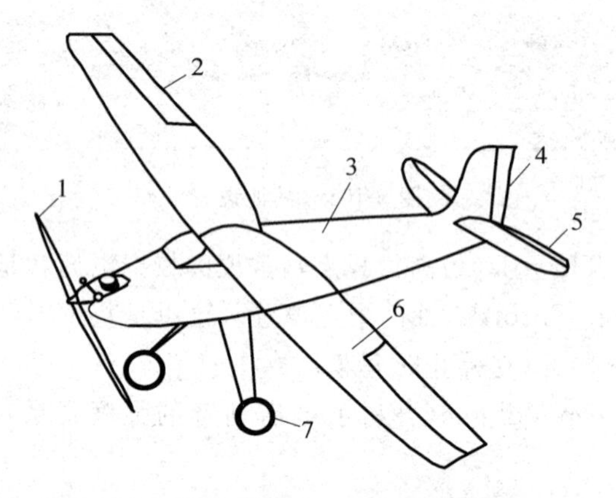

图 6-1　固定翼无人机的基本结构

1—螺旋桨; 2—副翼; 3—机身; 4—垂直尾翼; 5—水平尾翼; 6—机翼; 7—起落架

1. 机翼

机翼的主要功能是产生飞行所需要的升力。固定翼无人机机翼一般都安装有襟翼和副翼,其位置在机翼后缘活动面上,靠近机身一侧的为襟翼,放下襟翼时机翼产生升力增大,常用于起飞、着陆阶段。靠近翼尖一侧的为副翼,操纵副翼可控制滚转运动。机翼上可安装油箱、武器、起落架等附加设备。

机翼的基本组成结构有翼梁、纵墙、桁条、翼肋和蒙皮等,如图 6-2 所示。

(1) 纵向骨架: 指沿着翼展方向布置的构件,主要包括翼梁、纵墙和桁条。翼梁作为机翼

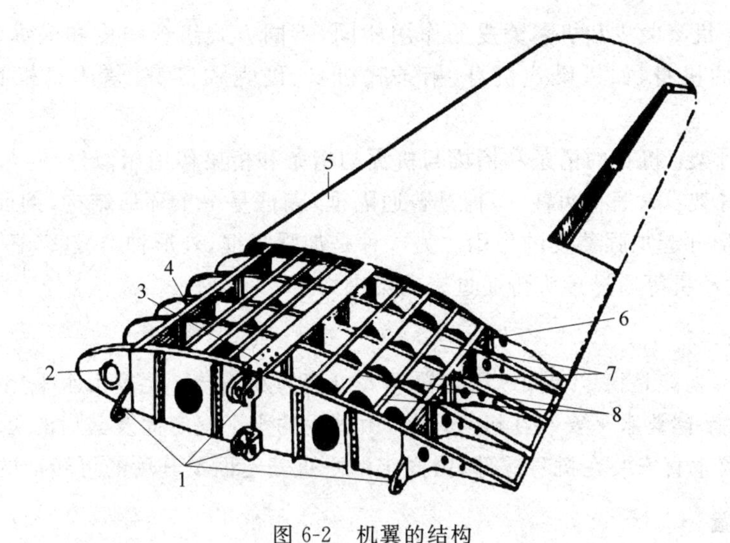

图 6-2　机翼的结构

1—接头；2—加强肋；3—翼梁；4—前墙；5—蒙皮；6—后墙；7—翼肋；8—桁条

的主要构件，主要功能是承受力的作用，包括弯矩和剪力。纵墙与翼梁构造相似，但缘条要细得多，它多布置在靠近机翼前后缘处，与蒙皮形成封闭的合段承受扭矩，与机身连接方式为铰接。桁条是用铝合金挤压或板材弯制而成，与翼肋相连并且铆接在蒙皮内表面，支持蒙皮以提高其承载能力，更好地承受机翼的扭矩和弯矩，并与蒙皮共同将气动力分布载荷传给翼肋。

(2) 横向骨架：指垂直于翼展方向的构件，主要是指翼肋，一般包括普通翼肋和加强翼肋。普通翼肋的作用是将纵向骨架和蒙皮连成一体，把由蒙皮和桁条传来的空气动力载荷传递给翼梁，并保持翼剖面的形状。加强翼肋除了拥有普通翼肋的功能外，还要承受和传递较大的集中载荷。

(3) 蒙皮：主要用于承受局部空气动力和形成机翼外形。现代高速无人机的蒙皮多是用硬铝板材制成的金属蒙皮，通过铆接的形式与骨架(翼梁、桁条、翼肋)连成一个整体，承受气动载荷。

2. 机身

机身的主要功能是装载燃料和设备，同时作为固定翼无人机安装基础，将机翼、尾翼、起落装置等连成一个整体。机身的结构如图 6-3 所示，由外部的蒙皮、纵向骨架桁条、桁梁和横向骨架(普通隔框和加强隔框)组成。

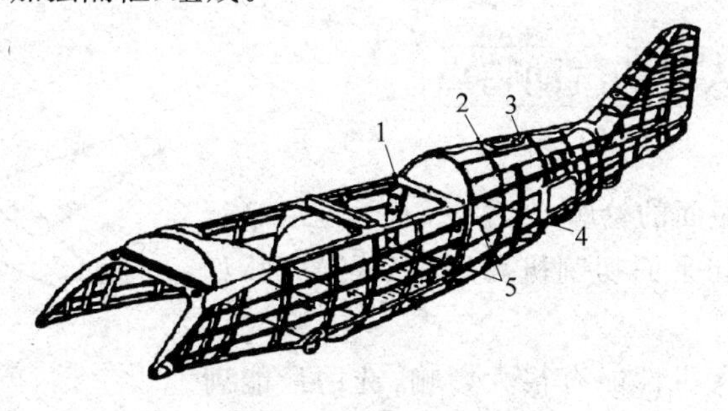

图 6-3　机身的结构

1—桁梁；2—桁条；3—蒙皮；4—加强隔框；5—普通隔框

(1) 蒙皮：机身蒙皮和机翼蒙皮的作用相同，不同方式组合蒙皮和横纵骨架可以形成不同构造形式的机身，如横梁式机身、桁条式机身、硬壳式机身、整体式机身和夹层式机身等。

(2) 纵向骨架：机身的桁条和桁梁与机翼的桁条和桁梁作用相似。

(3) 横向骨架：隔框有两种，一种是普通隔框，隔框是一个环形结构，剖面尺寸较小，用以维持机身外形并起加强蒙皮的作用。另一种是加强隔框，外形种类较多，还需要承受其他部件如机翼、发动机等通过接头传递过来的集中力。

3. 尾翼

尾翼的主要功能是稳定和操纵固定翼无人机俯仰及偏转。尾翼由水平尾翼和垂直尾翼两部分组成，水平尾翼水平安装在机身尾部，由固定的水平安定面及其后的可转动的升降舵组成；垂直尾翼垂直安装在机身尾部，由固定的垂直安定面及其后的可转动的方向舵组成。

4. 起落装置

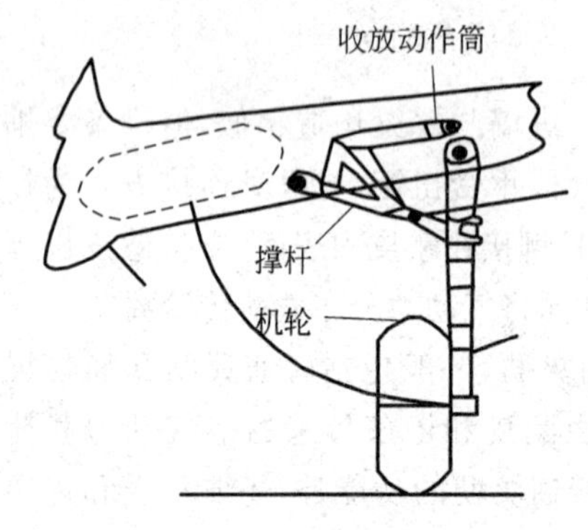

图 6-4　起落架的结构

起落装置的主要功能是支撑无人机在地面上的活动，包括起飞和着陆滑跑、滑行、停放。无人机的起落架一般由支柱、减振器、机轮和收放机构 4 部分组成，如图 6-4 所示。

(1) 支柱：主要起支撑作用并作为机轮的安装基础。为了减轻重量，也常将减振器与机轮合为一体成为减振支柱。

(2) 减振器：主要作用是吸收着陆和滑跑冲击能量。无人机在着陆接地瞬间或在不平的跑道上高速滑跑时，与地面发生剧烈的撞击，除充气轮胎可起小部分缓冲作用外，大部分撞击能量要靠减振器吸收。

(3) 机轮：与地面接触支持无人机的重量，减少地面运动的阻力，可以吸收一部分撞击动能，有一定的减振作用。机轮上装有刹车装置，使无人机在地面上具有良好的机动性。

(4) 收放机构：用于收放起落架以及固定支柱，飞行时可减少阻力。

5. 动力装置

动力装置的主要功能是产生拉力(螺旋桨式)或推力(喷气式)，使无人机产生相对空气的运动。

6.1.2 固定翼无人机的气动特点

1. 翼型

翼型是指机翼横截面的轮廓，也称翼剖面，是沿平行于无人机对称平面的切平面切割机翼所得到的剖面，如图 6-5 所示。

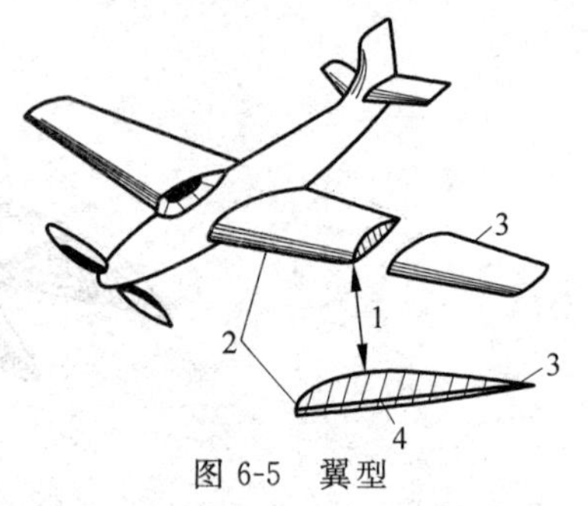

图 6-5　翼型

1—翼剖面；2—前缘；3—后缘；4—翼弦

翼型的特性对无人机性能有很大影响，选用最能满足结构、强度方面等要求的翼型非常重要。翼型各部分的名称如图 6-6 所示。一般翼型的前端圆钝，后端尖锐，下表面较平，呈鱼侧形，前端点叫作前缘，后端点叫作后缘，两端点之间的连线叫作翼弦。

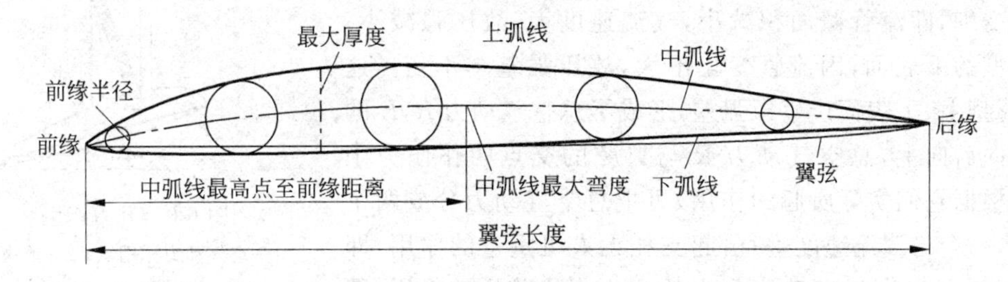

图 6-6 翼型参数

机翼的基本平面形状有矩形翼、椭圆翼、梯形翼、后掠翼、三角翼等，各种不同平面形状的机翼，其升力、阻力之所以有差异，与机翼平面形状的各种参数有关。机翼平面形状的几何参数主要有机翼面积、翼展、展弦比和后掠角等，如图 6-7 所示。

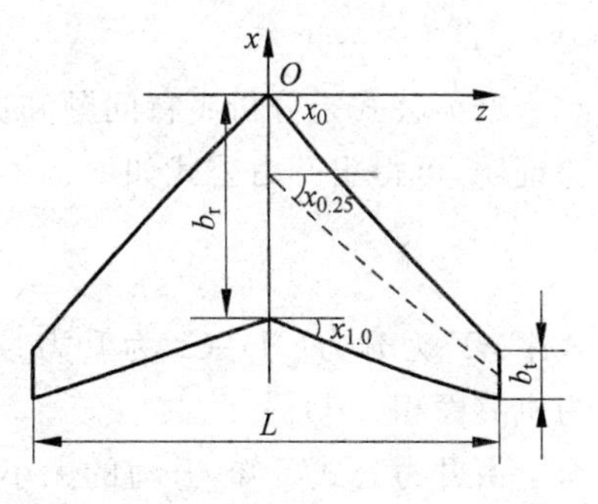

图 6-7 机翼平面形状的几何参数

(1) 机翼面积：指机翼在机翼基本平面上投影面积，用 S 表示。

(2) 翼展：在机翼之外刚好与机翼轮廓线接触，且平行于机翼对称面(通常是无人机参考面)的两个平面之间的距离称为机翼的展长，用 L 表示。

(3) 展弦比：机翼翼展的平方与机翼面积之比，或者机翼翼展与机翼平均几何弦长(机翼面积 S 除以翼展 L)之比，即 L^2/S。

(4) 后掠角：描述翼面特征线与参考轴线相对位置的夹角。用 x 表示，通常 x_0 表示前缘后掠角，$x_{0.25}$ 表示 1/4 弦线后掠角，$x_{2.0}$ 表示后缘后掠角。后掠角表示机翼各剖面在纵向的相对位置，也即表示机翼向后倾斜的程度，后掠角为负表示翼面有前掠角。

2. 升力的产生及影响因素

1) 升力的产生

翼弦与相对气流速度之间的夹角叫迎角，如图 6-8 所示。迎角不同，相对气流流过机翼时的情况就不同，产生的空气动力就不同，所以迎角是无人机飞行中产生空气动力的重要参数。迎角有正负之分，相对气流指向翼弦下方为正迎角，相对气流指向翼弦上方为负迎角。

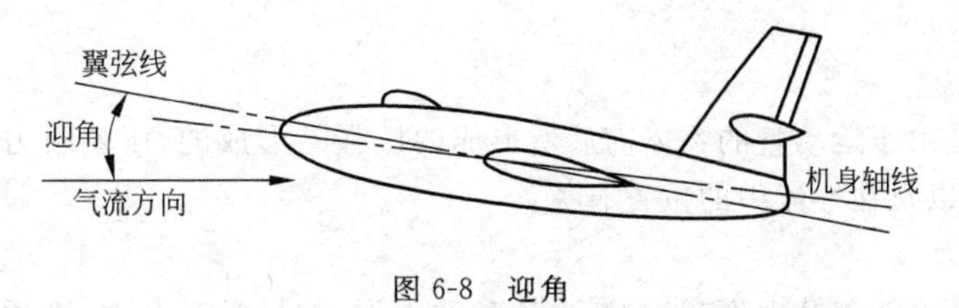

图 6-8 迎角

假设翼型有一个不大的迎角，当气流流到翼型的前缘时，气流分上、下两股分别流经翼型的上、下翼面。由于翼型的作用，当气流流过上翼面时流动通道变窄，气流速度增大；而当气流流过下翼面时，由于翼型前端上仰，气流受到阻拦，且流动通道扩大，气流速度减小。

根据连续性定理和伯努利定理可知，在翼型的上表面，因流管变细，即流管截面积减小，气流速度大，故压强减小；而翼型的下表面，因流管变化不大，故压强基本不变。这样，翼型上、下表面产生压强差，形成了总空气动力 R，R 的方向向后向上，总空气动力 R 与翼弦的交点叫作压力中心。根据它们实际所起的作用，可把总空气动力分成两个分力，一个与气流速度垂直，起支托无人机重量的作用，即升力 Y；另一个与流速平行，起阻碍无人机前进的作用，即阻力 D，如图 6-9 所示。

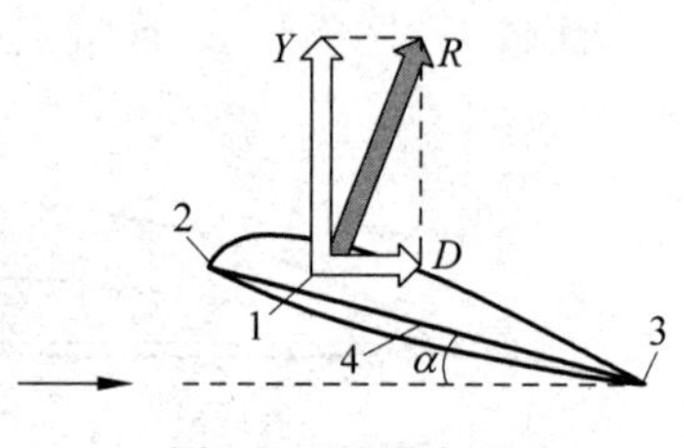

图 6-9　升力产生

1—空气动力作用点；2—前缘；3—后缘；4—翼弦

2）升力公式

升力公式是分析飞行问题和进行飞行性能计算最重要、最基本的公式。经过理论和实验证明，可得出升力公式如下：

$$Y = \frac{1}{2}C_y\rho v^2 S$$

式中：Y 为升力(N)；C_y 为升力系数；ρ 为空气密度($\mathrm{kg/m^3}$)；v 为相对气流速度(m/s)；S 为机翼面积($\mathrm{m^2}$)。

由升力公式可知，升力的大小与机翼面积、相对气流速度、空气密度及升力系数有关，而升力系数又与迎角和翼型有关。

3. 阻力的产生及影响因素

只要物体同空气有相对运动，必然有空气阻力作用在物体上。无人机飞行时，不但机翼上会产生阻力，无人机的其他部件如机身、尾翼、起落架等都会产生阻力，机翼阻力只是无人机总阻力的一部分。

飞行阻力按其产生的原因不同，可分为摩擦阻力、压差阻力、诱导阻力和干扰阻力。

1）摩擦阻力

摩擦阻力是由于大气的黏性而产生的。当气流以一定速度 v 流过无人机表面时，由于空气的黏性作用，空气微团与无人机表面发生摩擦，阻滞了气流的流动，因此产生了摩擦阻力。摩擦阻力的大小，取决于空气的黏性、无人机表面的状况、附面层中气流的流动情况和同气流接触的无人机表面积的大小。空气的黏性越大，无人机表面越粗糙，无人机的表面积越大，则摩擦阻力越大。为了减少摩擦阻力，可以减少无人机同空气的接触面积，也可以把表面做光滑些，以减少它的摩擦阻力；也可选择升阻比大的翼型，以及减小相对气流速度。

2）压差阻力

压差阻力是由于运动着的物体前后所形成的压强差形成的，压差阻力的大小同物体的迎风面积、形状以及在气流中的位置有关。

3）诱导阻力

诱导阻力是伴随着升力而产生的，也称升致阻力，如果没有升力，则诱导阻力为零。诱导阻力与机翼的平面形状、翼剖面形状、展弦比等有关，可以通过增大展弦比、选择适当的平面形状(如椭圆形机翼的平面形状)、增加翼梢小翼等来减小诱导阻力。在相同条件下，椭圆形机翼的诱导阻力最小，矩形机翼的诱导阻力最大。

4）干扰阻力

干扰阻力是无人机各部分之间因气流相互干扰而产生的一种额外阻力。无人机的各个部件如机翼、机身、尾翼等，单独放在气流中所产生的阻力的总和并不等于把它们组成一架无人机放在气流中所产生的阻力，往往是前者小于后者，多出来的部分就是干扰阻力。为了减少干扰阻力，在设计中，应妥善考虑和安排各部件的相对位置，同时加装整流罩，连接过渡圆滑，减小旋涡的产生。

4. 拉力

对于固定翼无人机来说，除了少数大型高速无人机采用目前还不十分普及的喷气发动机外，大部分的中小型民用固定翼无人机都是依靠螺旋桨产生拉力/推力，实质上，拉力也是推力，只是对于螺旋桨无人机，习惯上称为拉力。因此，螺旋桨的好坏直接影响无人机飞行性能甚至安全。

1）螺旋桨介绍

螺旋桨是指靠桨叶在空气或水中旋转，将发动机转动功率转化为推进力的装置，可有两个或较多的桨叶与毂相连，螺旋桨的拉力是电动固定翼无人机和油动固定翼无人机常用的前进动力。螺旋桨运作好坏直接影响拉力大小，而拉力大小又关系到无人机的飞行性能。

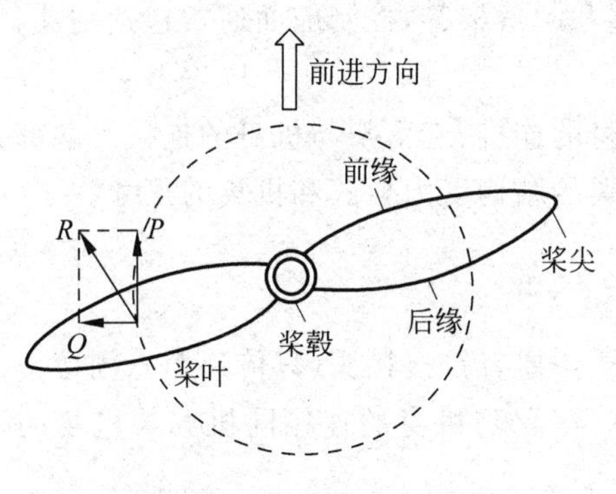

图 6-10　螺旋桨工作原理

螺旋桨的拉力是由各个桨叶的拉力所构成的。因为桨叶的剖面形状与机翼剖面相似，所以螺旋桨产生拉力的原理，也和机翼产生升力的原理相似。

螺旋桨各部分的名称与机翼有很多相似的地方。桨叶相当于机翼的翼面，桨叶也有前缘和后缘，桨叶的剖面形状也和机翼剖面形状差不多，如图 6-10 所示。

但是无人机飞行时，螺旋桨一面旋转产生拉力，一面又前进，所以它的工作情况要比机翼复杂得多。

2）螺旋桨工作原理

图 6-10 所示，空气以一定的迎角流向桨叶时，流过桨叶前桨面，就像流过机翼上表面，流管变细，流速加快，压强降低；空气流过桨叶后桨面，就像流过机翼下表面，流管变粗，流速减慢，压强升高。这样，在桨叶的前后桨面和前后缘形成压力差。再加之气流作用于桨叶上的摩擦阻力，就构成了桨叶上的总空气动力 R，根据总空气动力 R 对螺旋桨运动所起的作用，可将它分解成两个分力，一个是与桨轴平行、拉着螺旋桨和无人机前进的拉力 P；另一个是与桨轴垂直、阻碍螺旋桨旋转的旋转阻力 Q。

影响螺旋桨的拉力和旋转阻力的因素与影响机翼的升力和阻力的因素非常类似，主要有桨叶迎角、桨叶切面合速度、空气密度、螺旋桨直径、桨叶数量、桨叶切面形状及维护使用情况等。

3）螺旋桨的副作用

螺旋桨在工作中，一方面产生拉力，提供无人机的前进动力；另一方面还会产生一些对飞行不利的副作用，主要有螺旋桨的进动、反作用力矩和滑流扭转作用等。

6.1.3 组装步骤

对于尺寸近似有人机的固定翼无人机，一般应参考有人机的装配要求，其构造复杂、零件数量多，装配步骤有严格规定，装配精度要求高，因此，整个装配过程是一个复杂多学科的技术综合管理过程。

固定翼无人机的组装主要由平台组装、动力系统组装、飞控系统组装、电气系统组装以及机载设备组装组成。本节主要对固定翼无人机的平台组装和动力系统组装进行介绍，飞控系统、电气系统及机载设备的组装则参见“第 4 章　多旋翼无人机的组装”，组装方法及调整原则基本相同，这里不再展开介绍。一般固定翼无人机产品组装步骤由其生产单位确定，在不影响飞行性能的前提下，部分组装顺序可适当调整，并且不同的固定翼无人机产品，其组装步骤可能会要求两个或两个以上的系统并行组装。建议一般的组装步骤为平台组装→动力系统组装→飞控系统组装→电气系统组装→机载设备组装。

6.2 固定翼无人机平台的组装

固定翼无人机的平台通常包括机翼、机身、尾翼和起落架等，控制舵面通常包括副翼、升降舵和方向舵等。

组装过程主要是机翼与机身的连接、尾翼与机身的连接、起落架与机身的连接。各部分之间的对接原则、对接接头的位置和数量取决于机翼的结构受力形式和机翼的尺寸。

6.2.1 大型无人机的组装连接

大型固定翼无人机，机翼与机身常用的连接形式主要有铰接接头（只传递力）、固接接头（传递力和力矩）、围框式接头（传递力和力矩）3 种。尾翼与机身的连接同机翼与机身的连接相似。

1. 机翼与机身的连接

机翼与机身的连接结构形式与机翼相对机身的位置、机翼受力结构是否穿过机身以及机翼的结构形式有关。一般有下列几种配置情况，如图 6-11 所示。

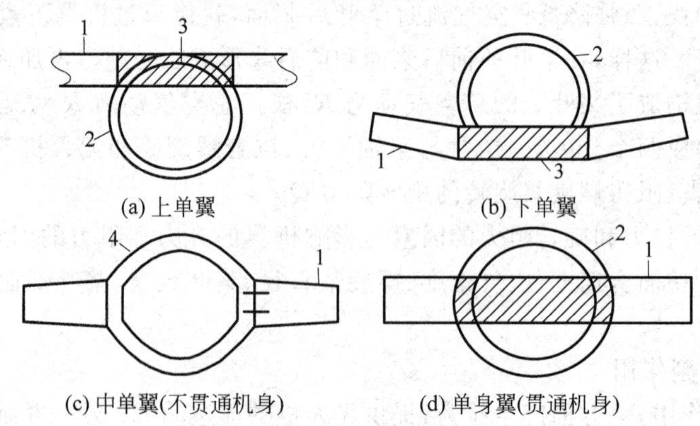

图 6-11　机翼与机身的连接形式

1—机翼；2—机身加强框；3—穿过机身部分；4—锻造框

上单翼或下单翼无人机的左右机翼连成一体贯穿机身，通过中央翼与机身连接，如图6-11(a)和图6-11(b)所示。这种连接形式一般用于大型无人机或民用无人机，机翼多为单块式和多腹板式结构形式。这种结构布置可以使机身内部空间便于利用，结构质量轻，经济性好。

中单翼无人机一般翼面无中央翼贯通机身，如图6-11(c)所示，机翼分成两半与机身在其侧边相连接。这种连接形式主要用于梁式机翼和多腹板式机翼、机翼翼梁接头与机身框接头连接，对接处就是机翼的设计分离面。如果有中央翼，则可将整个中央翼盒或翼梁贯穿机身，如图6-11(d)所示。

1）机翼不贯穿机身的连接

对于机翼不贯穿机身的配置情况，机翼与机身的加强框一般采用集中连接接头对接。连接接头必须能可靠地限制机翼在空间的6个自由度，以便传递相应的3种载荷。因此机翼与机身对接时至少要有一个固接接头和一个铰接接头才能传递机翼上的全部载荷，如图6-12所示。图6-12(a)表示传递弦向阻力和水平弯矩，图6-12(b)表示传递垂直和展向力以及垂直弯矩和扭矩。

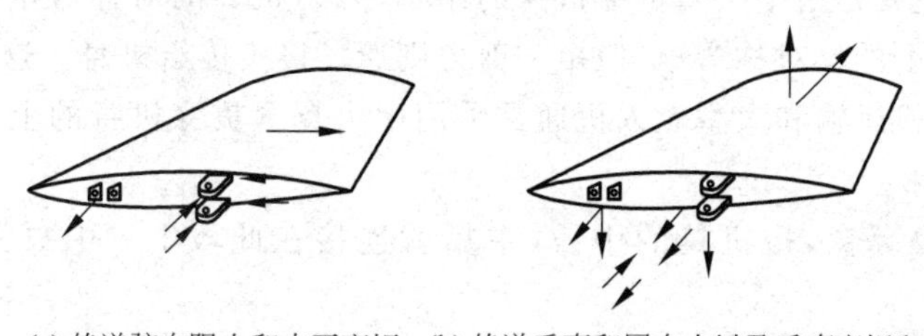

(a) 传递弦向阻力和水平弯矩　(b) 传递垂直和展向力以及垂直弯矩和扭矩

图6-12　机翼不贯穿机身的连接形式

集中连接接头有叉耳式连接接头、盒形件连接接头等多种形式。叉耳连接形式如图6-13所示，可分为水平耳片叉耳连接和垂直耳片叉耳连接。水平耳片叉耳连接接头常用于薄翼型机翼，连接螺栓垂直航向放置。水平耳片叉耳连接接头开敞性好，连接孔便于精加工，维护时装卸方便。垂直耳片叉耳连接接头一般用在机翼结构高度较高的中低速无人机上，中单翼高速无人机也有应用，此时连接螺栓沿航向水平放置。机翼的剪力和弯矩均通过螺栓受剪传递，水平剪力通过耳片挤压传递。当载荷较大时，可采用双耳片或多耳片连接，此时连接螺栓也需加粗。垂直耳片叉耳连接接头上、下耳片的形心间距较小，对承受弯矩不利，而且接头的连接孔精加工困难，维修时拆装不方便。

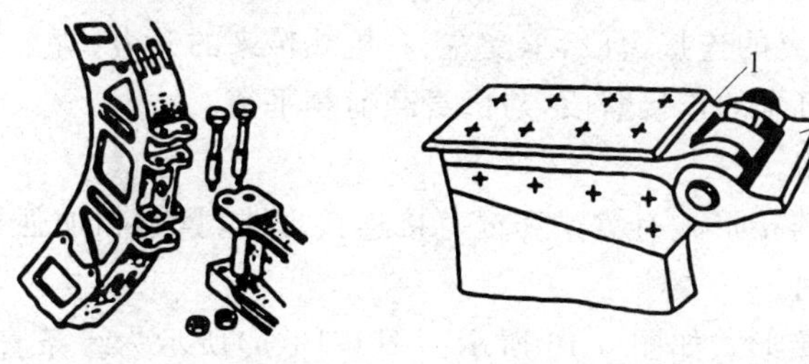

(a) 水平耳片叉耳连接形式　(b) 垂直耳片叉耳连接形式

图6-13　叉耳连接形式

1—机身框接头；2—翼梁接头

机翼和机身连接的其他几种接头连接形式如图 6-14 所示。图 6-14(a)所示的是螺桩式连接接头，在机身对接框上伸出 4 个水平螺栓，插入机身的对接孔内。这种接头连接简单，而且不需要额外的连接段。图 6-14(b)所示为单耳片连接接头，主要传递剪力。图 6-14(c)所示为齿垫式连接接头，其中齿垫可在垂直方向进行微量调节，是一种带设计补偿的接头形式，可以用来传递剪力。

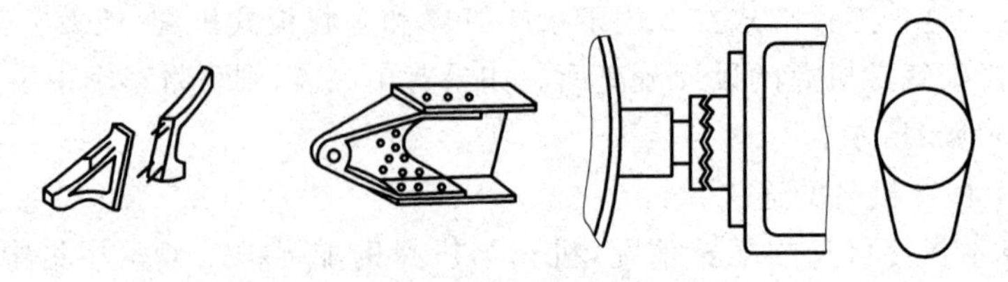

(a) 螺桩式连接接头　(b) 单耳片连接接头　(c) 齿垫式连接接头

图 6-14　集中连接接头的几种形式

2）机翼贯穿机身的连接

机翼贯穿机身主要是指中央翼贯穿机身的结构形式，机翼的对称弯矩传入中央翼后在中央翼平衡，而机翼上的反对称弯矩、扭矩和剪力则通过接头传给机身。这种结构形式质量轻、经济性好。有人机运输和大型无人机通常采用中央翼盒贯穿机身的上单翼或下单翼布局与结构形式。

中央翼全称中央翼盒，指机翼的中段，主翼就连接在此段上。中央翼结构如图 6-15 所示。

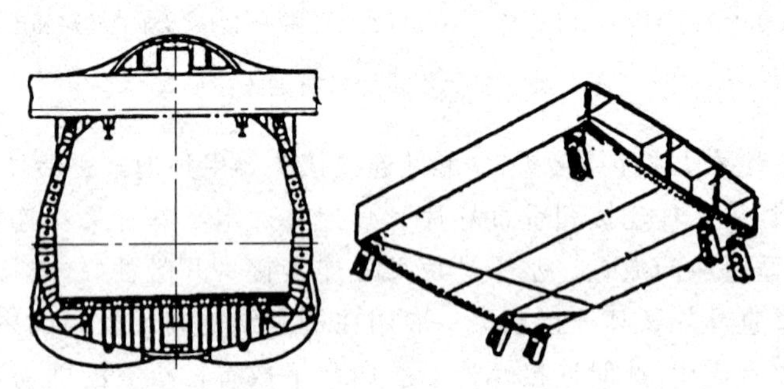

图 6-15　中央翼结构

在大型无人机上，中翼和机身联结为一个整体，并连接发动机短舱及起落架。中央翼盒是连接左、右机翼成为完整机翼的盒形结构件，位于机身内。其主要功能如下。

（1）作为左、右机翼的连接盒段，承受左、右机翼传来的升力、弯矩、扭矩等载荷。

（2）作为机翼与机身的连接盒段，与机身载荷相平衡。

（3）作为油箱使用。

中央翼与机身的连接形式有翼梁和框直接连接形式、翼梁和加强框过渡连接形式以及嵌入式连接形式等几种。

翼梁和框直接连接形式如图 6-16 所示。图 6-16(a)所示为缘条直接连接形式，在中央翼翼梁缘条加厚处，设置前后肢臂，每个连接点通过 4 个或 8 个螺栓与机身加强框外伸立梁接头直接连接，连接螺栓受拉力和压力。图 6-16(b)和图 6-16(c)则主要是通过角盒与机身框连接,机翼上的载荷通过螺栓传递给机身。这3种连接形式结构简单,传力直接,故结构质量较轻。图6-16(d)所示的是下单翼中央翼大梁和机身加强框构成一个整体,机翼上的载荷直接传给机身,结构质量也比较轻。

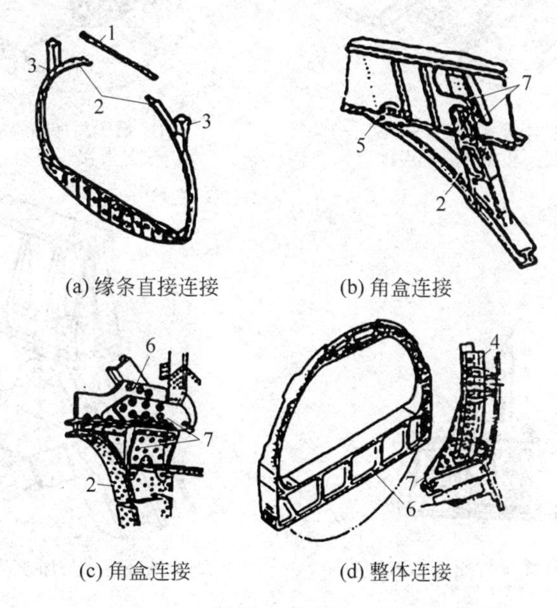

(a) 缘条直接连接　(b) 角盒连接

(c) 角盒连接　(d) 整体连接

图6-16　翼梁和框直接连接形式

1—梁缘条;2—立梁内支臂;3—立梁外支臂;5—传递阻力的接头;
6—中央翼翼梁;7—盒形接头

翼梁和加强隔框过渡连接形式如图6-17所示。图6-17(a)所示为中央翼和中外翼交汇处的上缘条伸出双叉耳接头与机身加强框连接,中央翼就是机身的一部分。有些下单翼无人机,通过过渡接头把机翼翼梁和机身框连接为一体,如图6-17(b)和图6-17(c)所示。图6-17(d)所示为上单翼中央翼梁的下缘条伸出一单耳叉接头与加强框伸出的双耳叉接头连接,螺栓顺航向水平放置,但是这种连接形式的结构质量较重。

嵌入式连接形式如图6-18所示。嵌入式连接是中央翼盒嵌入机身的前、后两个加强框之间,机翼翼梁上有较大的锻造接头,前、后梁上的锻造接头与加强框之间用4个空心销连接,载荷通过空心销受剪来传递。这种销是典型的铰接接头,既简单又易于安装。

2. 尾翼与机身的连接

尾翼垂直安定面和水平安定面的结构与机翼非常相似,也是由梁、桁条和肋构成骨架,外部铆接蒙皮构成。安定面与机身的连接同样是它们的梁与机身隔框连接点通过螺栓连接固定。某无人机垂直安定面与机身的连接情况如图6-19所示,其前梁和后梁下部的接头分别与机身尾段两个加强隔框横梁上的接头用螺栓固定连接。

许多无人机的水平安定面和升降舵为整体结构,即所谓"全动平尾"。因为全动平尾是可操纵的活动翼面,所以它与机身的连接必然是铰链。某无人机的全动平尾与机身的连接情况如图6-20所示,为其主梁上的接头与固定在机身尾部隔框上的支架铰接。配重的作用是把平尾的重心前移到铰链轴线上,防止飞行中舵面在气流激励下发生震颤。

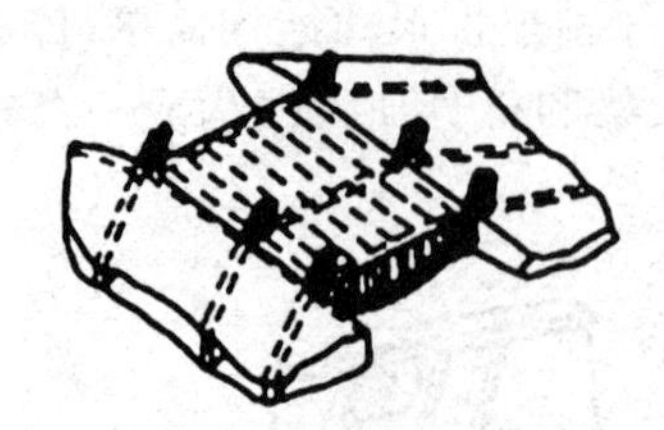

(a) 通过中外翼交汇处的双叉耳接头和加强隔框连接

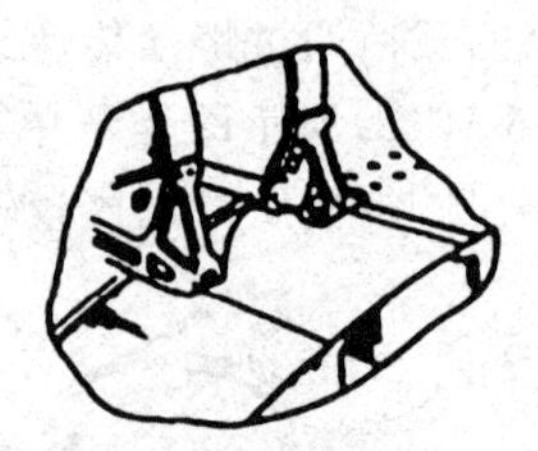

(b) 翼梁与加强隔框通过过渡接头连为一体

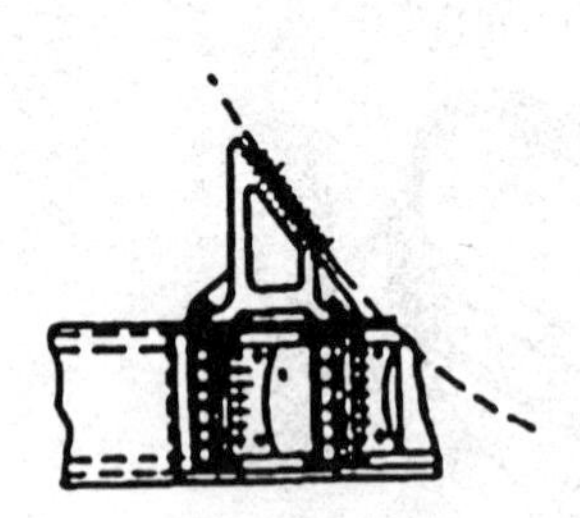

(c) 翼梁与加强隔框通过过渡接头连为一体

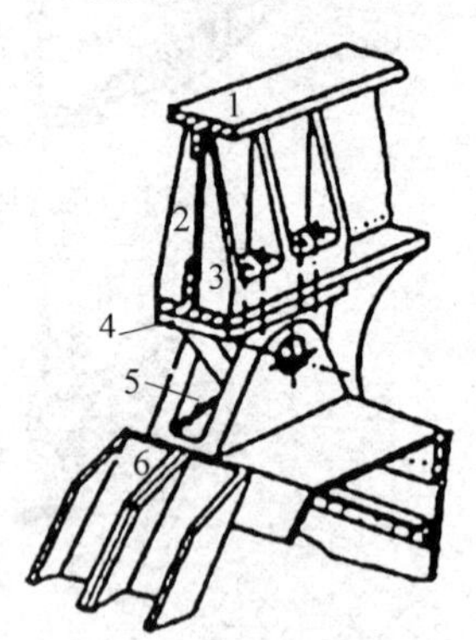

(d) 翼梁下缘条与加强隔框连接

图 6-17　翼梁和加强隔框过渡连接形式

1—梁缘条；2—翼梁前支臂；3—翼梁后支臂；4—单叉耳接头；5—双叉耳接头；6—机身框加强件

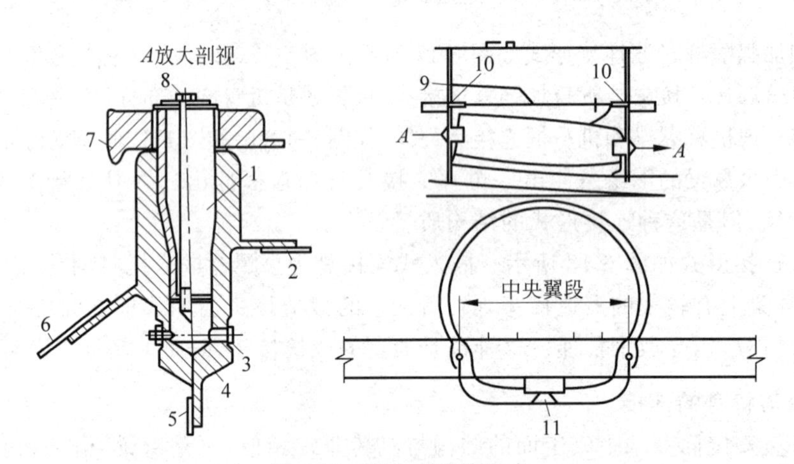

图 6-18　嵌入式连接形式

1—空心销；2—中央翼梁腹板；3—定位螺栓；4—前梁大锻件；5—侧肋腹板；6—中外翼梁腹板；7—机身框大锻件；8—塞子；9—地板；10—地板固定点；11—三角梁

3. 起落架与机身的连接

起落架通常固定在机身加强隔框和(或)纵梁上，可以采用起落架舱，它一般由垂直腹板、水平加强板和两端的加强隔框形成，起落架支点的开口周围用加强构件加强。

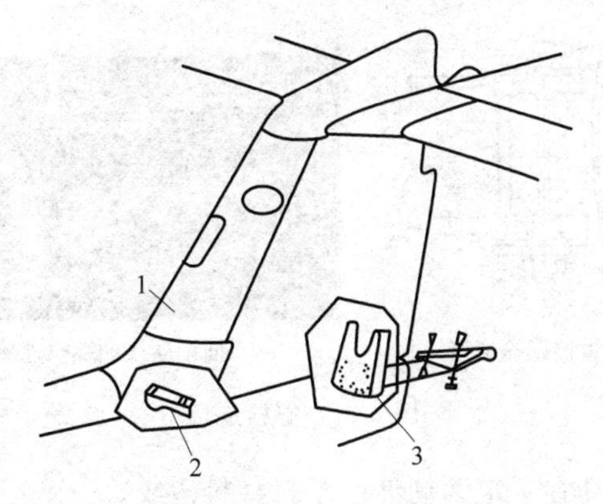

图 6-19　垂直安定面与机身的连接

1—垂直安定面；2—前梁连接接头；3—后梁连接接头

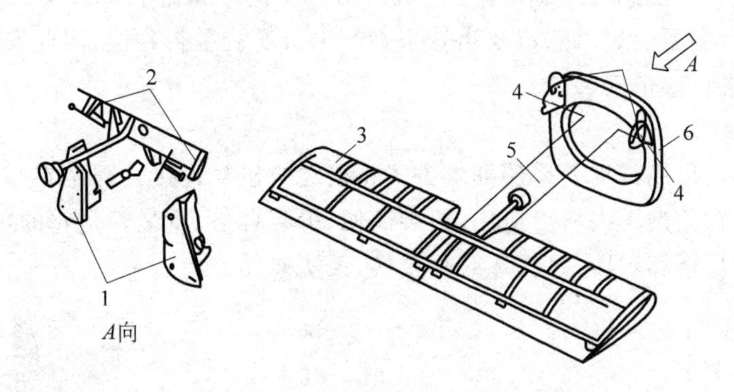

图 6-20　全动平尾与机身的连接

1—固定在隔框上的铰接支架；2—全动平尾铰接接头；3—全动平尾；4—铰接轴承；5—配重；6—隔框

6.2.2 中型及以下无人机的组装连接

中型及以下固定翼无人机，机翼与机身常用的连接形式主要有螺栓连接、卡口连接、插销连接、橡皮筋捆绑、粘胶连接等。

1. 连接方式

1）螺栓连接

螺栓连接是无人机组装中最常用的一种连接方式，其优点在于装拆方便，利于检修，可以增加预紧力防止松动，不会引起连接处材料成分相变。

螺栓连接主要应用于机翼与机身的连接、尾翼与机身的连接、起落架与机身的连接，并且经常与其他连接方式配合使用。

机翼与机身可采用直接螺栓连接，如图 6-21(a)所示；也可采用插销连接加螺栓连接的结构，如图 6-21(b)所示。插接结构适合尺寸较大的固定翼无人机，在机身与机翼之间插入一根销，插销方式阻力小，但结构质量稍大。采用机翼插接结构刚性较好，同时通过螺栓固定机翼与机身的连接，进一步增加强度。

2）卡口连接

卡口连接是用于一个零件与另一个零件的嵌入连接或整体闭锁的机构，通常用于塑料

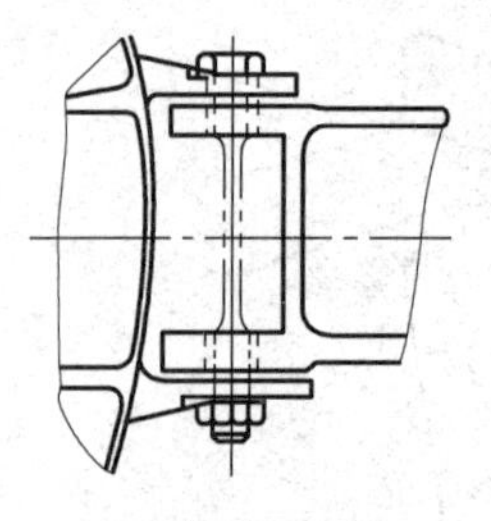
(a) 直接螺栓连接

(b) 插销连接加螺栓连接

图 6-21 螺栓连接

件的连接，其材料通常由具有一定柔韧性的塑料材料构成。

卡口连接最大的特点是安装拆卸方便，可以做到免工具拆卸。一般来说，卡口连接需要与其他连接方式配合使用，连接较稳定。机翼与机身的卡口连接如图 6-22 所示，注意卡口在安装时，操作者主要通过手感以及声音来判断卡口安装是否到位，因此安装过程中应充分弄清结构后，再进行谨慎安装。

3）橡皮筋捆绑

橡皮筋捆绑是指用橡皮筋采用捆绑方式将机翼与机身连接并固定在一起，如图 6-23 所示。此方式常在轻微型无人机上应用，组装简便、拆装容易、重量轻是它的主要特点，但是此种方式在飞行中易损坏，且一旦损坏必须更换，无法修复。

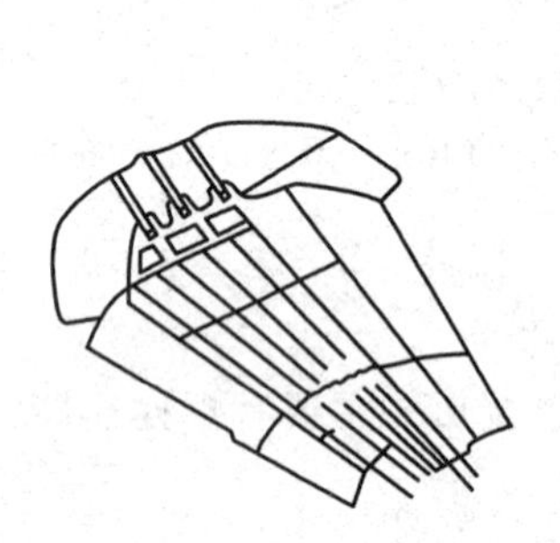
图 6-22 卡口连接

图 6-23 橡皮筋捆绑方式

4）粘胶连接

粘胶连接是指直接用合适的粘胶，将无人机的相关部件粘接在一起的方式。该方式比较方便，价格也相对便宜。但用此种方法无人机稳定性差，易损坏，受温度影响较大，炎热天气下胶水易化开，导致模型不牢固而影响使用。

2. 组装要点

1）机翼组装

轻微型固定翼无人机的机翼组装一般分为左、右两部分的连接，尾翼的组装方式与机翼类似，组装效果直接影响飞行性能，一般应严格遵守产品说明书要求。

（1）机翼连接方式应符合要求，粘接、螺接等都应保证牢固、可靠、不松动。

（2）安装后机翼的安装角、上反角及后掠角等应符合要求。一般安装上反角加强片，或支撑杆等，强度应足够承担飞行时的机翼载荷，安装后机翼的合缝处与机身纵轴线重合或机翼沿纵轴线对称。

安装角是指机翼安装在机身上时翼根翼剖面弦线与机身轴线之间的夹角，即从侧面看，机翼翼弦和无人机纵轴的夹角，如图 6-24 所示。

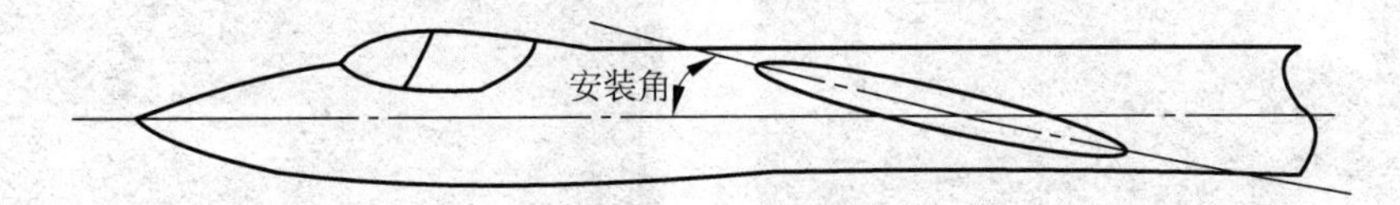

图 6-24　安装角

上反角是指机翼下表面和垂直于无人机立轴的平面之间的夹角，若从机头向机尾看去，两个翼尖向两边上翘的就叫上反角，两个翼尖向两边下垂的就叫下反角，如图 6-25 所示。后掠角在前文已介绍，安装也应符合产品的设计要求。

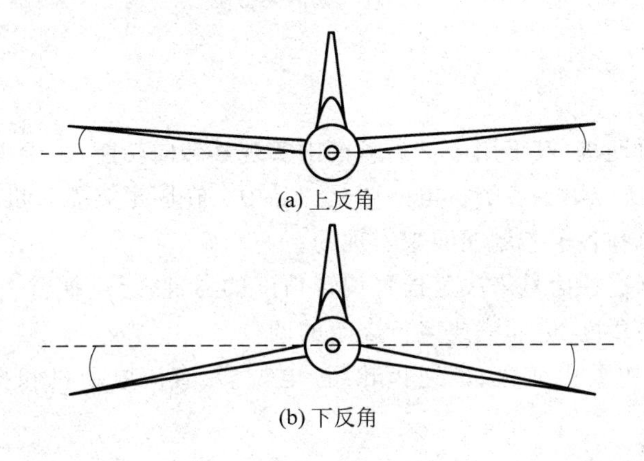

图 6-25　上反角和下反角

2）尾翼组装

尾翼组装与机翼组装类似，分为分离式和一体式，组装应严格按照说明书要求。

组装完成前，应检查尾翼的安装角，先将尾翼插进机身槽口，仔细检查尾翼的安装角度是否准确。从俯视的角度检查水平尾翼是否左右对称，从后视的角度检查垂直尾翼是否垂直于机身和水平尾翼，如图 6-26 所示，发现有误差一定要及时纠正。

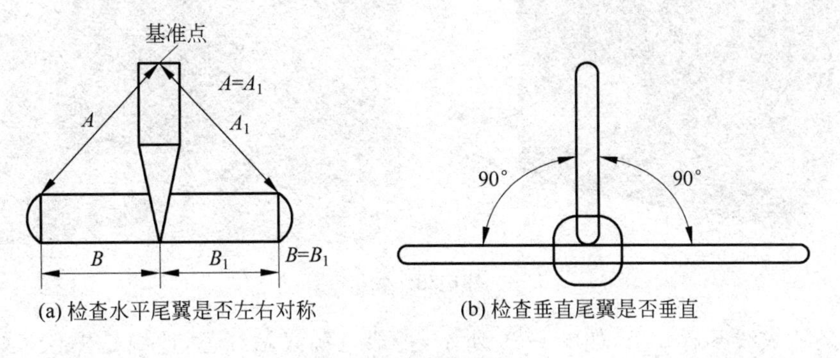

图 6-26　尾翼组装

3）起落架组装

起落架组装主要按照说明书要求，安装在规定位置。例如，某无人机采用后3点式起落架安装，起落架前两轮用压片紧固在机身上，起落架后轮应安装在中立位置，如图6-27所示。

图6-27 起落架组装

4）舵机组装

（1）舵机的组成。

舵机也叫伺服电动机，最早用于各类航模中实现其转向功能，由于可以通过程序连续控制其转角，因而被广泛应用于各类机电一体化产品中。在固定翼无人机中，无人机的飞行姿态是通过调节发动机和各个控制舵面来实现的。

舵机是一个根据遥控信号来决定摇臂偏转角度的器件，通过摇臂上连接的钢丝来改变飞行控制翼面的偏转角度，进而完成飞行姿态的调整。

一般来讲，舵机主要由舵盘、减速齿轮组、电位器、直流电动机和控制电路等组成，如图6-28所示。

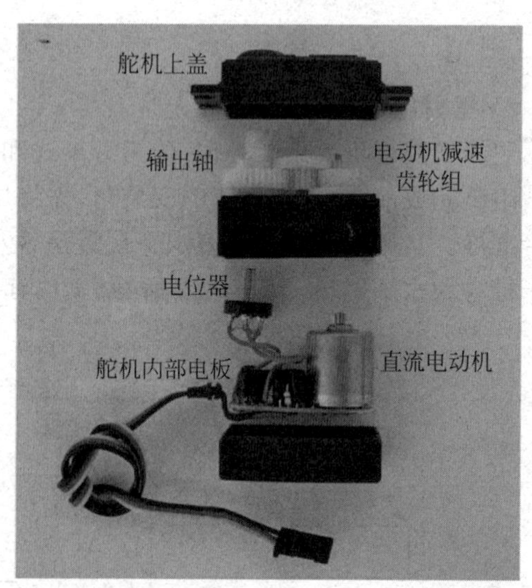

图6-28 舵机

舵机的输入线共有3条，如图6-29所示，一般电源线是红色，地线是黑色，这两根线给舵机提供最基本的能源保证，主要是电动机的转动消耗。电源有两种规格，一种是4.8V；

另一种是 6.0V,分别对应不同的转矩标准,即输出力矩不同,6.0V 对应的要大一些,具体看应用条件；另外一根输入线是控制信号线。不同品牌的舵机输入线颜色不同,但一般红色线为电源线,黑色线为地线。

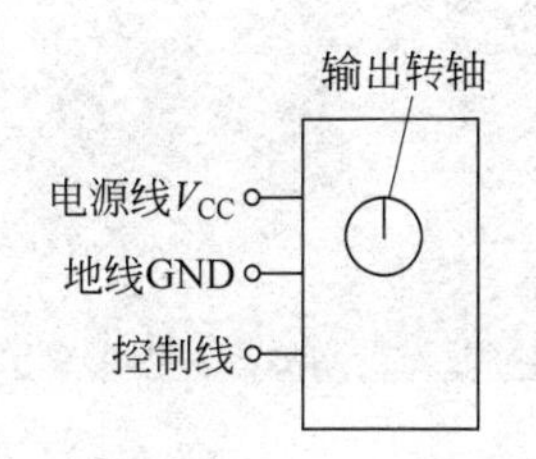

图 6-29　舵机输入线

(2) 舵机的分类及选型。

按照舵机的工作电压来分：普通电压舵机(4.8～6V)和高压舵机 HV SERVO(6～7.4V；9.4～12V)。高压舵机的优点就是发热小,反应更灵敏,扭力更大。

按照是否防水分为：全防水舵机和普通舵机。

按照舵机的工作信号分为：模拟舵机和数字舵机。其中,数字舵机反应变得更快,加速和减速时也更迅速、更柔和,且提供更高的精度和更好的固定力量。

选用舵机主要考虑应用场合及性能指标,综合考虑尺寸、种类、扭矩、齿轮介质、工作模式等方面选择。例如,某舵机的技术参数如表 6-1 所示。

表 6-1　某舵机的技术参数

最大脉宽/μs	900～2100	电动机型号	无刷电动机
最大转动角度/(°)	120	电位器类型	日本 nobie 220°
电动机	空心杯	芯片类型	数字
重量/g	59	齿轮组材质	铝合金
轴承	3BB	线长/mm	330±5
输出齿	25T	线径/m^2	0.3
连接线	JR　256mm	线芯数量	60
死区	1μm		
电压/V	6.0	7.4	8.4
速度/(s/60°)	0.12	0.10	0.1
扭力/(kg・cm)	25.2	28	32.3
快速持续工作电流/mA	600	700	800
堵转电流/mA	2500	2800	3000

(3) 安装要求。

舵机的执行部分主要由摇臂、连杆及舵角组成。舵机的指针形摇臂适合方向舵和升降舵使用,一字形和十字形适用于副翼使用,如图 6-30 所示。

舵角一般是一个三角形的固定件,安装在无人机副翼、尾翼的活动面上,通过连杆与舵机摇臂连接,遥控控制活动面摆动调节无人机飞行轨迹,如图 6-31 所示。

可以通过调整连杆在舵机摇臂和在舵角上的安装位置,实现舵面偏转量的设置,如图 6-32 所示。

图 6-30　舵机执行部分

图 6-31　舵角

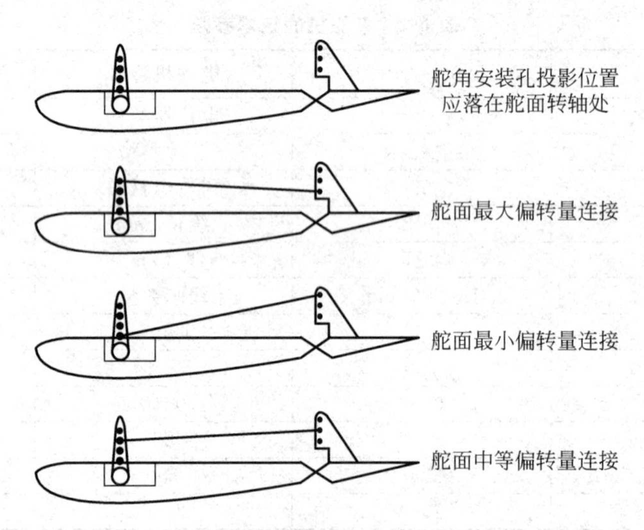

图 6-32　舵面偏转量设置

此外，安装过程中的注意事项如下。

① 同一舵面的各个铰链的中心线应该在一条直线上，并且位于舵面的中心。

② 控制摇臂的转动点应该与铰链的中心线在同一个平面上。

③ 舵机摇臂应该与铰链中心线平行，调整摇臂使得键槽与键齿相配合，尽量不要使用遥控器的中立位置调整功能来调整舵机的中心位置。

④ 使用高级的带轴承的连接附件和精密加工的铝制舵机摇臂，可以更好地完成设置。

6.3　固定翼无人机动力系统的组装

固定翼无人机的动力系统主要分为电动系统和油动系统，常用的动力装置主要有活塞式发动机、喷气式发动机、电动式发动机和压缩气体发动机等数种。

6.3.1　配置原则

动力系统的选择应考虑以下项目。

1. 推重比选择

推重比是指无人机发动机推力/拉力与无人机飞行重力之比。该参数是衡量动力系统乃至整机性能的重要参数，很大程度上影响飞行性能。

当动力系统产生的推力/拉力大于或等于飞行时的阻力，在理论上无人机就能保持持续水平飞行。但在实际飞行时，还有其他力需要克服，例如，起落架与地面的摩擦力、爬升或机动时要平衡其重力带来的沿机身轴线的分力、机体的惯性力等，因此，动力系统提供的推力/拉力必须更大。固定翼无人机的动力系统在配置时选择的推重比必须达到或超出设计的推重比。

2. 重量要求

翼载荷是无人机单位面积升力面所承受的气动力载荷。翼载荷可衡量飞行中机翼的受载状况，直接影响到无人机的飞行性能：翼载荷小，飞行速度慢，无人机的操纵性和机动性较好；翼载荷大，飞行速度快，无人机的机动性较差，但飞行阻力小，抗风性和穿透性较好。因此，根据机型和任务要求的不同，无人机的设计翼载荷各有差异，在选配动力系统时，同样要考虑到翼载荷的大小及其影响。需注意不能让翼载荷严重偏离设计值，否则会严重影响无人机的飞行性能。

3. 安装符合配平要求

无人机的配平对飞行性能影响很大，因此在选配和安装动力系统时，都要格外注意无人机的配平。一般在选择零部件初期和进行改装、动力升级等时候，都应大致估算动力系统的总重、规划各部件的安装位置，保证动力系统的安装，必须符合配平要求，保证重心处于设计位置。

尤其是电动动力系统的重量占无人机总重的比例较大。安装时，应尽可能通过移动电池的方法调整无人机的重心位置，尽可能做到零配重或小配重。如果发生受空间等限制无法配平，或需较大重置配重的情况，则应考虑更改动力系统的配置，或修改无人机总体布局设计。

6.3.2　电动系统组装

1. 电动系统组成

固定翼无人机的电动系统由螺旋桨、电动机、电调、电池组成。各部分介绍参见“第4章　多旋翼无人机的组装”。

2. 选配要求

1）选配流程

电动系统的选配流程参考如下。

(1) 根据估算的翼载荷和推重比，得出动力系统应提供的拉力大小，选出合适级别的电动机和螺旋桨组合。

(2) 依据所选电动机的最大额定电流，选择所需电调，电调的标称电流应大于电路最大额定电流。

(3) 参照电路的稳定电流，并根据整机的重量要求，选择一块合适的动力电池。

2）选配原则

在遵循配置原则的基础上，小型及以下固定翼无人机采用电动系统时，可以参考一些经验数据，如表 6-2 所示，初步筛选电动系统。

表 6-2　常见的动力组配置略表

电动机规格（按定子直径分类）	17/18	22	28	35	41
外形尺寸/mm	外径 22～24 长度 20～36	直径 28 长度 20～40	直径 35～38 长度 30～45	外径 41～45 长度 40～60	外径 50～58 长度 40～60
常见型号	2223 1806	2826 2208	3542 2820	4250 3520	5050 4120
KV 值	1000～2500	700～2000	500～1500	400～1000	300～600
螺旋桨直径/in	6～10	9～12	11～14	13～15	14～16
最大转速范围/(r/min)	7000～10 000	600～9000	5000～8000	400～1000	300～600
最大电流/A	10	15～20	25～45	35～70	50～80
电池规格/(mA·h)	2s 800/1300	3s 1300	3s/4s 2200	3s/4s 4400	5s/6s 大于 5000
拉力范围/kg	0.3～0.8	0.8～1.5	1.5～2.5	2.0～3.0	2.5～3.5

在初步选配后，还应主要考虑以下几方面内容。

(1) 螺旋桨的选择。

由于螺旋桨的拉力受直径、桨叶面积影响，因此在其他条件允许的情况下，可尽量选择大直径的螺旋桨。

但首先要注意防止螺旋桨因桨叶过大而与机身其他部件发生干涉；如果桨叶较薄，还应注意桨叶变形后是否与其他部件干涉。一般桨叶与机身任何固定部件的距离应大于 20mm，较薄或材质较软的桨叶还须留出更大的安全距离。

其次在机身较低时，应避免螺旋桨打地的情况，一般螺旋桨旋转时距地面最近点的高度至少要大于其直径的 1/10。经常在草地、碎石路面起飞、着陆的无人机，该高度则至少要大于螺旋桨直径的 1/5。

(2) 电动机的选择。

在电流、功率等参数相同的情况下，大直径、小长度的电动机往往比小直径、大长度的电动机具备更好的散热能力。同时，电动机直径的增大会使其产生的扭矩变大，有助于提高驱动效率,但启动和加速性能会稍微降低。

高温是电动机过载的重要标志。可通过测量电流来判断电动机负载大小;若无专门的测量仪表,则可通过断电后电动机的温度来判断。电动机无论质量优劣,在停转后其表面温度过高,则表明电动机已严重过载。过载会导致电动机寿命缩短甚至烧毁,危及飞行安全。

(3) 电调的选择。

电子调速器额定电流应与电动机的工作电流一致,其标称电流应大于或等于电动机的最大额定电流。例如,通过测试了解一台无刷电动机的工作电流(带有螺旋桨载荷的情况下)为 37A,那么可以选择额定电流为 40A,比电动机工作电流稍微大一些的电子调速器。

(4) 电池的选择。

由于电池的重量占动力系统总重的比例最大,对翼载荷、推重比等参数影响较大,因此电池的选配需要仔细权衡。

电池容量指的是电池储存电能的多少,容量越大,储存的电能越高,续航时间就越长,无人机飞行的时间也就越长。

但电池容量的增加必然导致动力系统增重,进而使整机重量增加,这不仅需要增大巡航所需动力和最大工作电流,还会减小推重比、增加翼载荷,所以这样调整后不但巡航时间提高得不明显,而且可能降低整架无人机的飞行性能。因此选择电池并不是容量越大越好,而是根据无人机的需要做出适当的选择。

另外,8S 锂电池的满电电压大约为 33.6V(8×4.2V),人体所能承受的安全电压为 36V,因此,使用过程具有一定的危险性,一般不建议使用 8S 以上的锂电池组,在确实需要如此大功率输出的模型无人机上,可采用多发布局,或采用油动动力系统。

3. 组装要求

1) 电动机安装

电动机安装角是一个十分重要的设置,它的设定关系到无人机的飞行稳定性,在固定翼无人机安装里尤为重要和明显。要准确计算电动机安装角是十分复杂的,应掌握最基本的原理,在飞行维护中懂得如何调节出最适合的安装角。

拉力线是指固定翼无人机的发动机/电动机(带动螺旋桨)产生拉力/推力的轴线。拉力线与无人机的机身轴线的夹角,就是电动机安装角,一般是指右拉角和下拉角。相对于机身轴线来说,电动机轴线无人机前进方向的右前方延伸角度是右拉角,向前下方延伸角度是下拉角,如图 6-33 所示。

对于采用螺旋桨为动力的前拉式固定翼无人机,当螺旋桨是顺时针(由后向前看)旋转时,由于螺旋桨存在反作用力,桨会给机身一个旋转相反的反作用力矩,造成无人机左倾,然而,当螺旋桨的转速发生变化时,这个反作用力矩也是变化的,因此,为了平衡这个反作用力矩,可以将发动机进行右装,以螺旋桨的拉力右拉产生的向右分量力矩进行抵消,那么这个角度是比较重要的,以桨产生的最高反作用力矩与最低反作用力矩的中间值为考量最佳。从机尾向机头方向看,电动机安装角度一般有向右 3°～5°的右拉安装角(适用于右旋螺旋桨)。螺旋桨越大,一般右拉角越大。例如,前拉机型无人机在飞行过程中不断右偏转弯,则在确定所有舵面都在原位的情况下,调整右拉角,右偏是因为右拉角度太大,给右侧机翼压力太大,应减少右拉角度。

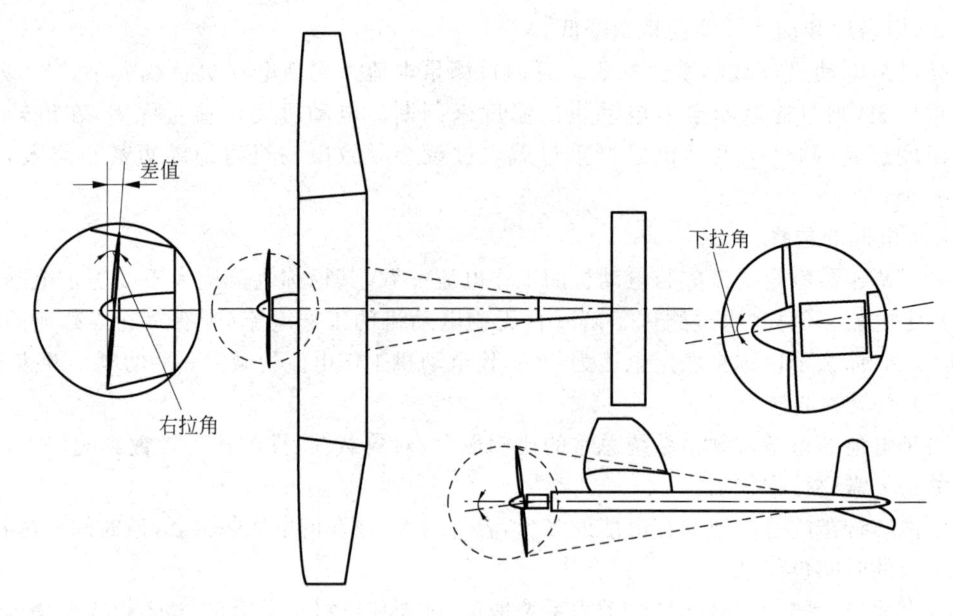

图 6-33 安装角规定

对于一般采用的平凸翼型，在飞行过程中，常规状态下上、下翼面在气流作用下产生的力矩差是一个向上的分量，即正向的升力，螺旋桨转速越快，无人机前进速度越快，产生的升力就越大，无人机抬头上升，如果发动机一直是平拉的，那么无人机就一直往上飞行。为了使无人机能保持平飞，就需要对发动机的拉力线做下拉的调整。为了使无人机飞行中俯仰力矩平衡，电动机相对无人机纵轴一般有向下 1.5°～3°的下拉安装角。但是要注意，拉力线造成的力矩是随着操控者给出的油门增大而增大的，因此这个角度的安装不一定是定值，可根据实际需要进行调整。例如，前拉机型无人机起飞沉头，尝试加大油门起飞反而更快沉头，此时应确保无人机重心与设计重心一致，并且所有舵面在原位；如果情况依旧，则是下拉角度过大，需减少下拉角度。

2）电调安装

电子调速器的连接方法：调速器的三芯插头（信号插头）直接插入接收机的油门通道，电源插头通过大电流插头和动力电源连接；无刷电动机与电子调速器的 3 条连接线没有固定的连接顺序，一般是先按顺序或导线的颜色连接，在试车时如果发现电动机的旋转方向不对，可调换任意两条接线的位置。

电动无人机的操作顺序一定要先打开遥控，开机前要确认油门操纵杆放到了最低位置，然后再接通动力电源。

开机后，电动机不会马上工作，要在油门操纵杆处于最低位时进行确认，听到确认声以后再推油门，电动机才能正常工作。开机时如果油门操纵杆处于最低位以上，发射机和电子调速器都会发出警告声，必须强制将油门操纵杆回到最低位时才能启动确认程序。

如果当无刷电动机工作后发现油门操纵杆的操纵方向反了，应该先断开动力电源，然后通过更改遥控设备发射机上的舵机反向开关后重新启动。

3）螺旋桨安装

螺旋桨安装一般根据所配固定翼无人机的机型有不同要求，如某油动固定翼无人机采用木质螺旋桨，用螺纹连接固定，安装如图 6-34 所示，注意螺旋桨有字的一面都应该朝向无人机的前进方向。

图 6-34　螺旋桨安装

6.3.3　油动系统组装

1. 油动系统组成

固定翼无人机的油动系统由螺旋桨、发动机、舵机和辅助系统等组成。

1）螺旋桨

螺旋桨的介绍参见“6.1.2　固定翼无人机的气动特点”。

2）发动机

固定翼无人机常用的发动机按工作方式可分成二冲程发动机与四冲程发动机。按燃料可分为甲醇发动机和汽油发动机。

3）舵机

舵机的介绍参见“6.2　固定翼无人机平台的组装”。

舵机的主要作用是控制节气门改变空气燃料混合比，以此来调节发动机的输出功率及转速。

4）辅助系统

要保证发动机正常工作，还需要一些必要的辅助系统，主要有进气系统、燃料系统、点火系统、冷却系统、启动系统、定时系统和散热系统等。

2. 选配要求

1）选配流程

油动系统的选配流程参考如下。

首先根据估算的翼载荷和推重比，得出动力系统应提供的拉力大小，选出合适级别的发动机；其次根据发动机选择与之匹配的螺旋桨；最后根据无人机结构、燃料性质选择合适的辅助系统。

2）选配原则

（1）发动机级别选择。根据无人机的级别确定发动机的级别。对于小型及以下固定翼无人机，发动机的部分选用配合如表 6-3 所示。发动机的级别是按汽缸的工作容积计算的，计量单位有英制（级）和公制（mL）。

表 6-3 小型无人机发动机选用级别

发动机英制级别/级	发动机公制级别/mL	无人机翼展/m	飞行重量/g
10～15	1.6～2.5	0.80～1.00	800～1000
15～20	2.5～3.3	1.00～1.25	1000～1200
20～25	3.3～4.0	1.25～1.30	1200～1400
25～30	4.0～4.9	1.30～1.35	1400～1800
35～40	5.7～6.5	1.35～1.40	1800～2200
40～45	6.5～7.4	1.40～1.50	2200～2500
45～50	7.4～8.2	1.50～1.60	2500～3000
50～60	8.2～9.8	1.60～1.80	3000～4000

(2) 发动机类型选择。二冲程发动机的活塞往返一次完成一次做功，因此二冲程发动机的转速较高。二冲程发动机结构简单、调整方便、价格较低而且重量轻，经常用于低成本的小型无人机。但其扭矩比较小，而且油耗高、噪声大，目前较为普及。

四冲程发动机做功一次活塞要往返两次，因此转速较低、油耗低、噪声也小。四冲程发动机的扭矩较大，可以带动较大规格的螺旋桨，飞行更稳，经常作为特技无人机和中型无人机的动力。但四冲程发动机的结构比较复杂，使用起来比二冲程发动机麻烦。

(3) 螺旋桨的选择。螺旋桨的选择主要根据与发动机的匹配，以及应用场合来确定。磨合用螺旋桨和正常飞行用螺旋桨不同，磨合用螺旋桨重量应大些、直径应小些，螺距(桨距)要大些，以便于增加发动机的启动能力和鼓风能力。部分螺旋桨与发动机的匹配如表 6-4 所示。

表 6-4 部分螺旋桨与发动机的匹配

发动机级别/级	磨合用螺旋桨规格(直径×螺距)/in	飞行用螺旋桨(直径×螺距)/in
10	7×5	7×4/7×5
15	7×5、8×5	8×4
20、21	8×5、8×6	8×5、9×4
25	9×6	9×5、10×4
30、32	10×6、10×7	10×5、10×6
35	10×6、10×7	10×5、10×6
40	10×7	10×6、10×7
45、46	10×7、11×7	10×7、11×6
50、52	11×6	11×7、12×6
60、61	11×8	12×6、12×7、12×8

较重的螺旋桨有利于启动和运转的稳定，较厚的桨叶断面一般应呈平凸翼形状，前缘较圆，后缘较薄；桨根部要厚实些，以保证强度，根部断面呈双凸形。

(4) 舵机的选择主要参考“6.2　固定翼无人机平台的组装”。

(5) 辅助系统一般依据发动机可直接确定。

3. 组装要求

1) 发动机检查

(1) 检查发动机的清洁程度。清洁非常重要，极少的脏物或沙土进入发动机内部，运转后会引起发动机的严重磨损。检查时，应从排气口和进气口等地方着手；发动机的外部也应保持干净，外部脏物容易进入发动机内部，平时要保持清洁，去除油污、脏物或沙土。

(2) 检查各个零件数量及质量。根据发动机说明书或前面介绍的内容进行检查。发现零件缺少或损坏，均不能安装使用，应配齐、调换或修理方能使用。对于易损件应按要求常备并定期更换。

(3) 检查安装情况。检查安装位置是否正确，安装是否牢固，安装的正反方向是否符合说明书要求等，应严格按照安装步骤进行检查。

(4) 检查发动机的内部情况。关键是检查汽缸和活塞的配合情况。先装上螺旋桨，慢慢地左右拨动，使曲轴跟着左右转动，根据转动过程中的情况判断汽缸与活塞的配合是否合适，若不合适应该根据说明书做出适当调整，同时还应试验活塞和汽缸的气密性。

2) 发动机安装

发动机根据无人机机身设计要求安装到机身上时，安装过程应注意严格按照说明书操作，并且要注意安装发动机一般配有发动机机架，安装应用专用的螺杆螺帽，同时加上螺钉胶或橡胶垫。

3) 螺旋桨安装

将螺旋桨装在曲轴前部的两个垫片间，转动曲轴使活塞向上运动并开始压缩，同时将螺旋桨转到水平方向，然后用扳手拧紧桨帽，并把螺旋桨固定在这个位置上。经验证明，螺旋桨固定在上述位置，有利于拨桨启动；当无人机在空中停车后，活塞被汽缸中气体“顶住”不能上升，螺旋桨也就停止在水平位置上，这就大大减少了无人机下滑着陆时折断螺旋桨的可能。因此，要养成在活塞刚开始压缩时将螺旋桨装在水平方向的习惯。注意不要将螺旋桨装反。桨叶切面呈平凸形，应将凸的一面靠向前方。

初次练习启动时，可用直径较大和较重的螺旋桨，既容易启动，又不易反转和打手。启动技术熟练后，再换用短一些的螺旋桨。地面练习启动用的螺旋桨，其桨叶可做得厚些，并要很好地平衡。

4) 其他要求

油箱是保证发动机正常工作的一个重要部件，安装时应注意油箱油面高度和喷油管的相对位置。油面高出喷油管时，油料会自动流入发动机内部，引起富油不好启动；油面过低，又不易将油吸上，也影响启动。一般是使油面和喷油管在同一水平面上或稍低几毫米，往油箱加油时应当注意这一点。油箱要尽可能靠近发动机。

另外，要经常检查油管是否畅通，不要被脏物堵塞。最好采用厚壁透明塑料油管，以便检查油料流动情况。如用薄管，要注意防止弯折而卡断油路。

最后，要注意检查油路漏气情况。油箱体不会漏气，但是各处油管、过滤器以及油箱体和油管连接的封口处则常常会漏气，一旦漏了以后，发动机就会从漏气处吸入空气，使得运行时贫油，导致发动机过热。由于其他的因素也会造成同样的毛病，因此一定要通过检查来确认是否是油箱漏气造成的问题。

双发长航时固定翼的组装

固定翼无人机的调试

固定翼无人机调试是指完成组装后，按设计要求对相关结构或部件进行调整，以满足基本的飞行要求。一般来说，按照设计要求进行的首次调试仅作为一个通用方法，不能通过一次调试达到理想的效果，因此，还需要有经验的技术人员根据实际情况进行后续调试。

根据固定翼无人机的型号、规格和特点的不同，调试方法也存在区别。与有人机尺寸相似的无人机调试方法可参考有人机，在本书中不再展开介绍。对于中型及以下固定翼无人机，组装完成后，对其调试主要包括重心、安装角度、舵量和拉力线调试，动力系统调试，参数调试等内容。本章仅就常用的调试方法进行介绍，而具体机型的调试方法、步骤和参数等，应参考产品说明书进行。

7.1 固定翼无人机重心、安装角度、舵量及拉力线的调试

7.1.1 重心的调试

固定翼无人机的重心调试是指安装完成后，将无人机的重心调整到设计范围之内，而且要使其总重量不得超过设计的最大起飞重量。无人机各部分重力的合力作用点称为重心。固定翼无人机的重心位置对飞行性能、稳定性和操纵性影响较大，因此，在每次组装完成后首先要进行重心调试。

一般重心位置是在无人机气动设计时，根据压力中心、焦点位置以及操纵性能要求决定的，根据机型的不同，重心在机身的位置是不同的。一般来说，固定翼无人机的重心设计在机翼前缘往后的1/3处，也就是机翼前缘到后缘的25%～35%。当然这个范围不是固定的，机型不一样，重心的设计位置也不一样。根据设计要求，为了能达到平衡，一般通过调整设备放置或通过配重的方式完成重心调整。

1. 轻微型无人机确定重心方法

1）手托法

手托法是指用两根手指分别在两侧机翼下表面相同位置托起，反复更改和寻找位置，当无人机正好处于水平平衡时，手指所托的位置即为前后重心位置，如图7-1所示。对于轻微型无人机，测试和查找重心位置时常用此方法。

2）试飞法

试飞法是指手投无人机，用手抓住机身上重心稍靠后的位置，机头稍低于水平线，逆风，沿机身方向将无人机轻轻掷出。注意手掷时手臂不能画弧线，而是沿机身方向的直线方向

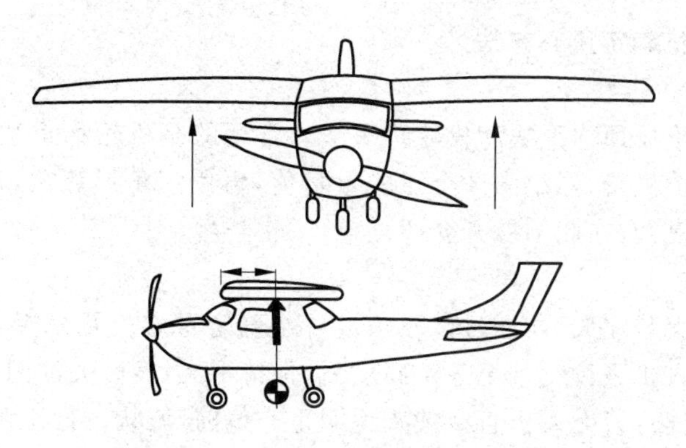

图 7-1　手托法找重心

轻轻掷出。此方法适用于重量较轻、结构较稳固、可以适当抗摔的无人机。

无人机掷出后，可能出现 3 种滑翔姿态，如图 7-2 所示。

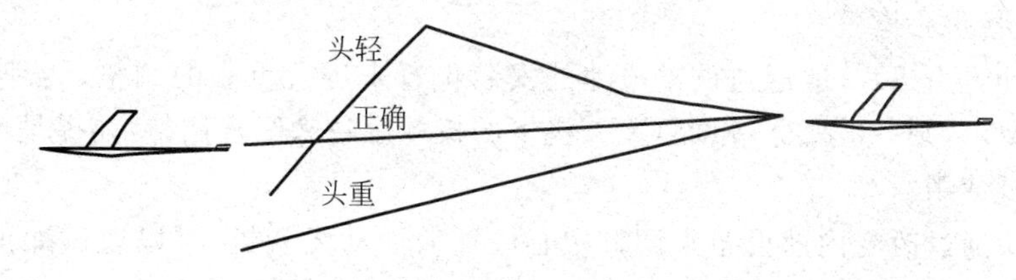

图 7-2　滑翔姿态

滑翔过程中，出现波状飞行，属于不正常飞行；向下栽属于无人机头重的情况，向上飞属于无人机头轻的情况；若平稳下滑，属正常飞行。在实际试飞过程中，还会出现各种具体情况，产生的原因和正确的调整纠正方法如表 7-1 所示。

表 7-1　试飞现象分析

飞行现象	产生原因	调整纠正方法
飞出后向上急升，随后失速坠地	机头过轻或机尾过重	增加机头重量，调整重心位置
	机翼有正安装角且角度过大	调小机翼正安装角
	手掷速度过快	减小手掷速度
	手掷时机头抬得过高	出手机头稍向下
呈波状飞行，滑翔至地面时出现微小波状	机翼有正安装角且角度偏大	调小机翼正安装角，调整量应较小
	水平尾翼有负安装角	水平尾翼安装角调为零
飞出后很快俯冲到地上	机头过重	减轻机头重量，调整重心位置
	机翼有较大的负安装角	调整机翼安装角为正
	水平尾翼有较大的负安装角	调小水平尾翼负安装角
飞出后急速向左右倾斜坠地	机翼两边重量不等	在左右翼尖加配重
	两边机翼的安装角不等	重新安装
	两边机翼上反角不等	重新安装
	水平尾翼变形，垂尾的面积过小	调整水平尾翼形状，适当增大垂尾面积

2. 中小型无人机确定重心方法

1）称量法

称量法主要有千斤顶称重法和机轮称重法。常用的是机轮称重法，即将3台电子称平台对应起落架的3个机轮，称量出3个点的重量值，再用三角形算法，计算重心的位置。该方法的计算过程较复杂，在此不展开介绍。

2）试飞法

试飞法是指在组装完成后，通过试飞来进一步确定重心位置是否符合设计要求。试飞的一般操作是将无人机飞行爬升至一定高度后，保持平飞，然后关油门，观察飞行状态，呈略低头缓慢滑降为最佳。若无人机直接栽头说明重心偏前，波状飞行说明重心偏后，要降落后通过配重调节重心。

3. 重心调整

通过上述方法确定重心后，通过与设计重心位置的比较，对不符合设计重心要求的无人机，一般要进行重心调整。

对于电动无人机，一般通过调整电池的安装位置来进行重心的调整。若调整电池安装还不能满足要求，则一般要通过调整无人机上的机载设备来配合调整，前提是不能影响机载设备的连线及使用。

对于无法通过改变内部设备来调整中心位置的油动无人机，可以通过配重的方式进行调整，一般可使用薄的铅片作为配重，用双面胶粘或其他方式固定在合适位置。

7.1.2 安装角度的调试

1. 安装角调整

安装角调整是指在无人机按要求完成重心调试后，对安装角进行测量和调整。

安装角是影响机翼气动特性的参数之一，对升力系数、零升力角、失速迎角和巡航阻力均有所影响，并且影响到无人机的起飞滑跑距离。

调试过程不仅要检查安装的角度是否正确、机翼两边是否对称、是否符合技术文件要求，同时还应注意尾翼的安装角也要符合设计要求，通过测量和试飞的方法完成调试。

2. 上反角调整

除了对安装角进行测量外，还应该对设计要求中的其他角度进行测量，如上反角/下反角。

对上反角的调试应在安装过程中就要严格遵守设计要求，如安装是否对称、角度是否符合要求等，若发现不符合要求，必须进行调整，必要时应拆卸后重新安装。

3. 后掠角调整

后掠角的调整也应严格遵守设计要求，主要测量后掠角度是否正确、安装是否对称等，若发现不符合要求，必须进行调整，必要时应拆卸后重新安装。

7.1.3 舵量的调试

在无人机组装完成后，需要调整各舵面行程的大小。例如，某1600mm翼展的无人机安装后，舵量的参考值如图7-3所示，舵量太大或太小对无人机的操纵都会有不好的影响。一般产品说明书都会提供无人机的舵量应调整的大小数据，初次试飞应参考建议值。试飞后，可根据飞行情况及个人的操纵习惯，对舵量进行调整。

副翼、升降舵、方向舵的舵量标准没有绝对的规定，在调整过程中应注意不能一次调整到位，而是每次调整一个小数量，一般要经过几次调整后才能达到理想状态。

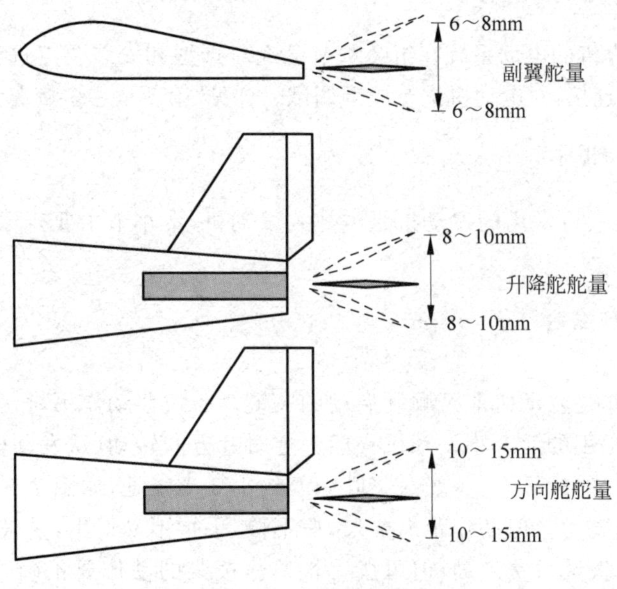

图7-3 舵量参考值

对于中型无人机，采用较先进的舵量控制，一般出厂前已经完成舵量调试，使用者调试主要是直接从发射机的计算机系统中调整舵面行程大小即可，不需要直接调整舵机及机械连接部分。

对于小型及以下的固定翼无人机，由于重量轻，结构相对简单，舵机连接是采用普通的设备，使用者进行舵量调整，一般是通过调整舵面摇臂和舵机摇臂安装孔的位置来完成的。舵机摇臂选择的安装孔越靠外行程越大、越靠里行程越小，舵面摇臂选择的安装孔越靠外行程越小、越靠里行程越大，两者可以同时适度调整。

7.1.4 拉力线的调试

拉力线与无人机机身轴线的夹角，一般是右拉角和下拉角，主要是为了平衡螺旋桨的反作用力矩和过多的升力，在一般产品说明书中会给出安装角的规定。但是需要注意，反作用力矩不是固定的值，它是随着电动机转速变化而变化的，转速越快反扭越大。升力也不是固定的值，会随着无人机速度变化而变化，速度越快升力越大。因此安装角的数值并不是一直不变的，一般按照参考数值安装即可。对于有经验的使用者或特殊飞行要求的驾驶员，可对拉力线进行适当调整。

7.2 固定翼无人机动力系统的调试

固定翼无人机的动力系统分为油动与电动。电动固定翼无人机的动力系统包括螺旋桨、电动机、电调和电池；而油动固定翼无人机的动力系统中油路、电路较为复杂，在调试发动机性能时需要将无人机作业环境的湿度、温度、海拔等多种因素考虑在内，使发动机获得稳定的怠速及高速飞行时的动力性能。

7.2.1 电动机的调试

电动固定翼无人机的电动系统在组装章节已经对选型和安装要点进行了介绍，在调试阶段，主要是通过飞控连接，对电动机进行校准调试。详见“第 5 章　多旋翼无人机的调试”。

7.2.2 发动机的调试

目前，固定翼无人机常用的发动机是电热式发动机，本小节主要介绍电热式发动机的启动调试及常见故障。

1. 发动机试车与磨合

1）启动与调整

正确的拨桨动作是发动机能否顺利启动的关键。若拨桨动作不对，发动机无法启动，并容易打手。无人机常用的活塞小发动机一般为逆时针方向转动(从发动机前方看)。拨桨要用右手靠在右侧桨叶的后缘上，一般在桨叶中心约 1/3 半径处，如图 7-4 所示。手靠的位置越接近桨尖，拨桨越省力。但动作距离要长，拨不快，手指不易退出，易被桨叶打着；手靠的位置接近桨轴中心，拨桨虽费点劲，但可拨得快些。拨桨的动作要正确、快而有力。发动机内部机构是否正常，也可凭拨桨时的感觉来判断。拨桨时，人要站在桨叶前方面朝桨叶大约一臂距离的位置。

图 7-4　拨动螺旋桨

注意汽化器风门开闭的方向，将发动机汽化器风门打到全开状态，如图 7-5 所示，用油针调节进油量。不同品牌的发动机油针旋开的圈数不同，但一般 2～3 圈后发动机基本都处于富油状态，从富油状态开始调整发动机。

堵住发动机汽化器进气口，右手快速连续拨动螺旋桨 2～3 圈，当看见油料经过油管被吸入汽化器内。不再堵住汽化器进气口，用右手快速逆时针连续拨动螺旋桨，若感觉发动机变得很有弹性，发出“啪啦啪啦”声音时，说明油料进入汽缸的比例比较合适，油料雾化得较好，可以加电启动了。

用启动器启动发动机如图 7-6 所示，此时发动机应发出“啪啪”的爆鸣声，直到螺旋桨连续旋转工作。

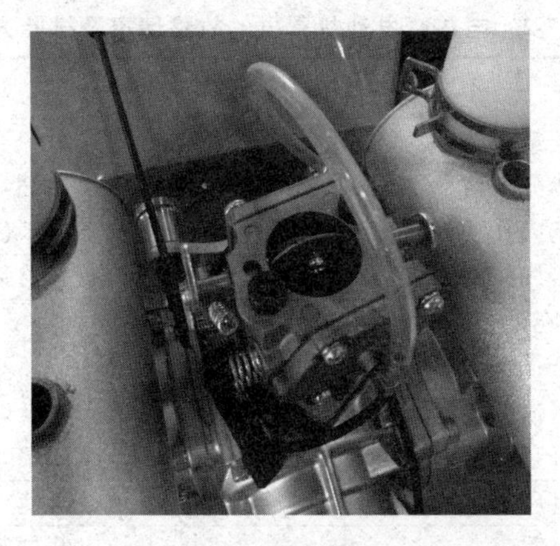

图 7-5　汽化器风门全开

图 7-6　用启动器启动发动机

试机的时间不宜过长，验证了发动机能正常启动和运转，并且调节油针能正常有效即可。此时应立即停车，一般的做法是堵住发动机的进气口停车。

2）磨合

试机达到要求的发动机，在正式使用前，还应进行磨合，让各零部件在相对转动和往复运动中相互对磨，以得到适合的运动间隙，进一步减小配合面的粗糙度，消除或减少发动机零部件间的干涉和摩擦。

磨合一般选用直径较大、螺距较小和质量较大的螺旋桨。常见的螺旋桨与发动机的匹配见表 6-4。

磨合启动一般采用手拨启动，磨合时，发动机应在富油状态下运行。

磨合转速一般采用中等偏高转速，参考发动机说明书，根据发动机规定的最高转速的一半略高一些运行，磨合初期转速可稍低一些，逐渐升高，磨合后期会更高一些。一般电热式发动机为 8000～12 000r/min。

磨合时间一般为 0.5～1h，不同发动机的磨合时间不太一样。例如，规格大的发动机磨合时间较长，活塞与汽缸配合较紧的发动机磨合时间也较长等。

2. 常见故障排除

电热式发动机常见的故障情况及排除方法如表 7-2 所示。一般调试过程中，可按表 7-2 介绍的方法进行排除，若还不能解决问题，则应向专业的技术人员或制造厂家咨询。

表 7-2　电热式发动机常见的故障情况及排除方法

现　　象	原　　因	排除方法
完全不爆发	电热塞烧坏	更换电热塞
	油料成分不对	更换燃油
	电热塞内孔积油过多	取下,用气吹出积油再试
	电源接线断路、短路或接触不良	检查并修复
	缺油(吃油不够；油针打开太小；油面过低；油路堵塞等)	打开油针,检查油路
	过度富油(吃油太多；油针打开太大；油面过高等)	关闭油针,或断开电源,拧下电热塞,拨动螺旋桨,排出积油后再启动
	电池电压不足	更换电池
	发动机漏气	检查并拧紧
转速提不高	电热塞老化或和压缩比配合不佳	更换合适的电热塞,调整压缩比
	发动机燃烧室中积炭过多	拆开发动机,除去积炭
	螺旋桨尺寸不合适	更换合适的螺旋桨
	发动机磨车不够	继续磨车
有爆发声,但不连续	电热塞烧坏或积油过多	更换或吹出积油
	供油不畅(油针打开不够；油路堵塞；有气泡；油箱通气口堵塞等)	打开油针,检查油路
	启动后断电过早	启动后等几秒再断电
转速不稳定	供油不畅,油针松动	检查后排除
	电热塞和压缩比配合不佳	更换合适的电热塞,调整压缩比
	螺旋桨大小不合适或不平衡	更换合适的螺旋桨
	发动机磨车不够	继续磨车

7.3　固定翼无人机参数的调试

固定翼无人机完成整机的组装和机械结构调试后,在试飞前、试飞后都要连接飞控进行参数调试,因此本节主要对固定翼无人机连接飞控的参数调试进行介绍。

1. PID 控制

PID 控制理论及各参数的意义,在"第 5 章　多旋翼无人机的调试"中已介绍,本节主要对在固定翼无人机飞行中各参数的意义进行介绍。

在完整的固定翼飞控系统中,通过 PID 参数设置,对飞行中飞行的航向、飞行姿态、飞行速度和飞行高度等多个状态进行控制,一般控制的通道包括方向舵、副翼舵、目标横滚角、升降舵、目标俯仰角、高度差、油门舵、空速、目标航向和偏航距等。

假设在固定翼无人机飞行的航线控制中,状态值认为是当前的飞行航向,而最初设定的目标值是飞行的目标航向,这两者之间要通过控制量来使状态值不断靠近目标值。这里的控制量就是飞行过程中实际控制的方向舵面及横滚角度。

根据目标值与状态值的差异,我们给出控制量是方向舵 P,这就是 PID 控制里的 P 控制,即比例控制。在有了 P 的情况下,无人机可以朝着目标值去接近,在最初状态时,飞行航向和目标航向一致，此时 P 输出是控制方向舵在中位。但是由于无人机系统本身存在一定的安装偏差，仍然会存在一个偏差，可能导致实际飞行状态值偏左，偏离了目标值，于是 P 会输出一个右舵修正航向的偏差，当偏差量小时，输出的 P 也小，此时若无人机继续左偏，P 值会持续加大，最终使无人机沿着偏左的航线直飞，但是此时飞行的航向与目标航向仍然存在偏差，此时需要引入 I 积分控制项。

I 积分控制项的意义在于消除当前航向和目标航向的偏差，每计算一次累加一次，一直累加到上次的值，再加上这次计算时当前航向和目标航向的偏差。即这个偏差和是和以前的累积误差有关的。当飞行航向与目标航向始终存在偏 I 项，此时将这个值累加上，在 P 项上叠加一个 I 修正量，那么飞行的航向与目标航向就会偏差得很小，更加接近。经过多次计算后，使 I 项始终输出修正值，使误差归零。这就是 I 项的作用，即消除系统误差。

但是，光有 P 和 I 项，也不能保证无人机的实际航线回到目标航线，这是由于物体的惯性，无人机在左转弯时产生了一个左转弯的速率，导致其回到目标航向无偏差且方向舵回中后，仍然还会继续左转，然后产生负的偏差，P 项再输出右方向舵，然后再回中。当 P 值合适时，飞行航线逐渐靠拢目标航线，出现先左过头，再右过头，逐渐反复几次，最后过头量越来越小的情况，最终到达目标航向。D 积分控制项作用，就是尽量消除这个过头量，提前给出一个修正量，使无人机尽快贴近目标航向，飞行更平稳且控制更准确。

因此，当方向舵量通过比例控制 P、积分控制 I 和微分控制 D 后，可根据实际飞行的表现，通过对 P、I、D 系数的调整，最终使输出的控制量能够尽快控制状态值贴近目标值，并消除系统误差，避免过度振荡。

2. 常用的飞行模式

以固定翼无人机常用的 APM 飞控为例，常用的飞行模式主要有以下几种。

1）手动模式

这种飞行模式下的无人机既不启用导航系统，也不启用自动驾驶仪中的传感器，完全凭借操纵者对遥控器摇杆舵量的控制来操控飞行姿态。

2）增稳模式

增稳模式主要有 FBWA 和 FBWB 两种。FBWA 是对新手最好用和最简单的模式，在不操纵遥控器时，无人机会自动平飞，相对机身的倾斜与机动会变得不容易。但是要注意，在该模式下，飞行的高度是不能自动控制的，飞行高度是由飞行速度（控制油门）手动控制，输出量范围由 THR_MIN 和 THR_MAX 限制。

FBWB 在控制机身水平时增加了控制高度，如果将副翼向右猛打方向，无人机会保持它的升降舵水平，同时会以参数设定的角度来向右倾侧，无人机不能以超过上述的设定角度倾侧，也不可能以超出设定的角度来俯仰无人机。

3）巡航模式

巡航模式是自动控制高度、速度和方向的一个飞行模式，这个模式比 FBWB 好用是因为增加了机头锁定方向的功能，并且飞行速度油门量是根据巡航的速度参数表设定。

4）留待模式

留待模式是无人机将开始定点绕圆圈盘旋，绕圈的半径由 WP_LOITER_RAD 参数确定。

5）返航模式

在手动模式或巡航模式下，无人机超视距飞行，操纵者看不到无人机，此时可通过在遥控器上切换返航模式，无人机即可自动飞回起飞点，返航的飞行高度是 ALT_HOLD_RTL 值。

3. 重要参数表

在固定翼飞行中，APM 飞控关于固定翼的重要参数表如下。

（1）ARMING_REQUIRE：数值 0，取消油门解锁功能；1，解锁前的油门 PWM 最低值；2，解锁前油门没有 PWM 值电调提醒。

（2）FLTMDOE_CH8：飞行模式通道（APM 默认飞行模式是 8 通）。

（3）AHRS_TRIM_Y：飞控水平补偿，正值时无人机仰头。

（4）LIM_PITCH_MAX：最大仰角限制。

（5）LIM_PITCH_MIN：最大俯角限制。

（6）LIM_ROLL_CD：左右侧倾限制。

（7）MIXING_GAIN：混控增益。

（8）ALT_HOLD_RTL：返航时的高度，设置为－1 表示使用当前高度返航数值按 cm 计算。

（9）BATT_CAPACITY：满电时的电池容量。

（10）TRIM_THROTTLE：巡航时的油门设置。

（11）WP_LOITER_RAD：固定翼绕圈的半径大小。

4. 调参软件

APM 和 PIXHAWK 飞控均可使用 Mission Planner（以下简称 MP）软件进行调试。安装完 MP 和驱动后，就可以开始启动 Misson Planner 主程序了。启动后首先呈现的是一个多功能飞行数据仪表界面。

固件安装前请先连接 APM 的 USB 线到计算机，确保计算机已经识别到 APM 的 COM 口号后，在 MP 主界面的右上方端口选择下拉列表框里选择对应的 COM 口，一般正确识别的 COM 口都有 Arduino Mega 2560 标识，直接选择带这个标识的 COM 口，然后波特率选择 115 200。

此时还不用单击“连接”按钮，应先加载固件程序。MP 提供了两种方式升级安装固件，一种是 Install Firmware 手动模式；另一种是 Wizard 向导模式。Wizard 向导模式会一步一步地以对话方式提示选择对应的飞控板、飞行模式等参数。

应选择固定翼无人机的固件下载并安装，如图 7-7 所示。完成后单击“连接”按钮，之后需要进行遥控器校准、加速度计校准、罗盘校准。具体的校准步骤及其他任务设置详见“第

5 章　多旋翼无人机的调试”，完成校准后可进行航线任务规划及其他设置。

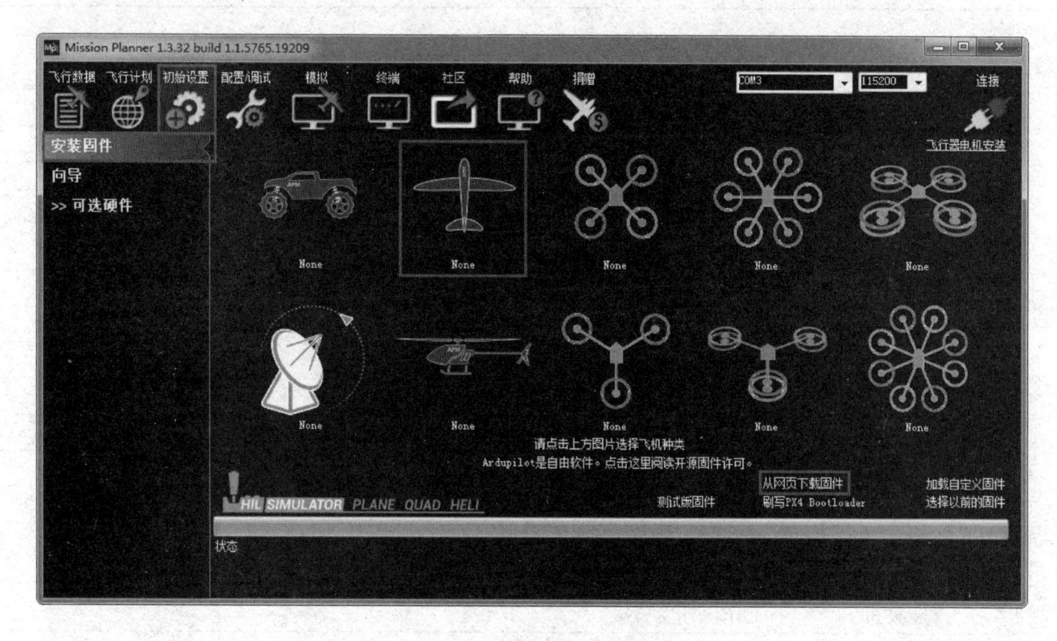

图 7-7　固定翼固件安装

7.4　固定翼无人机组装与调试案例

固定翼的组装与调试，不同的机型组装步骤及调试要求存在差异，但是基本的方法可借鉴参考。本节以某油动固定翼无人机为例，介绍其组装与调试过程。

7.4.1　整机结构

某油动固定翼无人机的整机结构如图 7-8 所示；各部分名称及参数如表 7-3 所示。

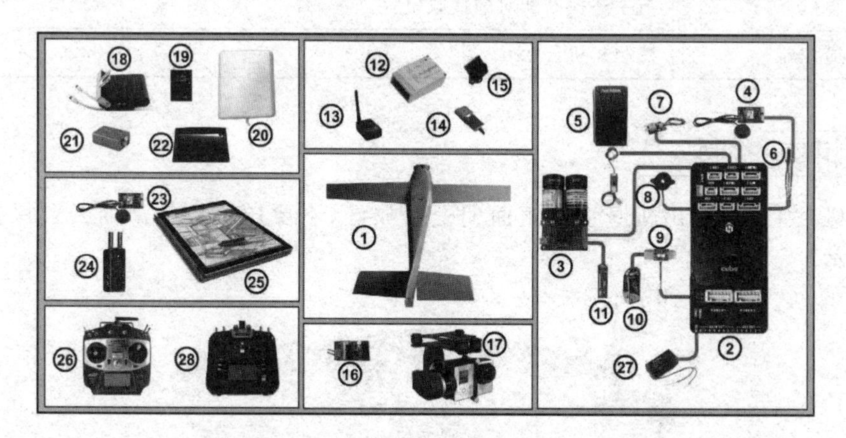

图 7-8　无人机整机结构

表 7-3　整机结构明细

序号	名　　称	备　　注
1	机体	内部安装有电子设备、发动机、舵机、急救伞系统等
2	飞控	PIXHAWK2
3	激光测距模块	Lightware SF02
4	流动站 Reach	与基站 Reach 组成整套差分 GPS 定位系统
5	HackLink 天空端	与 HackLink 地面端组成数传图传一体系统，传输数据与图像给地面工作站
6	安全开关	
7	空速计	
8	蜂鸣器	
9	电源模块	DC-DC，5V 输出
10	3S 电池	飞控与天线跟踪系统天空端的电力来源
11	2S 电池	激光测距模块与相机云台的电力来源
12	AutoPilot 飞控	跟踪天线系统天空端的处理器
13	图传发射	跟踪天线系统图传发射
14	GPS 模块	跟踪天线系统 GPS 模块
15	摄像头	跟踪天线系统摄像头
16	云台接收机	工作电压为 5V
17	相机云台	
18	跟踪天线云台	
19	图传接收	跟踪天线系统图传接收
20	平板天线	跟踪天线系统平板天线
21	AAT Driver	AAT 驱动器，驱动跟踪天线云台
22	显示屏	跟踪天线系统图传显示
23	基站 Reach	与流动站 Reach 组成整套差分 GPS 定位系统
24	HackLink 地面端	与 HackLink 天空端组成数传图传一体系统，传输数据与图像给地面工作站
25	工作站	显示无人机飞行数据
26	主遥控器	控制无人机飞行姿态
27	接收机	与主遥控器配对的接收机
28	副遥控器	控制相机云台

7.4.2　机体的组装

（1）机身主体：取出机身主体正面朝上摆放好（不要压机身底部的云台保护盖），如图 7-9 所示。

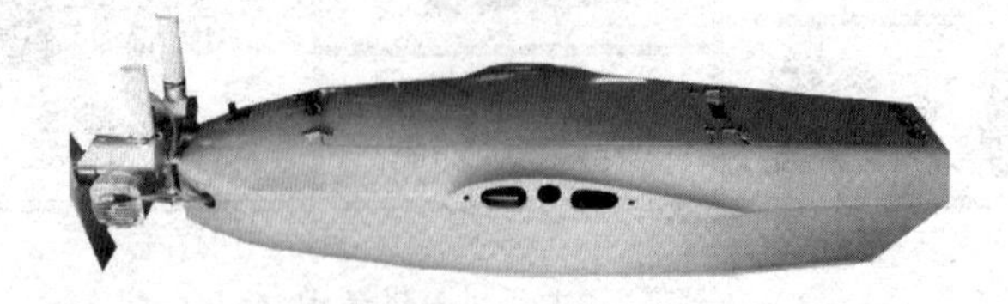

图 7-9　机身主体正面朝上

(2) 机身尾部安装：打开机身主体后半部并取出其中的降落伞模块放置一旁，如图 7-10 所示。

(3) 取出机尾部件：机尾部件与机身主体连接处有 4 个孔位，进行配对并锁上螺钉，完成机身尾部组装，如图 7-11 和图 7-12 所示。

(4) 脚架安装：取出脚架与螺钉，把机身底部朝上，在底部上找到长方形的凹槽，找好孔位上好螺钉，如图 7-13 所示。

(5) 尾翼安装：取出尾翼与两根大小圆形支撑杆，两根支撑杆穿插在机尾上，使其两边对齐，最后拧紧螺钉，如图 7-14 和图 7-15 所示。

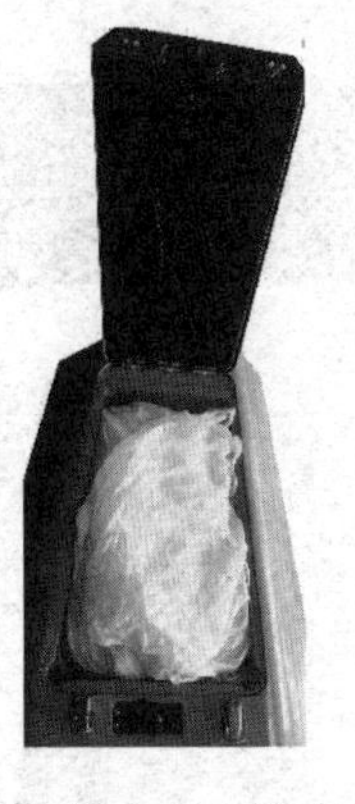

图 7-10 机身主体后半部打开并取出其中降落伞模块

图 7-11 机尾部件

图 7-12 机尾部件与机身主体连接

图 7-13 脚架安装

(6) 机翼安装：在机身主体中部插上圆形支撑杆，使其左右长度一致。取出左右机翼，左右对齐圆形支撑杆插上，打开上盖，用塑胶螺母锁紧，如图 7-16 所示。

图 7-14　支撑杆穿插机尾

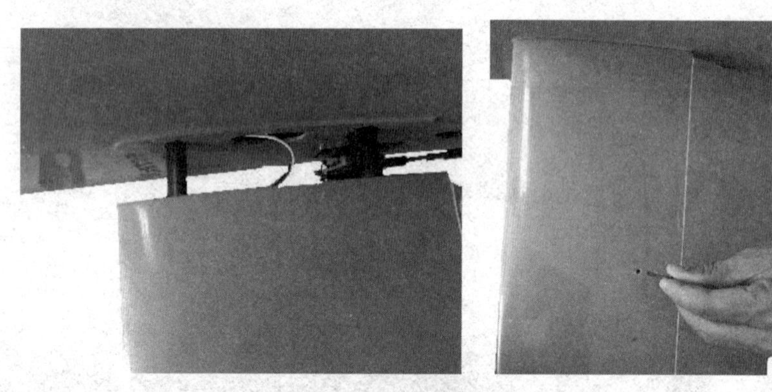

图 7-15　尾翼安装

图 7-16　机翼安装

(7) 整机安装完成,如图 7-17 所示。

图 7-17　整机安装完成

7.4.3 飞控的安装

将 PIXHAWK2 尽可能安装在无人机的重心上，确保自动驾驶仪上箭头的方向和无人机朝前的方向相同，如图 7-18 所示。

正确的连接如图 7-19 所示，此时给飞控供电(3S 电池)，飞控将正常启动，指示灯闪烁，蜂鸣器发出 BB 响；启动完成后，指示灯熄灭，蜂鸣器停止 BB 响。

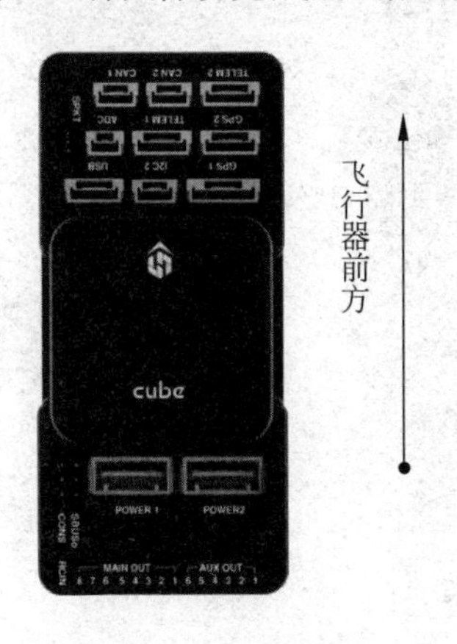

图 7-18　安装示意

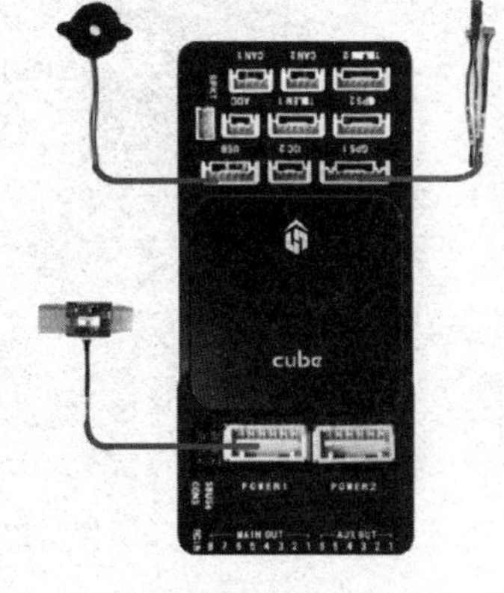

图 7-19　PIXHAWK2 飞控接口定义

PIXHAWK2 飞控各个输出通道连接方式如图 7-20 所示。

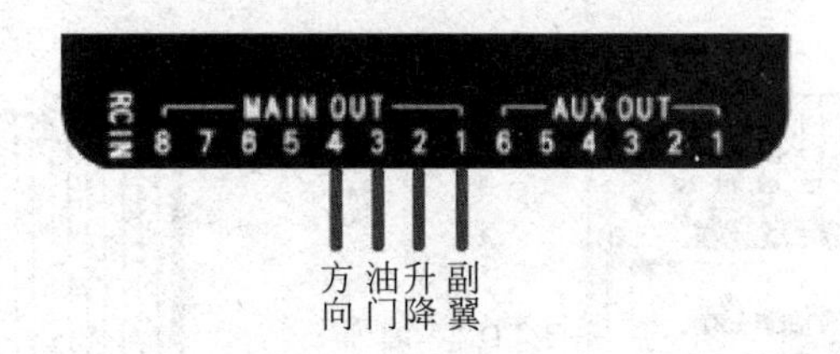

图 7-20　PIXHAWK2 飞控各个输出通道连接方式

7.4.4 数传与图传的安装与使用

1. 概述

本系统使用的数传与图传为 HackLink，它是一款高清图传和数据传输一体的无人机数字链路系统，系统框架如图 7-21 所示，支持 720P 高清视频传输及 MAVLINK 协议，并支持 PPM & S-BUS 遥控器信号转发，实现一个链路系统即可对无人机实时高清视频回传、无人机数据交互及无人机的实时控制，双路 mino 技术，标配全向天线距离 3km，并可按需选择 2.4GHz 或者 5.8GHz 频道，采用高性能的恩智浦 IMX6 处理器，运行 Linux 系统，拥有强大的二次开发余地(并兼容 3DR SOLO 开发环境)，地面站端内置 OLED 屏，可显示飞行相关状态，HDMI 输出，可外接 HDMI 显示器及 HDMI 视频眼镜。地面端接口定义如图 7-22 所示，无人机端接口定义如图 7-23 所示；各项参数如表 7-4 所示。

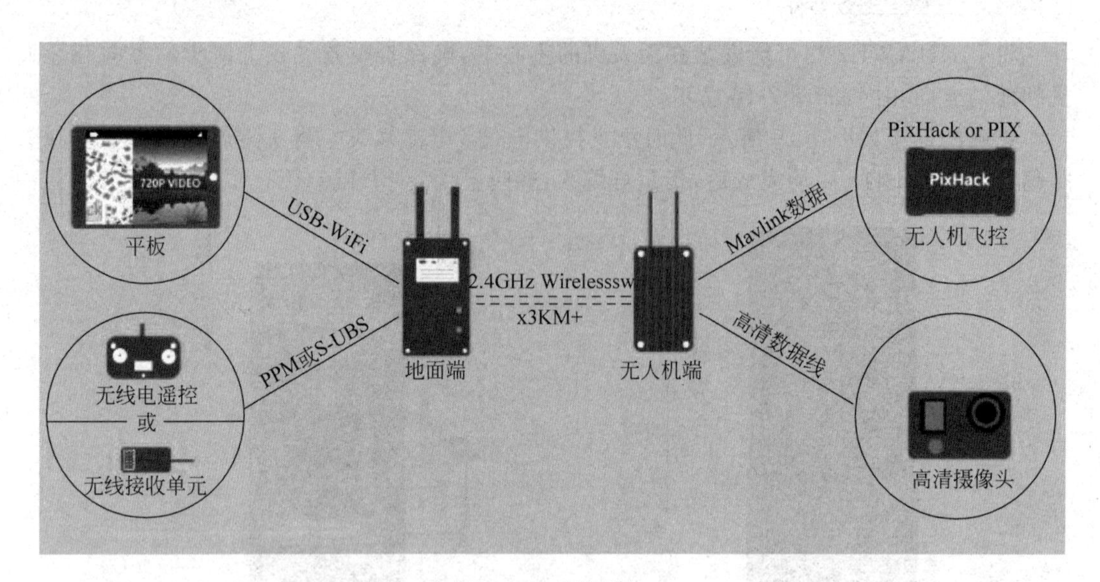

图 7-21　系统框架

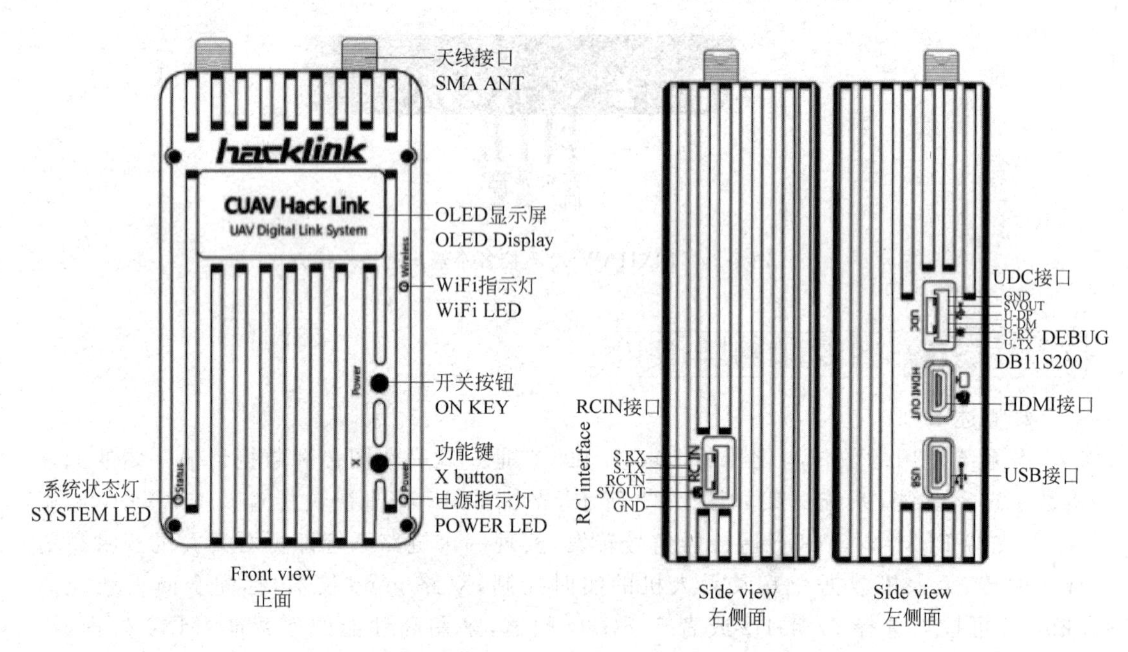

图 7-22　地面端接口定义

AIR飞机端接口定义：

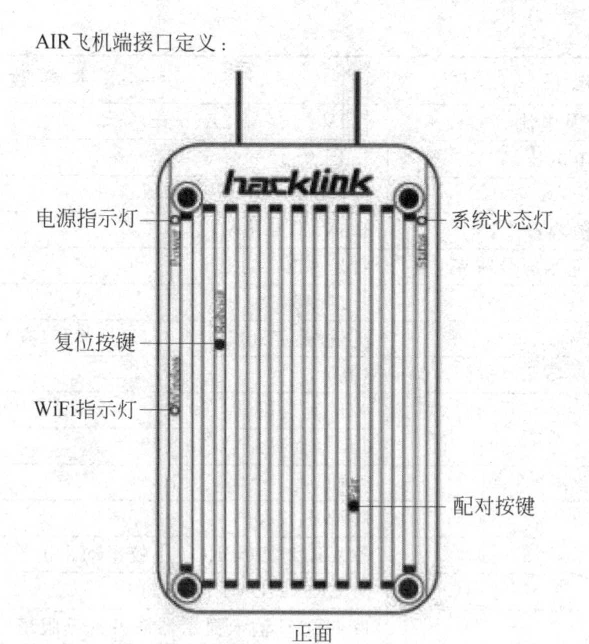

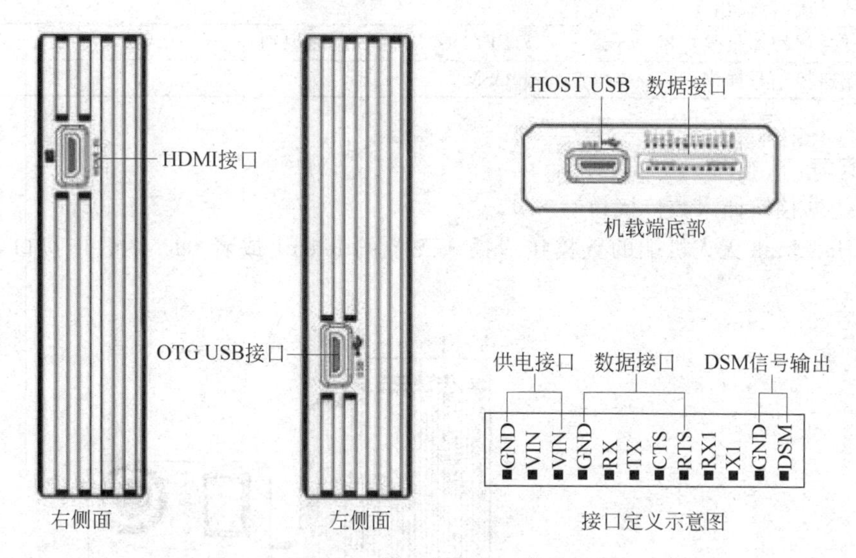

图 7-23 无人机端接口定义

表 7-4 参数表

技术规格	基本参数
通信距离/km	2～3 理想环境 全向天线
有效全向辐射功率(EIRP)/MW	500
接收灵敏度(1%PER)/dBm	−95
工作频率/GHz	5.8
天线增益(机载端)UFL 接口/dBi	2.0
天线增益(地面端)SMA 接口/dBi	5.0
工作环境及物理参数	

续表

技术规格	基本参数
AIR 机载端工作电压及电流	5.0V±0.2V,2A(max)
GR 地面站端工作充电电压/V	5.0±0.2
GR 地面站端工作电流/A	2.1(max)
GR 地面站端内置电池容量	3.6V,3105mA·h
GR 地面站端 OLED 显示屏分辨率	白光 128×64
工作温度范围/℃	−10～50
尺寸/(mm×mm×mm)	机载端：75(长)×45(宽)×45(高)
地面端：80mm(长)×45mm(宽)×25mm(高)	
重量/g	AIR 无人机端：60
	GR 地面站端：150
视频输入/输出应用设备	
视频输入格式	HDMI：720P
支持相机	GOPRO3 GOPRO4 小蚁运动相机等其他 HDMI 相机
视频输出	MICRO HDMI 720P 30P
支持设备	带 HDMI 输入显示器或者视频眼镜
遥控器信号输入/输出	
地面站支持遥控器信号标准	PPM & S-BUS 自动识别
无人机端遥控信号输出	DSM

2. 安装

1）数据接口插入数传接口

将 HackLink 无人机端的数据接口插入飞控的 telem1 或者 telem2 数传接口，如图 7-24 所示。

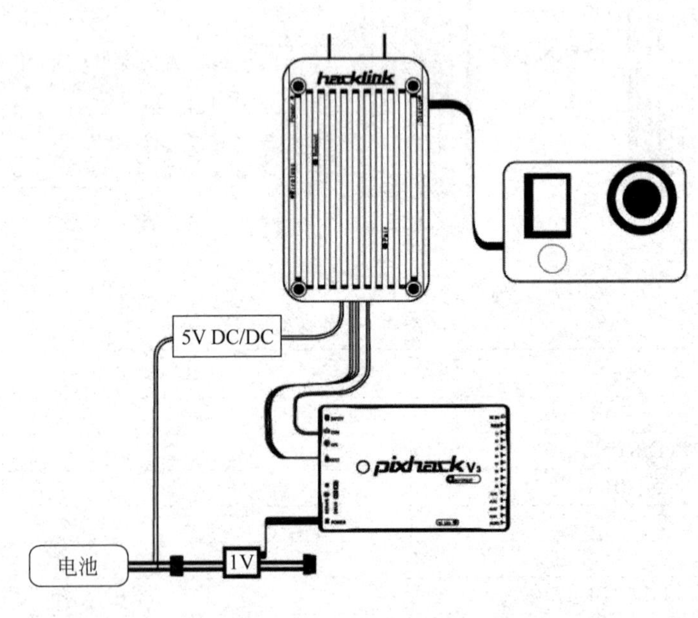

图 7-24 HackLink 无人机端连接 PIXHAWK 飞控

2）连接相机

(1) HackLink 兼容带 HDMI 输出，而且为 720P 信号的相机。

(2) 安装前请关闭相机的 WiFi 功能，以免出现干扰情况。

(3) 将 MICRO HDMI 软排线插入 AIR 端的 micro HDMI 接口。

(4) 另一端插入相机的 micro HDMI 接口即可。

3）测试通信是否正常

(1) 将 HackLink AIR 端与飞控连接，然后通上电源。等待 Start 灯（蓝色）闪烁和无线状态灯常亮（绿色）。

(2) 打开 HackLink 地面端电源（长按 POWER 键 5s），系统将开机，大概在 30s 系统启动成功，屏幕将显示 Waiting。

(3) 稍等一会儿 AIR 端蓝色状态灯会变为常亮。

(4) 地面端屏幕显示飞控数据（电压模式和信号状态）mavlink 。

(5) 地面端正常开机及成功连接 OLED 显示流程图如图 7-25 所示。

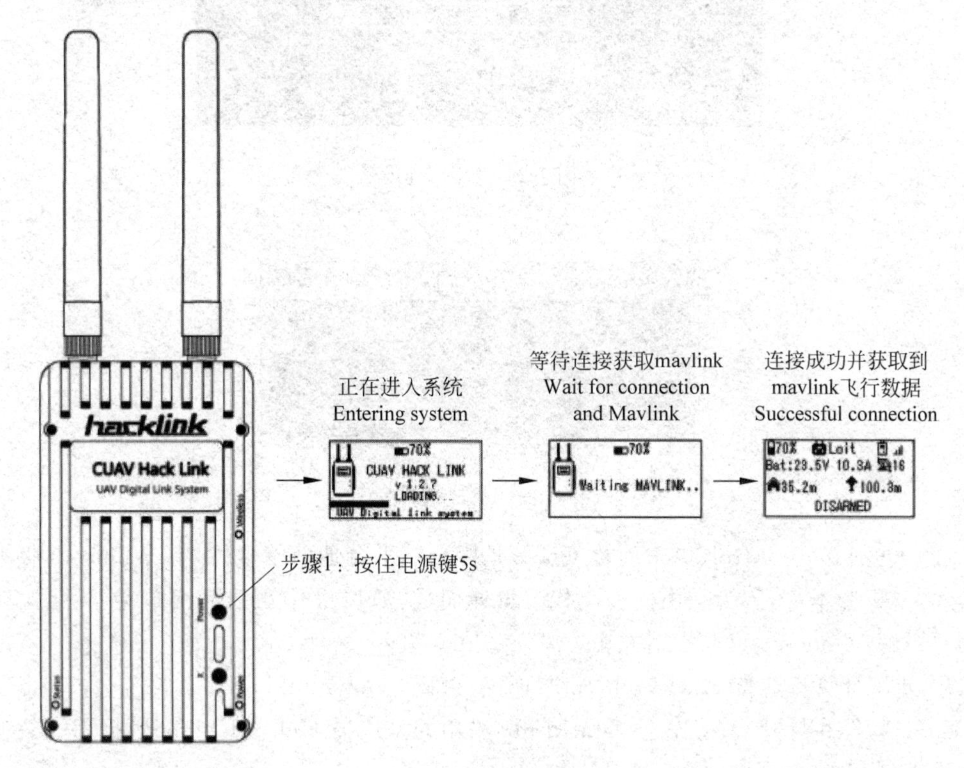

图 7-25 地面端正常连接流程

注意事项如下。

① 两端通电后，无人机端蓝色 Start 状态灯一直闪烁，表示没有成功连接到地面端，可能需要做配对操作。

② 两端通电后，无人机端蓝色 Start 状态灯已经常亮，但是地面端 OLED 并没有显示飞行数据，一直显示 waiting mavlink，一般就是无人机端与飞控的通信有问题，应检查连接线和飞控设置（尝试打开 telem 流控设置）。

4）扩展 HDMI 显示器

HackLink 地面端接 HDMI 显示器或者视频眼镜。HackLink 地面端带一个 HDMI 扩展输出接口，理论上支持任何 HDMI 显示器或者视频眼镜，其输出格式：720P 分辨率。使用 HDMI 线将 HackLink 地面端与显示器连接起来，即可显示高清视频。

3. 软件使用

(1) Mission Planner 地面站只能连接数据，而无视频显示。

① 使用计算机连接 HackLink WiFi 网络，密码：cuavhlink。

② 打开 Mission Planner，选择 UDP 连接，单击"连接"按钮，修改端口号为 14550，单击 OK 按钮就能连接上，获得无人机端传来的飞控数据，如图 7-26 和图 7-27 所示。

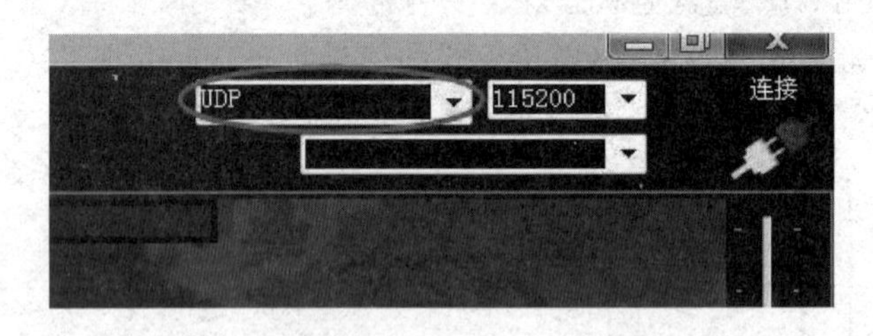

图 7-26　UDP 链接

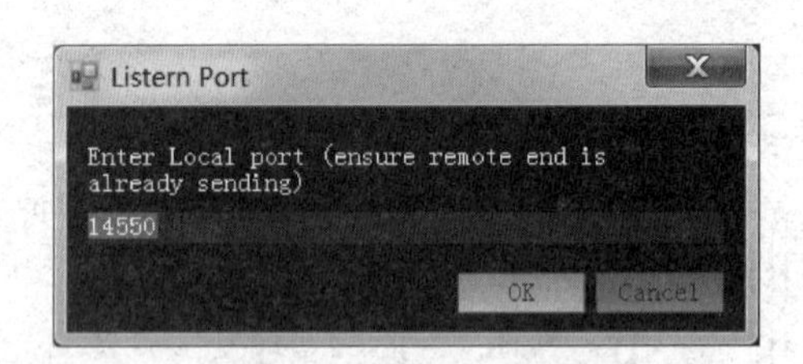

图 7-27　修改端口号

(2) QGroundControl(以下简称 QGC)是一个跨平台地面站软件，有 Windows 版本、安卓版本、苹果版本等，因为是由同一套代码编译而成，所以操作几乎都相同，差异化比较小，本书只讲解 Windows 版本使用方法。

① 使用计算机连接 HackLink WiFi 网络，密码：cuavhlink。

② 安装好并打开 QGC 软件，HackLink 采用的是广播 UDP Mavlink 数据，只要在同一个网络内打开 QGC 软件，就会自动连接到飞控。

③ 连接让 QGC 获取视频流，进入 Comm Links 选项，Add 新增一个链接，如图 7-28 所示。

④ Nost 地址 10.1.1.1，端口 5502，最后单击 OK 按钮，如图 7-29 所示。

⑤ 选中新增的链接，单击 Connect 按钮，然后返回主界面，如图 7-30 所示。此时可看见视频和数据。其他平台的 QGC，包括安卓 QGC、苹果 QGC、Linux QGC 都是一样的设置方式。因为 QGC 采用的是软解码，视频目前不流畅。

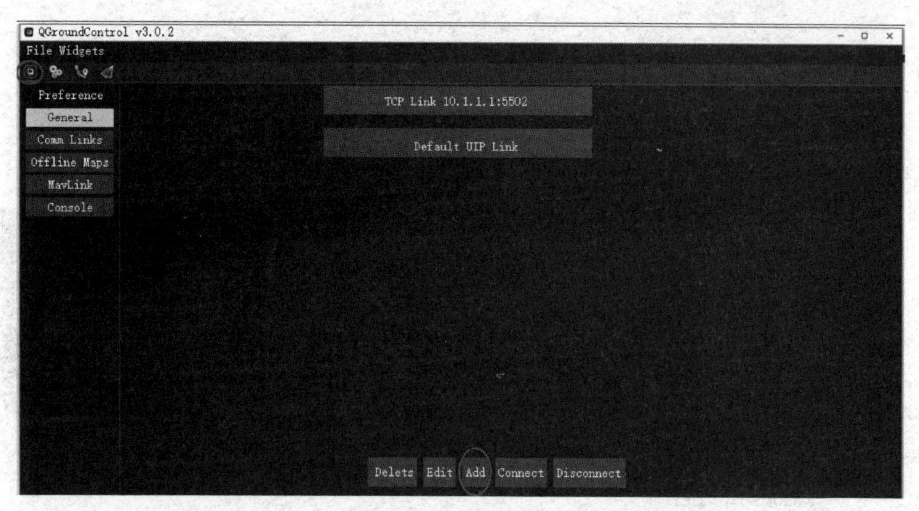

图 7-28　新增界面

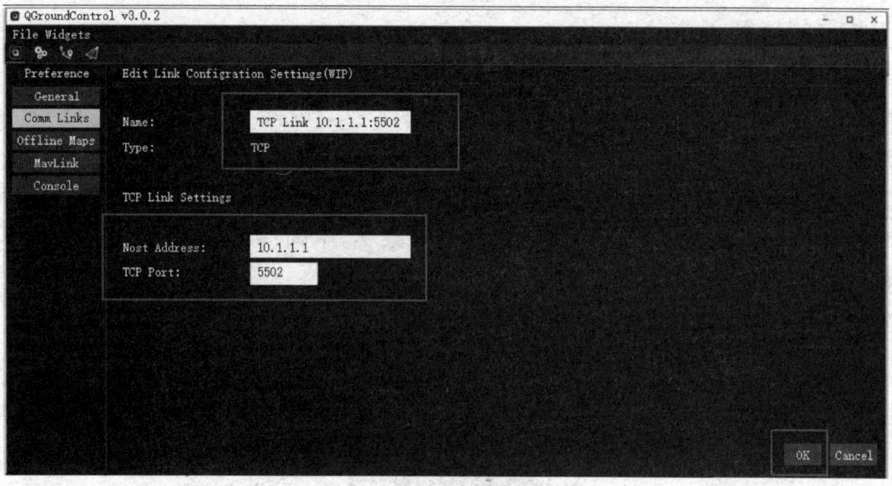

图 7-29　端口设置

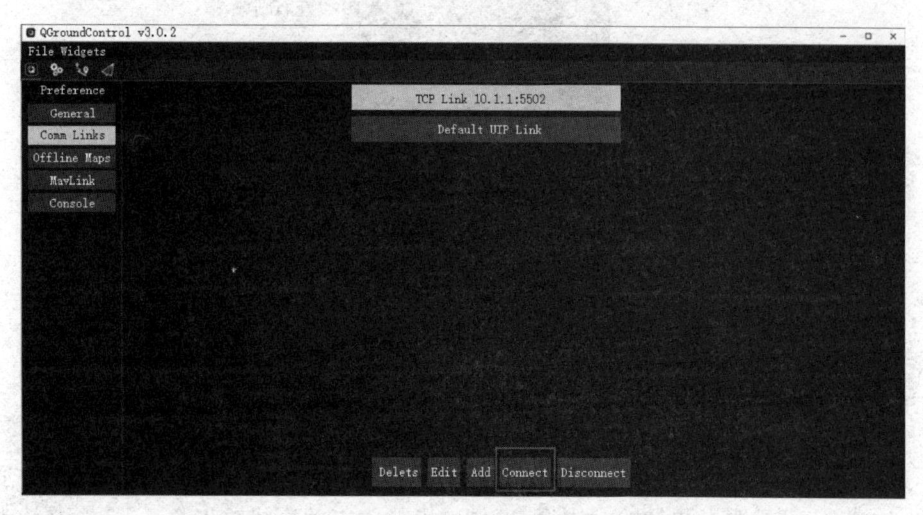

图 7-30　连接界面

7.45 遥控发射与接收的安装与使用

1. 接收机与飞控的连接

接收机与飞控的连接如图 7-31 所示。

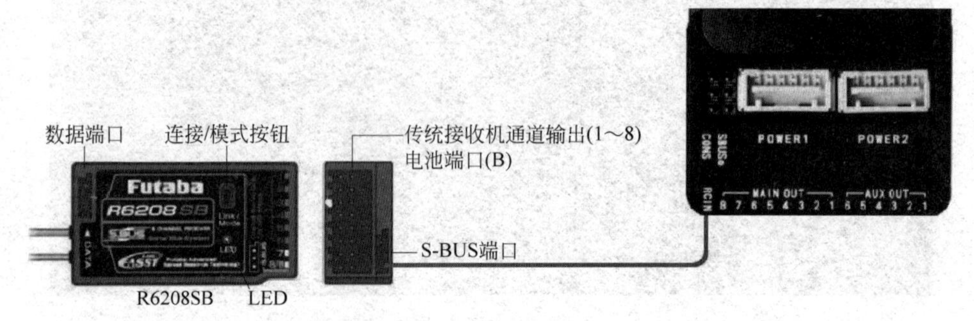

图 7-31　接收机与飞控的连接

2. 遥控器的使用

遥控器如图 7-32 所示，其中：

模式开关，设置在 SE 3 挡开关，飞行模式切换。

降落伞开关，设置在 SC 两挡开关，用于降落使用。

无人机类型，分为直升机、固定翼和滑翔机 3 种，固定翼类型多用于固定翼与多旋翼。

滑动控制按钮，双击上键进入菜单，滑动选择菜单，中间键确认，主界面时长按下键锁定或解锁按键。

详细使用方法见遥控器说明书。

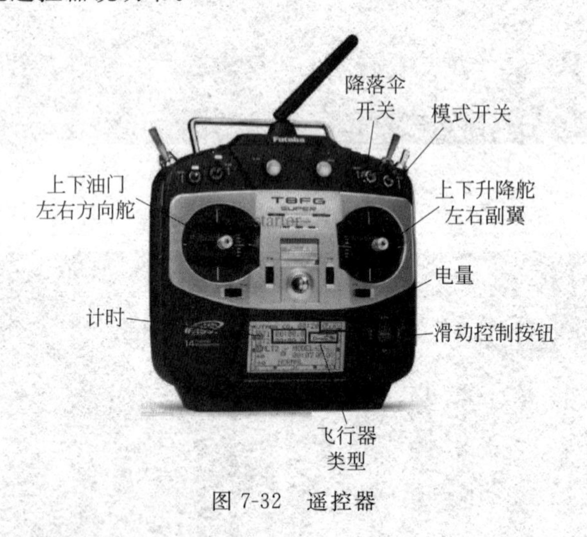

图 7-32　遥控器

7.46 激光测距仪的安装与使用

1. 概述

本系统采用了 Lightware SF02 激光测距仪作为测距传感器。Lightware SF02 适用于需要快速、精确、可靠距离测量的应用场合，供电电压为电池直接输出 6.5～9.0V，或者通过稳压得到的直流 5V，它包含了模拟、数字和串口接口，应用非常方便。它的测量精度几乎不会受到测量物体表面的颜色和光滑度的影响，并且具有配套软件，可以直接通过一根 USB 线插入计算机进行调试设置。

Lightware SF02 测量范围为 50m，分辨率达到 1cm，测量速度为 32Hz，详细参数如表 7-5 所示，精度如图 7-33 所示。

表 7-5 详细参数

项 目	数 据
范围/m	50
分辨率/cm	1
更新速度/Hz	32
精度	如图 7-33 所示
供电电压/V	6.5～9.0 或者 5.0±0.5 DC
供电电流/mA	≤150
输出接口	模拟、串行、数字
尺寸/(mm×mm×mm)	27×59×86
重量/g	69
激光功率	10W(峰值)，10mW(平均值)，Class I
发散角/(°)	0.2(典型值)
工作温度/℃	0～40
认证	FDA 登记号：1310953-001(2015/09)

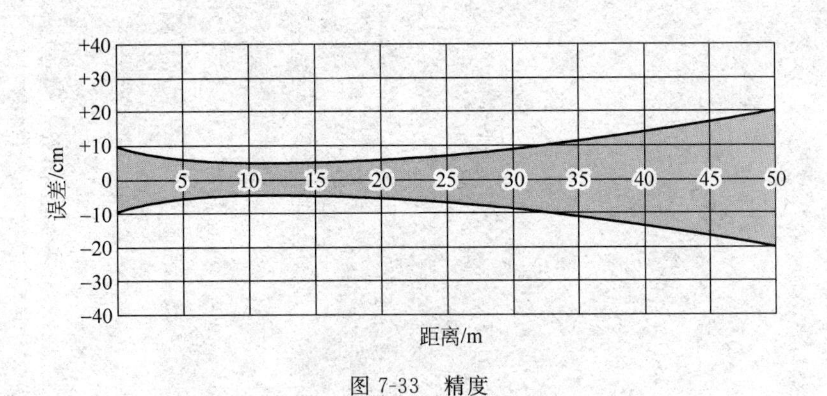

图 7-33 精度

2. 安装

Lightware SF02 安装示意图如图 7-34 所示，Lightware SF02 与飞控的连接如图 7-35 所示。为了保证 Lightware SF02 正常工作，选择了对其单独供电。

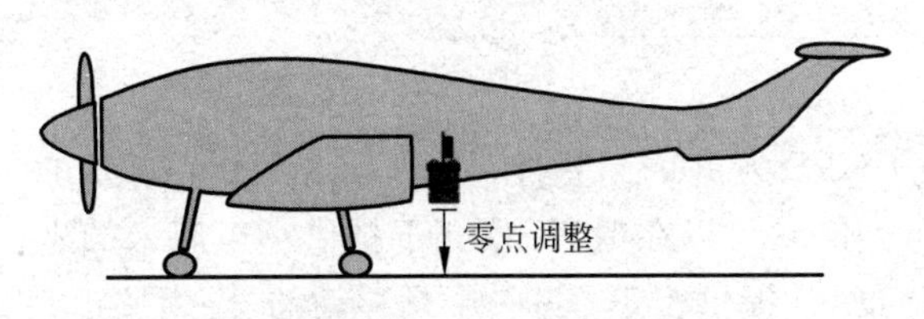

图 7-34 安装示意图

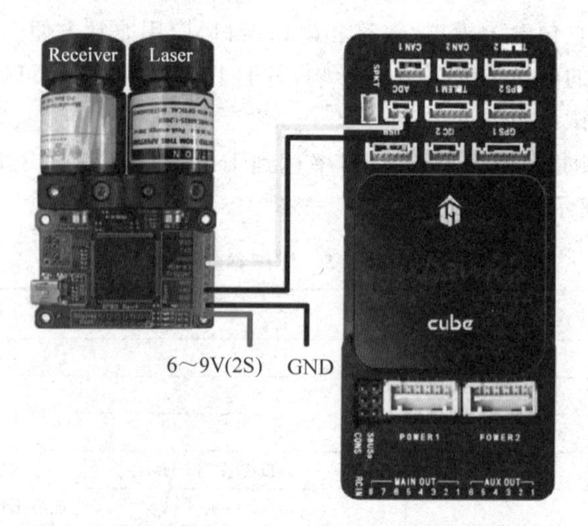

图 7-35　Lightware SF02 与飞控的连接

3. 软件使用

为了使 Lightware SF02 能正常工作，需要在工作站中对飞控进行参数设置，如图 7-36 所示。

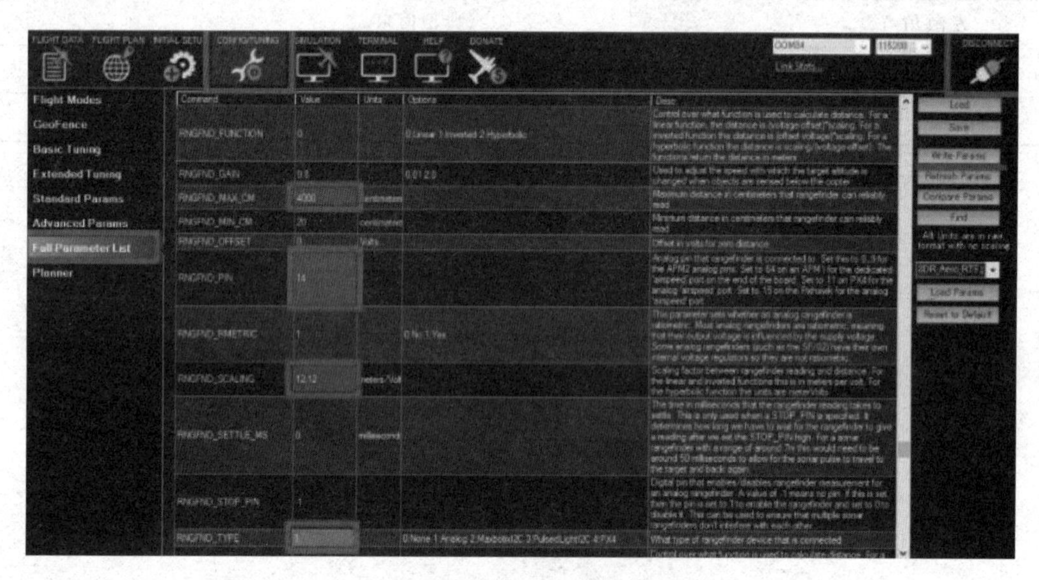

图 7-36　参数设置

可在状态栏中看到激光测距仪的测量数据，如图 7-37 所示。

7.4.7　差分 GPS 的安装与使用

1. 概述

本系统使用的差分 GPS 为 Reach 套件，如图 7-38 所示。该套件是一款结构紧凑的多 GNSS 接收机，内置 IMU。它可以在 RTK 模式下提供小至厘米的坐标。RTK 模式需要一对接收器：一个是固定的，其提供校正；另一个是移动的，应用校正并提供其精确的坐标。

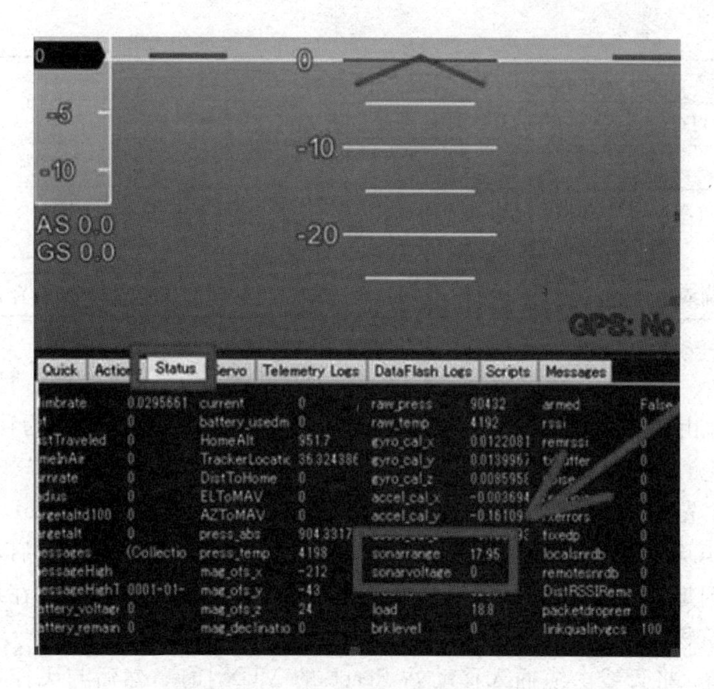

图 7-37　激光测距仪的测量数据

图 7-38　Reach 套件

Reach 套件内置了 Intel Edison 处理器，体积非常小，但是能够满足功能的所有需求。采用双核英特尔 AtomCPU 和 1GB RAN，速度非常快，连接范围广，为目标设备提供了多种接口选择。Reach 包含一个带 3 轴陀螺仪、3 轴加速度计和 3 轴磁力计的惯性测量单元，这为定向估计和与 GPS 数据融合提供了新的可能性，技术参数如表 7-6 所示。

表 7-6　技术参数

规格参数	
原始数据接收器	u-blox NEO-M8T
处理单元	英特尔爱迪生双核
天线连接器	MCX
尺寸/(mm×mm)	26×45
重量/g	12

续表

接口
WiFi,BT,USB-OTG,串行(UART),I^2C,事件和触发引脚
支持的 GNSS
GPS/QZSS L1 C/A,GLONASS L10F,北斗 B1,SBAS L1 C/A,Galieo-ready E1B/C
应用程序
无人机导航,精确农业导航,社区驱动映射,任何机器人项目与精确的导航,研究和教育,RTK 改进

2. 安装

Reach 套件由两个相同的 Reach 设备组成,一个作为基站,另一个作为移动站。移动站安装在无人机上,基站连接到工作站。

基站设置:先将天线电缆插入基站 Reach 的 MCX 插座,然后将 MicroUSB 线插入基站 Reach 的 MicroUSB 端口,另一端插入工作站的 USB 口,基站 Reach 成功启动后,指示灯白色与紫色交替闪烁,工作站的设备管理器将新增一个 COM 口。将天线放在地平面上,该地平面可以是建筑物屋顶。

移动站设置:将天线电缆插入移动站 Reach 的 MCX 插座,然后与飞控连接,如图 7-39 所示。

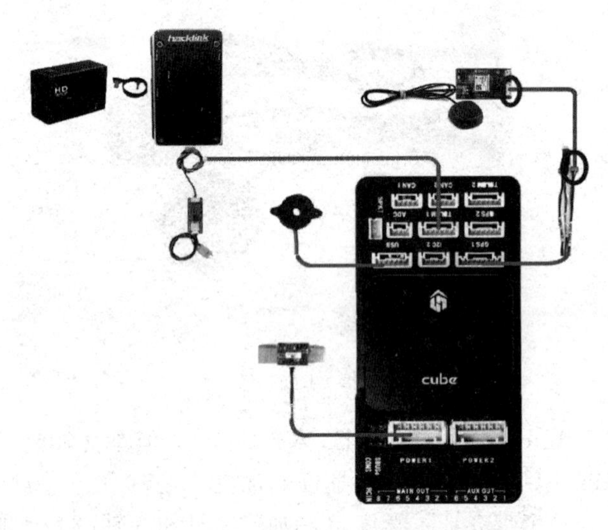

图 7-39 天线电缆插入移动站与飞控连接

注意:天线附近不得有阻挡天空视图高于地平线 30°以上的障碍物;不要在室内或者建筑物附近测试设备;RTK 需要良好的卫星可见性和接收能力。

3. 软件使用

(1) 接上电源,打开工作站软件,使用数传获取飞控上的数据,对飞控上的参数进行设定(出厂已经设置完毕),修改 GPS-TYPE2 的值为 1,启用第二个 GPS,这样就算将 GPS 模块插入飞控的第二个 GPS 插槽也能工作。

(2) 修改 SERIAL3_BAUD 的值为 38,因为 Reach 与飞控之间的通信波特率为 38 400。

(3) 修改 GPS_INJECT_TO 的值为 1,启用 GPS 注入功能。参数修改完后,返回主飞行页面,按 Ctrl+F 组合键,在弹出的快捷菜单中单击 Inject GPS 按钮,如图 7-40 所示。

图 7-40 弹出菜单框

在新弹出的对话框中选择对应的 COM 口,波特率选择 115 200,单击 Connect 按钮,成功连接上后,将会有数据返回,代表已经成功将基站 GPS 信息注入移动站 GPS,实现了差分 GPS。

7.4.8 相机云台的安装与使用

相机云台可以直接接入主遥控器,也可以单独由另外一个副遥控器进行控制。本系统目前的连接方式为副遥控器控制。云台连接线路如图 7-41 所示,云台与接收机的连接如图 7-42 所示。

7.4.9 跟踪天线的安装与使用

1. 概述

本机使用了 MyFlyDream 的自动跟踪天线,简称 MFDAAT,为 FPV 系统提供全方位的信号接收能力,如图 7-43 所示。

FPV 飞行中,为了获得更好的视频信号接收质量,希望采用高增益的接收天线。但高增益的天线往往伴随着狭窄的有效角度,MFDAAT 的设计就是为了解决 FPV 飞行时定向天线难以保持在最佳收发角度的问题,其技术参数如表 7-7 所示。

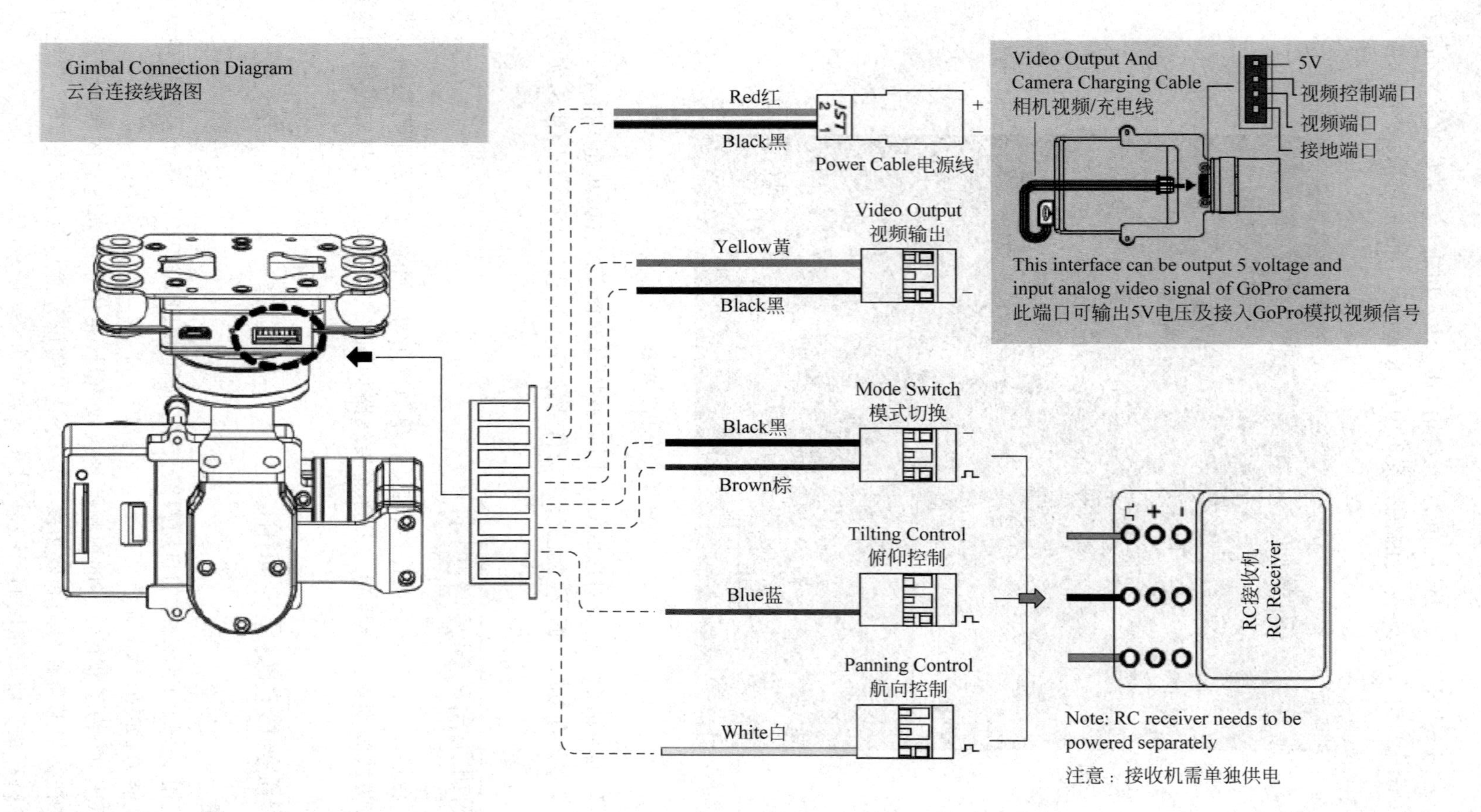
Gimbal Connection Diagram
云台连接线路图
Red红
Black黑
JST
Power Cable电源线
Video Output
视频输出
Yellow黄
Black黑
Mode Switch
模式切换
Black黑
Brown棕
Tilting Control
俯仰控制
Blue蓝
Panning Control
航向控制
White白
Video Output And
Camera Charging Cable
相机视频/充电线
5V
视频控制端口
视频端口
接地端口
This interface can be output 5 voltage and
input analog video signal of GoPro camera
此端口可输出5V电压及接入GoPro模拟视频信号
RC接收机
RC Receiver
Note: RC receiver needs to be
powered separately
注意：接收机需单独供电

图 7-41 云台连接线路

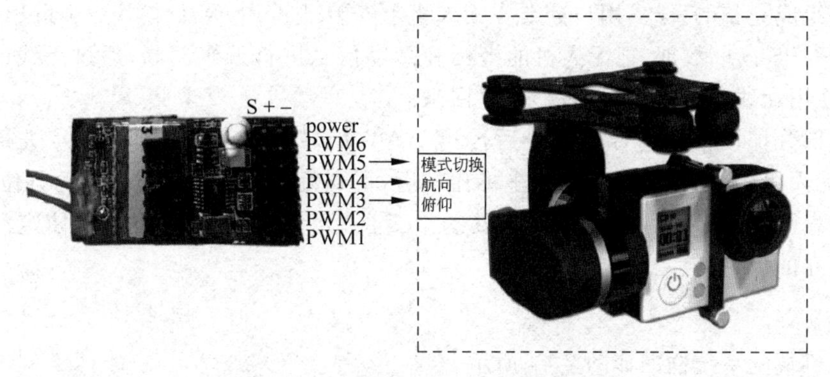

图 7-42　云台与接收机的连接

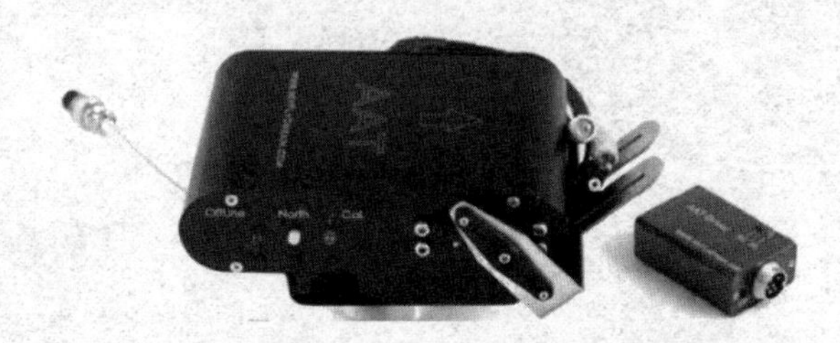

图 7-43　跟踪天线 MFDAAT

表 7-7　技术参数

跟踪云台	
重量/g	905
尺寸/(mm×mm×mm)	165×107×40
输入电压/V	12
电流消耗(无负载)/mA	100
负载能力/kg	1
倾斜角度/(°)	0～90
旋转角度/(°)	360
倾斜速率/(°/s)	100
旋转速率/(°/s)	200
信号通道	1～7
TeleFlyOSD	
重量/g	10
尺寸/(mm×mm)	45×25
输入电压/V	7～20(建议 12V)
电流消耗/mA	<200@12V(仅有 GPS 连接时)
AATDriver	
重量/g	58
尺寸/(mm×mm×mm)	78×44×23
输入电压/V	12
电流消耗/mA	100
GPS 通信虚拟串口波特率/bps	1200

为了组成完整的系统，用户需要在无人机上安装 TeleFlyOSD 模块。TeleFlyOSD 从无人机上的 GPS 读取数据，把无人机的坐标和高度信息进行编码调制，通过无线的音频通道（通常会使用无线图传的伴音通道）发射回来。

地面部分把接收到的音频信号后传给 AATDriver，AATDriver 对信号进行解调和解码，取得无人机的位置信息，和初始坐标比较后，得到无人机目前相对云台的方位角和距离、高度等信息。AATDriver 把这些信息发送给云台，云台驱动内部的舵机，使定向天线对准无人机所在的位置。

2. 安装

无人机端的系统框图如图 7-44 所示。

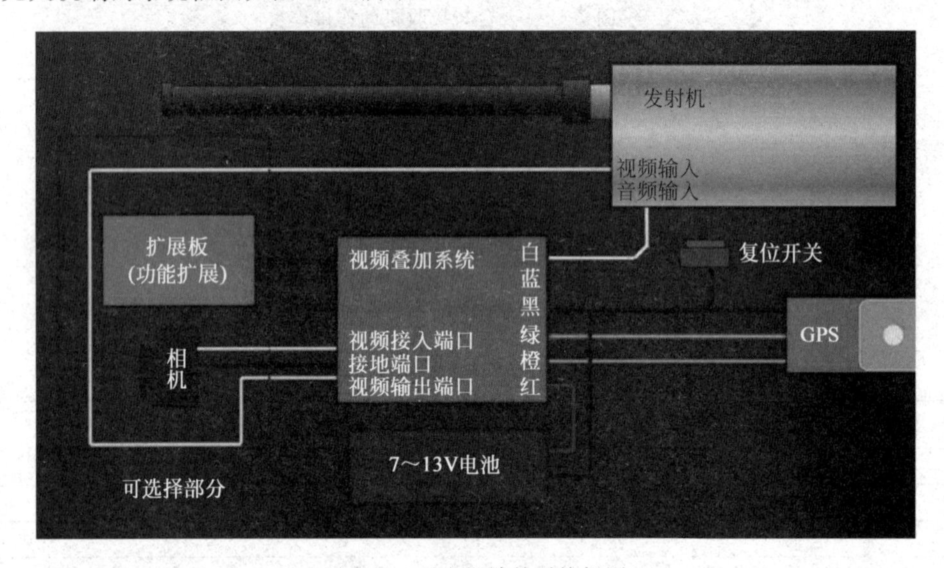

图 7-44　无人机端的系统框图

本机跟踪天线使用了 MyFlyDream AutoPilot 飞控，安装如图 7-45 所示。

地面端的图传接收机通过平板天线接收到从无人机端传过来的视频信号和无人机位置信息后，直接将该信息通过视频与音频线传递给天线云台，天线云台又将数据传给 AAT 驱动器，AAT 驱动器将视频信号直接输出给显示屏，然后将无人机位置信息进行计算处理，驱动天线云台工作。系统连接如图 7-46 所示。

3. 软件使用

1）初步测试

（1）用 12V 的直流电源供电给 AATDriver，AATDriver 上的红色和黄色 LED 会快速闪烁若干次后熄灭。闪烁 5 次表示 AATDriver 的数据输出目前处于 MFD 模式，闪烁2 次则表示处于 VGPS 模式。

（2）云台通电后发出“嘀”的一声，天线支架转到 30°的仰角，并且云台上的红色 LED（离线指示灯）开始闪烁，表示云台启动完毕。云台上面的图传接收机的电源指示灯也应该亮起。

（3）按下 AATDriver 上的 TEST 按钮，AATDriver 的红色 LED 会亮起，指示目前处于测试模式。如果云台正常，依次按下 TEST 按钮可以看到云台按参数转动，如表 7-8 所示。

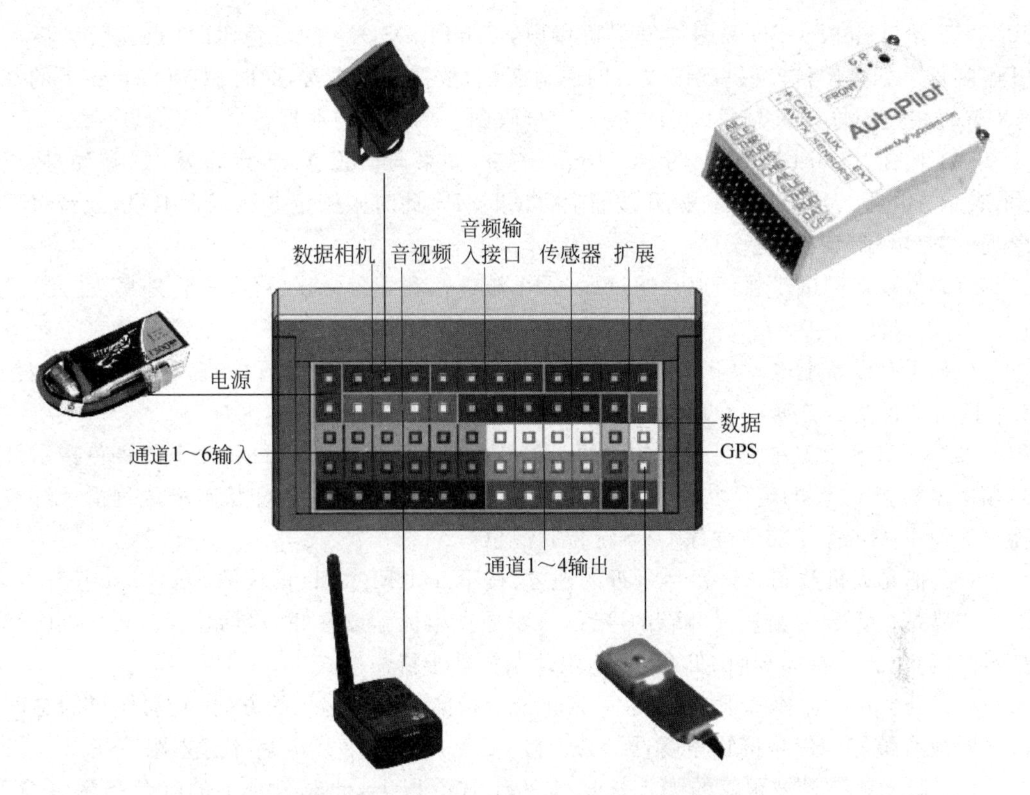

图 7-45　MyFlyDream AutoPilot 飞控安装

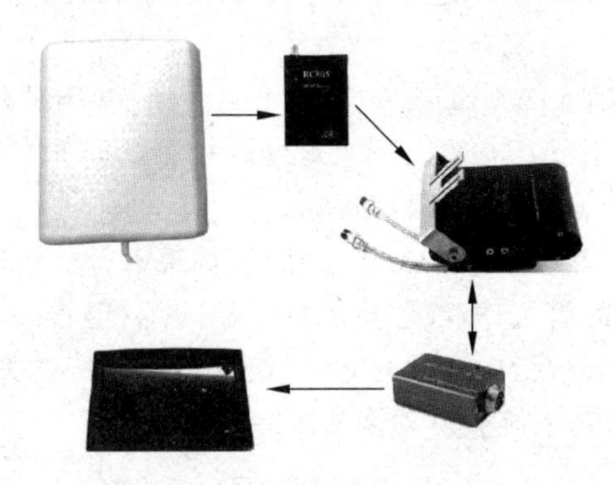

图 7-46　地面端安装连接图

表 7-8　转动参数

TEST 按钮次序	方位角/(°)	俯仰角/(°)
1	0(北)	0
2	90(东)	30
3	180(南)	0
4	270(西)	60
5	退出测试模式	退出测试模式

建议飞行前对系统做一次上述测试，确保云台和驱动器的软硬件工作正常。但起飞前切记退出测试模式，否则云台不会进入跟踪状态。

(4) 给 TeleFlyOSD 和图传发射机供电，TeleFlyOSD 上的红色 LED 点亮数秒后应该开始闪烁。如果图传发射机/接收机的通道匹配，数据链路正常，此时 AATDriver 上的红色 RX 灯将快速闪烁，RX 灯每闪烁一次表示接收到一个有效的数据包。

(5) 按住 TeleFlyOSD 上的 SetHome 按钮，如果通信正常，云台将发出"嘀"的持续响声，表示正在设置原点坐标。松开按钮后，如果 GPS 此时未锁定 3 颗以上卫星，云台将发出急促的"嘀嘀嘀"警告声。

(6) 若以上测试步骤都正常通过，表示系统连接和配置无误，可以进行外场飞行测试。

2) 正式使用

(1) 所有设备上电。用 AATDriver 上的测试按钮对云台进行检查，检查东、南、西、北 4 个指向是否基本正确，AATDriver 上的红色 RX 指示灯是否快速闪烁。

(2) GPS 搜索卫星需要一定的时间。稍等片刻后，根据 AATDriver 上的黄色指示灯闪烁频率来检查 GPS 的定位状态，闪烁频率越高则定位越精确。最佳状态下黄色指示灯将常亮。进行下一步操作前请确保 GPS 定位状况良好。

(3) 把无人机放到离云台尽量近的地方，按下 TeleFlyOSD 模块的 SetHome 按钮 3s 以上。正常情况下云台会发出"嘀"的声音，表示原点坐标已设置好。与此同时，云台上的红色指示灯闪烁，天线指向 30°的仰角，表示跟踪系统处于待命模式。

(4) 云台在待命模式下，可以手动旋转云台指向无人机起飞的方向，此动作目的是确保起飞阶段有最好的信号接收角度，因为云台需要无人机离开 10m 后才进入跟踪状态。

(5) 起飞。一旦被跟踪的无人机离开云台 10m 以上，此时云台上的红色指示灯熄灭，云台立刻开始持续的跟踪动作(即使再飞回 10m 的范围内跟踪也不会停止)。

3) 注意事项

(1) 起飞前请检查，确保 AATDriver 不处于测试模式(测试模式下，AATDriver 的 RX 红色指示灯常亮)，云台不处于离线模式(离线模式下，云台上的红色 Off-Line 指示灯常亮)。这两种特殊状态下云台都不会跟踪目标。

(2) 按下 TeleFlyOSD 上的 SetHome 按钮后，如果下行链路出了问题或者 GPS 定位非常差，云台会发出"嘀嘀"的警告声，红色指示灯开始闪烁，警告失去了跟踪能力。此时如有必要，用户可以手动旋转云台指向合适的方向(俯仰角将保持在失去信号前的角度)。一旦数据链路或 GPS 状态好转，系统会自动恢复跟踪。

双发长航时固定翼的调试

无人直升机的组装与调试

在进行无人直升机的组装与调试前，应对直升机的基本构造、空气动力特性和操纵性能等内容有基本认识，进而在组装过程中，清楚各组装的部分对整机性能及飞行的影响。无人直升机的调试与多旋翼和固定翼无人机的调试特点不同，直升机的机械结构复杂，整体结构的装配调试效果直接影响整机性能及飞行稳定。在调试过程中，应严格按照产品的技术要求完成机械结构的调试工作，同时按推荐参数进行飞控设定。

本章以某款电动无人直升机为例，介绍其动力装置、自动倾斜器、主旋翼、尾桨以及飞控系统的组装过程及注意事项；并对其调试的过程进行介绍，包括自动倾斜器、主桨螺距、尾桨和飞控等的调试。

8.1 概 述

8.1.1 无人直升机的基本构造

无人直升机由机身、主旋翼、尾桨、起落架、动力系统和操纵系统等组成，如图 8-1 所示。本节主要对主旋翼、尾桨、动力系统、操纵系统的构造和特点进行介绍。

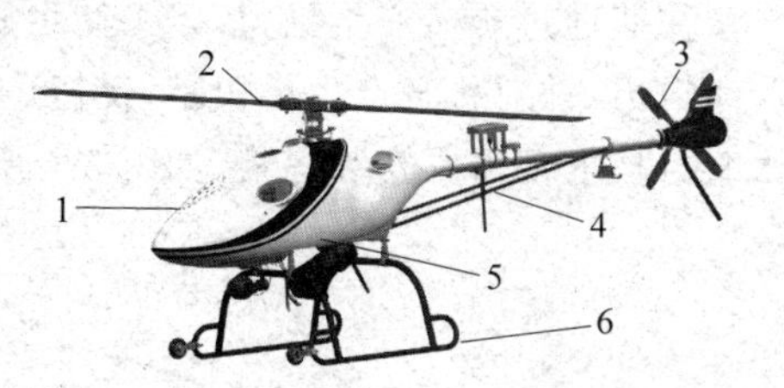

图 8-1 无人直升机的基本构造

1—机身；2—主旋翼；3—尾旋翼；4—操纵系统；5—动力系统；6—起落架

1. 主旋翼

主旋翼是无人机直升机的主要升力部件，本质上讲旋翼是一个能量转换部件，它把发动机产生的旋转动能转换成旋翼拉力。直升机在飞行过程中，旋翼产生的拉力一部分用于克服直升机的重力，一部分为直升机的运动提供动力。旋翼起到类似于固定翼无人机机翼的作用，同时也有固定翼的副翼和升降舵的作用。改变直升机的飞行状态，主要是靠改变主旋翼拉力的大小和方向来实现。直升机的绝大多数性质，比如稳定性、灵活性，都是由主旋翼结构决定的。

直升机的主旋翼由桨毂和 2～8 片桨叶组成。旋翼的结构形式主要指旋翼桨叶和桨毂连接的方式。最典型的结构形式是铰接式旋翼，如图 8-2 所示。

桨叶通过桨毂上的挥舞铰(水平铰)、摆振铰(垂直铰)及变距铰(轴向铰)与旋翼轴相连，通过 3 个铰实现桨叶的挥舞、摆振和变距运动。这些铰有不同的排列方式，一般都采用金属

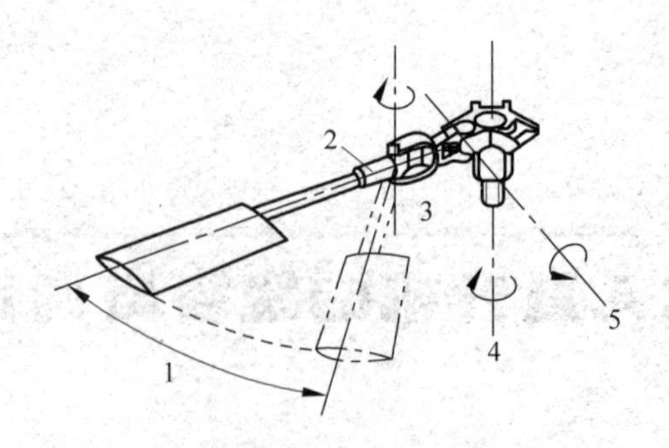

图 8-2　铰接式旋翼

1—摆振；2—轴向铰；3—垂直铰；4—旋翼转轴；5—水平铰

滚动轴承实现构件之间的相对运动。桨叶绕挥舞铰可以上下运动，称为挥舞运动；绕摆振铰的前后运动叫摆振运动；绕变距铰的转动叫变距运动。

桨叶的切面形状同机翼的切面形状相似，称为桨叶翼型，如图 8-3 所示。

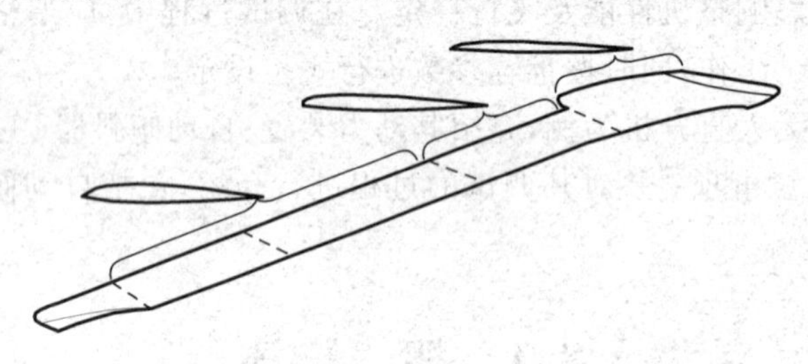

图 8-3　桨叶翼型

2. 尾桨

尾桨通过旋转产生推力，以平衡主旋翼产生的反扭矩。单旋翼无人直升机的旋翼旋转产生升力，并对机身产生反扭矩，反扭矩迫使直升机向旋翼旋转的反方向偏转，因此，一般无人直升机上都需要安装尾桨，如图 8-4 所示。

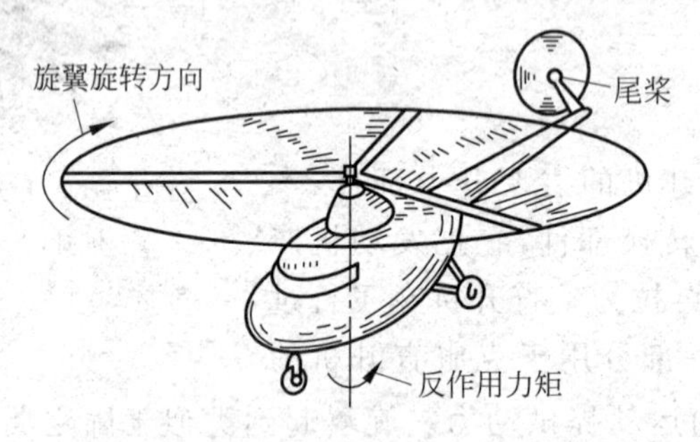

图 8-4　尾桨平衡反作用力矩

尾桨的功能：平衡旋翼的反扭矩、改变尾桨的推力（或拉力）实现对直升机的航向控制、对航向起稳定作用和提供一部分升力等。

尾桨一般安装在尾梁后部或尾斜梁或垂尾上。低置尾桨可以减小传动系统的复杂性，有助于减轻结构重量，但容易受不利气动干扰。高置尾桨可以减少气动干扰，提高尾桨效率，但结构复杂。尾桨分为推式尾桨和拉式尾桨，尾桨拉力方向指向直升机的对称面，为推式尾桨；从对称面向外指为拉式尾桨。

3. 动力系统

动力系统是将发动机的动力传递给主旋翼和尾桨的重要动力部件。直升机动力系统使主旋翼转动来产生升力，使尾桨协调转动平衡扭矩，是直升机最重要的系统之一，通常主要包括主减速器、传动轴、尾减速器和中间减速器等，如图 8-5 所示。

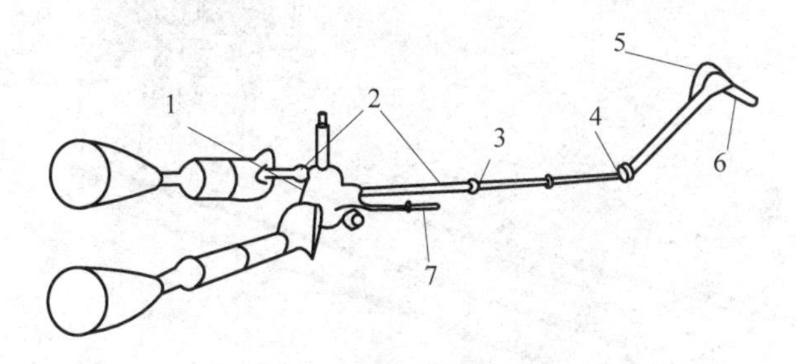

图 8-5　直升机动力系统简图

1—主减速器；2—传动轴；3—轴承支座；4—中间减速器；5—尾减速器；6—尾桨轴；7—传动附件

1）主减速器

主减速器是动力系统的核心。其输入轴与发动机的输出轴相连，其输出轴就是固定旋翼轴。它传递的功率和减速比大。在主减速器上还有带动尾传动轴的输出轴。

2）传动轴

传动轴包括动力输入轴和尾传动轴。动力输入轴连接发动机与主减速器，主减速器通过尾传动轴向尾桨传递功率。为了补偿制造及安装误差、机体变形及环境影响，传动轴往往还带有各种联轴节。细长的尾传动轴必须通过若干个轴承支撑在机体上。

3）尾减速器及中间减速器

尾减速器是将功率传递给尾桨的部件。输入轴与尾传动轴相连，一般由一对伞齿轮构成。输入轴与输出轴夹角一般为 90°。由于尾桨转速较高，所以尾减速器的减速比不大。在尾传动轴有转折时还需要布置一个中间减速器，主要由一对伞齿轮组成，夹角取决于尾传动轴转折的要求，减速比一般为 1，在某些轻型无人直升机上用一对甚至一个万向接头来代替中间减速器。

4. 操纵系统

操纵系统是直升机的重要部件之一，操控手必须通过操纵系统来控制直升机的飞行，保持或改变直升机的平衡状态。直升机的空间虽有 6 个自由度，但实际只需 4 个操纵，即总矩操纵、纵向操纵、横向操纵和航向操纵。

自动倾斜器又名十字盘，是将经无人直升机飞行操纵系统传递过来的驾驶员或自动驾驶仪的指令转换为旋翼桨叶受控运动的一种装置。自动倾斜器结构如图 8-6 所示。

自动倾斜器由旋转环、内环、外环、滑筒、导筒和变矩拉杆等组成。内环通过轴承与旋转环相连，旋转环通过拨杆与旋翼桨毂相连，当桨毂旋转时，旋转环在拨杆带动下同步旋转。变矩拉杆连接旋转环与桨叶摇臂，当旋转环向任一方向倾斜时，变矩拉杆周期性地改变桨叶安装角。内环通过万向接头固定在滑筒上，滑筒安装在旋翼旋转轴外，但滑筒与内环不随旋转轴旋转而转动。滑筒可以沿着旋转轴上下滑动，从而带动变矩拉杆上下移动改变主旋翼上所有桨叶总矩大小。

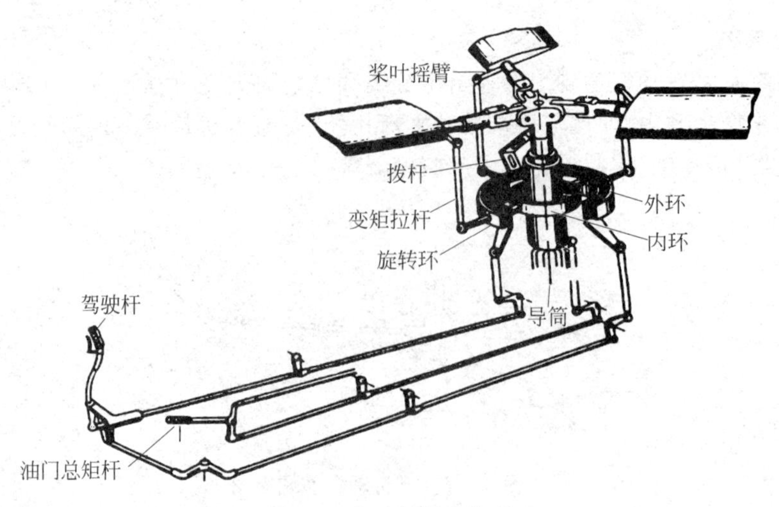

图 8-6 自动倾斜器构造

1）总矩操纵

总矩操纵是通过操纵自动倾斜器调节主旋翼的总桨矩，使各片桨叶的安装角同时增大或减小，从而改变主旋翼拉力的大小。旋转环通过变矩拉杆与桨叶相连；旋翼转动时，通过与桨毂相连的拨杆，旋转环及变矩拉杆一起转动，上提变矩拉杆时，变矩传动杆使桨矩同时增大，旋翼拉力增大。反之，下放变矩拉杆，桨矩变小，旋翼拉力减小。桨矩的改变，不仅改变了旋翼拉力的大小，同时也要求发动机输出功率相应改变。

2）变矩操纵

变矩操纵是通过操纵自动倾斜器使桨叶的桨矩周期性地改变。操纵驾驶杆，通过传动杆、摇臂的传动，能使旋转环随同需要的方向倾斜，旋转环倾斜后，随着旋翼转动，各片桨叶的桨矩就会出现周期性变化。在旋翼旋转一周中，每片桨叶的桨矩随着旋翼旋转所出现的由小到大，再由大到小的周期变化，称为桨叶的周期变矩。由桨叶周期变矩引起桨叶挥舞，能使旋翼锥体向驾驶杆的操纵方向倾斜，从而达到操纵的目的。

8.1.2 无人直升机的空气动力特性

1. 无人直升机与固定翼无人机的主要特点对比

固定翼无人机的升力面是机翼，操纵面是升降舵、方向舵和副翼，其中升降舵控制无人机绕横轴旋转，控制机头向上或者向下；方向舵控制无人机绕立轴旋转，控制机头的指向；副翼控制无人机绕纵轴旋转，控制无人机做横滚运动；固定翼无人机的推进器是螺旋桨或者是喷气式发动机。和旋翼类无人机比较，固定翼无人机具有气动效率高、寿命长、经济性好、飞行速度大、升限高、稳定性好、操纵容易等优点；其最大的缺点是升降场地要求较大，需要跑道。

而无人直升机的升力面、操纵面和推进器都是主旋翼，操纵是通过改变主旋翼的螺距来改变升力的大小，从而控制无人直升机的上升和下降；通过改变主旋翼旋转平面的倾斜方向和大小实现前进、后退和侧飞；其最突出的特点是不需要跑道，可垂直起降、悬停。和固定翼无人机相比，直升机的缺点是气动效率较低，载重较小，振动较大，舒适性差，操纵难度大，稳定性差。

2. 无人直升机的空气动力特性

1）垂直运动旋翼桨叶的周向相对气流

垂直运动是指无人直升机在无风条件下做垂直升降或悬停的运动状态，也称为轴流状态。在轴流状态下，直升机旋翼由发动机带动在空气中旋转，带动空气向下运动，每一片旋翼叶片都产生升力，这些升力的合力就是直升机的升力。

直升机在垂直飞行状态（轴流状态）时，每片桨叶受到的作用力，除桨叶自身重力外，还有桨叶的拉力和惯性离心力。由于桨叶周向相对气流是对称的，每片桨叶在旋转一周中，拉力和惯性离心力不变，所以，桨叶在各个方向上扬起的角度均相同。主旋翼上的拉力如图8-7所示。

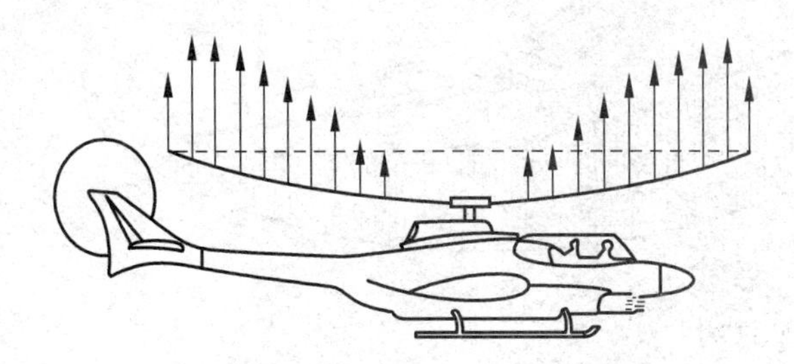

图8-7 轴流状态下主旋翼的拉力

2）横向运动旋翼桨叶的周向相对气流

横向运动是指直升机做前进飞行、后退飞行或侧向飞行的运动状态。在横向运动状态旋翼各桨叶周向相对气流会出现明显的不对称现象。例如，直升机前飞时，前行桨叶相对气流速度是桨叶旋转速度与前飞速度之和，桨叶产生的拉力大；后行桨叶相对气流速度是桨叶旋转速度与前飞速度之差，桨叶产生的拉力小。因此，这导致主旋翼上产生不对称拉力。为了消除或尽量减少这种现象的影响，主旋翼采用了挥舞铰结构，也称水平铰。

根据挥舞铰的构造特点，桨叶上挥时，变矩拉杆拉住变矩摇臂使桨叶角减小，拉力变小；桨叶下挥时，变矩拉杆顶住变矩摇臂使桨叶角增大，拉力变大，这样也相应地自动调节了桨叶在前飞时升力对称的状态。

在桨叶挥舞中所引起的桨叶迎角改变，又会使桨叶的拉力发生变化，这样引起旋翼拉力的再分布，从而减轻拉力不对称的程度。在方位角0°～180°范围内，桨叶向上挥舞，产生自上而下的挥舞相对气流，使桨叶迎角减小，拉力减小；同理，桨叶从180°转到360°时，向下挥舞，桨叶迎角增大，拉力增大。桨叶通过上下挥舞，自动调整了本身拉力，使拉力大致保持不变，拉力不对称也就消除了。把这种不是因操纵而引起的桨叶挥舞运动，称为桨叶的自然挥舞运动，如图8-8所示。

8.1.3 无人直升机的性能和操纵

飞行中的直升机，除自身重力之外，受到的空气动力和力矩，主要由旋翼、尾桨、平尾、垂尾和机身等产生的空气动力及其对直升机重心所构成的力矩，以及旋翼、尾桨的反扭矩和桨毂力矩。

直升机不带侧滑前飞时，旋翼的气动合力为 T，其方向垂直于桨尖平面。将 T 沿3轴

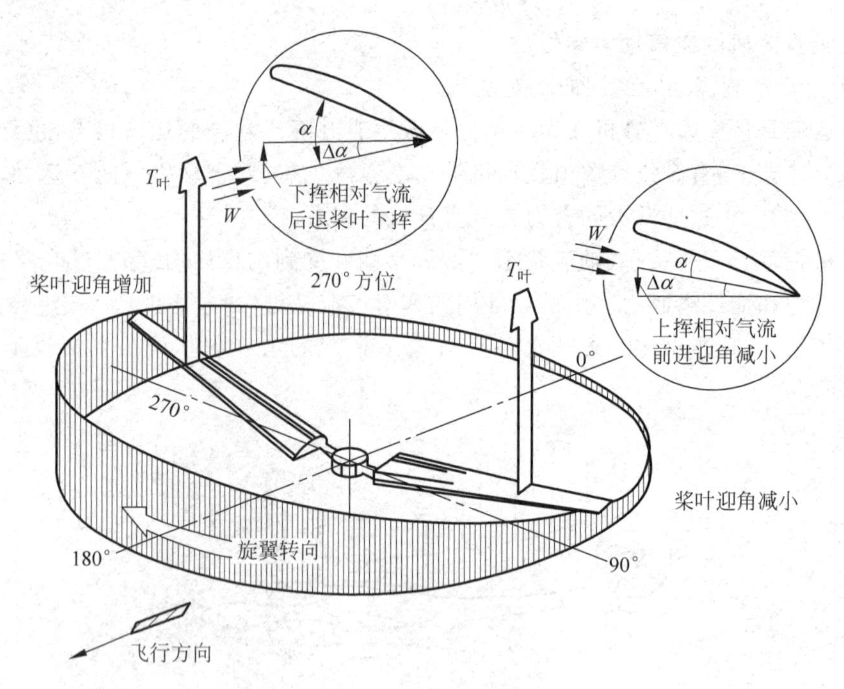

图 8-8　前飞时主旋翼产生的拉力

分解可以得到两个分力，垂直于旋转平面的分力为旋翼拉力 T_1；沿纵轴方向的分力为旋翼纵向力 T_2。重力为 G，阻力为 X，如图 8-9 所示。

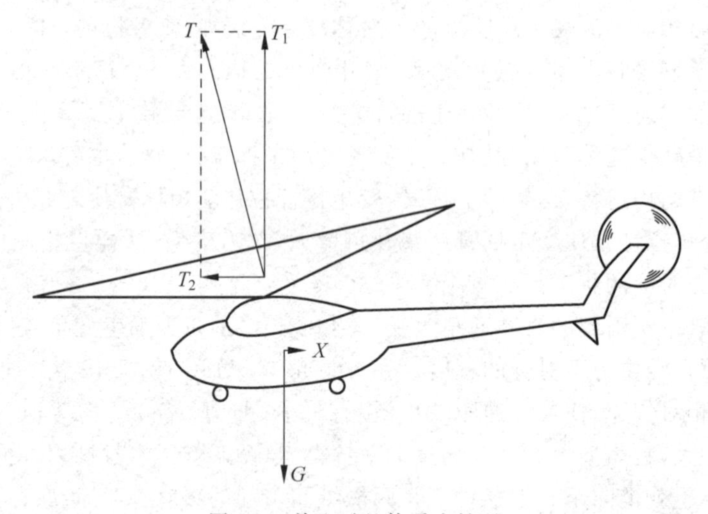

图 8-9　前飞时整体受力情况

8.2　无人直升机的组装

无人直升机的组装一般包括机身、动力装置、自动倾斜器、主旋翼、尾桨以及飞控系统的组装。下面以某款电动无人直升机为例，介绍各部分的组装过程，其中机身的组装主要通过螺纹连接，按照产品说明书的要求组装即可，不再展开介绍。

8.2.1　动力装置的组装

电动无人直升机的动力装置组装是将电动机、电调、电动机机齿、电动机轴承座和电动机安装座等部件安装到机架的规定位置上。具体的组装步骤如下。

1. 安装电调及冷却风扇

(1) 用 4 颗不锈钢内六角螺钉将电调固定在机架前方的安装位置上。

(2) 用 2 颗不锈钢内六角螺钉对角将 JMK-6020 的风扇锁紧,如图 8-10 所示。

图 8-10　电调及冷却风扇安装

2. 安装电动机并连接电调

(1) 将电动机盖片分别压到电动机机齿 19 齿上,如图 8-11 所示,并用 M3×3 的机米螺钉将电动机盖片与电动机机齿锁紧固定到上面。

(2) 把传动皮带放到电动机固定座,然后按顺序安装电动机、电动机机齿、电动机轴承座,如图 8-12 所示。

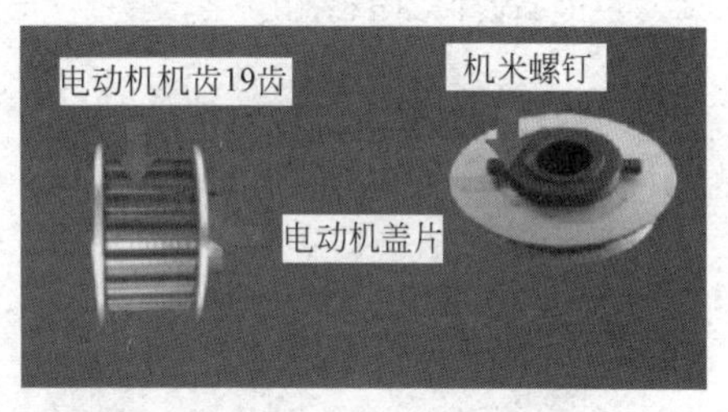

图 8-11　电动机盖片安装

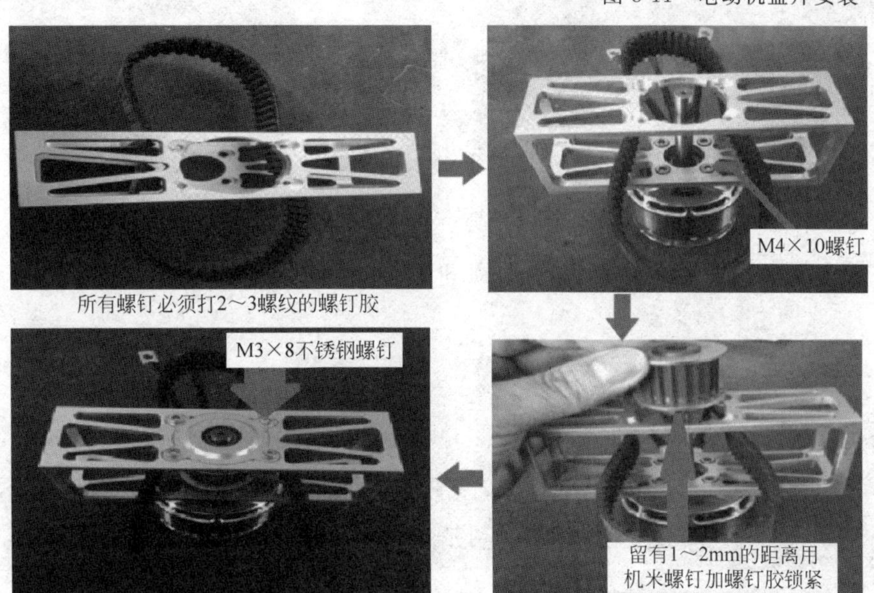

图 8-12　电动机安装

(3) 安装电动机机座，并完成电动机与电调的接线，如图 8-13 所示。

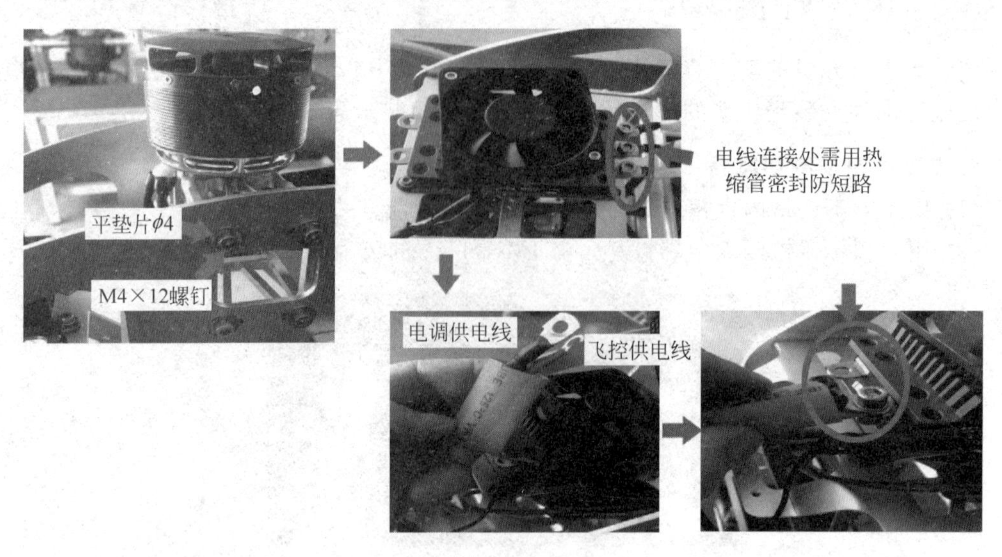

图 8-13　电动机与电调接线

8.2.2　自动倾斜器的组装

自动倾斜器是由十字盘轴承套、球珠套、十字球珠、十字盘轴承、十字盘、十字盘轴承分隔垫和中域等组成。

(1) 先将十字盘轴承套、球珠套和十字球珠按顺序组装成十字盘轴承套半成品，如图 8-14 所示。

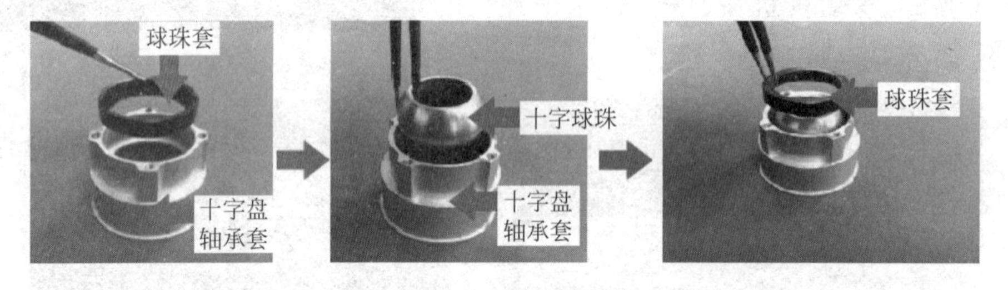

图 8-14　十字盘轴承套、球珠套、十字球珠和球珠套的组装

(2) 用专业夹具将十字盘轴承、十字盘和十字盘轴承分隔垫组装成十字盘半成品，如图 8-15 所示。

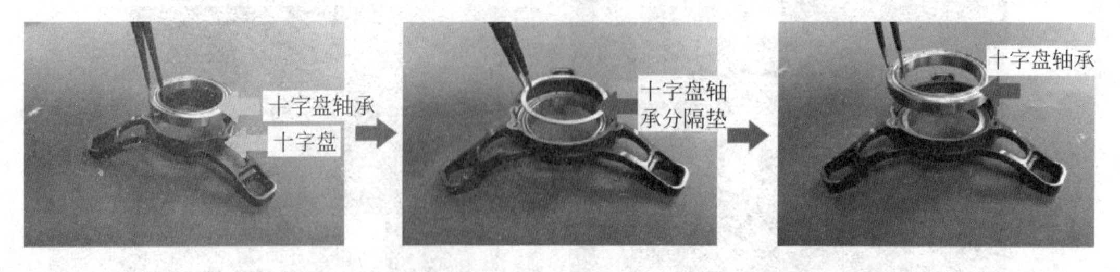

图 8-15　十字盘轴承、十字盘和十字盘轴承分隔垫的组装

(3) 将十字盘轴承套、十字盘和中域组成自动倾斜器，如图 8-16 所示。中域是用于连接自动倾斜器和桨毂的零件。

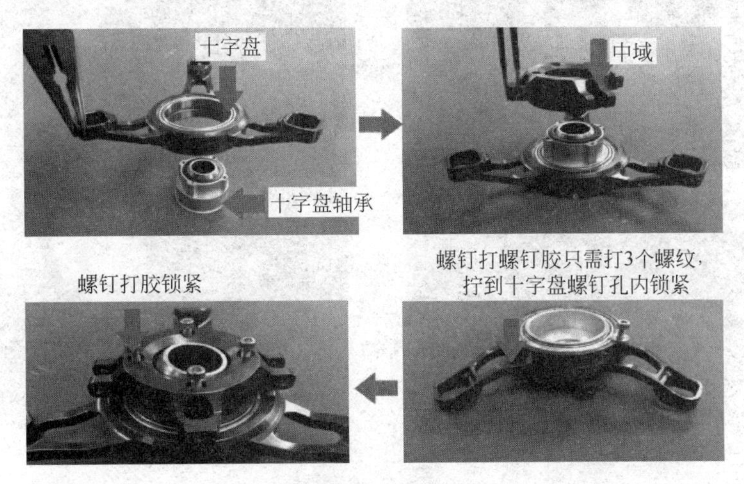

图 8-16　自动倾斜器成品组装

8.2.3　主旋翼的组装

主旋翼由球头连杆、自动倾斜器、主轴固定座、主轴变速箱和 T 头主桨夹等组成。

(1) 先将球头连杆和自动倾斜器用铜套与内六角螺钉固定好，如图 8-17 所示。

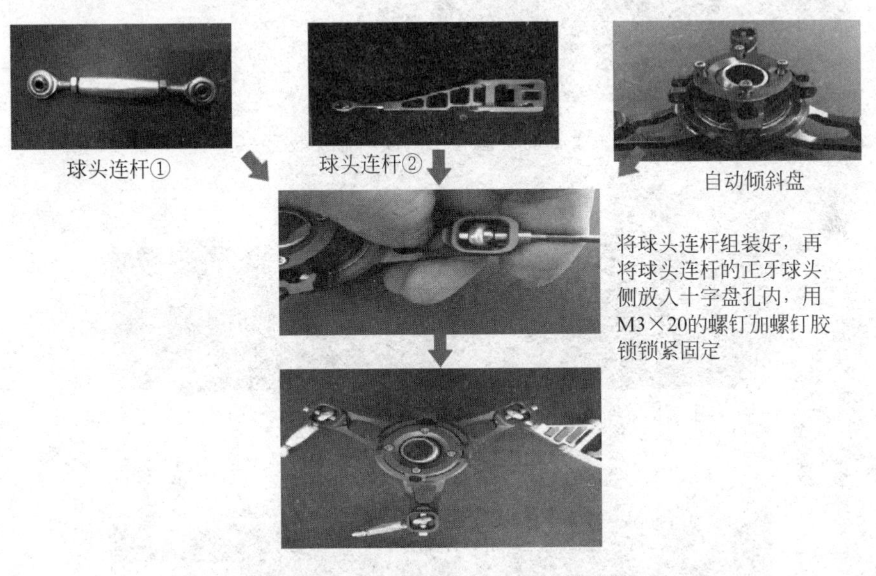

图 8-17　球头连杆和自动倾斜器固定

(2) 将主轴固定座安装到主轴变速箱上，安装的方向必须正确，再把自动倾斜器放到主轴上，如图 8-18 所示。

(3) 将主桨夹安装到主轴上方，如图 8-19 所示。

(4) 用内六角螺钉和铜套将各球头连杆锁紧，如图 8-20 所示。

(5) 将组装好的主轴变速箱安装到机身上，如图 8-21 所示。

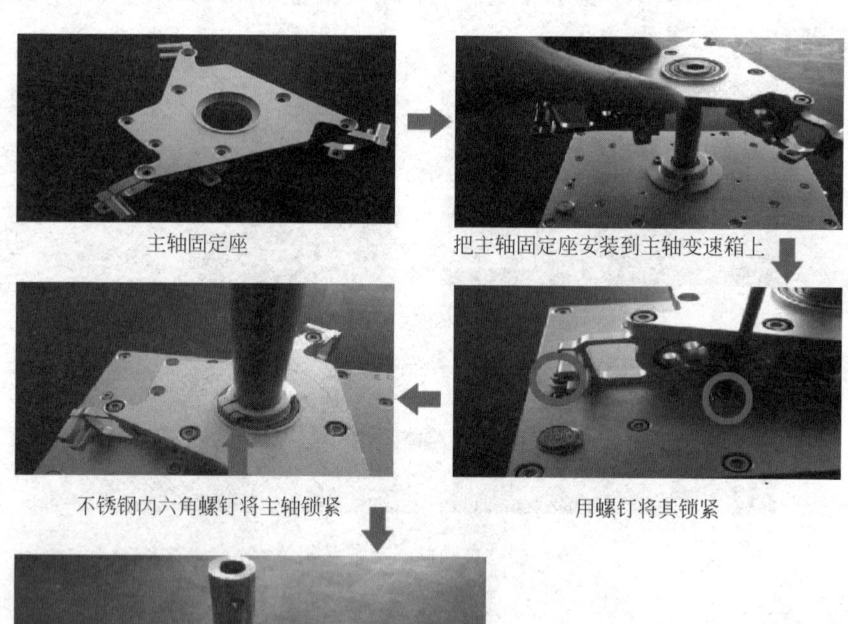

图 8-18　主轴固定座和十字倾斜盘安装至主轴上

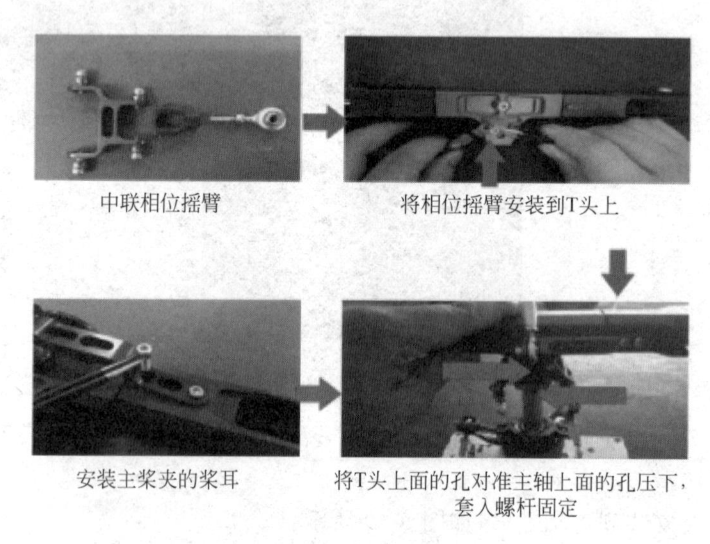

图 8-19　主桨夹安装

用1颗不锈钢内六角螺钉从杆端关节轴承球头内穿出，将相位摇臂垫片套到螺钉上打上螺钉胶

锁紧

用2颗不锈钢内六角螺钉将球头连杆两端锁紧

此处先不锁

用1颗不锈钢内六角螺钉将球头连杆固定到十字盘舵机臂上，其他2处同上

图 8-20　锁紧球头连杆

将T头铜锥形套上面的螺钉锁紧

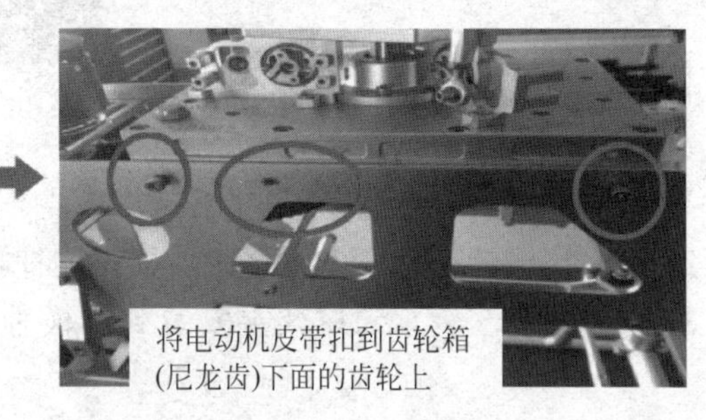

将主轴变速箱放到安装好的机身上面，将电动机皮带扣到主轴变速箱下面的齿轮上，用螺钉对准主轴变速箱孔位锁紧固定

用内六角螺钉将主轴变速箱两侧锁紧

图 8-21　主轴变速箱安装至机身

8.2.4 尾桨的组装

尾桨由尾变速箱、尾滑动套推拉套件和尾桨夹总成等组成。

(1) 先安装尾推臂轴承座、转轴及拔叉，如图 8-22 所示。

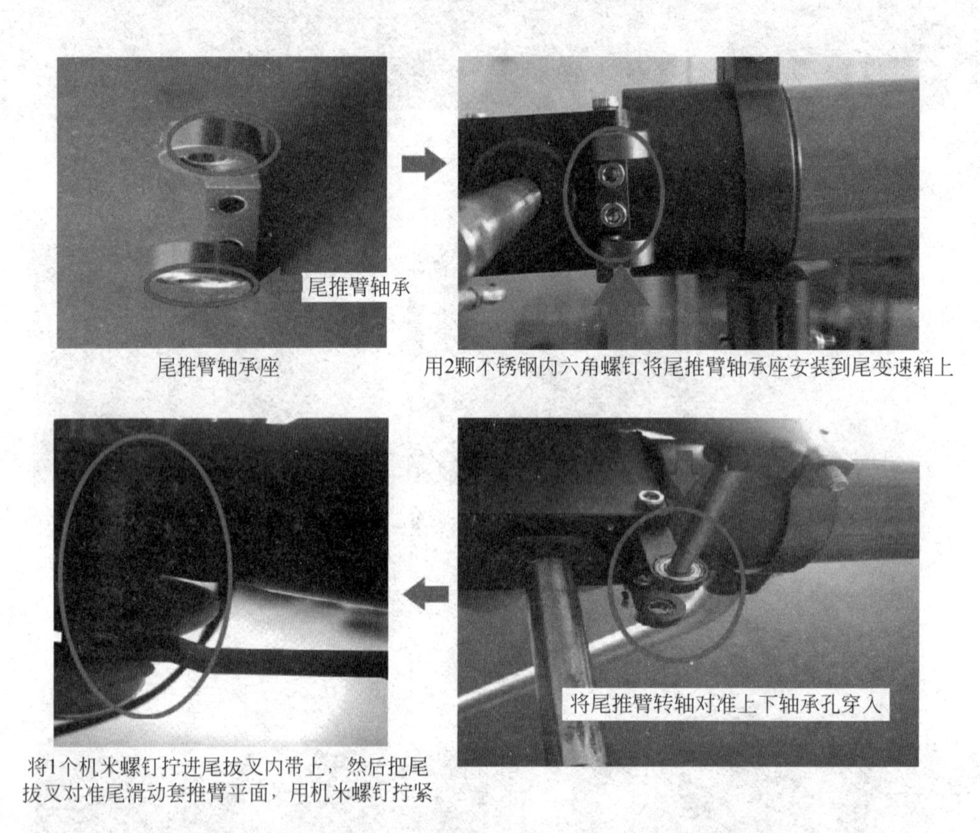

图 8-22　尾推臂轴承座、转轴和拔叉的安装

(2) 组装尾滑动套轴承座与尾桨夹推拉连杆，如图 8-23 所示。

(3) 将尾滑动套轴承和尾桨夹安装到尾横轴上，并用内六角螺钉锁紧连杆，如图 8-24 所示。

8.2.5 飞控系统的组装

飞控系统由飞控模块、IMU 模块、GPS 模块、地磁模块和数传天线等组成。

(1) 内置 IMU 的飞控模块，必须将飞控模块安装到接近无人直升机主轴位置，安装位置必须保持水平状态，在安装位置上要加上减振球，如图 8-25 所示。注意，外置 IMU 模块的，只需把 IMU 模块安装接近主轴位置即可。安装时注意模块上的安装指示方向，多数飞控指示方向尽量与机头同方向安装，少数的模块可以选择安装方向，因为在调参时可以选择 IMU 的方向。

(2) 将 GPS 模块、地磁模块和数传天线安装在尾管上方，尽量远离主轴位置，如图 8-26 所示。

尾桨夹推拉连杆

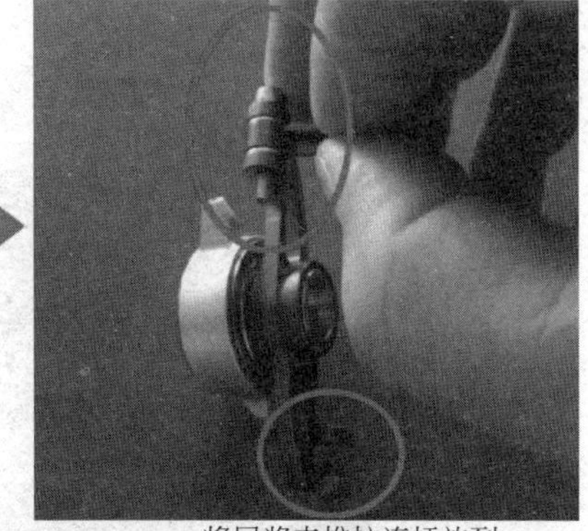

将尾桨夹推拉连杆放到
尾桨夹推拉座，用螺钉穿过

用防松螺母锁紧，
注意锁紧后尾桨夹推拉连杆要活动顺畅，
螺钉打螺钉胶只需打3个螺纹

图 8-23　尾滑动套轴承座和尾桨夹推拉连杆的组装

将尾滑动套轴承座穿在尾横轴上面

将尾桨夹总成套入尾横轴

用机米螺钉加一点螺钉胶锁紧

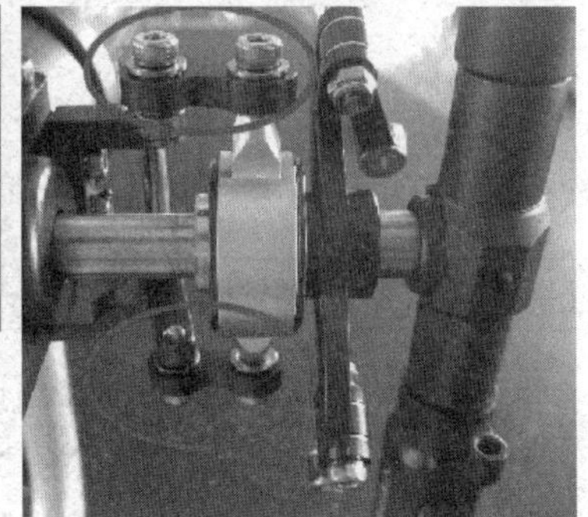

用内六角螺钉把尾滑动套推拉连接臂锁紧

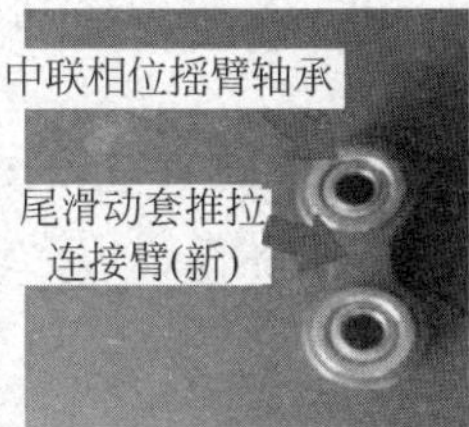

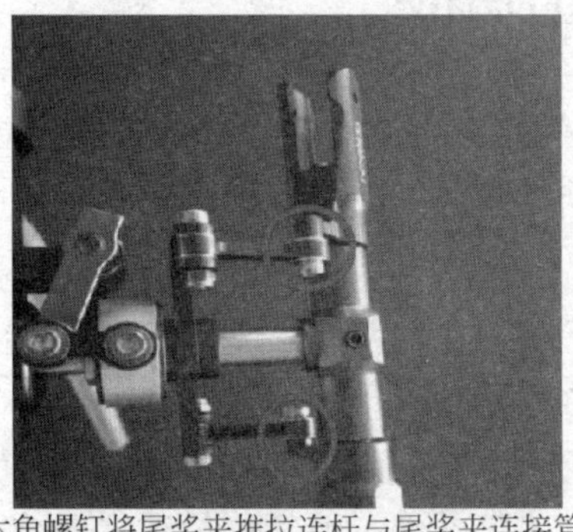

用内六角螺钉将尾桨夹推拉连杆与尾桨夹连接管道锁紧

图 8-24　尾滑动套轴承和尾桨夹的组装

图 8-25　减振球安装

图 8-26　GPS 模块、地磁模块和数传天线的安装

8.3　无人直升机的调试

该款无人直升机的调试一般包括自动倾斜器、主桨螺距、尾桨和飞控等的调试。完成首次试飞后，应由有经验的技术人员根据实际飞行情况进行进一步的调试。

8.3.1　自动倾斜器的调试

自动倾斜器的调试要求在通电时，自动倾斜器能保持水平状态。

(1) 在安装通电后，确认斜盘舵机与舵机输出盘在中立位，否则应调节到中立位置。

(2) 自动倾斜器由 3 个舵机球头连杆支撑和连接，固定其中 1 个舵机球头连杆，调节另外 2 个舵机球头连杆的长度，使自动倾斜器水平，如图 8-27 所示。

图 8-27 自动倾斜器调试

8.3.2 主桨螺距的调试

主桨螺距的调试是通过调节自动倾斜器与桨夹的球头连杆的长度，使桨夹两端的水平角度调节一致。

(1) 把无人直升机放置在水平位置上，将无人直升机的桨叶拆卸，对电动机进行断电，准备好电子螺距尺、电池遥控器等工具。

(2) 在调节水平角度时，遥控器的油门推杆应在中立位，飞控通道中位值在0值，舵机要通电并在中位，在测量螺距时电动机要断电，如图8-28所示。

8.3.3 尾桨的调试

尾桨的调试是将两片尾桨对折后，桨叶的空隙夹角固定为一个角度。

(1) 首先确保尾舵机与舵机输出盘在中位。

(2) 调节球头连杆，使两片尾桨间对折后的空隙夹角为10°左右，如图8-29所示。

8.3.4 飞控的调试

飞控的调试是指对飞控的参数设置过程，一般与选用的飞控品牌及产品性能参数有关。

图 8-28　主桨螺距调试

图 8-29　尾桨调试

飞控调试中，大部分的调参是在地面站内完成的，在地面站的设置中可以找到安装向导，进入软件后可进行选择性的功能调试。以下介绍的是一块内置 IMU 的电动版飞控模块的调参过程。

(1) 飞控调参前，要把无人直升机的桨叶拆卸或对电动机进行断电，把无人直升机放置在水平位置上，并准备好电子螺距尺。

(2) 基本参数的设置，调参中输入飞控、GPS、安装距离主轴重心的信息，输入自动倾斜盘的类型等信息，如图 8-30 所示。

(3) 自动倾斜器的舵机正向和水平中位的调整，通过对右侧的副翼舵机、升降舵机和左侧标记的单个舵机的正向、中位值的调整，使自动倾斜器达到水平状态，并在以后试飞中微调舵机的中位值，使无人直升机在姿态模式中能悬停，如图 8-31 所示。

(4) 通过调整方向舵机(尾舵机)的方向和中位值，使尾桨在无人直升机静止和遥控方向摇杆在中位时尾桨的空隙夹角为 10°左右。

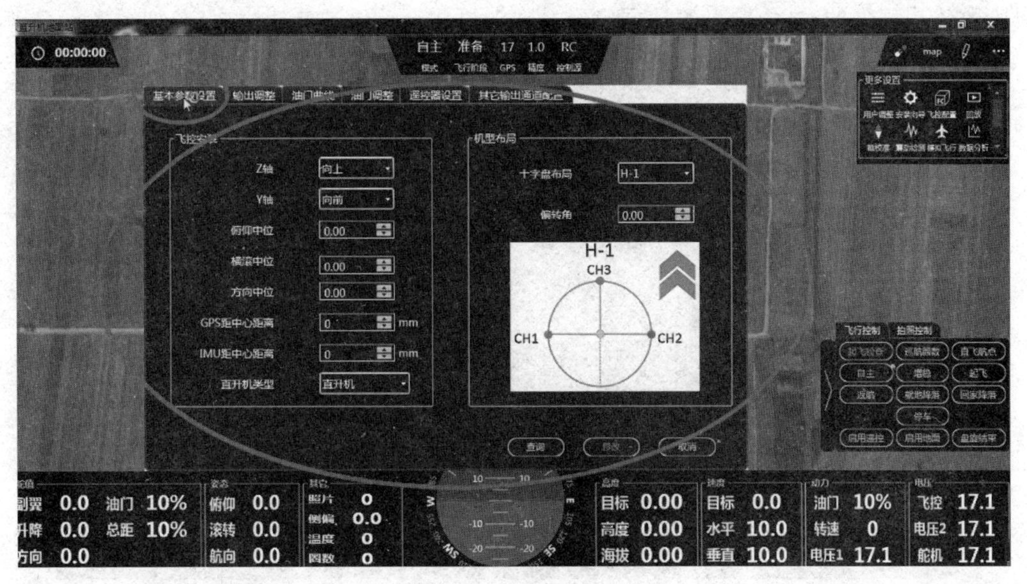

图 8-30　基本参数设置

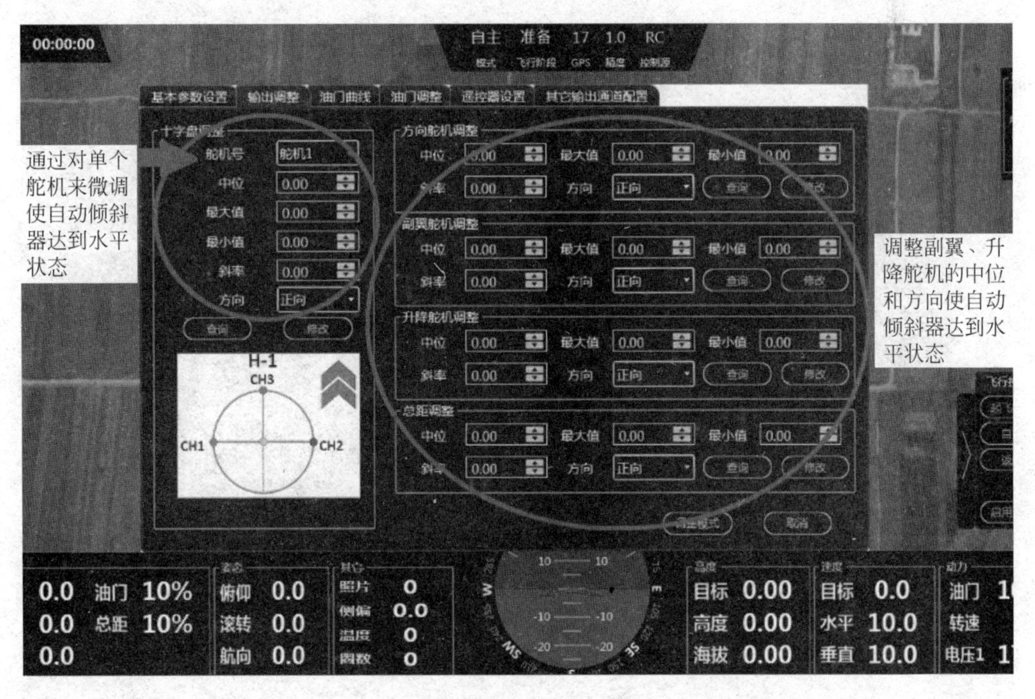

图 8-31　自动倾斜器的舵机正向和水平中位调整

(5) 通过调整总距舵机的方向、舵量的最大值和最小值，来调整舵机的运动方向和桨叶的桨螺距总矩。这款飞控在飞行中，桨螺距的变化是由飞控来控制的，遥控器只是起到发射信号指令作用，具体的桨螺距变化由飞控检测到无人直升机状态来调整。一般载重的无人直升机的最大桨螺距是 10°，最小桨螺距是 −6°～−4°，悬停桨螺距在 4°～4.5°。

(6) 调整油门曲线。由于无人直升机主旋翼的转速是固定的，在升降过程中改变的是桨叶的桨螺距，所以油门摇杆在分成 4 段行程中，除了摇杆最低的那一段是 0 值外，后面的

3 段数值是相同的，具体输入的数据应通过通电检测电动机的转速来决定，如图 8-32 所示。

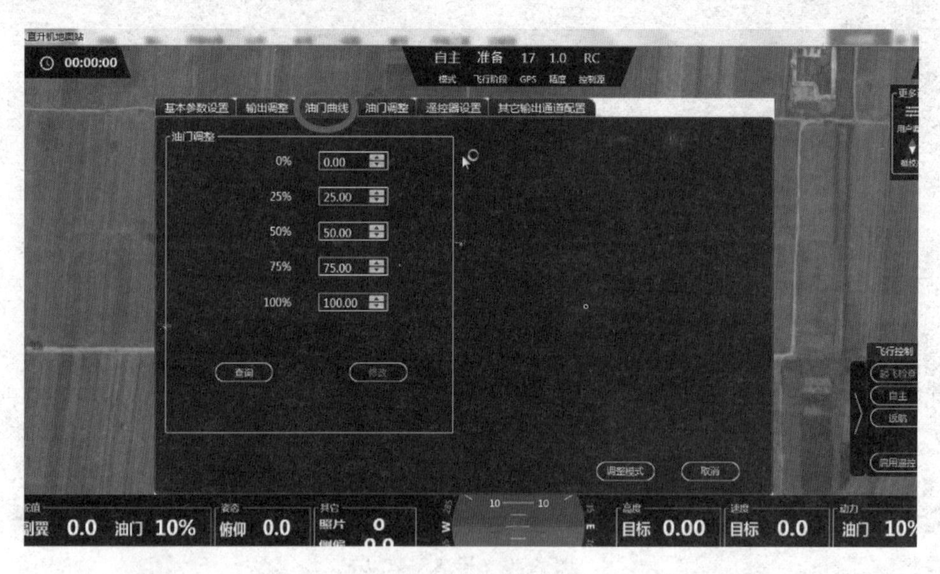

图 8-32 油门曲线调整

(7) 遥控器的设置。在飞控里设置遥控器的每个通道的作用及正反向，如图 8-33 所示。

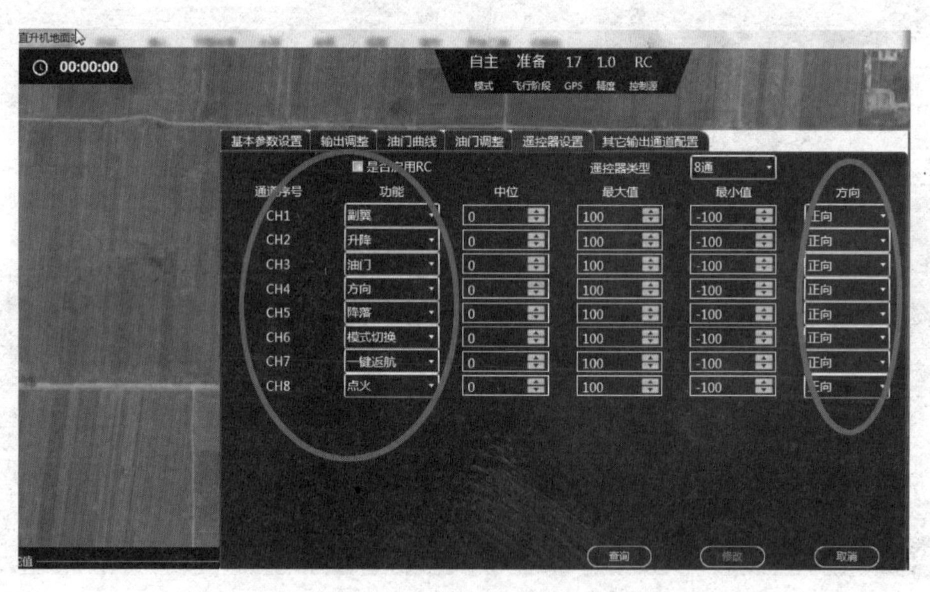

图 8-33 遥控器的设置

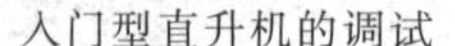
入门型直升机的调试

入门型直升机的组装

无人机 DIY

随着无人机技术的不断发展，无人机设备功能增多，购买无人机的价格入门门槛也越来越低。原本无人机动辄成千上万的价格，让许多人望而却步，但是，随着无人机市场迅猛发展，无人机数量增多，现在只需花几百元钱，就能买齐相关配件自己 DIY(Do it yourself，自己动手制作)无人机。DIY 无人机既节省了成本，又发挥了个人创意、培养了个人爱好。

本章以电动多旋翼无人机为例，重点讲解 DIY 的总体思路、DIY 的基本原则、装调的基本原则和试飞的基本原则，为无人机爱好者 DIY 提供一些方向上的参考。

9.1 概　　述

DIY 是“Do it yourself”的英文缩写，意即“我自己动手做”，开动自己的大脑，发挥自己的创意，用自己的双手去打造属于自己的独特产品。

DIY 一词的具体产生过程无从考证，也可能是渐渐形成的概念。最早或许起源于 20 世纪 60 年代的欧美，由于当时欧美国家工人薪资非常高，兴起一种自行购买材料、购买或租用工具，在闲暇时自行整修房屋、维护庭园的行为。渐渐地，DIY 的概念也被扩展到所有可以自己动手做的事物上，如汽车和家用电器的自行维修与改装，目的也从开始时的节省成本，慢慢演变成一种以休闲、发挥个人创意或培养爱好为主要目的的风气。20 世纪 90 年代至 21 世纪初，亚洲地区尤其是中国，个人计算机 DIY 成为很普及的风气，市面上甚至有以计算机 DIY 为主流的专属杂志，或每年举行计算机组装比赛的活动。

无人机 DIY，与当初的个人计算机 DIY 类似，当你看腻了市场上无人机产品的千篇一律，或品牌无人机产品无法满足自己的特殊需要，DIY 的念头可能油然而生。做自己需要的，做自己想要的，做市场上绝无仅有、独一无二的自己的作品，成为无人机 DIY 发烧友的追求。

由于无人机技术在快速发展和进步中，硬件产品更是层出不穷，但一些 DIY 的基本思路和原则几乎亘古不变。本书坚持“授人以鱼不如授人以渔”“百花齐放”的原则，着重讲解一些 DIY 的基本思路和基本原则，而略过具体的品牌和型号，以期更多地发挥个人创意，进一步培养个人兴趣。

9.2 无人机DIY的总体思路

9.2.1 无人机DIY的一般步骤

1. 学习无人机的基本理论和装调基础

进行无人机DIY之前，建议完全掌握本书前面介绍的无人机系统组成、组装工艺、组装步骤和调试方法等基础知识和技能。

2. 确定无人机的定位

包括无人机的功能定位、性能定位和价格定位。

3. 确定无人机的选型

包括动力系统的选择、旋翼的轴数、机架的大小、硬件的选择及相互间的配型等。

4. 确定无人机的选材

包括材料的选择、生产厂家的选择和型号参数的选择等。

5. 进行无人机的组装

按照组装步骤，遵循组装工艺(包括机械工艺和电气工艺)，完成组装。

6. 进行无人机的调试

按照调试步骤，遵循调试方法(包括无桨调试和有桨调试)，完成调试。

7. 进行无人机的试飞

按照试飞步骤，遵循试飞原则，进行试飞。如有问题，重复进行组装、调试和试飞。

8. 进行无人机的维护保养与改造升级

包括无人机平时的维护保养、炸机后的维修和一段时间后的改造升级。

9.2.2 无人机的定位

综合考虑无人机的功能定位、性能定位和价格定位，在稳定性、操控性和性价比之间找准自己想要的点。

1. 功能定位

功能定位即无人机DIY用来做什么。具体包括入门级体验、操控基本功训练、穿越竞速训练、FPV穿越训练、3D特技飞行训练、航拍以及其他工业应用等功能。

1) 入门级体验

可以更多地采用自制材料，充分利用手边现有材料，包括泡沫、轻木板或木块、塑料片或塑料块、铁皮或铁块、钢材、管材等。

2) 操控基本功训练

4旋翼无人机操控简单，适合入门。操控基本功的入门机，不用配置过猛的动力；可配置较好的飞控以增加稳定性；可在机架下加装泡沫或在螺旋桨边加防护架，防止炸机等。

3) 穿越竞速训练

穿越竞速训练要求小巧灵活，暴力急速飞行。通常配置较小的机架、X形或I形的机架、高效强劲的动力系统。

机架大小：可选择 110、130、150、250、280 等机型。日常训练可选择大小适中的 250 机型；室内飞行，场地有限，有一定飞行经验后可选择轴距更小的 150 机型；室外飞行、野外飞行，可选择 280 等大轴距，以增加抗风性。

机架布局：X 形和 I 形结构的机架设计一般会相对耐摔；可拆卸式的机臂比一体化机架相对来说可减少维修成本；飞控、分电板一般多在机架中部，图传、电池位置尽可能让机架保持重心平衡。

动力配置：为了保持暴力急速飞行，须配置高效强劲的动力系统。电动机的选择，要根据商家提供的拉力曲线进行比较，并非单纯的拉力越大越好，还要考虑效率和桨叶的搭配；电池多选 4S 或以上，还要综合考虑电池重量、电压、容量和放电能力 C 4 个参数，保证放电峰值(电池容量×放电能力 C)要尽可能贴近所选电动机的最大电流，以便尽可能发挥电动机的动力，以便暴力飞行。

4）FPV 穿越训练

FPV 穿越训练除了要小巧灵活、暴力急速飞行外，还要具备较好的图传、摄像头和天线，以保证 FPV 的效果。

5）3D 特技飞行训练

4 旋翼无人机适合入门训练，电动直升机则适合提升训练，操控难度更大，也更易炸机，而 3D 特技飞行则是飞行操控的最高熟练度和技巧的结合。

6）航拍

需配备云台、图传、相机或摄像头，搭载的设备越多，增加的重量越重，动力系统需重新定位，稳定性也要求更高。

7）其他工业应用

因为搭载的负载往往非常昂贵，应选用品质更优的配件，预留足够的动力冗余、更长的续航时间、更强的抗风性、更好的稳定性、更高的可靠性。

2. 性能定位

性能定位即无人机 DIY 能达到什么样的性能指标，具体包括续航时间、最大飞行速度、抗风能力、最大起飞重量/最大负载重量、稳定性、耐摔性、存储空间、是否能搭载云台或其他负载等性能。

3. 价格定位

希望达到的功能和性能尽量达到，不希望达到的功能和性能尽量摒除，以期用最低的价格，配置出自己最希望达到的配置，获得最高的性价比。

既需要熟悉产品本身不同型号参数的功能和性能差异，也需要熟悉不同品牌产品间相同型号参数的优缺点，以便选配最高性价比的配件。

9.2.3　无人机的选型

包括动力系统的选择、旋翼的轴数、机架的大小、硬件的选择及硬件间的配型等。

1. 动力系统的选择

电动与油动的选择：电动简单且便宜，但续航时间短；油动复杂且昂贵，但续航时间长。电动动力系统的选择：电池、电调、电动机与桨叶的选择，决定了操控性、续航时间、起飞重量等。

2. 旋翼的轴数

通常轴数越多，稳定性越好、起飞重量越大、安全冗余度越高，价格也越高。

3. 机架的大小

通常机架越大，稳定性越好、起飞重量越大（可配备尺寸更大的桨叶）、灵活性越差、易操控性越好，价格也越高。

4. 硬件的选择

硬件的型号、参数、品牌、价格存在较大的差异化，根据定位需要进行选择。

5. 硬件间的配型

硬件间型号、参数的配型恰当与否，决定了整机的性能。如电池、电调与电动机间电压、电流的配型，电动机与桨叶的配型，遥控发射器与接收器间的配型等。

9.2.4 无人机的选材

包括自制材料、成品塑料构件、玻璃纤维构件、碳纤维构件等的选择。

1. 自制材料

自制材料是指充分利用手边现有材料，包括泡沫、轻木板或木块、塑料片或塑料块、铁皮或铁块、钢材、管材等，适合青少年科普，价格便宜，且能增强动手能力和提升兴趣。

2. 成品塑料构件

与自制材料相比，通常成品塑料构件硬度和稳固性更好。但与玻璃纤维构件、碳纤维构件相比，重量更重，强度略差。适合初学者，价格便宜，且具备一定的耐摔性。

3. 玻璃纤维构件

玻璃纤维简称玻纤，分为玻纤板和玻纤管。与成品塑料构件相比，玻纤的强度更高、重量更轻、价格更贵。基本功训练穿越机整机可采用玻纤板制作。

4. 碳纤维构件

碳纤维简称碳纤，分为碳纤板和碳纤管。与玻纤构件相比，碳纤构件强度更高、价格更贵，适合穿越竞速机、大尺寸旋翼机、工业应用旋翼机。

小尺寸的多旋翼无人机多采用碳纤板机架，大尺寸的专业用多旋翼无人机多采用碳纤管机架。可自行设计、加工切割属于自己的碳纤构件。

9.2.5 无人机的组装

组装简单地说就是把一堆零件组装成某个部件或整体设备，分为部装和总装。往复杂些说，需要掌握常用工具的使用、简单的加工、机械装配工艺和电气装配工艺等基本知识，再根据装配图或装配经验（简单的设备）对无人机进行组装。要注意装配的顺序、装配的原则和装配的要求。

9.2.6 无人机的调试

调试是指对新设备或者维修后的设备重新运行时对存在的问题进行的处理，而维修指的是对损坏的设备进行修理。调试主要包括硬件部分和软件部分，硬件部分如安装位置的调整、安装距离和机械重心的调整等；软件部分如动力系统的调试、飞控系统的调试和遥控、接收机的调试等。

9.2.7 无人机的试飞

试飞就是在正常飞行前进行试验。试飞通常是在安全防护网里面、限制无人机试飞行距离或在空旷无人的场地进行等。严格来说，试飞和调试是密不可分的，调试时有些项目需要用试飞来验证，试飞后存在的问题又需要调试来解决，甚至有些项目是边飞边调，如 PID 调参、摇杆舵量微调等。

9.3 无人机 DIY 的基本原则

以下以 4 旋翼无人机为例，介绍 DIY 的基本原则。

9.3.1 多旋翼无人机 DIY 硬件清单

以 4 旋翼无人机为例，硬件清单如下。

(1) 机架：1 套。

(2) 电动机：4 个，正反转各 2 个。

(3) 电调：4 个，与电动机参数相匹配。

(4) 电池：易消耗品，可多配备。

(5) 桨叶：4 个，正反桨各 2 个，与电动机参数相匹配。

(6) 飞控：1 个。

(7) 遥控器：1 个，附带接收机 1 个。

(8) 起落架：非必需品。

(9) 负载：相机、云台或其他负载，非必需品。

9.3.2 多旋翼无人机 DIY 工具耗材

1. 工具

电烙铁：用于焊接电线与香蕉头、电线与分电板、电线与 XT60 接头等的焊接。

焊接台：用于夹紧稳固小部件，便于精准焊接。

热风枪：用于加热热缩套管，稳固地保护电线与 XT60 的接头。

万用表：用于测量集线板电流、电池电流和电芯电压等。

六角扳手：用于装卸机架和电动机机座上的螺钉。

六角螺钉刀：用于装卸机架和电动机机座上的螺钉。

水口钳：用于电线、胶布等的裁剪。

锉刀：用于倒角、修整。

2. 耗材

无人机的组装过程中，构件连接分为4种：焊接、插接、粘接和装接。

1）焊接耗材

焊锡：用于焊接的耗材，需要预热。

松香：用于焊接的辅助耗材，使电烙铁的焊头与焊锡更好地吸附。

热缩管：用于电线与XT60头接头处的绝缘保护。

2）插接耗材

XT60头：用于电池电源线的插接。

香蕉头：用于电线的插接，如电调与电动机的插接。

杜邦线：用于飞控、接收机、电调等的插接。

热缩管：用于电线与香蕉头接头处的绝缘保护。

3）粘接耗材

双面胶：用于设备的粘接与稳固，如飞控、LED灯、电源管理模块、接收机等的粘接与稳固。

螺纹胶：用于螺钉、螺杆、螺母的稳固。是一种厌氧胶，当涂胶面与空气隔绝便能在室温下快速聚合而固化。工业级无人机的螺钉、螺杆、螺母稳固必须使用螺纹胶。

4）装接耗材

螺钉、螺栓、螺母、铝柱、尼龙柱等。

5）基础耗材

电线：用于连接电池和用电器件。根据电流大小选择线的截面大小。

6）稳固辅助类耗材

尼龙扎带、魔术扎带、魔术贴：用于稳固辅助。

7）其他辅助类耗材

报警装置：低电量报警器(BB响)。

LED灯：炫酷的彩灯、尾灯，用于夜间装饰或机尾方向辨识。

砂纸：用于圆滑边缘、平衡桨叶。

减振器：用于飞控的减振。

9.3.3 多旋翼无人机硬件选型原则

1. 机架

1）机架大小

机架大小是指机架对角线电动机的轴距，单位为毫米(mm)。

通常，机架越大，稳定性越好、起飞重量越大(可配备尺寸更大的桨叶)、灵活性越差、易操控性越好，价格也越高。

110mm、130mm、150mm、250mm、280mm等轴距通常用于穿越机。

330mm、450mm、550mm等轴距最常见、最受欢迎。

450mm、550mm、600mm等轴距的X形4旋翼无人机可扩展性高，可以搭载运动相机，也可以搭载其他传感器。

实际上，任何轴距都可以选择，只要配备合适的电动机和电池来适配不同的轴距、平衡好机架大小、起飞重量、升力和续航之间的关系即可。

2）旋翼数量

通常，旋翼数量越多，稳定性越好、起飞重量越大、安全冗余度越高，价格也越高。

3旋翼无人机：优点是重量轻，成本相对最低（电动机、电调数量少），更适合特技飞行，航拍视线好，可让相机近距离拍摄物体，却没有螺旋桨挡住镜头视线。缺点是算法复杂，电动机冗余少，坏了一个电动机就会直接坠机。

4旋翼无人机：优点是适合入门，易制作，易操控，设置简单，成本较低。缺点是相对3旋翼、固定翼无人机来说续航能力差、起飞重量一般。

6旋翼、8旋翼无人机：优点是稳定性好，起飞重量大，电动机冗余高，6旋翼无人机丢失一个电动机的动力能勉强降落，8旋翼无人机丢失一个电动机的动力仍能够保持飞行状态。缺点是价格较高。

3）布局形式

机架布局通常有X形、H形、十字形、I形、Y形等不同形式。

4旋翼无人机：X形/H形布局比十字形布局更为普遍。一方面是十字形布局容易遮挡相机或摄像头的视角；另一方面是十字形布局做俯仰和横滚动作时，只有2个电动机在加减速，而X形/H形布局有4个电动机都在做加减速。

6旋翼无人机：H形6旋翼在左右两个机臂上各自均匀分布着3个电动机。Y形6旋翼无人机，每个机臂上下各有一个电动机。

中心板：可采用玻纤、碳纤，也可采用PBC沉金板。PBC沉金板内部有分电电路，可省去分电板，节省空间，节省重量，并便于埋线。

4）其他建议

管型机臂过细、板型机臂和中心板镂空过多、中心板过薄，可能会影响整机的刚性，也可能会带来无法消除的振动、航拍画面出现水波纹、飞控信号噪声较大等副作用。

如果无人机重量大于4kg，建议机臂碳管直径不小于16mm，机架碳板厚度不小于1.5mm。

碳纤机架边缘锋利问题：边缘、开槽、开孔处如过于锋利，会与线材摩擦，容易引起线材破损或短路。建议采用打磨边缘、502封边、胶布覆盖保护、给线材套上蛇皮管等方式。

2. 电动机

目前的无人机通常采用无刷电动机，相比有刷电动机具有无电刷、低干扰、噪声低、运转顺畅、寿命长、维护成本低等优点。

根据起飞重量（无人机重量＋负载重量）和旋翼数量决定电动机参数。

电动机升力选型公式：电动机总升力（单个电动机升力×电动机数量）＞起飞重量（无人机重量＋负载重量）。

通常，起飞重量应该小于电动机最大动力时总升力的2/5。如果起飞重量过大，会使电动机总是工作在峰值，电动机效率变低、电动机振动变大，电动机易发热甚至烧毁。

常见品牌：朗宇、银燕、飓风、T-Motor、致盈动力、新西达等。

3. 电调

电调在各种类型电动无人机上都有使用，但根据不同的机型，对电调的要求也不一样。

如多旋翼电调的快速响应速度，穿越机电调除了快速响应外还需轻量化体积，暴力飞行穿越机的刹车功能，固定翼电调的柔和调速曲线，无人直升机电调的大功率等。铭牌上标的电流是指持续电流：多旋翼无人机多选用15～40A的电调。小四轴无人机通常使用15A，航拍机搭载云台时通常使用40A以上，要根据动力需求选取电调电流大小。

关于供电：标有BEC的电调，附带5V电压输出，可用作飞控供电；如果不带BEC的则需要一个独立的5V降压模块来给飞控供电。

常见品牌：好盈、银燕、T-Motor、DALRC、DYS、中特威蜘蛛、新西达等。

4. 电池

根据电动机功率和起飞重量决定电池的参数。

电池决定了无人机的动力性能和续航时间。

电池参数：如3S、35*C*。

根据起飞重量选择合适的电池容量，电池容量过大飞行效率低，电池容量过小续航时间短。

5. 螺旋桨

根据机架的轴距和电动机的*KV*值(转速)来选择合适的螺旋桨。

航拍需要稳定和效率，建议选用APC桨；大载重，建议选用碳纤维桨；超大载重，建议选用榉木桨。

为保证飞行的稳定性，桨叶需要做动平衡；飞行中磕碰后桨叶会受伤，建议拆下来做动平衡，以保证飞行的稳定。

原则：电池电压越高、电动机*KV*值越高，转速越快，搭配的桨叶越小。

6. 飞控

飞控的性能决定了无人机的稳定性和操控性。

价格越低廉的飞控配置越低，自稳控制能力越差。

常用飞控推荐：APM、PIXHAWK、DJI NAZA、F3、F4等。

7. 遥控器

遥控器决定了无人机的可靠程度和操作手感。

频率：2.4GHz最为通用，防干扰比较好，多旋翼无人机、固定翼无人机、无人直升机和航模都可使用；72MHz也比较通用，FPV常用频率；40MHz多用于无人直升机；30MHz、28MHz、27MHz一般用于无人船和无人车。

通道：最少4个通道，最好6个通道以上，航拍云台控制通常10个通道。

常用遥控器推荐以下品牌。

(1) 进口品牌遥控：Futaba、JR。

(2) 国产品牌遥控：天地飞(WFLY)、睿思凯(FrSky)。

(3) 入门级开源系统遥控：FS ER9X、Taranis X9D。

8. 起落架

降落地面时起缓冲作用，新手在飞行多旋翼无人机时可不安装起落架，以免降落时翻机。

9. 负载

1) 图传

主要考虑其发射功率参数，其发射功率和传输距离呈非线性正相关的关系。

2) 摄像头

需要考虑传感器、镜头以及其像素或水平解析度等几个参数。CMOS 传感器耗电量低于 CCD 传感器，但 CCD 传感器成像效果略优于 CMOS。像素和水平解析度与图像显示效果是呈正相关的，60 万像素优于 30 万像素，800TVL 优于 600TVL。

3) 天线

天线的类型比较多，如全向天线、平板状天线、三叶草或四叶草天线，具体选型可参照"第 4 章　多旋翼无人机的组装"内容。

4) 第一人称视角(FPV)

第一人称视角(FPV)通过模拟信号传输器来传送实时画面，通过 LCD 眼镜或显示器来观看传输回来的视频。

(1) 相机。

通常选择小型的安全类型的机载相机，这种相机通常没有外壳，将镜头安装在印制电路板(PCB)上。

几个指标：较高的分辨率、较好的动态曝光、宽动态范围(WDR)的曝光补偿(不会产生高光溢出和分段阴影)。

推荐：大厂商的 700 线相机、800 线相机。

相机安装：保证机体的振动降到最低，避免使画面模糊不清。

减振方法：平衡所有的螺旋桨；降低电动机的振动；安装相机时使用泡沫塑料、橡皮筋、橡胶圈等可以吸收电动机和螺旋桨振动的材料。

(2) FPV 发送器和接收器。

常用频率 2.4GHz、5.8GHz、1.2GHz、900Hz，不要违反当地的无线电规定。

900Hz 拥有优秀的障碍物穿透力。

5.8GHz 的传输范围远，但穿透力不好，适合于开阔地。

2.4GHz 多为遥控频率，为避免产生干扰，应与遥控频率分开。

(3) 电源。

FPV 发送器的传输功率通常为 100～500mW，如果想增大飞行范围，就必须配备更强的电源单元。

(4) 天线。

小型鞭状天线的传输距离、越障能力都不好，要用三叶或四叶的全方位四叶草或"艇尾挂机"天线，或高增益的二维贴片天线，传输距离和越障能力都好很多。建议使用 2～3 根天线的多样设置，配以特殊的转换电路，保证任意时刻的信号都是最好的。

(5) 视频眼镜：考虑分辨率的情况。

① 分辨率与相机搭配，如使用一个 600 线的相机，搭配一个 400 线的眼镜，就是浪费。

② 当使用 OSD 时，分辨率过低就无法读出屏幕上显示的数字。

5) 航拍

航拍要装载相机、无线控制器、图传等。通常使用运动相机，如 Gopro 会比较适合用来空中摄影；如果是想拍照，常规相机也是不错的选择，例如SONY的QX100。但是要确保挂载相机后总重在电动机承受范围之内。无人机飞行过程是一个运动的状态，并且机架还会产生一定的振动，要保证摄影的稳定，一个云台是非常必要的。通常会使用无刷云台，它通过控制板控制无刷电动机来抵消空间位移，保证摄像不晃动。

在选择相机时要考虑的因素：相机重量、尺寸、像素，是否内置WiFi、防振器、平衡环等。

螺旋桨的振动和“果冻效应”：使用CMOS传感器的相机多数使用卷帘快门，它是通过图像传感器逐行曝光的方式实现的。如果被拍摄物体相对于相机高速运动或快速振动时，用卷帘快门方式拍摄，逐行扫描速度不够，拍摄结果就可能出现“倾斜”“摇摆不定”或“部分曝光”等情况。这种卷帘快门方式拍摄出现的现象，就定义为“果冻效应”。

无人机连续镜头中的“果冻效应”是由电动机和螺旋桨的振动引起。解决的办法就是平衡螺旋桨，在助调器上，用凝胶将轻的一侧加重，或用砂纸将重的一侧磨轻。

6）航测

航测首选具有固定焦距的数码相机，确保照片之间的重叠，包括航向重叠、旁向重叠，统一的亮度。

10. 运行环境

低温/高温：在超过无人机电子元器件承受范围的温度下，有些飞控是无法正常启动的，电调、电池等配件的性能也会受到影响。

9.3.4 多旋翼无人机硬件配型原则

多旋翼无人机硬件配型的一般步骤：根据起飞重量，选配电动机参数；根据电动机最大电流，选配电调和电池。

1. 电动机与起飞重量的匹配

根据起飞重量，选配电动机参数。

首先，要选择一个电动机能适合你的无人机。

其次，依据选用的电动机确定它的最大电流，再选电调和电池。

电调的输出电流必须大于电动机的最大电流，但也不能过大，过大则会降低其性价比。

电池的输出电流也必须大于电动机的最大电流，但也不能过大，过大会增加无人机的负载，影响飞行的机动性，同时也会减短续航时间。

比如，现有电动机带桨的最大负载是20A电流，那么就要选取电调能输出20A以上电流的（25A、30A、40A）都可以，电池的选取也是和电调一样的。

电池和电调的搭配原则如下。

（1）电池电压不能超过电调最高承载电压。

（2）电池电流持续输出大于电调最大持续电流输出。

2. 电调与电动机的匹配

（1）电调最大电压≤电动机最大电压/最高承载电压，否则电动机会烧毁。

（2）电调最大电流≥电动机最大电流/最高承载电流，否则电动机发挥不了最高性能。

通常，保证电调稳定持续输出电流尽量大于电动机的工作电流，避免出现电调持续高负荷运转至损毁的情况。

3. 电池与电调的匹配

电池电压要大于等于电调最高承载电压，否则电调会烧毁。

电池输出电流要大于等于电调最大电流，否则电调发挥不了最高性能、电池发热。

(1) 电池电压≤电调最高承载电压≤电动机最高承载电压。

(2) 电池输出电流≥电调最大电流≥电动机最高承载电流。

电调的选择则是要保证其持续电流要大于电动机的工作电流，从而避免出现电调持续高负荷运转至损毁的情况。例如，Tomcat 2806-*KV*2400 的电动机，其工作电流为 19A，那么电调可选择 20A 或 Skyclaw Tiny 25A。

4. 电动机与桨叶的匹配

(1) 高转速(*KV* 值)电动机，配小桨。

电动机 *KV* 值越大，在同等电压下转速越高，扭力越小，应配小的高速桨。如果桨叶匹配过大，电动机会超负荷，容易引起电动机过热而烧毁电动机和电调。

(2) 低转速(*KV* 值)电动机，配大桨。

电动机 *KV* 值越小，在同等电压下转速越低，扭力越大，应配大的低速桨。如果桨叶匹配过小，推力会不足，无法充分发挥电动机的性能，很有可能无法起飞。

每个电动机都会有一个推荐的螺旋桨尺寸。航拍通常选用低 *KV* 值电动机配大桨，转速低，效率高，且低转速电动机的振动也小。

5. 桨叶、机架、电动机、电调的匹配

(1) 桨越大对无人机所产生的反扭矩越大，所以桨叶的大小与机架大小有着一定关系，而且机架越大，起飞重量越重，需要更大的升力，所以需要相应大小的桨。但也不能过大，过大则桨叶相隔太近，造成气流干扰，甚至打桨。如 450 机型常用 9 寸桨。

(2) 桨与电动机也有着上节所讲的关系，大桨叶用低 *KV* 值电动机，如 450 机型 9 寸桨用 2212*KV*980 的电动机。

(3) 电调和电动机也有着上节所讲的关系，电调最大电流≥电动机最大电流/最高承载电流，如 450 机型、9 寸桨、2212*KV*980 电动机，常用 30A 电调。

9.4 无人机装调的基本原则

9.4.1 机械部分

1. 装配前的准备

(1) 装配资料：包括总装配图、部件装配图、零件图、物料 BOM 表等，直至项目结束，必须保证图纸的完整性、整洁性以及过程信息记录的完整性。

(2) 装配场所：零件摆放、部件装配必须在规定作业场所内进行，整机摆放与装配的场地必须规划清晰，直至整个项目结束，所有作业场所必须保持整齐、规范、有序。

(3) 装配材料：作业前，按照装配流程规定的装配物料必须按时到位，如果有部分非决定性材料没有到位，可以改变作业顺序。

(4) 装配前应了解设备的结构、装配技术和工艺要求。

2. 基本原则

(1) 机械装配应严格按照设计提供的装配图纸及工艺要求进行装配,严禁私自修改作业内容或以非正常的方式更改零件。

(2) 装配的零件必须是合格的零件,装配过程中若发现不合格零件,应及时更换。

(3) 装配环境要求清洁,不得有粉尘或其他污染,零件应存放在干燥、无尘、有防护垫的场所。

(4) 装配过程中零件不得磕碰、切伤,不得损伤零件表面,或使零件明显弯、扭、变形,零件的配合表面不得有损伤。

(5) 相对运动的零件,装配时接触面间应加润滑油(脂)。

(6) 装配零件的配合尺寸要准确。

(7) 装配时,零件、工具应有专门的摆放设施,原则上零件、工具不允许摆放在机器上或直接放在地上,如果需要,应在摆放处铺设防护垫或地毯。

(8) 装配时原则上不允许踩踏机械,如果需要踩踏作业,必须在机械上铺设防护垫或地毯,重要部件及非金属强度较低部位严禁踩踏。

3. 装配检查工作

(1) 每完成一个部件的装配,都要按以下的项目检查,如发现装配问题应及时分析处理。

① 装配工作的完整性,核对装配图纸,检查有无漏装的零件。

② 各零件安装位置的准确性,核对装配图纸或以上规范所述要求进行检查。

③ 各连接部分的可靠性,各紧固螺钉是否达到装配要求的扭力,特殊的紧固件是否达到防止松脱要求。

④ 活动件运动的灵活性,如传动机构在运转时,是否有卡滞或别滞现象,是否有偏心或弯曲现象等。

(2) 总装完毕主要检查各装配部件之间的连接。

(3) 总装完毕应清理机器各部分的铁屑、杂物、灰尘等,确保各传动部分没有障碍物存在。

9.4.2 电气部分

无人机电气部分产品的装配工作是无人机装配中一个重要环节,装配时使用专业的设备及工具,根据电路图将电子元器件、电路板、飞控板、分电板等电子产品装配。装配时要注意安全事项以及装配的基本原则。

1. 装配安全事项

在电子产品装配的过程中,首先要确保操作人员以及设备的安全。在进行装配操作前,应检查安装环境的安全以及供电设备的安全,关注产品装配的注意事项。

1) 安装环境的安全

装配场所应注意保持整洁,且装配环境应保持适当的温湿度。装配场地内外不应有强烈的振动和干扰电磁场,装配台、工作人员和部分工作场地应采取静电防护措施;另外,工作场地必须备有消防设备，且灭火器应适用于灭电气起火。

2) 供电设备的安全

装配环境中所有的电源开关、插头、插座和电源线等，必须保证绝缘安全，所用电器材料的工作电压和工作电流都不能超过额定值。

2. 电子产品装配的注意事项

(1) 装配前，首先要熟悉各种测量装配仪器、仪表的连接和使用方法，检查其连接是否正确，避免由于仪器使用不当或出现故障引起装配出现错误或误差。特别应注意的是，测量用的仪器、仪表的地线应和被测电路的地线连在一起。因为，为确保测量结果的准确性，装配测量设备和电路之间应选择合适的接地点。

(2) 装配过程中，经常使用电烙铁、吸锡器等焊接工具，由于焊接工具是在通电的情况下使用的，并且温度很高，因此装配人员要正确使用焊接工具，以免烫伤。焊接工具使用完毕后，要将电源切断，放到不易燃的容器或专用电烙铁架上，以免因焊接工具温度过高而引起易燃物燃烧，发生火灾。电烙铁使用完毕应及时放回到焊台托架上。

要注意严格按照工艺要求进行操作，认真观察和测量参数数据，记录和整理测量结果；若发现问题，应及时掌握问题的具体表现，进行分析和比较，切不可盲目操作。

(3) 装配人员在对电子产品装配前，应先对人身进行放电，以免由于身体带电(静电)造成电子产品损坏，或佩戴防静电手套、防静电环进行操作。

9.4.3 调试基本原则

(1) 先简单，后复杂。

(2) 先部件，后整体。

(3) 先外部，后内部。

(4) 先机械，后电气。

(5) 先静态，后动态。

(6) 先清洁，后维修。

(7) 先电源，后设备。

(8) 先普遍，后非凡。

(9) 先故障，后调试。

(10) 先开环，后闭环。

(11) 先阻性负载，后电动机负载。

(12) 检查电气元器件。参照电路图和电气元器件明细表检查系统中各设备、元器件的型号、规格及位置。特别是要仔细检查分电板电压输出值是否正确，飞控、接收机、图传、电调等电源是否正确。

(13) 检查电路。参照电路图和电气接线图检查实际线路连接是否正确，并用万用表检查线路的通断。检查接线端子连接是否牢固可靠，导线型号、规格是否符合规定。

(14) 检查绝缘。将全部电子元器件的插件拔出，检查是否有破损。

(15) 检查安装。检查各插头连接是否可靠，各传动装置和设备的安装是否良好，以及所有位置开关安装的位置能否满足控制的要求。

(16) 上电前进行短路检查、断路检查。

(17) 先进行无桨调试后再进行有桨调试。如电调校准属无桨调试,不能装桨。

(18) 改遥控通道正反向时无人机一定要拆下动力电池。

(19) 试飞一定要做好安全措施(防护网、限制飞行等)。

9.5 无人机试飞的基本原则

1. 通电前

1) 机械部分检查

(1) 检查螺旋桨是否完好,表面是否有异物和裂纹;安装是否紧固,螺旋桨正反桨是否安装正确;转动螺旋桨看是否有干涉。

(2) 检查电动机安装座是否牢固,转动电动机是否有卡滞现象,电动机线圈内部是否洁净,电动机轴有无明显的弯曲。

(3) 检查机架是否牢固,螺钉有无松动。

(4) 检查云台舵机转动是否顺畅,有无干涉,云台、相机安装是否牢固。

(5) 检查电池是否固定。

(6) 检查重心位置是否正确。

2) 电气部分检查

(1) 检查各插头连接是否紧固,插头与电线焊接部分是否有松动。

(2) 检查各电线外皮是否完好,有无剐蹭脱皮现象。

(3) 检查电子设备是否安装牢固,应保证电子设备清洁、完整,并做好防护。

(4) 检查磁罗盘、IMU 指向是否正确。

(5) 检查电池有无破损、胀气、漏液现象,测量电压是否足够。

(6) 检查遥控器模式是否正确,电量是否充足,开关是否完好,先开遥控器,再给无人机通电。

2. 通电后

(1) 飞控提示音是否正确。

(2) 电调指示音是否正确。

(3) 电源开启后,相机和云台工作是否正常。

(4) 各电子设备有无不正常发热现象。

(5) 各指示灯是否正常(如飞控指示灯、接收机指示灯、GPS 指示灯等)。

3. 预飞行

(1) 轻微推动油门,观察各个旋翼工作是否正常。微型无人机在保证安全的前提下可用手举起无人机左右前后晃动,看无人机是否有自稳的趋势。稍大型无人机可放置地面,轻推各控制摇杆,看无人机动作趋势是否正确。

(2) 进行前后左右飞行、自旋,观察无人机飞行是否正常,检查遥控器舵量是否正确,各工作模式是否正确,云台是否正常工作。

(3) 先进行简单的航线飞行,如矩形航线,然后进行几个大机动飞行,观察无人机工作是否正常。

多旋翼无人机飞行速度可达到40km/h以上，如果发生失控、坠落等意外情况，后果不堪设想。因此，一名合格的飞手不仅要做缜密的飞行前准备，还要密切留意无人机在飞行中的各种状态，同时还要定时对无人机进行维护保养。

4. 飞行中

无人机在飞行中，要注意以下事项。

(1) 飞手应时刻清楚无人机的姿态、飞行时间、位置及其状态。

(2) 确保无人机和人员处于安全距离，否则应进行调整或降落。

(3) 确保无人机电量足够其返航及安全降落。

(4) 若远距离或超视距操控，监控人员密切监视地面控制站中无人机飞行高度、飞行速度、电池电压、卫星数量等信息，并及时告知飞手电池电压、飞行高度等信息或其他意外情况。

(5) 若出现飞行中丢失卫星导致无人机失控现象发生时，切换飞行模式重新获得无人机操控权，尽快降落。

(6) 无人机远距离丢失其姿态信息时，应保持冷静，可通过轻微调整摇杆观察其移动方向，重新清楚其姿态。

(7) 自动返航是一项保障功能，由于其返航成功与否涉及因素较多(如GPS信号，是否有建筑物阻挡等)，不能确保万无一失，一般不主动使用，只作为无人机安全的额外保障。

(8) 若无人机发生较大故障，要首先确保人员安全。

5. 飞行后

飞行结束后，要做好以下工作。

(1) 无人机降落后，确保遥控器已锁定，先切断接收端的各类电源，再切断发射端的电源。

(2) 检查电池电量、无人机和机载设备。

(3) 相关设备放置得当。

参 考 文 献

[1] 卢征. 遥控模型滑翔机基础知识[M]. 北京：北京航空航天大学出版社，2016.
[2] 王海宇. 无人机装配工艺学(上、下册)[M]. 西安：西北工业大学出版社，2012.
[3] 薛红前. 无人机装配工艺学[M]. 西安：西北工业大学出版社，2015.
[4] 吕涛. 遥控模型无人机入门新编[M]. 北京：航空工业出版社，2016.
[5] 江东. 拼装无人机模型制作工艺[M]. 北京：航空工业出版社，2016.
[6] 王雅芳. 电子产品工艺与装配技能实训[M]. 北京：机械工业出版社，2012.
[7] 陈志旺. 四旋翼无人机快速上手[M]. 北京：电子工业出版社，2017.
[8] 张宇雄. 电动模型无人机动力系统配置[M]. 北京：北京航空航天大学出版社，2015.
[9] 于坤林，陈文贵. 无人机结构与系统[M]. 西安：西北工业大学出版社，2016.
[10] 徐兵. 机械装配技术[M]. 北京：中国轻工业出版社，2018.
[11] 崔胜民. 轻松玩转多旋翼无人机[M]. 北京：化学工业出版社，2017.
[12] 鲁道夫·乔巴尔. 玩转无人机[M]. 吴博，译. 北京：人民邮电出版社，2015.
[13] 鲍凯. 玩转四轴无人机[M]. 北京：清华大学出版社，2015.
[14] 贾玉红. 航空航天概论[M]. 北京：北京航空航天大学出版社，2013.
[15] 吴建明，张红琴. 电子工艺与实训[M]. 北京：机械工业出版社，2012.
[16] 王永虎. 直升机飞行原理[M]. 成都：西南交通大学出版社，2017.
[17] 孙毅. 无人机驾驶员航空知识手册[M]. 北京：中国民航出版社，2014.
[18] 杨华保. 无人机原理与构造[M]. 西安：西北工业大学出版社，2016.
[19] 贾忠湖. 飞行原理基础[M]. 北京：国防工业出版社，2016.
[20] 邢琳琳. 飞行原理[M]. 北京：北京航空航天大学出版社，2016.
[21] 刘星，司海青，蔡中长. 飞行原理[M]. 北京：科学出版社，2016.
[22] 杨浩. 城堡里学无人机原理、系统与实现[M]. 北京：机械工业出版社，2017.
[23] 陈康，刘建新. 直升机结构与系统(ME-TH、PH)[M]. 北京：清华大学出版社，2016.